Die neuzeitliche
Seidenfärberei

Handbuch für die Seidenfärbereien, Färbereischulen
und Färbereilaboratorien

Von

Dr. phil. Hermann Ley
Elberfeld

Zweite, vermehrte und verbesserte Auflage

Mit 61 Textabbildungen

Berlin
Verlag von Julius Springer
1931

ISBN-13:978-3-642-90042-6   e-ISBN-13:978-3-642-91899-5

DOI: 10.1007/978-3-642-91899-5

Vorwort zur zweiten Auflage.

Wenn auch die Anordnung des behandelten Stoffes die gleiche geblieben ist, wie sie in der ersten Auflage durchgeführt wurde, so mußte der Umfang doch erheblich erweitert werden. Das letzte Jahrzehnt hat einen derartigen Aufschwung der Ausrüstung der Seide als Stückware gebracht, daß eine Berücksichtigung dieses Umstandes nicht zu umgehen war. Es sind demgemäß die einzelnen Abschnitte, die über Ausrüstung handeln, entsprechend erweitert worden. Hand in Hand damit ging natürlich die Einfügung der für die Stückausrüstung unbedingt erforderlichen Kapitel über Seidendruck und Seidenappretur.

Auch im neuen Gewande ist das Buch geschrieben worden aus der Praxis für die Praxis. Es soll daher an erster Stelle dem praktischen Seidenfärber ein guter Führer und Berater sein.

Den Anregungen der Kritik folgend, habe ich einzelne Literaturnachweise eingeflochten, möchte aber dabei bemerken, daß der Wert des Buches darin besteht, daß alle angeführten Verfahren und Arbeitsweisen von mir persönlich praktisch durchgearbeitet und erprobt worden sind. Das Buch repräsentiert mithin den Niederschlag meiner eigenen Erfahrung.

Möge daher auch diese zweite Auflage ein Führer für den Seidenfärber werden, der es ihm ermöglicht, einwandfrei zu arbeiten und sich vor Schaden zu bewahren.

Elberfeld, im Juli 1931. **Dr. Herm. Ley.**

Inhaltsverzeichnis.

Inhaltsverzeichnis.   V

Einführung.

Unter der Veredlung der Gespinstfasern versteht man diejenige Bearbeitung derselben, die bezweckt, ihnen bezüglich ihrer äußeren Gestalt (Glanz, Farbe, Fülle) eine dem Empfinden des kaufenden Publikums entsprechende Form zu geben. Diese Veredlung der Gespinstfasern entspricht keineswegs unter allen Umständen dem eigentlichen Begriff des Wortes, d. h. mit der Veredlung des Textilgutes geht keineswegs immer eine Verbesserung Hand in Hand.

Die Veredlung erfolgt bei der Strangseide vor der Verarbeitung zum Gewebe. Diese Arbeitsweise ist aber seit Wende dieses Jahrhunderts sehr zurückgetreten gegenüber der Ausrüstung der Seide als Stückware. Nachdem sich herausgestellt hatte, daß ein dünnes Taffetgewebe, hergestellt aus Grège, sich einwandfrei erschweren und färben ließ, sind die Fabrikanten alsbald dazu übergegangen, diesen Versuch auch auf andere Gewebearten auszudehnen. Der Vorteil für die Fabrikanten, die dadurch in die Lage versetzt wurden, auf Vorrat arbeiten zu können, war zu groß, als daß sie ihn nicht ausgenutzt hätten. So ist es gekommen, daß heute die Ausrüstung der Seide im Stück diejenige im Strang weit überholt hat. Man ist bei den einfachen Geweben in Taffetbindung nicht stehengeblieben, sondern hat auch Gewebe dichterer Bindung als Stückware hergestellt. Außerdem hat man sich nicht nur auf die Herstellung einfacher Stückware beschränkt, wie Japons, Krepps, Rohseiden, Taffet und Lumineux, sondern ist zur Ausrüstung gemischtseidener Gewebe im Stück übergegangen, wie zum Beispiel Halbseide (Seide und Baumwolle), Wollseide (Seide-Wolle), Seide mit Kunstseide und schließlich Gewebe, die außer Seide gleichzeitig noch Baumwolle, Wolle und Kunstseide enthalten.

Auch bei der Herstellung von Florgeweben (Plüsch-Samt) ist man zur Stückausrüstung übergegangen.

Unter der Veredlung von Seide faßt man eine ganze Reihe von Behandlungsweisen zusammen, deren nähere Erklärung und Beschreibung den Inhalt dieses Buches bilden soll. Gerade bei der Veredlung der Seide ist das Gebiet der verschiedenen Arbeitsweisen, um die Seide den Anforderungen des Publikums entsprechen zu lassen, ein derart umfangreiches, daß es nicht wundernehmen kann, daß die technischen Errungenschaften in den Veredlungsprozessen der Seide von Jahr zu Jahr fortgeschritten sind. Die Veredlung der Seiden zerfällt in eine ganze Reihe von Prozessen, von denen die wichtigsten folgende sind:

1. Das Entbasten der Seide.
2. Das Erschweren der Seide.
3. Das Färben der Seide.
4. Die Nachbehandlung der gefärbten Seide.

Diese aufgeführten Behandlungsweisen brauchen aber keineswegs in ihrer Gesamtheit bei jeder Seide in Anwendung zu kommen. Wir haben zum Beispiel Seiden, die entbastet und mit oder ohne Erschwerung gefärbt werden, die sog. Cuite-Seiden. Wir haben auch solche Seiden, die mit oder ohne Erschwerung, aber mit dem Bast gefärbt werden, nur ist der Bast weich gemacht worden; es sind dieses die Souple-Seiden.

Schließlich haben wir auch solche Seiden, die mit dem harten Bast und mit oder meistens ohne Erschwerung gefärbt werden, die sog. Cru- oder Ecru-Seiden.

Es richtet sich dieses nach dem Charakter der Seide oder meistens nach dem Gewebe, das hergestellt werden soll. Es ist deshalb erforderlich, auch hierauf Rücksicht zu nehmen und werden die diesbezüglichen Verhältnisse bei den einzelnen Abschnitten entsprechend behandelt werden.

Bei der Ausrüstung der Seide im Stück wiederholen sich die verschiedenen Veredlungsverfahren der Strangseiden. Nur die Nachbehandlungen erfahren insofern eine Erweiterung, als hier noch die Appretur und der Zeugdruck hinzukommen.

I. Die Vorbereitungsarbeiten.

Die Rohseide kommt in Ballen verpackt vom Zwirner oder Fabrikanten in die Färberei. Sie befindet sich darin in Masten (Strängen oder Strähnen), die zu 10—20 miteinander verknüpft sind. Das Gewicht der Masten ist je nach der Herkunft ein sehr verschiedenes. So finden wir Masten, die 10—12 g wiegen, andere, die 20—25 g wiegen, und schließlich solche, die 30—40 g und 45 g wiegen. Es ist ja klar, daß Seiden, die gröberen Titer aufweisen, schwerer an Gewicht sind als z. B. eine Seide von niedrigem Titer. Die Gewichtsunterschiede der Masten machen sich auch bei der Art der Seide bemerkbar. So wiegen die Organzinmasten meistens 30—40 g, die Tramemasten dagegen 10, 12, 15, 20 bis 40 g.

1. Das Masten der Strangseiden.

Die erste Arbeit bezüglich der Vorbereitung der Seide ist nun das sog. Masten oder Rüsten der Seide, das darin besteht, daß die geknüpfte Rohseide geöffnet wird. Darauf wird jeder einzelne Masten am Pol, einer dicken runden, glattpolierten Holzstange, die einseitig in einer Wand oder einer Bank befestigt ist, aufgeschlagen und besonders am Kreuz auseinandergezogen. Nach dieser Arbeit wird die Seide durch Zusammenfügen mehrerer Masten zu einer sog. Handvoll vereinigt. Die Bildung einer sog. Handvoll ist nicht abhängig von der Anzahl der Masten, sondern von dem Gewicht der Masten. Durchschnittlich wird man bei niedrigen Erschwerungen etwa 250—300 g Rohseide zu einer Handvoll vereinigen, bei höherer Erschwerung wird man es bei 200 g bewenden lassen. Es ist klar, daß eine Handvoll unter Umständen aus 5 Masten bestehen kann, wenn die Masten ein hohes Gewicht haben; während im anderen Falle 15 Masten zu einer Handvoll vereinigt werden können, wenn das Gewicht der Masten ein niedriges war. Im großen und ganzen soll die Handvoll so eingerichtet sein, daß der Arbeiter nach erfolgter Erschwerung die Seide bequem handhaben kann, ohne sie an den Wandungen der Barke herziehen zu müssen, wie es bei hocherschwerter Seide leicht der Fall sein könnte. Selbstverständlich muß in diesem Falle aber auch darauf Rücksicht genommen werden, daß die Handvoll bei den einzelnen Bearbeitungsweisen gut durchdrungen und namentlich beim Waschen und Spülen gut gereinigt werden können. Sind die Handvoll hergestellt, so hängt man sie zu zwei oder vier auf Stöcke und vereinigt eine Anzahl dieser Stöcke zu einem sog. Satz, der während der verschiedenen Veredlungsprozesse zusammen behandelt wird. Der Satz wird meistens zu 50 kg Seide zusammengestellt, weil diese Menge die üblichen Geschirre und Barken auszufüllen imstande ist. Man versieht einen solchen Satz mit einer Karte, aus der der Kunde die Menge der Seide, die Art der Veredlung, die Höhe der Erschwerung, die Farbe und die Nachbehandlung zu ersehen ist. Handelt es sich um große Partien, so können die Masten in der Form, wie sie die Masterei verlassen, weiter verarbeitet werden. Handelt es sich jedoch um kleinere Partien, wo mehrere bis zum Färbevorgang miteinander behandelt werden, so werden die Handvoll mit besonders gekennzeichneten Bändeln zusammengebunden — jedoch nicht zu eng —, die eine Unterscheidung der Partien ermöglichen. Gleichzeitig werden auch einige Handvoll noch besonders gegenüber dem Hauptteil der Partien durch mehrfache oder andersfarbige Unterbändel gekennzeichnet. Dieses sind die sog. Wahrsager oder Postillone, die jeder Partie beigegeben werden, um sich während der einzelnen Abschnitte der Veredlungsvorgänge von der erzielten Rendite oder Erschwerung überzeugen zu können. Zu erwähnen wäre noch, daß bei dem Masten der Seide auch gleichzeitig eine Übersicht über die Anzahl der erhaltenen Masten erzielt wird, an Hand derer man sich überzeugen kann, ob die vom Fabrikanten angegebene Mastenzahl den Tatsachen entspricht. Außerdem lassen sich beim Masten noch verschiedene Fehler der Rohseide ermitteln, z. B. ob die Masten verschieden lang gehaspelt sind, ob die Seide bunt ist, also verschiedenes Material enthält, und ob Masten zerrissen sind. Ferner kann festgestellt werden, ob nicht Trame- und Organzinmasten durcheinander gemengt sind, sowie weiter ob nicht sog. Konditionsmasten untergemengt sind, d. h. Masten, die bei der Trocknung der Seiden als Untersuchungsmaterial gedient haben und sich dadurch für den Färber unangenehm bemerkbar machen, daß sie sich nicht abkochen lassen. Es sind dieses verschiedene Tatsachen, deren vorherige Feststellung für den Seidenfärber sehr wertvoll sein kann. Ebenso ist es erforderlich, auf die Kapselierung, das sind die Fäden, die zur Bildung des Kreuzes verwandt werden, Obacht zu geben. Eine verschiedene Unterbindung im Kreuz spricht für verschiedene Herkunft der betreffenden Seiden. Auch die Länge der Kapselierung spielt eine Rolle. Ist dieselbe zu kurz, so ist eine hohe Erschwerung bedenklich, weil das spätere Durchfärben auf Schwierigkeiten stößt.

Dieses Masten der Rohseiden, wie soeben beschrieben, erstreckt sich auf die meisten Rohseiden, wie Organzin, Trame, auch auf Schappe und Tussah. Dagegen werden nicht ohne weiteres gemastet solche Seiden, die eine harte Zwirnung aufweisen, wie Näh- und Kordonettseide. Diese Seiden werden vorher in Bündeln eingeweicht, geschleudert und dann erst gemastet. Würde diese Vorbehandlung nicht geschehen, so würden sich in diesen Seidenmasten Kringel bilden, die der weiteren Verarbeitung der Seide natürlich große Schwierigkeiten bereiten.

2. Vorbereitung der Stückware.

Wie bereits ausgeführt wurde, gleicht die Ausrüstung der Stückware derjenigen der Strangware nahezu vollkommen. Man kann also mit dem Bast oder ohne Bast ausrüsten, man kann mit oder ohne Erschwerung färben usw. Als neue Gebiete kommen allerdings hinzu die Ausrüstung der Mischgewebe und die Nachbehandlungen des Appretierens und Druckens. Aber auch diese Stückware muß vor der Veredlung ebenso wie Strang vorbereitet oder gerüstet werden.

Die rohseidene Stückware gelangt in die Färberei durchweg so, wie sie vom Stuhl gekommen ist, höchstens, daß sie vom Fabrikanten noch besonders gekennzeichnet worden ist, um die Identität der Ware späterhin noch feststellen zu können. Ist dieses nicht der Fall, so geschieht es von seiten des Färbers, und zwar meistens in der Weise, daß die Zeichen mit verschieden gefärbtem Garn in die Stücke hineingenäht werden. Die Ware wird in Stücken von bestimmter Länge an den Ausrüster abgeliefert und von diesem dann entsprechend der Qualität in Stücke von entsprechender Länge geteilt. Daß hierbei Gelegenheit genommen wird, die vom Fabrikanten angegebene Länge nachzukontrollieren, ist wohl selbstverständlich.

Die erste Arbeit, die jetzt mit der Ware geschieht, ist das sog. Aufbäumen. Es wird eine Reihe von Stücken gleicher oder ähnlicher Qualität aneinandergenäht, selbstverständlich nachdem sie vorher gekennzeichnet waren, und jetzt in einer Länge von hundert und mehr Metern auf einer Walze aufgerollt. Eine derartige Maschine ist aus der Abb. 1 ersichtlich. Bei diesem Aufbäumen wird nun Gelegenheit genommen, irgendwelche Fehler oder Beschädigungen des Gewebes festzustellen, ferner auch Flecken

Abb. 1. Aufbäummaschine von C. A. Gruschwitz A G., Olbersdorf.

Abb. 2. Gassengmaschine von Zittauer Maschinenfabrik A G., Zittau.

und sonstige anormale Bestandteile, die späterhin zu Beanstandungen führen könnten. Bei dieser Gelegenheit werden auch die überstehenden Faden, Schleifen und Knoten entfernt.

Zur vollständigen Entfernung der überstehenden Flusen wird die aufgebäumte Ware jetzt über die Sengmaschine geleitet, von denen eine der üblichsten in Abb. 2 dargestellt ist. Bei reinseidenen Geweben kommt das Sengen nur dort in Frage, wo es sich um Material groben Titers handelt. Hauptsächlich findet es jedoch bei Mischgeweben Verwendung. Andererseits ist es gleichgültig, ob es sich um breite Ware oder um Bänder handelt.

Ist die Ware gesengt, dann werden die Stücke bei breiter Ware wieder auf die richtige Länge geteilt, wie solches die nun folgende Abkochung bzw. Erschwerung erfordert.

Die Stücke, bei breiter Ware meistens 10—15 m, bei schmaler Ware etwa 30—50 m oder noch mehr, werden sodann mit Hilfe eines zweiarmigen Haspels in Buchform gebracht und an beiden Kanten des Gewebes dreimal durch Nähen befestigt, damit die einzelnen Blätter dieser sog. Halben nicht auseinander gleiten können. Außerdem müssen natürlich der Anfang und das Ende der einzelnen Stücke gut befestigt werden. Dieses Nähen der Stücke hat jedoch mit genügend großem Spielraum zu geschehen, damit ein Zerreißen des Gewebes oder das Entstehen von Löchern vermieden wird. Nachdem die Halben so befestigt sind, wird durch jedes Halb eine größere Schnur geknüpft, mit der das Halb beim Abkochen dann auf einem Stock aufgehängt wird. Manchmal werden auch noch besondere Schlaufen an den Halben befestigt und an diesen die Ware an den Stöcken aufgehängt. Bei Bändern werden die Kanten ebenfalls durch Nähen befestigt. Während man den Haspelumfang bei breiter Ware auf etwa 80 cm beschränkt, kann man bei schmaler Ware auf 120—160 cm gehen. Bei Stückware, die nicht in Halbenform abgekocht wird, sondern auf den sog. Stern, wie z. B. bei Seidengeweben mit gröberem Titer und vor allen den Seidenmischgeweben, teilt man die aufgebäumte Ware nicht, sondern bringt sie direkt von der Aufbäumwalze auf den Stern, wie wir noch später sehen werden.

II. Das Entbasten der Seide.

Nachdem die Seide in Strang oder im Stück so vorbereitet ist, beginnt jetzt der erste chemische Vorgang, der die Veredlung der Seide einleitet, das sog. Abkochen der Seide oder das Entbasten. Ausgenommen hiervon sind natürlich die Souple- und Cruseiden, die ja ihres Bastes nicht beraubt werden dürfen, und über deren Verarbeitung später berichtet werden soll.

Das Entbasten der Seide, das also den Zweck hat, den Bast der Rohseide zu entfernen und den glänzenden Seidenfaden hervortreten zu lassen, wurde früher allgemein durch entsprechende Behandlung auf Barken vorgenommen. Heutzutage ist diese Art des Abkochens eigentlich nur mehr auf gelbbastige Mailänder Organzin und zum Teil auf Stückware beschränkt. Das Abkochen der weißbastigen Organzin und aller Trame sowie der Mehrzahl der Stückware geschieht durch maschinenmäßiges Behandeln, z. B. auf Schaumabkochapparaten, auf Haspel, auf Stern usw.

1. Die erforderlichen chemischen Rohstoffe.

Bevor wir auf die Behandlungsweise als solche näher eingehen, ist es erforderlich, die für das Abkochen in Frage kommenden Rohstoffe und Chemikalien bzw. deren Untersuchung und Begutachtung etwas näher zu besprechen.

Die zum Abkochprozeß erforderlichen Hilfsmittel sind zur Hauptsache Seife und Wasser sowie Natronlauge, Soda und Enzyme.

Seife. Die in den Seidenfärbereien verwandte Seife ist entweder eine Marseillerseife oder Oleinseife. Die Marseiller seife oder Bariseife, die meistens von Seifenfabriken bezogen wird, kommt in zwei Formen, einer weißen und einer grünen, in den Handel und wird hergestellt durch Verseifung des technischen Olivenöls mit Soda oder Natronlauge. Um sich das in der Färberei immerhin lästige Auflösen der festen Seife zu ersparen, findet man manchmal, daß diese Seife im Betrieb selbst hergestellt und mit so viel Wasser verdünnt wird, daß eine gesättigte, jedoch flüssige Seifenlösung entsteht, die sich dann bequem weiter verarbeiten läßt. Man benutzt zur Darstellung der Olivenölseife das sog. Sulfuröl, das durch Ausziehen der Olivenölrückstände mit Schwefelkohlenstoff gewonnen wird. Man verseift dieses Öl unter Verwendung von Soda oder Natronlauge in hohen eisernen Kesseln von bestimmtem Inhalt, die mit direktem Dampf zu heizen sind. Das Heizen geschieht mittels Dampfschlangen, die eine Anzahl kleiner Löcher zum Austritt des Dampfes besitzen, wodurch nebenbei noch ein gutes Durchmischen des Seifensudes erzielt wird. Der so hergestellte Seifensud unterscheidet sich von der Auflösung der käuflichen Olivenölseife natürlich wesentlich dadurch, daß in diesem Sud die sog. Unterlauge, also namentlich Glyzerin, vorhanden ist, ein Umstand, der jedenfalls auf den Griff der Seide nicht ohne Einfluß bleiben wird. Das Entfernen des Glyzerins durch besondere Verarbeitung der Unterlauge ist natürlich zu erreichen. Aber die schon an und für sich langwierige Darstellung der Seife würde dadurch noch wesentlich mehr in die Länge gezogen. Außerdem ist das Verfahren insofern sehr umständlich, als das Erkennen des richtigen Verseifungspunktes eine gewisse Übung beansprucht. Es hat sich daher dieses Verfahren der Selbstherstellung der Marseillerseife nicht sehr einbürgern können.

Das Gegenteil ist zu behaupten von der Oleinseife. Man benutzt dazu eine gleiche Vorrichtung, wie oben angeführt wurde, und verfährt in folgender Weise: Um 1000 kg Oleinseife herzustellen, gibt man zuerst in den Kessel 250 kg Natronlauge 38° Bé und 150 kg Wasser, erhitzt dieses Gemisch bis nahe zum Kochen und fügt allmählich 600 kg Olein hinzu. Dann läßt man mindestens $^3/_4$—1 Stunde kochen unter Zusatz von weiterem Wasser, etwa 600—1000 l. Die Verseifung des Oleins geht schnell und einfach vor sich. Man erkennt die vollendete Verseifung oder den Neutralpunkt entweder in der Weise, daß man auf einer Glasscheibe eine Probe Seife verteilt und warm 1 Tropfen Phenolphthaleinlösung auffallen läßt. Aus der Stärke der Rotfärbung kann man auf den Grad der Verseifung schließen, da bekanntlich eine gesättigte wäßrige Seifenlösung gegen Phenophthalein nicht reagiert, so läßt sich so der geringste Überschuß an Ätzalkali erkennen. Genauer ist ein Überschuß an Ätzalkali nachzuweisen, wenn man im Reagenzglas 1 cm³ Seifensud mit 3 cm³ 96% igem oder absolutem Alkohol mischt und jetzt mit Phenolphthalein reagiert. Je nachdem ' ob sauer oder alkalisch, muß man Natronlauge oder Olein hinzufügen. Man darf nicht versäumen, vor jeder neuen Prüfung den Sud erst gut durchkochen zu lassen. Hat man den Sud jetzt so weit verseift, daß ein geringer Überschuß an Ätzalkali vorhanden ist, so kocht man die Seife noch etwa eine $^1/_2$ Stunde, wodurch das überschüssige Alkali in Karbonat übergeführt wird. Die in dieser Weise fertiggestellte Seife füllt man sodann bis zu 5000 l mit Wasser auf, um eine Seifenlösung im Verhältnis 1 : 5 zu haben. Nach dieser Verdünnung wird man nochmals gut durchkochen, bis der Sud gleichmäßig kocht und keine Schaumbildung mehr eintritt.

Was die Untersuchung der in den Seidenfärbereien Verwendung findenden Seifen in chemischer Hinsicht anbelangt, so ist hauptsächlich Gewicht zu legen auf den Gehalt an 1. Fettsäure und Gesamtalkali, 2. überschüssigem Alkali, 3. freiem Ätzalkali, 4. Füllstoffen. Für die Beurteilung der im eigenen Betriebe hergestellten Seifen kommt meistens nur die Bestimmung des überschüssigen Alkali in Frage. In physikalischer Hinsicht ist dann auch die Löslichkeit und der Trübungspunkt der Seife zu prüfen.

Bestimmung der Fettsäure und des Gesamtalkalis. Eine abgewogene Menge Seife, etwa 2 g, wird in heißem Wasser gelöst, die Lösung in einen Scheidetrichter gegeben, 50 cm³ Normalschwefelsäure hinzugefügt und darauf die Mischung mit etwa 100 cm³ Petroläther ausgeschüttelt. Haben sich die Schichten vollständig geklärt, so läßt man die untere wäßrige Schicht möglichst vollständig in ein Becherglas ab, schüttelt den Petroläther mehrmals mit destilliertem Wasser aus und vereinigt das abgelassene Waschwasser mit dem ersten. Man benutzt diese vereinigten wäßrigen Lösungen dazu, um das Gesamtalkali zu bestimmen, indem man den Säureüberschuß mit Normalnatronlauge unter Verwendung von Methylorange als Indikator zurücktitriert. Der Unterschied aus den verbrauchten Kubikzentimetern Normalsäure und -lauge mal 0,031 genommen, ergibt den Gehalt an Natronlauge (Na_2O) in Grammen. Die gereinigte Petrolätherlösung wird darauf in einen gewogenen Kolben abgelassen, der Scheidetrichter mit Petroläther nachgewaschen, der Petroläther abdestilliert und der Kolben im Trockenschrank getrocknet. Der gewogene Rückstand entspricht Grammen Fettsäure in der angewandten Menge Seife. Kommt es lediglich auf den Fettsäurengehalt an, so kann man auch wie folgt verfahren.

a) Verfahren nach Gottlieb-Röse. Man löst 5 g Seife in etwa 20 cm³ Wasser, zersetzt die Lösung mit verdünnter Schwefelsäure und spült das Gemisch in den Gottlieb-Roese-Apparat. Es empfiehlt sich, etwas Methylorange zuzusetzen, um an der Rotfärbung erkennen zu können, daß genügend Säure zugesetzt war. Darauf spült man das Lösungsgefäß mit einer Mischung von Äther und Petroläther aus, gießt denselben in den Apparat und füllt den Apparat mit etwa 50 cm³ der Äthermischung auf. Durch gutes Umschütteln wird sämtliche Fettsäure gelöst. Man verdampft nun einen aliquoten Teil der Lösung in einem gewogenen Kölbchen, wiegt den erhaltenen Rückstand und kann hieraus dann den Fettsäuregehalt berechnen. Diese Methode gestattet, schnell und genügend genau den Gehalt an Fettsäure zu ermitteln.

b) Wachskuchenmethode. Man löst 5 g Seife in einer gewogenen Porzellanschale mit Wasser und zersetzt die Lösung mit verdünnter Schwefelsäure. Danach fügt man eine genau gewogene Menge Paraffin hinzu und erhitzt solange auf dem Wasserbad, bis beide Schichten klar geworden sind. Darauf läßt man erkalten, hebt vorsichtig den Fettkuchen ab, schüttet die wäßrige Schicht fort, spült den Kuchen mit Wasser vorsichtig ab, legt ihn in die Schale zurück, fügt destilliertes Wasser hinzu und erhitzt noch einmal, bis beide Schichten klar geworden sind. Man hebt nach dem Erkalten nochmals den Fettkuchen ab, spült ihn ab, säubert die Schale und legt den Kuchen in die Schale zurück. Man übergießt jetzt den Schaleninhalt mit 5 cm³ Alkohol, verdampft denselben, trocknet den Schaleninhalt und wiegt denselben nach dem Erkalten. Die Gewichtszunahme der Schale und Paraffin besteht aus der Fettsäure der Seife.

Bestimmung des überschüssigen Gesamtalkalis. 10 g Seife werden kochend heiß in 200—250 cm³ destilliertem Wasser gelöst. Zu dieser Lösung wird 100 g Kochsalz hinzugegeben, umgeschüttelt und heiß filtriert. Der Filterrückstand wird mit gesättigter, wäßriger Kochsalzlösung nachgewaschen, die Filtrate vereinigt und unter Verwendung von Phenophthalein als Indikator mit $^1/_{10}$ n-Salzsäure titriert. Die verbrauchten Kubikzentimeter Salzsäure mal 0,053 genommen zeigen den Gehalt an überschüssigem Alkali, als Soda berechnet, in 100 g Seife an.

Nachweis des freien Ätzalkalis. Man löst 2 g Seife in absolutem Alkohol, wodurch nur das Ätzalkali gelöst wird, während das kohlensaure Alkali ungelöst zurückbleibt. Wird die Flüssigkeit auf Zusatz von Phenolphthaleinlösung gerötet, so ist freies Ätzalkali vorhanden und kann mit $^1/_{10}$ n-Salzsäure bestimmt werden. Eine andere auch für den Betrieb brauchbare Bestimmungsmethode ist die Modifikation der Heermannschen Chlorbariummethode nach Davidsohn und Weber[1].

Man löst 5 g Seife in 100 cm³ 60%igem Alkohol, versetzt diese Lösung mit neutraler 10%iger Chlorbariumlösung, bis keine Fällung mehr entsteht. Darauf titriert man, ohne zu filtrieren, mit $^1/_{10}$ n-Salzsäure und Phenolphthalein. 1 cm³ $^1/_{10}$ n-Salzsäure = 0,0031 g Ätznatron (Na_2O).

Nachweis von Füllmitteln. Die meisten der Füllmittel sind in absolutem Alkohol unlöslich und werden daher bereits bei der Bestimmung des freien Ätzalkalis erkannt. Nach Abfiltrieren eines etwa vorhandenen Niederschlages kann derselbe nach den Regeln der Analyse näher untersucht und quantitativ bestimmt werden. Die Füllmittel sind entweder anorganischer oder organischer Herkunft.

Anorganische Füllstoffe sind Karbonat, Kochsalz, Glaubersalz, Wasserglas, Talkum, Ton, Bimsstein, Sand u. a. m.

Organische Füllstoffe sind Eiweiß, Stärke, Dextrin, Leim und Glyzerinrückstände usw.

---

[1] Heermann: Z. angew. Chem. **1914**, 135. — Davidsohn u. Weber: Seifensieder-Ztg **1907**, 60.

Bezüglich der Trennung der einzelnen Stoffe sei auch auf die ausführlichen Vorschriften in der Literatur[1] verwiesen.

Beschaffenheit und Löslichkeit der Seife. Die Seife soll von gleichmäßiger Konsistenz und Farbe sein. Man stellt sich eine Auflösung von 1 g Seife in 100 cm³ Wasser her. Ist die Seife nicht vollständig klar, sind unverseifbare Stoffe oder wasserunlösliche Füllmaterialien vorhanden.

Trübungspunkt. Man stellt sich eine Lösung von 3 g fester Seife in 300 cm³ Wasser her, erhitzt zum Sieden und läßt auf 70° erkalten. Man stellt dann das Becherglas mit der Seifenlösung auf eine Holzplatte, um ein langsames gleichmäßiges Abkühlen zu erzielen, und hängt ein Thermometer in die Seifenlösung hinein, so daß dasselbe etwa 1—2 cm vom Boden des Glases entfernt ist. Nun beobachtet man, ohne zu rühren, bei welchem Grad die Trübung der Lösung beginnt. Dieses ist der Trübungspunkt.

Zur Orientierung über die Analysenmethode sei auch auf die Untersuchungsmethoden der Wizöff (wissenschaftliche Zentralstelle für Öl- und Fettforschung) verwiesen.

Beurteilung der käuflichen Seife. Was die Beurteilung der käuflichen Seife anbelangt, so handelt es sich im wesentlichen um den richtigen Gehalt an Fettsäure. Dieser soll bei einer guten Seife 60% betragen. Diese Forderung soll möglichst innegehalten werden, da eine Seife mit weniger Fettsäuregehalt stets zuviel Wasser enthalten wird. Ein wesentlich höherer Fettsäuregehalt würde für die Anwesenheit sulfurierter Fettsäuren sprechen, deren Verwendung in der Seidenfärberei wegen Beeinflussung des Griffes keinen Anklang gefunden hat. Das gleiche gilt von den fettsäurereichen Kaliseifen, die sich ja gut in Wasser lösen und sehr ausgiebig sind. Sie haben sich aber nicht allgemein einbürgern können, weil sie eben den Griff ungünstig beeinflussen.

Ein zweiter wesentlicher Umstand bei der Beurteilung der Seife ist der Gehalt an freiem Ätzkali bzw. an überschüssigem Alkali. Während man früher in der Seidenfärberei nur eine vollständig neutrale Seife verwenden zu können glaubte und als höchst zulässige Grenze an freiem Alkali 0,05% erachtete, hat man diese Forderung heutzutage mehr und mehr fallen lassen. Allerdings ist auch heute noch ein größerer Gehalt an freiem Ätzalkali, der 0,05% übersteigt, als schädlich zu verwerfen. Sobald jedoch dieses überschüssige Alkali in Form von kohlensaurem Alkali vorhanden ist, hat man bei einem Gehalt von 0,2% Soda noch keine nachteiligen Einflüsse auf die Seide bemerken können. Man läßt diesen Alkaliüberschuß aus der Überlegung zu, daß die Seide im Verlauf der Erschwerungs- und Färbevorgänge so häufig mit Säuren in Verbindung kommt, daß dieser Überschuß in der Seife hinlänglich neutralisiert wird.

Was nun die etwaigen Verunreinigungen der Seife anbelangt, so ist es wohl von vornherein klar, daß in der Seidenfärberei keine Seifen verwandt werden können, die irgendwie Füllmaterialien, wie Wasserglas, Stärke, Leim usw. enthalten. Das gleiche gilt von Seifen, die mit fremden Fetten, besonders solchen, deren Fettsäuren einen höheren

---

[1] Siehe Heermann: Färberei- u. Textil-chemische Untersuchungen, S. 267. Berlin: Julius Springer 1929.

Erstarrungspunkt aufweisen, hergestellt wurden, oder von Seifen, bei deren Herstellung Harz verwandt wurde. Die Hauptbedingung für eine Seife in der Seidenfärberei ist die, daß sie bzw. ihre Fettsäuren sich leicht entfernen lassen, so daß kein Verkleben oder Verschmieren der Seiden stattfinden kann. Hier gewährt der Trübungspunkt sehr gute Anhaltspunkte. Je niedriger der Trübungspunkt einer Seife liegt, um so besser und leichter wird sie sich auswaschen lassen. Liegt er dagegen hoch, so liegt die Gefahr vor, daß sich Seifenklumpen bilden und die Seidenfäden verschmiert werden. Eine gute brauchbare Seife soll daher keinen höheren Trübungspunkt aufweisen als 40° C. Seifen, als Marseillerseife gehandelt, deren Trübungspunkt unter 25° C liegt, sind aber ebenfalls vorsichtig zu bewerten, da die zur Herstellung verwandten Fette nicht lediglich aus Olivenöl bestanden haben können. Bei den, so eigenartig den Griff der Seide günstig beeinflussenden Eigenschaften des Olivenöls ist ein teilweiser Ersatz derselben durch andere Fette zum mindesten für Färbereizwecke nicht empfehlenswert.

Eine Verunreinigung schließlich, die besonders bei der Darstellung der Oleinseife vorkommen kann, wäre noch anzuführen, es ist dieses ein Gehalt an Eisen, der namentlich bei farbigen Seiden zu unangenehmen Folgen führen kann. Der Nachweis geschieht in der wäßrigen Schicht bei der Fettsäurespaltung durch Zusatz von Ferrozyankalium.

Wasser. Das beim Abkochen zu verwendende Wasser darf kein hartes sein, sondern muß im Gegenteil seiner Härtebildner möglichst beraubt sein. Die Bildung der Kalkseife macht sich namentlich beim Abkochen der Seide durch eine Trübung derselben bemerkbar, weil die Seide für die Seifenlösung gewissermaßen als Filter dient. Aber nicht nur die Härtebildner sind zu beachten, sondern auch ein etwaiger Säuregehalt, sowie ein solcher an Tonerde und Eisen. Auch diese Stoffe sind imstande, die Seifenbäder zu trüben. Überhaupt wird man gut tun, ein Wasser, das anormale Zusammensetzung aufweist, mit der größten Vorsicht zu verwenden. Je klarer die verwandten Seifenbäder sind, um so klarer wird natürlich die entbastete Seide sein.

Das Weichmachen des Rohwassers kann entweder nach einem der bekannten Kalksodaverfahren geschehen oder nach dem heutzutage in den meisten Färbereien eingeführten Permutitverfahren. Auf dieses Verfahren hier im einzelnen einzugehen, erübrigt sich, da hierüber ausführliche Literatur vorliegt[1].

2. Das Abkochen der Seide im Strang.

Das Abkochen bezweckt die Entfernung des Bastes und zerfällt in zwei Operationen, das Erweichen und hauptsächliche Entfernen des Bastes, auch als Degummieren, Entschälen oder Decreusage bezeichnet, und der endgültigen Entfernung der Überreste des Bastes, dem sog. Repassieren. Ersteres geschieht mit einer kochend heißen konzentrierten Seifenlösung, das letztere dagegen mit einer solchen schwächerer Konzentration. Früher geschah diese Behandlung auch bei

---

[1] Heermann: Färberei- u. Textil-chemische Untersuchungen, S. 73. Berlin: Julius Springer 1929.

Strang in Säcken, um die Faser zu schonen, diese Arbeitsweise ist heute jedoch verlassen und nur noch beim Abkochen sehr feiner Gewebe hin und wieder gebräuchlich. Das Abkochen geschieht, wie bereits erwähnt, entweder auf der Barke oder im Schaumabkochapparat.

Auf der Barke. Wie oben bereits ausgeführt, geschieht das Abkochen auf der Barke nur mehr in bestimmten Fällen, namentlich bei gelbbastiger Organzin, und hier aus dem Grunde, weil die Abkochseife hierbei nur einmal gebraucht werden kann, weil sie sonst zu dickflüssig und gehaltreich würde. Andererseits liefert die gelbbastige Organzin eine sehr gute Bastseife, die besonders zum Färben von farbigen Seiden besser geeignet ist und der Seide einen besseren Griff verleiht als die Bastseife des Schaumabkochapparates. Ferner kocht man auf der Barke meistens solche Seiden ab, deren Bastseife weniger zu weiterer Verwendung geeignet ist, wie z. B. Tussah, Schappe oder hartgezwirnte Seiden. Was nun die Arbeitsweise beim Abkochen der Seide auf der Barke anbelangt, so ist diese folgende: Es wird eine Barke mit weichem Wasser gefüllt, am besten vollständig enthärtetes oder Kondenswasser, vorsichtig jeglicher Schmutz abgehoben, 30—40% Seife vom Gewicht der Seide zugesetzt und das Bad zum Kochen erhitzt. Hierauf wird nochmals jeglicher Schmutz abgehoben, das Bad etwa 5 Minuten klar werden gelassen und dann erst die Seide aufgestellt. Vielfach findet man auch in Betrieben, daß das Seifenbad unter Zusatz von 1 kg Monopolseife aufgekocht wird, wodurch auch die geringste Spur Kalkseife und Schmutz abgeschieden wird. Auf dieses so einwandfrei hergerichtete Abkochbad geht man jetzt mit der an den Stöcken aufgehängten Seide, die Seide wird aufgestellt. Man nimmt den Stock und netzt die Seide durch mehrmaliges Schwenken in dem Bade, damit die Seide nicht auf dem Bade schwimmen bleibt. Die aufgestellte Seide wird nun ruhig $^1/_2$ Stunde geschoben. Darauf wird einmal umgezogen, um auch die andere Hälfte des Seidenmastens zu entbasten. Nach dem Umziehen wird aufgeworfen oder, wie man vielfach auch findet, aufgezogen. Das Bad wird jetzt nochmals zum Kochen erhitzt unter Zusatz von 10% frischer Seife vom Seidengewicht. Es wiederholt sich jetzt die obige Behandlungsweise, d. h. die Seide wird aufgestellt, langsam $^1/_2$ Stunde geschoben und dann umgezogen. Jetzt ist das eigentliche Abkochen der Seide, die Entfernung des Seidenbastes, beendet. Man nimmt die Seide handvollweise von den Stöcken und wringt jede Handvoll aus unter Bildung eines Kopfes oder eines Klankes, daher die Bezeichnung „Abklanken" für diesen Vorgang, und legt die Seide zum Ablaufen der Flüssigkeit auf einen Schragen, d. i. ein mit Handgriffen versehenes Lattengestell, das quer über die Barke gelegt werden kann und zum Abtropfenlassen und zur Weiterbeförderung der Seide dient. Nachdem die Seide gut abgelaufen ist, kommt jetzt die Seide auf eine sog. Repassierseife, es ist dieses ein Bad von Weichwasser, dem 15% Seife vom Seidengewicht zugesetzt sind, und zwar wird kochend 1 Stunde repassiert. Es wird je $^1/_4$ Stunde geschoben, dann einmal umgezogen, im ganzen also dreimal, hiernach wird das Bad laufen gelassen, die Seide auseinander gehängt und etwas abkühlen gelassen. Was das

Repassieren anbelangt, so gibt man bei solchen Seiden, die zu Schwarz verwandt werden sollen, ferner auch bei weißbastigen Seiden nur 10% Seife und repassiert $^1/_2$ Stunde mit zweimal umziehen. Seiden, die nicht erschwert werden sollen, oder Schappe werden vielfach sogar überhaupt nicht repassiert.

Im Schaumabkocher. Was nun das Abkochen im Schaumabkochapparat anbelangt, so liegen diesem Verfahren verschiedene Patente der Firma Gebrüder Schmid in Basel, DRP. 179229 (1904), zugrunde, die als erste den Vorteil der Schaumabkochung erkannte und dieselbe für die verschiedensten Zwecke nutzbar machte.

Die Einrichtung der hierzu benötigten Apparate ist je nach den Anforderungen eine verschiedene, und es gibt solche, in denen man 30 kg, und solche, in denen man 40—50 kg Seide abkochen kann.

Die zum Schaumabkochen benötigte Vorrichtung (siehe Abb. 3) besteht aus einem viereckigen, etwa 1,5 m hohem, 1 m breitem, 3—5 m langem Holz- bzw. Metallkasten. Am Boden desselben befinden sich mehrere Schlangenrohre für indirekte Dampfheizung. Etwa 1—1,2 m

Abb. 3. Schaumabkochapparat von Gebr. Schmid, Basel.

über diesen Schlangen befindet sich an jeder Längsseite eine Vorrichtung in Form von Klammern, die zur Aufnahme von 25—50 Haspeln, je nach der Länge des Apparates, dient. Diese Klammern sind durch Zahnräder mit einer Drehvorrichtung verbunden, die gestattet, die Klammern um sich selbst zu drehen. Durch diese Vorrichtung werden natürlich die eingeklemmten Haspel ebenfalls um sich selbst gedreht. Bei manchen Apparaten findet man auch, daß die Haspel in den Klammern, die sich an der Rückseite des Apparates befinden, befestigt sind und sich mittels eines Gelenkes selbsttätig in die Höhe richten lassen, um ein leichteres Aufhängen und Abnehmen der Seidenstränge zu ermöglichen. Ferner findet man an einigen Apparaten auch eine Vorrichtung in Form von Waschrohren, die oberhalb der Haspel ebenfalls beweglich mit Gelenken befestigt sind und ein unmittelbares Abspülen der abgekochten Seide mit Warmwasser ermöglichen. Über dem ganzen

Apparat befindet sich dann in einer Höhe von etwa 1 m eine aus Holz und Stoff hergestellte Haube, die den beim Schaum entstehenden Dampf ableiten soll. Es ist dies unbedingt erforderlich, um ein einwandfreies Arbeiten mit dem Apparat zu ermöglichen. Die Haspel sind entweder aus Aluminiumstangen oder aus Kupfer-Messingdraht hergestellt. Auf diese Haspel wird jetzt die Seide zum Abkochen gehängt, und zwar mit der Vorsicht, daß die Seide genügend weit von den Wandungen der Barke entfernt bleibt. Auf einem Haspel wird durchweg etwa 1 kg Seide aufgehängt.

Vor dem Aufhängen der Seidenmasten ist die Barke ungefähr in einer Höhe von 30 cm — jedenfalls so hoch, daß die Seidenstränge nicht berührt werden — mit Wasser und Seife gefüllt worden. Zu bemerken ist, daß besonders beim Schaumabkochverfahren möglichst kalkfreies und salzarmes Wasser, am besten Kondenswasser, verwandt werden soll, weil die sich etwa bildende Kalkseife beim Sinken des Schaumes auf die Seide gelangt und sehr fest auf dieser haftet. Die Arbeitsdauer auf dem Schaumabkochapparat richtet sich nach der Herkunft der Seide. Wichtig ist, daß bei jeder Abkochung zu Anfang die Haspel durch mehrmaliges Drehen der Kurbel gedreht werden, um die Seidenstränge zu benetzen. Dieses Drehen muß dann während des ganzen Abkochprozesses mindestens 1—3 mal wiederholt werden.

Das Arbeiten mit diesem Apparat geschieht, wie folgt. In den Apparat wird 80—100% Seife vom Gewicht der Seide gegeben und mit Kondenswasser bis zur Marke aufgefüllt. Durch entsprechend langes Kochen wird dann die Seife gelöst und der Dampf abgedreht. Die inzwischen aufgehängte Seide wird jetzt auf den Haspeln gut verteilt und namentlich darauf geachtet, daß an den Enden der Haspel keine Seide hängen bleibt. Darauf wird der Dampf langsam angedreht, und man beobachtet ein allmähliches Steigen des Seifenschaumes. Sobald der Schaum jetzt etwa handbreit über der Seide sich befindet, stellt man den Dampf so ein, daß der Schaum möglichst in gleicher Höhe stehenbleibt und nicht überkocht. In diesem Augenblick wird die am Apparat befindliche Kurbel langsam 5 mal gedreht, und dieses 5 malige Drehen im Verlauf des Abkochvorganges noch 2 mal wiederholt. Kocht man also 20 Minuten ab, so wird außer dem ersten Drehen nochmals in der 7. und 13. Minute gedreht. Durch das Drehen der Haspel wird die auf demselben befindliche Seide langsam fortbewegt zu dem Zweck, daß auch die auf dem Haspel befindlichen Strecken der Seide abgekocht werden. Die Abkochdauer ist sehr verschieden und schwankt bei gewöhnlichen Seiden zwischen 15—25 Minuten. Bei Kantontrame, die nur 8—15 Minuten abgekocht wird, läßt man alle 5 Minuten den Schaum sinken und überzeugt sich, ob die Seide bereits entbastet ist, um ein unnötiges Flusigwerden der Seide zu verhindern. Es ist wichtig, den Schaum langsam steigen zu lassen, um nicht die Seidenmasten zu verwirren. Nach den Beobachtungen des Entdeckers verbleiben die Seidenmasten während der Schaumabkochung vollständig ruhig in ihrer hängenden Lage und gleiten nur die Schaumperlen an den Masten auf und nieder, ohne denselben irgendwie zu bewegen. Ist der Abkochprozeß beendet, so läßt man den Schaum durch Abstellen des Dampfes sinken und läßt die Seide abkühlen. Danach wird die Seide abgenommen und auf einer Reinigungsseife oder Repassierseife, die etwa 8—15% Seife vom Seidengewicht enthält und etwa 70—80° C warm ist, $^1/_2$ Stunde umgezogen.

Zu bemerken ist, daß die Seife im Schaumkochapparat 3—6mal gebraucht werden kann, jedoch wird vor jedesmaligem Gebrauch etwa 10% frische Seife nachgegeben und das verdampfte Wasser ersetzt. Nach dem letzten Gebrauch wird die Seife abgezogen und als Bastseife zum Färben verbraucht, doch meistens unter Verdünnung mit entsprechenden Mengen Wasser.

Was nun noch besondere Beobachtungen beim Abkochen anbelangt, so wäre folgendes zu erwähnen:

Früher wurden die Seiden nach dem Abkochen vielfach abgequetscht. Dieses Verfahren hat man jedoch heutzutage vollständig fallen gelassen, um jedes Aufrauhen der Seide zu vermeiden. Die einzigste Seide, wo das Abquetschen noch in Betracht kommt, ist Minchewtrame. Sodann ist zu bemerken, daß Kordonet- oder Nähseiden, wie überhaupt hartgezwirnte Seiden, vor dem Masten eingenetzt werden, d. h. es werden die ganzen Pakete in warmem Wasser mindestens 2 Stunden eingeweicht, vielfach läßt man sie auch über Nacht in lauwarmem Seifenwasser liegen. Darauf wird geschwungen, und jetzt erst werden die Pakete geöffnet und in der Masterei die Seide auf Stöcke gemacht. Darauf wird ebenso wie bei den anderen entweder auf Barke oder im Apparat abgekocht. Schappe wird meistens auf Schaum abgekocht, 20 Minuten, oder auf der Barke eine $^1/_2$ Stunde. Vielfach wird beim Abkochen der Schappe 4% Soda zugesetzt und an der Seife gespart. Bei der Schappe findet man hin und wieder, daß nach dem Abkochen nicht repassiert wird. Ebenso werden auch Kordonett- und Nähseiden, wenn sie nicht auf Schaum abgekocht werden, unter Zusatz von 2% Soda zum Seifenbad entbastet. Sowohl bei der Schappe als auch bei den Kordonettseiden handelt es sich beim Abkochen mehr um eine Reinigung von den während des Zwirnprozesses verwandten Gleitstoffen, als um eine tatsächliche Entbastung.

Eine abweichende Behandlung beim Abkochen erfordert die Tussah, weil bei der Tussah der Bast mit dem Seidenfibroin in ganz anderer Weise verbunden ist als bei der realen Seide. Dieselbe wird in Wasser bei 30—40° C eingenetzt und dreimal umgezogen. Dann gibt man ein neues Bad mit 5% Soda, etwa 30° C warm, worauf ebenfalls 3mal umgezogen wird. Nach dieser Vorbehandlung wird 20 Minuten im Schaum oder $^1/_2$ Stunde auf der Barke abgekocht. Hinterher wird bei 50° C repassiert. Von gelbbastigen Seiden wird nur Organzin auf der Barke entbastet. Die gelbe Italienertrame wird 30 Minuten im Schaum abgekocht.[1]

Über Vorteile oder Nachteile des Abkochens auf der Barke oder im Schaumabkochapparat gehen die Ansichten noch verschiedentlich aus-

---

[1] Ley: Technologie der Seide, S. 155. Berlin: Julius Springer 1929.

einander. Daß aber die Vorteile des Schaumabkochens bezüglich Ersparnis an Material und Zeit und vor allem bezüglich der Schonung der Seide dazu angetan sind, das Abkochen auf der Barke immer mehr in den Hintergrund zu drängen, ist durch eingehende Versuche hinreichend bewiesen.

3. Das Abkochen der Stückware.

Das Abkochen der Stückware geschieht ebenso wie bei Strang auch bei Stück entweder auf der Barke oder auf Apparaten, wobei aber zu bemerken ist, daß das Abkochen bei erschwerter Seidenstückware teilweise auch nach dem Erschweren geschieht, weil dann das Gewebe durch die Quellung des Seidenfadens bereits einen besseren Halt in sich hat, als dieses vorher der Fall war.

Das Abkochen der Stückware auf der Barke geschieht, indem man die, wie S. 6 bereits beschrieben, in Halbenform gebrachten und genähten Stücke mit den Schlaufen über einen Stock hängt und nun in das Seifenbad einbringt. Auf das Abkochen selbst kommen wir nachher noch zurück.

Eine andere Form des Abkochens geschieht auf dem „Stern“. Sie findet jedoch nur für breite Stücke Verwendung, während schmälere und besonders leichtere Gewebe in Halbenform auf der Barke abgekocht werden.

Der eigentliche Abkochstern besteht aus einer Zusammenstellung von zwei sechsarmigen Sternen, die an den beiden Enden einer drehbaren Mittelachse eingefügt sind. Die Arme des Sternes tragen an der Innenseite eine Führung, in die Aluminium- oder Messingstangen hineinpassen. Man befestigt den Anfang des Stückes an einer dieser Stangen durch Festbinden oder Festklammern, legt diese Stange in die Führung und bindet sie unten in der Nähe der Achse fest. Darauf dreht man den Stern, legt in die Führung des nächsten Armes eine Stange und leitet den Stoff darüber. Dann folgt der dritte, vierte, fünfte und sechste Arm in dergleichen Weise. Man legt jetzt auf die erste Stange eine neue, leitet den Stoff darüber und setzt dieses nun solange fort, bis das ganze Rad gefüllt ist. Damit das Gewebe auch an den Stellen, wo die Stange aufliegt, abgekocht wird, ist in den Führungen durch Anbringen elastischer Zungen Fürsorge dafür getroffen, daß die Stangen sich in einem gewissen Abstand befinden und sich nicht gegenseitig berühren. Natürlich wird bei der Beschickung dieses Sternes eine große Anzahl von Stücken aneinandergenäht werden müssen. Man ist daher beim Arbeiten mit dem Stern in der Lage, bedeutend mehr Stücke abkochen zu können, als dieses in der gleichen Zeit beim Abkochen auf der Barke möglich wäre. Der so mit den Stücken beschickte Stern wird dann in die Höhe gewunden und in eine viereckige Holzbarke auf ein Achsenlager niedergelassen. Die Barke ist mit Seifenlösung gefüllt, und zwar so hoch, daß der Stern vollständig bedeckt ist und nicht etwa aus der Flüssigkeit herausragt. Der Bau und die Arbeitsweise des Apparates ist aus der Abb. 4 zu ersehen, die einen derartigen Stern der Firma Zittauer Maschinenfabrik AG., Zittau, darstellt.

Eine andere Form des Sternes, die man auch verschiedentlich vorfindet, ist folgende:

Der Träger der Seidenstücke ist ebenfalls ein sechsarmiger Stern, der an einer verstellbaren Hängevorrichtung befestigt ist. An der

Abb. 4. Sternabkochapparat von Zittauer Maschinenfabrik AG. Zittau.

Unterseite der Sternarme befindet sich eine Reihe kleiner Häkchen, die sich von der Mitte des Sternes bis zum Ende der Arme einzeilig erstreckt. Auf diese feinen Häkchen steckt man dann die Stücke mit der Kante auf und füllt den Stern so durch ein entsprechendes Drehen, von der Mitte ausgehend bis zum äußersten Rande, daß der Stoff, ebenso wie bei dem anderen Stern, in sechsseitiger Form befestigt ist. Die Stücke sind nur an der einen Kante befestigt, mit der gegenüberliegenden Kante schweben sie frei. Oder es befindet sich an dem Apparat unten noch ein zweites Rad, mit dem oberen durch eine dünnere Achse verbunden. Das untere Rad hat dann ebenfalls kleine Häkchen zum Befesti-

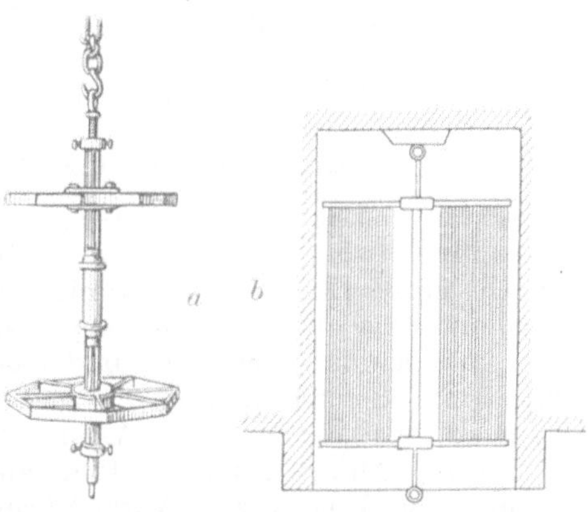

Abb. 5. Hängender Stern. a). Ansicht. b) Schnittzeichnung des beschickten Sterns.

gen der Gewebe. Eine derartige Konstruktion, Fabrikat der Zittauer Maschinenfabrik AG., Zittau, gibt die Abb. 5 wieder.

Der so beschickte Stern wird hochgewunden und langsam in eine viereckige oder runde Barke, in der sich die Seifenlösung befindet, eingesenkt, bis der Stern selbst oben in der Lösung eben eingetaucht ist. Das Eintauchen hat vorsichtig zu geschehen, damit sich der Stoff nicht etwa von den Häkchen loslöst.

Dieses sind die drei hauptsächlichsten Formen, in der die Seiden-

gewebe im Stück abgekocht zu werden pflegen. Bei feineren oder sich
stark zusammenziehenden Geweben bedient man sich durchweg des
Abkochens auf der Barke mit Stöcken, für gröbere und namentlich für
dickere Stoffe zieht man dagegen das Abkochen auf dem Stern vor.
Wird auf einer Breitwaschmaschine gewaschen, so gestattet dieses auch
beim Abkochen auf der Barke Stücke von größerer Länge ohne Teilung
in Arbeit zu nehmen.

Für sehr schwere und andererseits sehr empfindliche Waren, wie
solche mit Satinbindung in Form von Atlas, Serge usw. bedient man sich
noch eines anderen Apparates, der ein besseres Breithalten und Schonen
der Gewebeoberfläche einerseits, aber auch vollständigere Abkochung

Abb. 6. Abkochjigger von C. A. Gruschwitz AG., Olbersdorf.

andererseits bedingt. Es ist dieses die unter dem Namen Jigger bekannte Einrichtung, die bei der Ausrüstung von Stückwaren überhaupt
eine sehr große Rolle spielt und nicht nur zum Abkochen, sondern in
der Hauptsache zum Färben dient. Meistens werden zwei derartige
Jigger miteinander verbunden und das betreffende Stück als unendliches Band über die Walzen des Jiggers geführt. Ein derartiger Abkochjigger, von der Firma C. A. Gruschwitz AG., Olbersdorf, gebaut,
wie ihn die Abb. 6 zeigt, besteht aus zwei schmiedeeisernen Barken, in deren Innern zur Warenführung zwei Messingleitwalzen und
darüber zwei kupferne Zugwalzen angeordnet sind. Der Antrieb erfolgt
durch Winkelräder. Die Drehrichtung ist umschaltbar. Über den Zugwalzen sind für vertikale Aufwicklungen entsprechende Führungen vorgesehen, ferner sind massive Druckwalzen angebracht, die zum Ausquetschen der Ware dienen, bevor sie aufgewickelt wird. Für ein
möglichst faltenfreies Aufwickeln sind vor den Zugwalzen pendelnde
Breithalter mit Messinggarnitur und fischbauchförmigen Breitstreich-
riegeln zweckentsprechend angebracht.

Das zum Abkochen benötigte Seifenbad besteht in gleicher Weise,
wie bereits beim Abkochen der Strangseide ausgeführt wurde, aus einer

Auflösung von Marseillerseife (100% vom Seidengewicht) in enthärtetem Wasser. Bezüglich der Beschaffenheit dieses Seifenbades sind die üblichen Anforderungen zu stellen, also völlige Klarheit, sehr schwache alkalische Reaktion und die entsprechende Konzentration sowie Temperatur.

Das eigentliche Abkochen der Stücke geschieht entweder auf einer Barke oder im Schaumabkochapparat. Für letzteren Apparat kommt nur die Aufmachung der Stücke in Buchform in Frage, weil hier die Seide eben auf die Haspeln gehängt werden muß. Es sei hier aber gleich vorausgeschicht, daß sich zum Abkochen im Schaum nur Stücke von geringerer Breite, also besonders Bänder, eignen, da bei breiten Stücken der Seifenschaum nicht in der Lage ist, die inneren Lagen des Gewebes so zu durchdringen, als dieses zur Erzielung einer vollständigen Entbastung erforderlich ist, da die Gewebebahnen zu dicht aufeinanderliegen.

Das Abkochen auf der Barke ist bei Verwendung des Sternes sehr einfach. Der Stern wird vollständig in das kochende Seifenbad eingetaucht und hierin die zum Abkochen benötigte Zeit belassen. Man dreht den Stern hin und wieder ganz leicht, um eine geringe Bewegung des Bades zu veranlassen. Im übrigen aber ist das Gewebe auf dem Stern so locker gespannt, daß die Seifenlösung leicht überall Zutritt hat. Bei der hängenden Form des Sternes ist darauf zu achten, daß man nicht zu schnell in das Seifenbad hineinhängt, vielmehr muß man der Seifenlösung Gelegenheit geben, das Gewebe gleichmäßig zu benetzen. Läßt man diese Vorsicht außer acht, dann beginnen die Stücke auf dem Bade zu schwimmen und lösen sich leicht von den Häkchen Hierdurch wird die ganze Anordnung der Stoffbahnen verwirrt. Sie kleben unregelmäßig zu einem Klumpen aneinander. Abgesehen davon, daß das Entwirren dieses Knäuels schwierig ist, liegt auch die Gefahr vor, daß die Stücke stellenweise nicht abgekocht sind, oder, was noch bedeutend schlimmer ist, daß sich, namentlich bei dichterem Gewebe, auf der glatten Oberseite die gefürchteten weißen Streifen die ,,Blanchissuren'' bilden. An diesen Knickstellen sind die einzelnen Kokonfäden gebrochen, und die vorstehenden Enden erscheinen dem Auge heller in Farbe, auch der Glanz ist geschwunden.

Bei den Stücken, die in Halbenform auf Stöcken abgekocht werden, ist das Abkochen jedoch etwas umständlicher. Wie S. 16 ereits ausgeführt worden ist, kann man die Stücke, die schmäler sind, also besonders Bänder, nachdem sie an der Kante genäht sind, einfach auf Stöcke hängen. Bei den breiten Stücken ist dieses jedoch nicht angängig bzw. nicht empfehlenswert, weil sie leicht an den Barkenwandungen herschleifen. In diesem Falle werden die Halben mit besonderen Schlaufen versehen — meistens zwei auf jeder Seite des Stückes — und mit diesen Schlaufen die Stücke auf den Stöcken aufgehängt. Bei schmaler Ware hängt man die Stöcke mit den Seidenhalben in das Abkochbad und schiebt vorsichtig die Stöcke eine Zeitlang, damit die einzelnen Stücke untersinken. Hat man so die ganze Partie in die Barke eingesetzt, dann werden die Halben umgezogen, was natürlich nicht, wie bei der Strangseide, mit den Hädenn möglich ist. Vielmehr verfährt man so, daß der eine der sich gegenüberstehenden Arbeiter von seiner Seite her unter dem Stock, auf dem das Gewebehalb hängt, einen zweiten Stock herschiebt. Dieser zweite Stock wird von dem gegenüberstehenden Arbeiter gefaßt, darauf heben beide Arbeiter gemeinschaftlich den ersten Stock bzw. das Gewebe mit dem Stock aus dem Bade vollständig heraus. Sodann lassen sie es zur Seite hernieder wieder in das Bad gleiten, hierbei den herausgehobenen Stock vorsichtig aus dem Halb herausziehend, so daß das Halb auf dem zweiten Stock hängt. Man kann natürlich auch so verfahren, daß die Seide auf dem ursprünglichen Stock hängen bleibt und nur mit dem zum Durchstechen benutzten Stock umgezogen wird. Dieses Durchstechen erfordert aber eine gewisse Geschicklichkeit insofern, als ein unvorsichtiges Hineinstechen in das Gewebe, auch schon ein einfaches Herreiben auf der Gewebefläche genügt, um nicht wieder zu beseitigende Schäden hervorzurufen. Aus diesem Grunde findet man vielfach auch, daß die Stöcke, auf die die Halben gehängt werden, vierkantig und auf jeder Seite mit einer Hohlkehle versehen sind, in der der zum Durchstechen benutzte Stock beim Durchstechen hergleitet. Dieser Stock muß gleichmäßig rund poliert und an einem Ende zugespitzt sein. Im übrigen werden, wie bei der Strangseide, die Stöcke während des Abkochens vorsichtig immer wieder durch das Bad geschoben und zwischendurch verschiedentlich umgezogen.

Etwas anders gestaltet sich das Abkochen der breiten Stücke, die mit Schlaufen an den Stöcken hängen, und zwar durchweg an zwei Stöcken, so daß die Halben gewissermaßen wie ein umgekehrter Fallschirm im Bade hängen. Hier kommt ein Umziehen nicht in Frage. Man ist vielmehr darauf angewiesen, in anderer Weise für die Entfernung des Seidenbastes zu sorgen. Es geschieht dieses in der Form, daß die gegenüberstehenden Arbeiter die mit den Geweben beschickten Stöcke aus dem Bade etwa halb bis dreiviertel der Länge des Gewebehalbs herausheben und nun mäßig schnell einige Male seitlich — also in der Längsrichtung der Barke — hin und her bewegen, um sie dann wieder ganz in die Flotte eintauchen zu lassen. Durch dieses Hin- und Herschwenken in der Flotte wird eine gute Durchströmung des Gewebes und Lockerung des Seidenbastes erzielt. Dieses Schwenken, das in diesem Falle einen Ersatz für das Umziehen darstellt, wechselt während des Abkochprozesses mit dem üblichen langsamen Schieben der Stöcke ab.

Eine andere Art des Abkochens, die namentlich dort üblich ist, wo eine Breitwaschmaschine das Verarbeiten sehr langer Stücke ermöglicht, ist folgende:

Die Stücke werden in einer Entfernung von 2 m an beiden Kanten mit einer langen Schlaufe versehen und diese über einen Stock gestreift. Das Gewebe hängt dann mit einer Tiefe von 1 m in der Barke. So kann man mehrere hundert Meter Gewebe in einer Barke abkochen. Das Abkochen geschieht dann einfach durch Schieben der Stöcke auf dem kochenden Seifenbad. Da hierdurch die Stückware bei dieser Art der

Abkochung auf beiden Seiten von dem Seifenbad umspült wird, erübrigt sich jegliches Umziehen oder sonstiges Hantieren, was nur eine Schonung des Gewebes bedeutet. Obendrein bietet diese Art des Abkochens noch den Vorteil, daß die Stücke nach dem Abkochen und Repassieren direkt der Breitwaschmaschine zugeführt werden können durch einfaches Herauslösen der seitlichen Schlaufen.

Die Dauer des Abkochens richtet sich nach der Art des Gewebes, je nachdem, ob dasselbe dichter oder dünner angelegt ist. Hier muß man sich nach der Erfahrung der Praxis richten. Immerhin sind 1—2 Stunden beim Abkochen das Normale. Es gibt natürlich auch Gewebe, die längere Zeit zum Abkochen beanspruchen. Im übrigen ist es bei Geweben leichter als bei Strangseiden zu erkennen, ob sie genügend abgekocht sind, da durchweg gelbbastige Grègen bzw. gefärbte Krepps verwandt werden und eine ungenügende Abkochung durch gelbe Flächen auffällt.

Sind die Stücke abgekocht, geht man mit denselben auf eine dünne Repassierseife mit einem Seifengehalt von 20% des Seidengewichtes und behandelt hierauf etwa $^3/_4$ Stunde. Sodann gibt man zwei warme Wasser, von diesen das erste vielfach mit einem Zusatz von Ammoniak. Dieses Abwässern geschieht auf besonderen Barken, auf die die Stücke übergesetzt werden. Bei den Sternapparaten läßt man die Seifenlauge ablaufen und füllt dann die Barke von neuem mit Wasser. Im Großbetriebe hat man auch mehrere für den Stern passende Barken. Man arbeitet dann in der Weise, daß der Stern mittels einem auf einer Laufkatze befindlichen Kran hochgewunden und auf die andere Barke, die inzwischen mit Wasser gefüllt wurde, übergesetzt wird. Vielfach findet man auch, daß die Stücke vom Stern abgenommen und dann auf einer Maschine gewaschen werden, die ebenso eingerichtet ist wie die in der

Abb. 7. Breitwaschmaschine der Zittauer Maschinenfabrik A G. Zittau.

Stückfärberei üblichen Färbeapparate. Die Einrichtung dieser Apparate wird später bei dem Färbeprozeß näher besprochen werden.

Eine besondere Art direkter Waschmaschinen, die man auch in verschiedenen Betrieben vorfindet, besteht aus einer Anordnung mehrerer Bassins, in denen ein ständiger Kreislauf von frischem Wasser vor sich geht. In jedem dieser Bassins befindet sich eine Anordnung drehbarer Walzen, wie man sie z. B. in den Jiggern vorfindet. Über diese Walzen werden die Stücke, wie sie von der Repassierseife kommen, geleitet, passieren jetzt die verschiedenen Bassins und verlassen das letzte Bassin im ausgewaschenen Zustand. Wie sie vor dem Eintritt in die Waschbassins von einer Walze ablaufen, werden sie nach dem Waschen auf eine neue Walze aufgedreht.

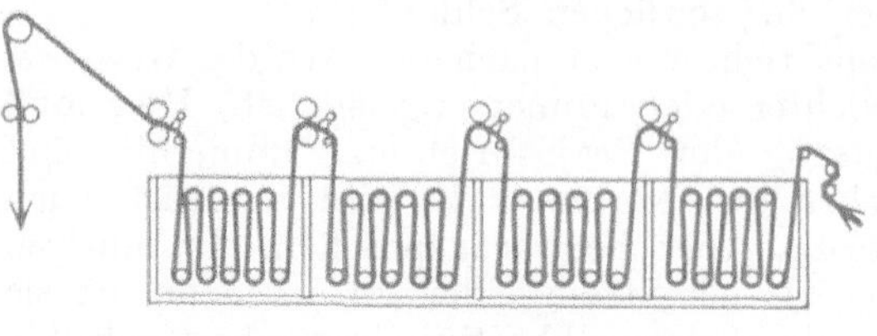

Abb. 8. Schematischer Querschnitt der Abb. 7, den Lauf der Ware darstellend.

Die Einrichtung einer derartigen Breitwaschmaschine geht aus den Abb. 7 u. 8 einer solchen, wie sie von der Zittauer Maschinenfabrik AG., Zittau, gebaut werden, hervor.

Sollen die Stücke erschwert werden, dann säuert man jetzt in gleicher Weise wie bei Strangseide mit 5—10% des Seidengewichtes an Salzsäure ab. Handelt es sich dagegen um unerschwerte Ware, die nur gefärbt werden soll, dann wird sie nach dem letzten Wasser ausgeschleudert.

Zum Ausschleudern können die Stücke, die in Buchform aufgemacht worden sind, einfach in dieser Form belassen und in die Schleuder gelegt werden. Bei den Stücken, die auf dem Stern abgekocht worden sind, ist es jedoch erforderlich, die Stücke erst abzunehmen und in eine zum Schleudern geeignete Form zu bringen. Dies besteht entweder darin, daß man das Gewebe auf Rollen aufdreht, oder daß man es in Buchform umhaspelt. Beim Ausschleudern ist sehr große Sorgfalt darauf zu verwenden, daß die Stücke glatt und möglichst ohne Falten in die Zentrifuge gelangen, da größere Falten

Abb. 9. Zentrifuge für Stückware.

identisch werden mit den so üblen Blanchissuren. Werden die Stücke auf Walzen aufgedreht, dann gibt es auch besonders große Schleudern, in denen die Walzen eingelegt werden können, wie aus Abb. 9, die ein von der Firma C. G. Haubold, AG., Chemnitz, gebautes Fabrikat darstellt, zu ersehen ist.

Das Ausschleudern hat natürlich mit entsprechender Schnelligkeit des Zentrifugenlaufens zu geschehen, da die Flüssigkeit in den dichten Geweben noch stärker zurückgehalten wird, als dieses bei den Strangseiden der Fall ist.

Wenn bereits bei dem Abkochen der Strangseide ausgeführt wurde, daß dieser ersten Behandlung im Veredlungsprozeß große Sorgfalt zu schenken ist, so ist hier das gleiche zu sagen. Ist die Abkochung keine genügend sorgfältige gewesen, dann kann auch nicht verlangt werden, daß die übrigen Behandlungsweisen einwandfrei verlaufen. Bei der Stückware kommt aber noch hinzu, daß hier der erste Anlaß zu den nicht mehr zu entfernenden Brüchen gegeben ist. Das Gewebe ist vom Abkochen schlüpfrig und neigt daher leicht zu Verschiebungen im Gewebe und zu Beschädigungen.

Es bleibt jetzt noch zu erwähnen, daß man bei sehr losen Geweben, wie z. B. Lumineuxbändern, Japons, Voiles usw. das Abkochen nicht vor der Erschwerung, sondern nach derselben vornimmt, um eben ein Verschieben des Gewebes vor der Erschwerung zu vermeiden. Der noch vorhandene Bast verleiht in diesem Falle dem Gewebe einen besseren Zusammenhang als der abgekochte glatte Grègefaden.

Ferner wäre sodann hier zu erörtern, in welchem Falle man die Abkochung auf dem Stern oder dieselbe in Buchform vorzieht. Hierzu ist zu bemerken, daß man zum Abkochen in Halben oder auf Stöcken nur leichte Gewebe nehmen kann, wie Crêpe de Chine, Lumineux, Voiles, Japons, Musselines u. a. m. Diese leichten Gewebe gestatten ein leichtes Durchdringen des Gewebes mit Flüssigkeit, wenn man die Meterzahl nicht zu groß nimmt und mithin nicht zuviel Lagen aufeinanderliegen. Zum Abkochen auf dem Stern sind dagegen dichtere Gewebe, wie Crêpe Maroccain, Crêpe Georgette, Foulards, Satins, sowie alle gemischten Seidengewebe geeignet. Man kann natürlich auch die leichten Gewebe auf dem Stern abkochen, muß aber gewisse Vorsicht walten lassen. Damit sie sich vorschriftsmäßig zusammenziehen können und nicht etwa den Crêpecharakter verlieren, ist es erforderlich, sie dann sehr locker aufzudrehen bzw. aufzuhängen.

Zu bemerken ist noch, daß man das vollkommene Entbastetsein der Stücke am besten an den Enden derselben erkennt, wo das Gewebe dichter ist.

Wie schon oben ausgeführt wurde, kocht man breite Ware durchweg vor der Erschwerung ab. Bei schmaler und dünner Ware, z. B. Lumineuxbändern oder einzelnen Voiles, kocht man dagegen erst nach der Erschwerung mit Wasserglas ab. Man stellt die Seide, nachdem sie vom Wasserglas aufgeworfen und genügend abgetropft ist, auf ein 60° C warmes Seifenbad, etwa 10% Seife vom Gewicht der Seide enthaltend und kocht dann zweimal je $1/_2$ Stunde mit 20% Seife (vom Seidengewicht) ab. Und zwar schiebt man zuerst die Gewebe $1/_2$ Stunde, ohne umzuziehen. Darauf wirft man auf, wärmt das Bad nochmals auf 80° C, zieht jetzt um und schiebt wieder $1/_2$ Stunde. Nach dem Abkochen wird zweimal je 20 Minuten auf einer dünnen Seife (5% vom Seidengewicht) bei etwa 80° C repassiert. Dann wird entweder eine schwache Seifenlösung als Abkühlseife bei 50° C gegeben, oder man gibt zwei Weichwasser, das erste 30° C warm und das zweite kalt mit Zusatz von 4% Ammoniak (vom Seidengewicht). Die Einwirkungsdauer der letzten Bäder beträgt ungefähr je 20 Minuten. Hiernach wird geschwungen.

Beim Abkochen im Schaumabkochapparat fällt die Vorbehandlung mit der dünnen Seife fort, man hängt direkt nach dem Wasserglas im Apparat auf. Und zwar wird hier 20 Minuten abgekocht mit dreimaligem Drehen, zu Beginn, nach der 7. und nach der 15. Minute. Nach dem Schaumabkochen wird ebenfalls repassiert. Daran anschließend wird die Seide $^1/_2$ Stunde auf einem 30° C warmen Weichwasser mit etwas Ammoniak behandelt, dann nochmals ein Weichwasser gegeben und 5—7 Minuten ausgeschleudert. Zu bemerken ist noch, daß die Seife im Schaumabkocher ebenso wie bei der Strangseide vier- bis fünfmal gebraucht werden kann. Sie eignet sich aber nicht als Bastseife zum Färben, da die von der Seife aus der Faser losgelösten Zinnanteile zu Störungen und Fleckenbildungen Anlaß geben können.

Bei Seidenstückware, die Tussah, Schappe oder Baumwolle enthalten, wird zum besseren Reinigen dem Seifenbade ein Zusatz von Soda, Pottasche, Silikat oder Natronlauge gegeben. Ferner erfordern auch die Mischseidengewebe mit Wolle eine besondere Abkochung. Hierauf wird aber später noch zurückzukommen sein.

Erwähnt sei schließlich noch, daß das Abkochen mit Natronlauge unter Zufügung von Schutzkolloiden gerade bei Seidenmischgeweben vielfach große Beachtung gefunden hat.

Nach dem Abkochen und der letzten Repassier- oder Reinigungsseife wird entweder in der Zentrifuge ausgeschwungen, oder man gibt vorher ein Wasser und säuert dann ab, indem man die Seide auf einem Salzsäurebad, das 10% Säure vom Gewicht der Seide enthält, etwa $^1/_2$ Stunde 20—30° C warm umzieht, darauf wird ausgeschwungen.

Empfehlenswert ist es, Seiden, die nach dem Abkochen nicht sofort in die Pinke eingelegt werden können, nicht von der Seife liegenzulassen, sondern sie abzusäuern, weil eine längere Einwirkung der Seife durch Freiwerden von Fettsäure der Seide nicht zuträglich sein kann. Auch kann eine derartige, nicht abgesäuerte Seide der Sitz von Bakterien und Schimmelpilzwucherungen werden, wodurch die Seide unweigerlich zerstört wird.

Bevor man in die Pinke eingeht, empfiehlt es sich, die Seide aufzulockern, in dem man die durch das Ausschleudern festgepreßten Handvoll oder Halben mit der Hand wieder auflockert, weil dadurch ein gleichmäßiges Benetzen der Seide mit der Pinke erzielt wird, während im anderen Falle die vom Schwingen fest zusammengepreßte Seide an einzelnen Stellen für die Pinke undurchlässig sein wird.

4. Andere Entbastungsverfahren.

Die Seife als Entbastungsmittel zu ersetzen, hat es nicht an Versuchen gefehlt, wenngleich auch von vornherein bemerkt sein mag, daß diesen Versuchen kein durchgreifender Erfolg beschieden gewesen ist. Immerhin mögen aber im nachstehenden die wichtigsten dieser Verfahren Erwähnung finden.

Ein Verfahren, einfach mit Wasser unter Druck zu entbasten, ist Gegenstand des DRP. 301 255 der Elberfelder Farbenfabriken.

Die Seife durch Anwendung schwach alkalischer Superoxydlösung zu ersetzen, ist ein durch das DRP. 335 777 1916 Bonwitt & Goldschmidt geschütztes Verfahren. Ein Verfahren, das sich in einzelnen Fabriken eingebürgert hat, ist das Abkochen mit Natronlauge, der zum Schutz der Seidenfasern Schutzkolloide, wie Glykose, Glyzerin und Protektol, zugefügt wird. Man arbeitet mit 1—1,5 gradiger Natronlauge bei etwa 30—40° C.

Schließlich sei noch eines Verfahrens gedacht, das für gewisse Zwecke sicher gut zum Entbasten geeignet sein wird, das ist die Entbastung mit Pankreatinpräparaten. Hierhin zählt z. B. das durch DRP. 297 394 und 297 786 geschützte Degomma-Verfahren von Böhm & Haas. Daß die Einwirkung der Enzyme bei der Lockerung des Serizins eine gute Hilfe darstellen kann, ist ohne Zweifel.

Auf die Versuche, die Temperatur beim Abkochen durch Anwendung des Vakuums zu erniedrigen und die Schaumkraft der Seife durch organische, eiweißartige Stoffe zu ersetzen, sei der Vollständigkeit halber hingewiesen.

III. Das Erschweren der Seide mit Zinnphosphat.

Es muß hier eine kurze Betrachtung vorausgeschickt werden über den Begriff „Erschweren, Beschweren, Erschwerung, Beschwerung", da dieselben auch heute noch vielfach durcheinander gemengt werden. Der diesem Abschnitt zugrunde liegende Veredlungsvorgang bezweckt eine Quellung des Seidenfadens durch Ablagerung von Erschwerungsstoffen im Innern der Fasern. Nicht dagegen wird eine Erhöhung des Gewichtes, also eine Beschwerung des Fadens beabsichtigt. Aus dem Grunde ist der zu schildernde Vorgang der Fadenquellung als eine Erschwerung anzusprechen. Bei einem Beschweren der Faser würde die Beschwerung zur Hauptsache auf den Faden, nicht in demselben sitzen. Des weiteren ist zu bemerken, daß der Arbeitsvorgang das „Erschweren" ist, während die Stoffe, die in der Faser abgelagert werden, die Erschwerung bilden. Allerdings hat es sich in der Praxis herausgebildet, allgemein von einer Erschwerung, also Erschwerungsvorgang, Zinnerschwerung, Erschwerungsraum usw. zu sprechen, jedoch niemals von Beschwerung.

War der Anfang der Veredlungsvorgänge der Seide, das Entbasten, verhältnismäßig einfach, so begegnen wir jetzt bei dem zweiten Vorgang, nämlich dem Erschwerungsprozeß der Seide, bereits großen Verschiedenheiten. Je nachdem, ob es sich um farbige Seiden oder Schwarz handelt, ist die Art des Erschwerens verschieden, und es ist, um die Übersicht des Ganzen nicht zu erschweren, nicht möglich, in diesem Abschnitt alle Erschwerungsvorgänge im einzelnen zu beschreiben. Es ist dieses schon aus dem Grunde nicht möglich, weil namentlich bei Schwarz der Erschwerungs- und Färbeprozeß teils in eins verschmilzt, teils weil sich hier manche Erschwerungsverfahren als Zusammenstellung von verschiedenen Arbeitsarten, nämlich Erschweren und Färben erweisen, so z. B. Eisen-, Zinn-, Katechu- und Hämatinerschwerung. Es soll daher in diesem Abschnitt nur der wichtigste und eigentlich grundlegendste der Erschwerungsvorgänge, nämlich das Zinnphosphaterschwerungsverfahren, zur Sprache gebracht werden, während die Weitererschwerungen oder die Sondererschwerungen bei den Abschnitten über „farbige Seiden" und „Schwarzseiden" besprochen werden. Das Zinnerschwerungs- oder einfach „Pink"-Verfahren bildet wohl obendrein heutzutage die Grundlage für alle Arten Erschwerungen der Seide; es ist gewissermaßen der Grundstein, auf dem sich die heutige Seidenfärberei aufbaut, so daß eine ausführliche Besprechung desselben unerläßlich ist.

1. Die benötigten Rohstoffe.

Bevor in die Besprechung des eigentlichen Erschwerungsvorganges eingetreten wird, soll die Beschreibung der zur Erschwerung benötigten Rohstoffe vorausgeschickt werden.

Die bei dem Pinkverfahren in Frage kommenden Stoffe sind folgende: a) Zinnchloridlösung, b) Natriumphosphatlösung, c) Seife, d) Salzsäure, e) Wasser.

a) Zinnchloridlösung. Die Zinnchloridlösung wird aus dem im Handel erhältlichen konzentrierten Chlorzinn hergestellt. Dieses konzentrierte Chlorzinn, gewöhnlich als Schwerbeize bezeichnet, wird entweder in der Weise hergestellt, daß Blockzinn in Salzsäure gelöst und mit flüssigem Chlor (früher Salpetersäure) oxydiert wird, oder indem verzinnte Bleche nach geschütztem Verfahren mit flüssigem Chlor entzinnt werden. Die auf die eine oder andere Art erhaltene Lösung wird dann in der Weise mit Wasser eingestellt, daß sie 21—22% metallisches Zinn enthält. Vielfach findet man auch das 50%ige flüssige Chlorzinn oder festes Chlorzinn im Handel, das dann in den Färbereien in gegeeigneter Weise mit Wasser bis zu einem Gehalt von 21% metallischem Zinn, wie die übliche Schwerbeize, verdünnt wird. Aus dieser Schwerbeize werden durch Verdünnen mit Wasser Lösungen mit 8—10% metallischem Zinngehalt sog. dünne Pinke oder 14—16% sog. dicke Pinke hergestellt. Die Spindelung dieser verdünnten Chlorzinnbäder beträgt 20—22° Bé oder 28—30° Bé. Zu diesen verdünnten Bädern wird sodann ein Zusatz von Salzsäure gemacht, und zwar in der Weise, daß der Gehalt an freier Säure 0,5—1 oder 1,5% beträgt. Diese derart vorbereiteten Chlorzinnbäder stellen die in den Seidenfärbereien üblichen Pinken dar. Die chemische Untersuchung der Pinken hat sich zu erstrecken auf:

1. Bestimmung des Zinngehaltes, 2. Bestimmung der Gesamtsäure, 3. Bestimmung des Säureüberschusses, 4. Bestimmung des Kochsalzes, 5. Nachweis von Verunreinigungen.

1. Bestimmung des Zinngehaltes. Für die genaue Bestimmung des Zinngehaltes verfährt man in der Weise, daß eine abgewogene Menge Pinke, etwa 1 g, in einem Literglase mit 500 cm³ ausgekochtem kohlensäurefreiem destilliertem Wasser kochend heiß übergossen wird. Man läßt absitzen und gießt die überstehende klare Flüssigkeit durch

ein quantitatives Filter mit der Vorsicht, daß möglichst wenig des Niederschlages auf das Filter gelangt. Diesen Vorgang wiederholt man 2—3 mal, bringt jetzt den Niederschlag sorgfältig auf das Filter und wäscht solange aus, bis das Filtrat keine Chlorreaktion mehr zeigt. Das Filtrat wird zurückgestellt, um nachher das Gesamtchlor zu bestimmen; der Niederschlag dagegen wird getrocknet und geglüht. Dieses Glühen hat mit der Vorsicht zu geschehen, daß zuerst mit einer kleinen Flamme erhitzt wird bis zur vollständigen Veraschung, um eine Reduktion des Zinnoxydes zu vermeiden. Das weitere Glühen geschieht in üblicher Weise am Gebläse. Nach dem Erkalten wird gewogen, und zwar mit der Vorsicht, daß die Wägung sehr schnell vor sich gehen muß, weil der Niederschlag äußerst wasseranziehend ist. Der Niederschlag mal 0,78808 genommen, ergibt den Gehalt an metallischem Zinn in der angewandten Menge Chlorzinn.

Eine zweite, nicht völlig so genaue, jedoch als Betriebsanalyse sehr zu empfehlende Bestimmungsmethode des Zinngehaltes ist die titrimetrische mit Eisenchloridlösung[1]. Hierzu sind erforderlich: 1. Eisenchloridlösung, von der 1 cm³ 0,01 g Zinn entspricht, 2. Stärkelösung, 3. ein Jodindikator, der hergestellt wird aus je 100 g Jodkalium, destilliertem Wasser, Jodwasserstoffsäure (1,7) und 33 g Kupferjodür. Es empfiehlt sich, dem fertigen Indikator einige Kupferspäne beizufügen und ihn nicht eher zu verwenden, als er fast farblos geworden ist und auf Stärkelösung nicht mehr einwirkt. Die Ausführung der Bestimmung geschieht in folgender Weise: 20 cm³ Pinke werden mit destilliertem Wasser zu 200 cm³ verdünnt, von dieser Mischung mißt man 10 cm³ in einen 500 cm³-Kolben ab, fügt 1 g Aluminiumdrehspäne hinzu und 5 cm³ Salzsäure. Es tritt lebhafte Wasserstoffentwicklung ein, die man, um Verluste zu vermeiden, durch Abkühlen des Kolbens herabmindert. Nach der Umsetzung fügt man nochmals 10 cm³ Salzsäure hinzu und erhitzt vorsichtig im Kohlensäurestrom bis zur Lösung. Statt des Arbeitens im Kohlensäurestrom ist als bequemer das Arbeiten unter Luftabschluß in sog. Reduktionskolben zu empfehlen. Nach dem Abkühlen setzt man Stärke und Indikator hinzu und titriert ebenfalls im Kohlensäurestrom bis zur bleibenden Blaufärbung. Die verbrauchten Kubikzentimeter mal 0,01 ergeben den Gehalt an metallischem Zinn in 1 cm³ Pinke. Unter Berücksichtigung des spezifischen Gewichtes der Pinken lassen sich die Volumprozente an erhaltenem Zinn in die Gewichtsprozente umrechnen. Die Arbeitsweise gibt mit der quantitativen Bestimmung sehr gut übereinstimmende Ergebnisse und ist bequem in $^1/_2$ Stunde erledigt.

Eine ähnliche Arbeitsweise, bei der jedoch das Arbeiten im Kohlensäurestrom und mit dem nicht billigen Indikator vermieden wird, ist folgende: 25 cm³ der mit Wasser im Verhältnis 1:10 verdünnten Pinke werden in einen 250 Erlenmeyer pipettiert, Aluminiumspäne oder besser granuliertes Zink sowie 10 cm³ Salzsäure 1,19 hinzugefügt. Man läßt stehen, bis jegliche Gasentwicklung beendigt und das Zinn

---

[1] Siehe Th. Goldschmidt, Chem.-Ztg. **1905**, S. 179 u. 276.

vollständig abgeschieden ist. Dann setzt man 25 cm³ Salzsäure 1,19 hinzu, verschließt den Kolben mit einem durchbohrten Stopfen und erhitzt bis zur vollständigen Lösung. Die heiße Lösung wird dann sofort mit eingestellter Eisenchloridlösung titriert bis zur bleibenden Gelbfärbung. Bei Verwendung von Aluminiumgrieß oder Spänen ist wegen der schnellen Reduktion abzukühlen und dann sofort in Salzsäure wieder zu lösen, wodurch die Zeitdauer der Bestimmung wesentlich abgekürzt wird, gegenüber der Reduktion mit Zink.

Ein weiteres, besonders für den Betrieb geeignetes Untersuchungsverfahren ist das von Zschokke[1]. Zu demselben benötigt man $^1/_{10}$n-Kaliumbromatlösung, die in 1 l 2,7837 g Kaliumbromat enthält, und deren Titerstellung mit Jodkalium und $^1/_{10}$n-Natriumthiosulfatlösung geschieht. Die Ausführung des Verfahren ist folgende:

20 cm³ Pinke werden auf 200 cm³ verdünnt und von dieser Lösung 10 cm³ zur Bestimmung verwandt. Die 10 cm³ werden in einem Kolben von 250 cm³ Inhalt mit 0,5—1 g Aluminiumgrieß und 25 cm³ Salzsäure (25%) versetzt. Um Verluste zu vermeiden, versieht man den Kolben mit einem Kugelaufsatz. Ist die stürmische Entwicklung vorüber, so erhitzt man bis zur vollständigen Lösung und titriert heiß bis zur bleibenden Gelbfärbung. Die verbrauchten Kubikzentimeter Kaliumbromatlösung mal 0,00595 genommen, entsprechen Grammen metallischen Zinns. Auch diese Arbeitsweise hat den Vorzug, in sehr kurzer Zeit erledigt zu sein und gibt bei entsprechender Übung einwandfreie Ergebnisse.

2. Bestimmung der Gesamtsäure. Diese Bestimmung kann geschehen:

a) Im Anschluß an die S. 26 erwähnte gewichtsanalytische Bestimmung des Zinnes, indem man das Filtrat vom Zinnhydroxyd mit Phenolphthalein und $^1/_{10}$n-Natronlauge bis zur bleibenden Rotfärbung titriert. Es empfiehlt sich, von der gefundenen Zahl eine Berichtigung abzuziehen für den Laugenverbrauch, der dem Kohlensäuregehalt des destillierten Wassers entspricht. Die verbrauchten Kubikzentimeter $^1/_{10}$n-Lauge mal 0,00365 entsprechen Grammen azides Chlor in der angewandten Menge Pinke.

b) Durch unmittelbare Säurebestimmung. 10 cm³ der im Verhältnis 1:10 verdünnten Pinke werden in einem 200 cm³-Kolben abgemessen und mit heißem Wasser bis zur Marke aufgefüllt. Darauf wird schnell vom abgeschiedenen Zinnhydroxyd abfiltriert und 100 cm³ abpipettiert. Nach dem Erkalten werden diese 100 cm³ mit $^1/_{10}$n-Natronlauge und Phenolphthalein titriert. Verbrauchte Kubikzentimeter mal 0,073 entsprechen Grammen Salzsäure in 1 cm³ Pinke. Diese Säurebestimmung gibt mit der unter a) aufgeführten Bestimmungsweise genügend übereinstimmende Ergebnisse und ist ihrer Einfachheit halber als Betriebsanalyse sehr gut geeignet.

c) Eine auch vielfach angewandte Säurebestimmung ist die, daß man die genügend verdünnte Pinke unter Belassung des ausgeschiedenen

---

[1] Nach Fichter u. Müller, Chem.-Ztg **1913**, S. 309.

Zinnhydroxydes in der Reaktionsflüssigkeit unmittelbar mit $^1/_{10}$n-Natronlauge und Methylorange titriert. Diese Arbeitsweise kann jedoch weniger Anspruch auf Genauigkeit erheben, weil die Rückwirkung der Lauge auf das ausgeschiedene Zinnhydroxyd doch sehr erheblich ist. Sie hat aber den Vorteil der Einfachheit für sich.

3. **Bestimmung des Säureüberschusses.** Die Bestimmung des Säureüberschusses ist selbstverständlich eine rein rechnerische und geschieht in der Weise, daß man den ermittelten Zinngehalt der Pinke mal 1,19 nimmt. Das erhaltene Ergebnis in Abzug gebracht von der bei der Gesamtsäurebestimmung ermittelten Menge aziden Chlors ergibt den Überschuß oder das Fehlende an freier Salzsäure in der Pinke.

4. **Bestimmung des Kochsalzes.** Die Bestimmung des Kochsalzes wird am besten im Anschluß an die Säurebestimmung nach a) vorgenommen. Man versetzt das vom Zinnhydroxyd erhaltene Filtrat nach der Säurebestimmung mit einigen Tropfen Kaliumchromatlösung und titriert mit $^1/_{10}$n-Silbernitratlösung bis zum Umschlag vom Zitronengelben ins Rotgelbe. Die verbrauchten Kubikzentimeter abzüglich der für gefundenes Gesamtchlor zu rechnenden mal 0,00585 genommen, ergeben Gramme Kochsalz. Daß natürlich die gewichtsanalytische Bestimmung durch Ausscheidung als Chlorsilber ebenso angängig ist, braucht wohl nicht besonders erwähnt zu werden, ebensowenig wie der Umstand, daß das Zinn bei dieser Bestimmung vorher entfernt werden muß.

5. **Nachweis der Verunreinigungen. Prüfung auf freies Chlor.** Man erhitzt eine kleine Menge Pinke und leitet die übergehenden Dämpfe in eine Jodkaliumlösung, die man mit etwas Stärke versetzt hat. Eintretende Blaufärbung ist beweisend für die Gegenwart von freiem Chlor.

Prüfung auf Kalksalze. Der Nachweis von Kalksalzen und deren quantitative Bestimmung geschieht in der Weise, daß man eine Menge der Pinke von Zinn in der üblichen Weise mit heißem Wasser befreit. Das Filtrat vom Zinnhydroxyd wird mit Ammoniak stark alkalisch gemacht, aufgekocht und Ammoniumoxalat hinzugefügt. Das Entstehen eines weißen Niederschlages, der nötigenfalls quantitativ gesammelt werden kann, ist beweisend für die Gegenwart von Kalk.

Nachweis von Phosphorsäure. Der Nachweis von Phosphorsäure kann in üblicher Weise mittels Ammoniummolydat und Salpetersäure in der Pinke unmittelbar geführt werden. Das Entstehen eines gelben Niederschlages beim Kochen ist beweisend für die Anwesenheit von Phosphorsäure. Zur quantitativen Bestimmung wird der gelbe Niederschlag ausgewaschen, in Ammoniak gelöst, die Phosphorsäure mittels Magnesiamixtur gefällt und als Magnesiumpyrophosphat zur Wägung gebracht.

Nachweis von Metazinnsäure. Der Nachweis von Metazinnsäure geschieht nach **Bayerlein**[1] mit Arsenigsäure-Salzsäure, die hergestellt ist durch Auflösung von 1 g arseniger Säure in 200 cm³ Wasser

---

[1] Färber-Ztg **1907**, S. 241.

unter Zusatz von 15 Tropfen konzentrierter Salzsäure. Beim Überschichten der Pinke mit diesem Reagens bildet sich an der Berührungsfläche bei Gegenwart von Metazinnsäure ein weißer Ring. Das früher übliche Verfahren, die Metazinnsäure mit überschüssiger Natronlauge nachzuweisen, kann aus dem Grunde nicht empfohlen werden, weil die gebrauchten Pinken einerseits Kalk enthalten, andererseits die Natronlauge karbonatfrei sein muß, um das ausgeschiedene Zinnhydroxyd vollständig wieder lösen zu können. Die Reaktion kann sonst leicht zu Irrtümern Anlaß geben.

Nachweis von Salpetersäure. Man mischt die verdünnte Pinke mit etwas Ferrosulfatlösung und unterschichtet mit konzentrierter Schwefelsäure. Das Auftreten eines gelben Ringes spricht für die Gegenwart von Salpetersäure. Der vielfach übliche Nachweis mit Diphenylaminlösung ist zu verwerfen, da die Pinke stets Ferrisalze enthält.

Nachweis von Zinnchlorür. Zinnchlorür kann ohne weiteres durch Zusatz von Quecksilberchlorid nachgewiesen werden, wodurch eine weiße Trübung entsteht.

Nachweis von Schwefelsäure. Der Nachweis kann durch Zusatz von Chlorbarium, wodurch eine weiße Trübung entsteht, geführt werden.

Ammonsalze können durch Zusatz von Neßlers Reagens zu einer mit Natronlauge alkalisch gemachten Probe Pinke erkannt werden an der Gelbfärbung, die das Gemisch hierbei annimmt.

Eisensalze können durch die auf Zusatz von Rhodankaliumlösung auftretende Rotfärbung erkannt werden.

Nachweis von Blei. Man scheidet aus einer Menge Pinke das Zinn durch heißes Wasser ab und leitet in das Filtrat Schwefelwasserstoff ein. Eine schwarze Fällung, die sich nach dem Auflösen in Salpetersäure und Eindampfen dieser Lösung mit verdünnter Schwefelsäure wieder als weißer Niederschlag bemerkbar macht, kann als beweisend für die Gegenwart von Blei angesprochen werden.

Beurteilung der Pinken. Was die äußere Beschaffenheit der Pinken anbelangt, so sollen dieselben vollständig klar sein. Eine weißliche Trübung, die man hin und wieder bei den Pinken beobachtet, kann von verschiedenen Anlässen herrühren. So z. B. kann ein übermäßig hoher Fettsäuregehalt die Pinken trüben, eine leicht auftretende Erscheinung, wenn man mit geseifter Seide in die Pinke eingeht. Eine sehr häufige Trübung — man kann wohl sagen, die häufigste — wird veranlaßt durch zu hohen Gehalt der Pinken an Kalk und Schwefelsäure, wie solches bei gebrauchten Pinken, wenn sie häufiger aufgefrischt worden sind, zu beobachten ist; die Abscheidung in Form von Gips geschieht in so fein verteilter Form, daß ein klares Absetzen meistens große Schwierigkeiten bietet. Eine ähnliche Trübung ist diejenige durch Bleisulfat, die aus verbleiten Geschirren bei zu hohem Schwefelsäuregehalt der Pinke entstehen kann. Vielfach hört man auch, daß das Trübewerden von Pinken auf einer Abscheidung von Metazinnsäure beruhen soll, diese Annahme dürfte jedoch bei den heutigen Herstellungsweisen des Zinnchlorides nicht zutreffend sein, wie überhaupt die Theorie von der Anwesenheit der Metazinnsäure in Pinke auf etwas

schwachen Füßen steht. Die Anwesenheit von Metazinnsäure mag bei
den früheren Darstellungsweisen mit Salpetersäure hin und wieder zu
beobachten gewesen sein, wo heute durchweg mit Chlor oxydiert wird,
ist das Entstehen von Metazinnsäure so gut wie ausgeschlossen.

Ein weiteres Erfordernis ist, daß die Pinken in der Farbe möglichst
wasserhell sind. Eine stark gelbe Färbung spricht für hohen Eisengehalt,
der die Pinken, namentlich bei farbigen Seiden, weniger gut verwendbar
erscheinen läßt.

Häufig beobachtet man starke Blaufärbung der Pinken, es sind
dieses vornehmlich solche, die zum Pinken der blaugemachten Seide
verwandt worden sind. Daß diese Pinken natürlich bei der Verwendung
für farbige Seiden ausschalten müssen, ist wohl ohne weiteres klar.
Vielfach können Pinken auch durch Farbstoffe verunreinigt sein, die
durch äußere Anlässe, wie z. B. Schmieröle der Maschinen (Zentrifugen,
Transmissionen), in dieselben gelangt sind. Die Verwendung solcher
Pinken für farbige Seiden ist natürlich ebenfalls ausgeschlossen.

Ein weiteres Erfordernis, das bei den Pinken sehr zu beobachten ist,
ist die Temperatur. Die günstigste Temperatur ist 12—15° C. Ein
Überschreiten von 15° C muß vermieden werden durch Kühlung der
Pinken, entweder indem man mit Eis gefüllte Gefäße in die Pinke
hineinhängt oder durch Kühlung mit kaltem Wasser bzw. Kühlsole,
die man an den betreffenden Behältern, in denen sich die Pinke befindet,
vorüberfließen läßt. Ebensowenig empfehlenswert wie eine zu hohe
Temperatur ist auch eine zu niedrige. Man soll nie Pinken verwenden,
deren Temperatur sich dem Gefrierpunkt nähert, weil hierdurch unliebsame kristallinische Ausscheidungen entstehen können.

Was nun die Anforderungen anbelangt, die in chemischer Beziehung
an die Pinken zu stellen sind, so wäre hierbei folgendes zu beachten:
Der ermittelte Zinngehalt muß in Übereinstimmung sein mit dem ermittelten Bé-Grad. Sind die Bé-Grade zu hoch gegenüber dem Zinngehalt, so deutet dieses darauf hin, daß die Pinken verunreinigt sind.
Die hauptsächlich in Betracht kommenden Bé-Grade mit entsprechendem Zinngehalt sind nach Heermann[1] folgende:

30° = 13,11% Zinn	26° = 11,35% Zinn	18° = 7,88% Zinn
29° = 12,67% „	25° = 10,91% „	15° = 6,44% „
28° = 12,23% „	22° = 9,75% „	10° = 4,25% „
27° = 11 79% „	20° = 8,67% „	

Es ist darauf zu achten, daß die Gebrauchspinken den niedrigsten
und höchsten Bé-Grad dieser Übersicht nicht zu weit überschreiten.
Namentlich nach unten läuft man leicht Gefahr, wenn nicht der Säuregehalt in dem entsprechenden Maße vermehrt wird, daß Abscheidungen
in der Pinke auftreten.

Sehr wesentlich ist nun bei der Beurteilung der Pinken, daß das Verhältnis von gebundenem zu azidem Chlor, also der sog. Säureüberschuß,
ein dem Zinngehalt entsprechender ist. Von vornherein ist zu beachten,
daß dünne Pinken einen höheren Säuregehalt erfordern als starke

---

[1] Heermann: Chem.-Ztg **1907,** 680.

Pinken. Es sind in den verschiedenen Betrieben bezüglich des Säureüberschusses je nach der Arbeitsweise die verschiedensten Abwechslungen üblich. Als Regel wird man jedoch ansprechen können, daß die Pinken einer Stärke von 20—30° Bé einen Säureüberschuß aufweisen von 0,3—1%, dagegen die Pinken von 20° abwärts einen Säureüberschuß von mindestens 0,6 steigend bis 1,5%. Für manche Arbeitsweisen kommt, wie gesagt, eine Umänderung des Säuregehaltes in Betracht, z. B. wird man Blaupinken niedrig im Säuregehalt halten, dagegen Pinken, in die man mit Rohware eingeht, hoch im Säuregehalt. Durchweg wird man sich jedoch vor basischen Pinken zu hüten haben, da dieselben, wenn sie auch eine bessere Erschwerung liefern, den Seidenfaden teilweise schwächen bzw. zu Trübungen der Seide usw. Anlaß geben können. Ein Zuwenig von Säure läßt sich leicht durch Zusatz von Säure verbessern, ein zu großer Überschuß jedoch nur in der Weise, daß man in die Pinke mit Rohware oder mit geseifter Seide eingeht. Ein Abstumpfen des Säureüberschusses mit Soda ist dagegen zu verwerfen, weil die Bäder dadurch unnötig mit Kochsalz angereichert werden. Was den Gehalt der Pinken an Kochsalz anbelangt, so findet man in jeder gebrauchten Pinke nicht unerhebliche Mengen hiervon. Als äußerste Grenze des Kochsalzgehaltes wird man etwa 10% annehmen dürfen. Ist der Kochsalzgehalt in der Weise angereichert, so empfiehlt es sich, das betreffende Bad bis auf niedrige Grade auszuziehen, so daß der Gehalt an metallischem Zinn etwa 3% entspricht und das Bad dann in die Zinnwiedergewinnung zu geben.

Bezüglich eines Gehaltes an Metazinnsäure, der, wie S. 31 ausgeführt, überhaupt bei der heutigen Darstellungsart zweifelhaft sein dürfte, wird es sich empfehlen, derartige Bäder nicht zu gebrauchen, da es im Bereiche der Möglichkeit liegt, daß Seidenschädigungen auftreten. Es ist dieses jedoch noch ein strittiges Gebiet und liegt ein schlüssiger Beweis für Schäden, die durch Metazinnsäure veranlaßt sein sollen, noch nicht vor. Das gleiche dürfte bezüglich der Salpetersäure auszuführen sein. Ist Salpetersäure tatsächlich vorhanden, so ist natürlich von einer Verwendung der Pinken abzusehen. Die Gegenwart von Zinnchlorür ist ebenfalls in einer Pinke ein seltener Fall. Wenn dasselbe auch für die Seide nicht schädlich sein drüfte — beschwert man doch teilweise Schwarz unmittelbar mit Zinnchlorür —, so ist es jedoch aus dem Grunde zu beanstanden und für Abhilfe zu sorgen (etwa durch Oxydation mit Wasserstoffsuperoxyd), um Trübungen und die Bildung von lästigen Ferrosalzen in den Pinkbädern zu verhindern.

Die Gegenwart von Schwefelsäure wird sich bei gebrauchten Pinken ebenfalls nicht vermeiden lassen und gelangt die Schwefelsäure in die Pinken entweder durch stark gipshaltiges Wasser oder durch stark sulfathaltiges Phosphat hinein. Der Gehalt an Schwefelsäure sollte jedenfalls 1% nicht übersteigen, da sonst Trübungen durch Kalziumsulfat auftreten können. Das vielfach übliche Reinigen der Pinke durch Zusatz berechneter Mengen Schwefelsäure ist jedenfalls nicht zu empfehlen, da derartige Pinken sehr leicht zu Trübungen neigen. Ebenso wie die Schwefelsäure findet sich in jeder gebrauchten Pinke Phosphorsäure und Kalk. Erstere rührt naturgemäß vom Phosphat her, letzterer vom verwandten Wasser. Beide machen sich insofern unangenehm bemerkbar, als bei zu hohem Gehalt an denselben Trübungen von Zinnphosphat und Kalziumphosphat sich einstellen. Während die Phosphorsäure erst in erheblichen Mengen vorhanden sein muß (3—4%), machen sich schon geringe Mengen von Kalksalzen, namentlich bei Gegenwart von Schwefelsäure (0,3—0,5%), durch Gipsabscheidung bemerkbar. Die Abscheidung des Gipses geht übrigens in erheblichem Maßstabe vor sich, wenn die Bäder mit wasserfreiem Chlorzinn auf die Stärke einer Schwerbeize gebracht werden. Es scheidet sich der Gips in feinen Kristallnadeln ab, die sich verhältnismäßig gut absetzen, und von denen sich die klare Zinnlösung bequem abheben läßt. Überhaupt sind bei bezogener Schwerbeize, die durch Verstärkung dünner Pinken hergestellt wurde, die hin und wieder zu beobachtenden Abscheidungen von Kristallnadeln durchweg Gips und genügt ein entsprechend langes Absetzen, um die Schwerbeize einwandfrei zu machen. Was die Anwesenheit von Ammonsalzen anbelangt, so können dieselben aus der Atmosphäre aufgenommen sein, oder sie entstammen dem vielfach üblichen Zusatz von Salmiakgeist zu den Phosphatbädern. Irgendeine Schädigung durch diese Salze ist nicht zu befürchten, höchstens in der Richtung, daß die Bé-Grade beeinflußt werden. Ähnlich wie die Ammonsalze sind die Eisenverbindungen zu bewerten, die sich in jeder Pinke vorfinden. Es ist natürlich klar, daß stark eisenhaltige Pinken, besonders bei farbigen Seiden zu beanstanden sind, zumal in solchen Fällen, wo die fertigen Seiden einer Nachbehandlung mit Rhodanverbindungen oder Thioharnstoff ausgesetzt sind. Im großen und ganzen jedoch sind die Eisenverbindungen nicht so störend, weil sie beim Waschen der gepinkten Seide sich sehr gut entfernen lassen.

Als letzte der Verunreinigungen ist das Blei zu erwähnen, das aus den leider noch vielfach üblichen Auskleidungen der Pinkbarken mit Bleiplatten herrührt. Dieser Bleigehalt kann sich durch Trübungen von ausgeschiedenem Bleisulfat unangenehm bemerkbar machen. Besonders zu beachten ist er jedoch wegen des Umstandes, daß man ihn vielfach als die Ursache der gefürchteten kleinen Faulstellen in den Seiden ansieht. Wenn diese letztere Annahme auch noch des sorgfältigen Beweises bedarf, so hat sich doch vielfach gezeigt, daß nach Entfernung dieser Bleiauskleidung die erwähnten Übelstände verschwanden.

b) Natriumphosphatlösung. Das im Handel befindliche Natriumphosphat wird aus Knochenasche hergestellt, indem man die Knochenasche mit verdünnter Schwefelsäure mehrere Tage digeriert, wodurch eine Lösung von saurem Kalziumphosphat entsteht. Diese Lösung wird mit Soda neutralisiert, vom ausgeschiedenen kohlensauren Kalk abfiltriert und das Filtrat eingedampft. Die erhaltenen Kristalle stellen das in der Seidenfärberei verwandte Natriumphosphat dar.

Ebenso kann es erhalten werden durch Auflösen der natürlich vorkommenden Phosphorite mit Salzsäure und Behandeln der Lösung mit Natriumsulfat. Die in den Seidenfärbereien üblichen Phosphatbäder sind eine Auflösung dieses Salzes in möglichst härtefreiem Wasser im Verhältnis von 110—150 g im Liter.

Was die chemische Untersuchung dieser Phosphatbäder anbelangt, so hat sich dieselbe auf folgendes zu erstrecken: 1. Bestimmung des Gehaltes an Phosphat, 2. Bestimmung des Zinngehaltes, 3. Bestimmung des Sodagehaltes, 4. Nachweis der Verunreinigungen.

1. Gehaltsbestimmung. Die Gehaltsbestimmung der Phosphatbäder kann gewichtsanalytisch genau durchgeführt werden in der bekannten Weise, daß die Phosphorsäure mittels Magnesiamixtur abgeschieden und als Magnesiumpyrophosphat zur Wägung gebracht wird. Eine schnellere und als Betriebsanalyse gut brauchbare Methode ist folgende: Man nimmt 25 cm³ Phosphatbad von bestimmter Temperatur, meistens 40—50°, verdünnt dieselben mit 25 cm³ destilliertem Wasser, fügt Methylorange hinzu und titriert mit n-Schwefelsäure bis zur Rosafärbung. Dann wird aufgekocht. Nach dem Erkalten fügt man 1 Tropfen Phenolphthaleinlösung (nicht mehr!) hinzu und titriert mit n-Natronlauge zurück. Die verbrauchten Kubikzentimeter Natronlauge mal 0,3583 genommen ergeben Gramme Natriumphosphat in 25 cm³ Bad. Es ist zu bemerken, daß unbedingt darauf zu achten ist, daß beim Zurücktitrieren mit Natronlauge das Reaktionsgemisch gut abgekühlt ist, weil sonst die Indikatoren nicht genau genug den Endpunkt der Reaktion anzeigen.

2. Zinnbestimmung. Die Zinnbestimmung kann mittels der S. 27 bereits bei der Pinkuntersuchung beschriebenen Titration mit Eisenchloridlösung vorgenommen werden. Die Titration mit Kaliumbromat dagegen ist hier nicht angängig, weil die Phosphatbäder nach längerem Gebrauch teilweise stark gelb gefärbt sind, so daß der Endpunkt der Reaktion nicht erkannt werden kann. Die gewichtsanalytische Methode durch Ausfällen des Zinns mittels Schwefelwasserstoff ist nicht genau, weil das Zinn in den Phosphatbädern in besonderer Form vorliegt. Will man das Zinn quantitativ ermitteln, so kann man das leicht und bequem nach folgender Vorschrift: 10 cm³ Bad werden mit 5 cm³ Schwefelnatriumlösung (1:4) versetzt, aufgekocht und 2—3 Minuten im Sieden erhalten. Nach kurzem Abkühlen versetzt man die Flüssigkeit mit Salzsäure bis zur stark sauren Reaktion und kann sofort den gebildeten Niederschlag von Zinnsulfid abfiltrieren. Beim Glühen ist zu beachten, daß der Rückstand mit Salpetersäure gut abgeraucht werden muß, weil bei dieser Methode im Niederschlage neben dem abgeschiedenen Zinnsulfid große Mengen gefällten Schwefels vorhanden sind. Dieses Verfahren ist sehr wenig zeitraubend, und das lästige, mehrere Stunden erfordernde Einleiten von Schwefelwasserstoff fällt fort. Während beim Einleiten von Schwefelwasserstoff das Zinn auch nach stundenlangem Einleiten des H_2S nur schwierig quantitativ abgeschieden wird, ist dieses bei dem Schwefelnatriumverfahren leicht und sicher zu erzielen.

3. Sodabestimmung. Die Bestimmung der Soda geschieht im Anschluß an die maßanalytische Gehaltsbestimmung, und zwar, indem man den Unterschied zwischen verbrauchten Kubikzentimetern von

Säure und Lauge mal 0,143 nimmt. Es ist hierbei zu erwähnen, daß in der Praxis bei mehrfach gebrauchten Bädern diese Bestimmung mit dem tatsächlich erfolgten Sodazusatz nicht genau in Einklang zu bringen ist, und zwar werden die im Laboratorium erhaltenen Gehaltzahlen für Soda stets höher ausfallen. Es rührt dieses daher, daß die Bäder nach mehrmaligem Gebrauch nicht unerhebliche Mengen Natriumbikarbonat enthalten. Je nachdem die Seide vor dem Einbringen in das Phosphatbad mehr oder minder sauer war, ist die Neutralisation der Soda eine mehr oder weniger unvollständige.

4. **Bestimmung der Verunreinigungen.** Von Verunreinigungen, die unter Umständen noch quantitativ bestimmt werden müssen, kommen in Frage der Gehalt an Natriumchlorid und Natriumsulfat. Die Bestimmung geschieht in der üblichen Weise durch Fällen als Bariumsulfat bzw. Chlorsilber.

Für eine Betriebsanalyse, die den Anforderungen an Genauigkeit entspricht, eignet sich zur Kochsalzbestimmung folgende Vorschrift: Man nimmt 5 cm³ Phosphatbad, verdünnt dieselben mit Wasser, säuert mit Salpetersäure stark an und fügt 10—20 cm³ $^1/_{10}$ n-Silberlösung sowie 1 cm³ einer Ferriammoniumsulfatlösung (1:5) hinzu und schüttelt gut um. Darauf titriert man mit $^1/_{10}$ n-Ammoniumrhodanidlösung bis zur bleibenden Rotfärbung zurück. Der Unterschied aus den verbrauchten Kubikzentimetern Rhodanidlösung und Silberlösung mal 0,00585 mal 20 genommen, ergibt den Gehalt an Kochsalz in Prozenten. Zur Bestimmung des Gehaltes an Natriumsulfat werden 100 cm³ des Bades mit Salzsäure stark angesäuert, zum Kochen erhitzt und die Schwefelsäure heiß mit Chlorbarium gefällt. Der Niederschlag von Chlorbarium wird nach dem Glühen gewogen. Von anderen Verunreinigungen, die in den Phosphatbädern in Frage kommen, sind noch folgende zu besprechen:

Nachweis von salpetriger Säure. Man säuert eine Probe mit Schwefelsäure an und versetzt mit Jodzinkstärkelösung. Eine auftretende Blaufärbung spricht für die Anwesenheit von salpetriger Säure.

Nachweis von Ammoniak. Das Ammoniak kann ohne weiteres durch Zusatz von Neßlers Reagens zu dem Bade nachgewiesen werden.

Nachweis von Arsen. Zum Nachweis von Arsen versetzt man 1 cm³ des Bades mit 3 cm³ käuflicher Zinnchlorürlösung in rauchender Salzsäure und läßt 1 Stunde stehen. Auftretende Dunkelfärbung ist beweisend für die Anwesenheit von Arsen.

Beurteilung der Phosphatbäder. Wie bei den Pinken, ist auch bei den Phosphatbädern das erste Erfordernis in physikalischer Hinsicht, daß dieselben vollständig klar sind, weil sonst leicht Trübungen auf der Seide entstehen. Trübungen der Phosphatbäder können ihre Ursachen in den verschiedensten Anlässen haben. Z. B. ist es ohne weiteres klar, daß Phosphatbäder, in die man mit Rohware eingegangen ist, durch abgelösten Seidenbast leicht trübe werden, da die Alkalinität der Bäder und die hohe Temperatur derselben das Ablösen des Bastes sehr begünstigen. Diese Trübung ist weniger gefährlich für die Seide, wenn man bedenkt, daß die Seide beim Färben vielfach mit reiner

3*

Bastseife behandelt wird. Eine bedeutend gefährlichere Trübung der Bäder für die Seide kann jedoch dadurch veranlaßt werden, daß in die Bäder erhebliche Mengen harten Wassers hineingelassen sind. Die hierdurch entstandene Trübung von phosphorsaurem Kalk und phosphorsaurer Magnesia kann die Seide stark trüben, namentlich wenn es sich um die letzte Phosphatbehandlung der Seide vor dem Färben handelt. Immerhin läßt sich diese Trübung durch entsprechende Behandlung mit Säure entfernen. Die gefährlichste Trübung, die auf alle Fälle vermieden werden sollte, ist jedoch diejenige, die durch in den Bädern abgeschiedenes Zinnphosphat veranlaßt wird. Hat sich das Phosphatbad mit einer gewissen Menge Zinn, etwa 1,5—2$^0/_{00}$, angereichert so vermag das Bad die Zinnverbindung nicht mehr in Lösung zu halten, und es tritt Abscheidung von unlöslichem Zinnphosphat ein. Gelangt dieser Niederschlag auf die Seide, so entsteht nicht nur eine nicht zu entfernende Trübung der Seide, sondern es vermag dieser Niederschlag auch teilweise auf die Seide zerstörende Wirkung auszuüben. Nach Erfahrungen von anderer Seite sollen jedoch Phosphatbäder, die eine Höchstkonzentration des Zinngehaltes von etwa 3 g im Liter erhalten haben, die Abscheidungsfähigkeit des Zinns als Zinnphosphat verlieren. Es ist dieses dadurch zu erklären, daß das Zinnphosphat in die kolloidale Lösungsform übergegangen ist, wie durch die Arbeiten von V. Thorn[1] nachgewiesen ist. Immerhin bleibt die Verwendung derart zinnreicher Phosphatbäder ein Risiko im Hinblick auf die schädigenden Eigenschaften gegenüber der Seidenfaser.

Was die Farbe der Bäder anbelangt, so sollen die Bäder möglichst farblos sein, namentlich für farbige Seiden. Man beobachtet häufig eine starke Gelb- bis Braunfärbung der Bäder, die dadurch veranlaßt werden kann, daß zum Pinkwaschen ton- und humussubstanzenhaltiges Wasser verwendet wurde, wie solches leicht der Fall ist, wenn plötzliche Regengüsse das Wasser getrübt haben. Diese Gelbfärbung ist jedoch nur bedenklich bei farbigen Seiden, nicht jedoch bei Schwarz, da irgendwelche schädliche Wirkung auf die Seide ausgeschlossen ist. Ebenso wird eine Gelbfärbung der Bäder durch die Aufnahme organischer Substanzen, besonders der Seidenbastbestandteile veranlaßt. Diese natürliche Gelbfärbung der Bäder ist ebenfalls nicht bedenklich.

Was die Temperatur der Phosphatbäder anbelangt, so ist die beste Arbeitsweise, wenn die Temperatur sich etwa um 55—60° C bewegt. Naturgemäß wird man, wenn man mit nassen Seiden in die Bäder geht, die Temperatur etwas höher halten, etwa 60° C. Die in manchen Färbereien übliche Arbeitsweise bei 40°, die nur in der Hinsicht zu erklären ist, daß die Seide mehr geschont werden soll, hat den Nachteil, daß die Erschwerungen niedriger ausfallen. Nur in einem Falle geht man mit der Temperatur der Phosphatbäder noch niedriger, auf etwa 25° C, nämlich beim Pinken der blaugemachten Seide, hier würde eine zu hohe Temperatur der Phosphatbäder zuviel Berlinerblau herunterlösen und eine fleckige Seide entstehen. Das gleiche ist der Fall, wenn es sich

---

[1] Thorn, V.: Inaug.-Diss. Köln 1925.

um Soupleseiden handelt, da hier eine zu hohe Temperatur leicht ein Ablösen des Bastes zur Folge hat. Ist ein Herabgehen der Temperatur unter 40° C nicht empfehlenswert, so ist ein Überschreiten der Temperatur von 60° C oder, wie man hin und wieder in Vorschriften liest, 75—80° C noch mehr zu verwerfen, da die Alkalinität der Phosphatbäder bei derart hohen Temperaturen die Seide nur ungünstig beeinflussen kann.

Bei der Beurteilung der Phosphatbäder in chemischer Beziehung kommt zuerst der Gehalt der Bäder an phosphorsaurem Natron in Betracht. Als Durchschnitt dürfte man mit einem Gehalt von 130 bis 150 g $Na_2HPO_4 + 10 H_2O$ rechnen, sofern es sich um Bäder handelt, die zum Arbeiten auf der Barke oder in der Zentrifuge bestimmt sind. Dieser Gehalt entspricht ungefähr 5—7° Bé bei 55° C gemessen. Bei besonderen Arbeiten, wie z. B. in Wegmann-Apparaten, nimmt man dünnere Bäder mit einem Gehalt von etwa 110 g Na_2HPO_4 im Liter. Jedenfalls ist es empfehlenswert, nicht mit zu dünnen Bädern zu arbeiten, im Hinblick auf die Erschwerung. Andererseits können auch zu gesättigte Bäder für die Seiden verderblich werden, da leicht die Zinnerschwerung gelockert werden kann.

Was die Alkalinität der Phosphatbäder anbelangt, so ist als maßgebend anzunehmen, daß die eigene Alkalinität des Natriumphosphates für die Behandlung von Einpinkern genügt. Für die höheren Pinkzüge dagegen kommt man nicht mit dieser Alkalinität aus, sondern man ist gezwungen, die Alkalinität durch Zusatz von Soda zu erhöhen. Durchschnittlich kann man diesen Sodazusatz derart einstellen, daß man bei einem Zweipinker 2—4%, bei einem Dreipinker 6%, bei einem Vierpinker 8%, bei einem Fünfpinker 10—15% vom Gewicht der Seide an Kristallsoda zusetzt. Vielfach nimmt man statt der Soda auch Natronlauge und behauptet, daß dadurch der Griff der Seide günstig beeinflußt würde. Bei der Gefahr jedoch, die Natronlauge für die Seide bedeutet, ist ein derartiges Verfahren nur dann zu empfehlen, wenn die Bäder vor dem Gebrauch im Laboratorium erst untersucht werden. Das vielfach im Betrieb übliche Nachsehen der Bäder mit Phenolphthalein auf Alkalinität kann gerade bei Verwendung von Natronlauge zu Trugschlüssen führen, da die Sodaalkalinität auf Phenolphthalein anders wirkt als die Ätznatronalkalinität. Von dem früher üblichen schematischen Alkalischmachen der Bäder nach jedem Pinkzug ist man heute jedoch meistens abgekommen. Man setzt heute nur so viel Soda zu den Bädern, daß dieselben nach Gebrauch nahezu neutral reagieren. Durch Beobachtung in der Praxis läßt sich dieses für den einzelnen Betrieb mit ziemlicher Sicherheit feststellen.

Das früher in vielen Betrieben eingebürgerte Neutralisieren bzw. Alkalischmachen der Phosphatbäder mit Ammoniak ist nicht zu empfehlen, da einmal derart alkalisch gemachte Bäder bedeutend schneller Zinn anreichern und außerdem die Zugfähigkeit des Phosphatbades beeinträchtigt ist. Überdies liegt es ja auf der Hand, daß man die chemische Zusammensetzung der Bäder vollständig umwandelt, und man jedenfalls besser täte, wenn man von vornherein mit Ammoniumphosphat anstatt mit Natriumphosphat phosphatierte.

Was die Verunreinigungen des Phosphatbades anbelangt, so ist hier an erster Stelle derjenige Stoff zu nennen, der gegenüber Jodzinkstärkelösung sich verhält wie salpetrige Säure. Ob dieser Körper tatsächlich salpetrige Säure ist, muß einstweilen noch dahingestellt bleiben, Tatsache ist jedenfalls, daß jedes Phosphatbad nach mehrmaligem Gebrauch mit Jodzinkstärkelösung deutlich erkennbare, sich allmählich steigernde Blaufärbung aufweist. Ebenso verhält sich das Bad gegen Diphenylaminlösung, mit der es, je nach Länge des Gebrauches, eine mehr oder minder starke Blaufärbung gibt. Andererseits ist nicht zu ersehen, woher dieser Körper stammen könnte, ein etwaiger Eisengehalt kommt nicht in Frage, vielleicht eine Sauerstoffaufnahme aus der Luft.

Eine sehr wesentliche Verunreinigung der Phosphatbäder, auf die man erst in den letzten Jahrzehnten achtgegeben hat, ist der Zinngehalt der Bäder. Es hat sich herausgestellt, daß ein Überschreiten dieses Zinngehaltes für Strang über 1 pro Mille, für Stückware über 2 pro Mille nicht nur die Erschwerung nachteilig beeinflußt, sondern sogar für die Festigkeit der Seide sehr schädlich sein kann. Man sollte daher niemals Phosphatbäder verwenden, die den soeben genannten Grenzgehalt an Zinnverbindungen überschritten haben. Neuerdings bricht sich allerdings mehr und mehr die Überzeugung Bahn, daß der Zinngehalt doch nicht so gefährlich ist als man annimmt. Die Erfahrungen des Verfassers sprechen allerdings dagegen. Immerhin aber empfiehlt es sich doch, den Zinngehalt der Phosphatbäder mindestens als Maßstab für die fortschreitende Verunreinigung der Bäder im Auge zu behalten. Es hat sich herausgestellt, daß die Zinnaufnahme der Bäder steigt mit der entsprechenden Steigerung der Pinkzüge, d. h. während einmal gepinkte Seide nur wenig Zinn in das Phosphatbad hineinschafft (Zinngehalt $0,1^0/_{00}$), läßt eine 5mal gepinkte Seide den Zinngehalt der Phosphatbäder sich gewaltig erhöhen (etwa $0,4—0,5^0/_{00}$). Es hängt diese Erscheinung jedoch nicht nur von der Höhe der Pinkzüge als solcher ab, sondern hängt wahrscheinlich auch mit der Steigerung des Sodagehaltes der Bäder zusammen. Um die Schädigungen durch derart zinngeschwängerte Phosphatbäder zu vermeiden, ist man entweder gezwungen, die Bäder laufen zu lassen, wenn die Grenze des Zinngehaltes erreicht ist, ein immerhin etwas kostspieliges Unternehmen, oder man bedient sich sog. Wiedergewinnungsverfahren. Auf diese Wiedergewinnungsverfahren wird in einem weiteren Abschnitt später zurückzukommen sein.

Von weiteren Verunreinigungen der Phosphatbäder wären noch anzuführen diejenigen durch Natriumchlorid und Natriumsulfat. Dieselben entstehen durch die im Innern der Seide nach dem Pinkwaschen vorhandenen Mengen freier Salzsäure oder auch durch den Zusatz von Soda. Sie kommen bezüglich irgendwie schädigender Einflüsse nicht in Betracht, wohl aber vermögen sie beim Spindeln der Bäder auf Bé-Grade den tatsächlichen Gehalt der Bäder an Phosphat zu verdecken und somit Nachteile in der Höhe der Erschwerung der Seide zu veranlassen. Der Gehalt an Natriumsulfat kann aber auch von dem ursprünglichen Phosphat herrühren. Es ist hier bei der Untersuchung der kristallisierten Ware darauf Rücksicht zu nehmen. Es sind namentliche ausländische Fabrikate im Handel, die bis zu 10% und mehr an Natriumsulfat enthalten. Derartiges Phosphat reichert in den Bädern das Natriumsulfat enorm schnell an, da es an der Erschwerung nicht teilnimmt, sondern im Bade bleibt. Eine Verunreinigung, die im käuflichen Natriumphosphat in erheblichem Maßstabe vorhanden sein kann, ist Arsen[1]. Hierauf ist selbstverständlich Rücksicht zu nehmen und ist vor der Verwendung eines arsenhaltigen Phosphates zu warnen, nicht so sehr wegen irgendwelcher schädigender Einflüsse auf die Seide, als vielmehr wegen der gesundheitsschädlichen Einwirkungen für die Arbeiter, die mit diesen Bädern arbeiten müssen.

c) **Seife.** Für die Seife gilt dasselbe, was unter dem Abschnitt Abkochen der Seide ausgeführt wurde, und sei darauf verwiesen.

d) **Salzsäure.** Als Salzsäure wird die im Handel befindliche 30% ige Säure verwandt. Diese Säure wird als Nebenerzeugnis bei verschiedenen Darstellungen gewonnen. So namentlich bei der Darstellung von Natriumsulfat aus Kochsalz und Schwefelsäure.

Eine unmittelbare Darstellung der Salzsäure ist diejenige aus den magnesiumchloridhaltigen Abwässern der Kalisalzgewinnung. Durch einfaches Erhitzen des $MgCl_2$ entsteht Salzsäure. Die Säure ist an und für sich gasförmig, wird jedoch lebhaft vom Wasser absorbiert und kommt in dieser wäßrigen Lösung in verschiedener Stärke (meistens 25—30%) in den Handel. Als wesentliche Prüfung der Salzsäure kommt wohl nur die Gehaltsbestimmung in Frage. Hin und wieder wird es sich auch um eine Schwefelsäurebestimmung handeln, wenngleich die heutigen Herstellungsarten eine solche Verunreinigung nur mehr selten auftreten lassen.

Die Gehaltsbestimmung. Die genaue gewichtsanalytische Bestimmung wird nach Neutralisation mit Natronlauge in bekannter Weise mittels Silbernitrat und Salpetersäure und Glühen des erhaltenen Chlorsilbers durchgeführt. Als Betriebsanalyse genügend genau ist dagegen die Titration mit n-Natronlauge. Man nimmt 10 cm³ einer 10% igen wäßrigen Salzsäureverdünnung und titriert dieselbe unter Verwendung von Phenolphthalein als Indikator mit n-Natronlauge. Die verbrauchten Kubikzentimeter mal 3,65 ergeben den Prozentgehalt der Säure an gasförmiger Salzsäure. Daß bei dieser Titration selbstverständlich sämtliche anderen Säuren —wie Schwefelsäure — als Salzsäure mit in Rechnung gestellt werden, ist ja klar, und muß man dementsprechend bei größerem Gehalt an fremden Säuren das durch die Titration erhaltene Ergebnis einschränken.

Bestimmung der Schwefelsäure. 25 cm³ der 10% igen Salzsäurelösung werden mit Chlorbariumlösung versetzt und erhitzt. Der entstandene Niederschlag wird gesammelt, geglüht und als Bariumsulfat zur Wägung gebracht.

Nachweis des Eisens. Eisen kann mittels Ferri- oder Ferrozyankali durch die entsprechende Blaufärbung oder mittels Rhodankalium durch Entstehen einer Rotfärbung nachgewiesen werden. Die

---

[1] **Feubel:** Färberei-Ztg. **1912,** 235.

quantitative Bestimmung kann entweder nach vorheriger Oxydation titrimetrisch mit Jodkalium und Natriumthiosulfat oder gewichtsanalytisch durch Ausfällen mit Ammoniak und nachfolgendes Auswaschen und Glühen des Niederschlages geschehen.

Nachweis von Chlor. In der Salzsäure vorhandenes freies Chlor kann in der Weise erkannt werden, daß ein mit Jodzinkstärkelösung getränkter Streifen Fließpapier beim Halten über die Dämpfe der Salzsäure gebläut wird.

Salpetersäure. Salpetersäure kann mittels Diphenylamin an der auftretenden Blaufärbung erkannt werden, zuverlässiger jedoch läßt sich die Salpetersäure nachweisen, wenn man die etwas verdünnte Salzsäure mit Ferrosulfat versetzt und mit starker Schwefelsäure unterschichtet. Das Auftreten einer gelbbraunen Schicht ist beweisend für die Gegenwart von Salpetersäure, während die Diphenylaminreaktion auch durch andere Stoffe, wie Eisen und Chlor, veranlaßt werden kann.

Arsen. Man versetzt 1 cm³ Salzsäure mit 3 cm³ Zinnchlorürlösung. Die nach Verlauf einer Stunde auftretende Dunkelfärbung ist beweisend für die Anwesenheit von Arsen.

Beurteilung der Salzsäure. Die Salzsäure soll klar und möglichst farblos sein, eine vorhandene Gelbfärbung rührt von der Anwesenheit von Eisenverbindungen her und ist die Säure dementsprechend für manche Zwecke nicht zu empfehlen. Trübungen in der Salzsäure deuten auf einen hohen Schwefelsäuregehalt hin und besteht die Abscheidung aus Gips. Was den Gehalt der Salzsäure anbelangt, so beträgt derselbe bei der handelsüblichen technischen Ware rund 30%.

Bezüglich der Verunreinigungen wäre folgendes zu bemerken: Schwefelsäure. Der Gehalt an dieser Verunreinigung soll 1% nicht überschreiten, da die Anreicherung der Pinken mit Schwefelsäure ein Trübewerden der Pinken durch Abscheiden von Gips veranlassen kann. Was den Eisengehalt anbelangt, so soll derselbe möglichst gering sein, namentlich für farbige Seiden, da hier die Beeinflussungen des Farbtones sehr durchgreifend sein können, während der Eisengehalt für Schwarz weniger in Frage kommt. Chlor und Salpetersäure deuten auf fehlerhafte Darstellung der Salzsäure hin und soll eine derartige Salzsäure überhaupt nicht verwendet werden, da Schädigungen der Seide nicht ausbleiben werden. Was den Arsengehalt anbelangt, so ist die Verwendung einer solchen Salzsäure auch nicht zu empfehlen, da, abgesehen von der Giftigkeit derselben, eine Beeinflussung der Anilinfarbstoffe nicht ausgeschlossen ist.

e) Wasser. Beim Zinnerschwerungsvorgang muß man mit zwei Arten von Wasser rechnen, nämlich mit demjenigen zum Pinkwaschen und mit demjenigen zum Phosphatwaschen. Das Wasser zum Pinkwaschen wird durchweg ein natürliches sein, und ist es günstig, ein solches von mittlerer Härte zu verwenden. Wässer mit einem sehr geringen Gehalt an Härtebildnern haben das Bestreben, Zinnsalze zu lösen, und dementsprechend ist die Befestigung der Zinnverbindungen im Innern der Seidenfaser eine weniger gute. Außerdem ist die Abscheidung des Zinnhydroxydes aus dem abgewaschenen, mechanisch auf der Seidenfaser sitzenden Chlorzinn eine weniger quantitative. Auf der anderen Seite veranlassen zu harte Wässer auf der damit gewaschenen Seide weißliche Trübungen durch Bildung von Verbindungen des Zinns mit dem Kalk oder der Magnesia des Wassers. Als günstig zum Pinkwaschen wird man demnach ein Wasser bezeichnen dürfen, das 5 bis 10 Härtegrade aufweist. Aber nicht nur die Menge der Härtebildner ist in Betracht zu ziehen, sondern auch die Form, in der die Härtebildner in dem Wasser vorhanden sind. Vorübergehende Härte, also doppeltkohlensaure Salze, ist der bleibenden Härte (schwefelsaure oder salpetersaure Salze bzw. Chloride) vorzuziehen. Ebenso ist ein größerer Gehalt der Härtebildner an Magnesiumverbindungen als bedenklich anzusprechen. Den Versuchen, ein weiches Wasser durch Zusatz von Chemikalien härter zu machen, ist mit großer Skepsis zu begegnen. Der einzig gangbare Weg ist da nur die Mischung mit entsprechend hartem Wasser. Zu hartes Wasser läßt sich ebenso durch Zusatz von härtearmen Wasser verbessern.

Das Wasser zum Phosphatwaschen wird dagegen durchweg ein künstlich von seinen Härtebildnern befreites sein. Das Weichmachen des Wassers geschieht vielfach nach dem Kalksodaverfahren. Bei diesem Verfahren wird durch den Kalkzusatz die vorübergehende Härte — also die doppeltkohlensauren Verbindungen von Kalzium und Magnesium — vollständig aus dem Wasser hinausgeschafft. Durch den Sodazusatz wird die bleibende Härte entfernt, allerdings werden dafür gleiche Mengen der entsprechenden Natriumsalze in das Wasser hineingebracht. Die Enhärtung des Wassers nach diesem Verfahren läßt sich bequem durchführen bis auf 2—3 Härtegrade, solange das Wasser möglichst neutral gehalten ist. Will man noch weiter enthärten, so kann dieses in der Praxis nur in der Weise geschehen, daß man die Alkalinität bedeutend höher hält. Die anderen Verfahren zum Wasserreinigen, die in der Praxis sich mehr und mehr einbürgern, sind diejenigen, bei denen man das Wasser über Stoffe rieseln läßt, die imstande sind, die Härtebildner gegen entsprechende Natriumverbindung auszutauschen. Unter diesen Verfahren nimmt das Permutitverfahren die erste Stelle ein. Es handelt sich hierbei um ein Aluminium-Natriumsilikat, das imstande ist, das Natrium gegen Kalzium und Magnesium auszutauschen. Dieses Verfahren schafft wohl sämtliche Härtebildner aus dem Wasser hinaus und liefert ein neutral reagierendes Wasser, jedoch sind entsprechend den beseitigten Härtebildnern entsprechende Mengen Natriumverbindungen in das Wasser hineingebracht worden. Da in der Seidenfärberei eine möglichst weitgehende Enthärtung des Wassers insofern einen Vorteil darstellt, als Trübungen irgendwelcher Art, von dem Wasser herrührend, ausgeschlossen sind, so bürgert sich dieses Reinigungsverfahren in den Seidenfärbereien immer mehr und mehr ein. Besonders zum Phosphatwaschen ist ein permutiertes Wasser jedenfalls mehr zu empfehlen als ein nach dem Kalksodaverfahren gereinigtes. Gerade beim Phosphatwaschen ist durch Bildung von phosphorsaurem Kalk die beste Gelegenheit gegeben, um Trübungen auf der Seide hervorzurufen.

2. Die Arbeitsweise des Zinnerschwerens.

Das Erschweren der Seide, die Ablagerung von Stoffen im Innern
der Seidenfaser, um dieselbe aufzuquellen und ihr dadurch Fülle und
Glanz zu verleihen, besteht nicht aus einem einzelnen Vorgang, sondern
aus einer Anzahl solcher, nämlich 1. der Zinnchloridbehandlung, dem
sog. Pinken; 2. dem Waschen nach dem Pinken; 3. der Phosphatbehandlung; 4. dem Waschen nach dem Phosphatieren; 5. dem Seifen
oder Absäuern nach dem Phosphatieren. Aber nicht genug damit, diese
Vorgänge wiederholen sich je nach der Höhe der vorgeschriebenen Erschwerung verschiedene Male.

Die Arbeitsweise der Zinnerschwerung im Strang ist die gleiche wie
diejenige im Stück und werden deshalb über die Erschwerung im Stück
nur am Schluß dieses Abschnittes einige Worte zu erwähnen sein.

a) Das Pinken. Die älteste Art des Pinkens, wie solche auch heutzutage namentlich in der Stückerschwerung vielfach geübt wird, ist
das Arbeiten auf der Barke. In dem in der Barke befindlichen Pinkbade
werden die Seiden eingelegt und hierin mehrere Stunden oder über Nacht
gelassen. Dieses Einlegen geschieht entweder in der Weise, daß man
die Seide an Stöcke macht, auf das Pinkbad aufsetzt und einmal umzieht. Darauf legt man die Seiden mitsamt den Stöcken schräg in das
Bad und hält sie durch Überlegen hölzerner Schragen bzw. anderer
hölzerner Beschwerungsmittel unter der Oberfläche. Vielfach findet
man auch, daß 15—20 Seidenmasten zu Bündeln verschnürt und so
eingelegt werden, was den Vorteil bietet, daß man mehr Seide in das
Bad einlegen kann. In beiden Fällen ist sorgfältig darauf zu achten,
daß die Seiden auch vollständig genetzt sind und sich nicht im Innern
der Masten oder Bündel Luftblasen befinden. Dieselben können leicht
die Ursache von späteren Fehlstellen werden, weil hier die Seide nicht
oder nur unvollständig imprägniert wird.

In größeren Betrieben wird nur nebenbei auf der Barke gearbeitet,
in der Hauptsache bedient man sich der Zentrifugen. Die Zentrifugen
sind besonders mit Hartgummi ausgekleidet und so eingerichtet, daß
die Pinke einen fortwährenden Kreislauf durch die Seide nehmen muß.
Sie sind dementsprechend mit einer Pumpvorrichtung versehen, die das
nach unten abfließende Pinkbad in einen höheren Aufnahmebehälter
drückt, von wo aus es dann wieder in die Seide gelangt. Von den diesbezüglichen Zentrifugen soll hier nur eine der verbreitetsten beschrieben
werden, nämlich die Pinkzentrifuge der Firma Gebr. Heine in Viersen.
Die abgebildete Zentrifuge (Abb. 10) zeigt im einzelnen folgende Ausführung:

Die Wandungen des eigentlichen Kessels, sowie des schmiedeeisernen
Schutzgehäuses einschließlich der gußeisernen Auffangmulde sind mit
Hartgummi ausgekleidet, so daß die säurehaltige Pinke nur mit Hartgummi in Berührung kommt. Ebenso ist die innere und äußere Fläche
des Schutzgehäuse-Oberteiles mit Hartgummi bekleidet. Der Schleuder-
kessel ist in Stahl ausgeführt, innen, außen, sowie in den Sieblöchern
mit Hartgummi bekleidet.

Der Arbeitsvorgang in dieser wohl allgemein bekannten Zentrifuge ist folgender: Die Pinkbrühe wird mittels der Pumpe aus dem unteren Behälter in den oberen Behälter befördert, gelangt von hier durch das Einlaufrohr der Zentrifuge, das durch einen Aufsatz gehalten wird, in das Innere des Schleuderkessels, durchdringt das Schleudergut ganz gleichmäßig, tritt durch die Siebwand des Schleuderkessels in eine große, zweckmäßig geformte Mulde und fließt aus dieser durch ein an der Mulde befindliches Rohr in einen unteren Behälter zurück, woselbst der Kreislauf von neuem beginnt. Das Einlaufrohr der Zentrifuge ist mit einem Hahn versehen, durch den die Schnelligkeit der Zuführung der Pinke geregelt werden kann. Ist der Pinkvorgang beendet, so wird

Abb. 10. Pinkzentrifuge von Gebr. Heine, Viersen.

die Zuführung abgestellt, die im Kessel befindliche Pinke ablaufen gelassen und die der Seide noch anhaftende Pinke durch entsprechende Erhöhung der Umdrehungszahl abgeschleudert.

Was das Einlegen der Seide in die Zentrifuge anbelangt, so ist hier als wesentlich zu bemerken, daß man vorsichtigerweise die Seiden durch Tücher, Nessel oder ähnliches zu schützen hat. Am besten geschieht dieses, indem man die Zentrifuge mit dem betreffenden Stoff vor dem Einlegen der Seide in der Weise auskleidet, daß genügend Stoff vorhanden ist, um die Seide nach dem Einlegen auch vollständig zudecken zu können. Selbstverständlich kann man die Seide auch in Form von Paketen zu 20—30 Masten in Tücher einhüllen und so in die Zentrifuge einlegen. Im ersteren Falle legt man die Seide in der Weise ein, daß man die Masten nicht mit dem Kopf nach dem Mittelpunkt, sondern in der Längsrichtung der Wandung lagert. Die Seide darf nicht quer liegen, weil nachher beim Ausschleudern Reibungsstellen entstehen könnten. Nachdem der Kessel mit der Seide gefüllt ist — man hüte sich vor zu losem, andererseits aber auch vor zu festem Einpacken — läßt man die Pinke in den Zentrifugenkessel laufen und setzt jetzt den Kessel in eine schwache umdrehende Bewegung, etwa 20 Umdrehungen in der Minute. Zugleich sorgt man jetzt durch das Pumpwerk für eine fortlaufende Durchströmung der Seide mit der Pinke. Diese Arbeitsart, also die langsam umdrehende Bewegung des Kessels und der Kreislauf der Pinke wird ungefähr $1-1^1/_2$ Stunden durchgeführt, alsdann das Pumpwerk abgestellt, die Pinke ablaufen gelassen und die Seide jetzt ausgeschwungen, was sich bei dieser Art Zentrifugen leicht erzielen läßt durch entsprechende Erhöhung der Umdrehungszahl.

Nach der entsprechenden Einwirkung der Pinke wird in beiden Fällen, ob in der Zentrifuge oder in der Barke gearbeitet worden ist,

Abb. 11. Waschmaschine.

ausgeschleudert, um die außen auf der Seide haftende Pinke wiederzugewinnen.

Bei den aus der Barke herausgenommenen Seiden läßt man dieselben erst eine Weile, auf Schragen über der Pinkbarke gelagert, abtropfen, hüllt dann die Seide in Paketen von etwa 8 Handvoll in Nessel ein, legt diese Pakete in die Zentrifuge und schleudert jetzt 10 Minuten bis $^1/_4$ Stunde aus. Man versäume jedoch nie, die Seide irgendwie einzuhüllen, weil sonst Scheuerstellen bzw. Faulstellen unausbleiblich sein werden.

Nach dem Ausschleudern werden die Seidenmasten durch Aufschlagen gelockert, auf die Walzen der Waschmaschine gehängt und die Seide gewaschen. Die in den Seidenfärbereien üblichen Waschmaschinen (Abb. 11) zeigen folgende Einrichtung:

An einem etwa $2^1/_2-5$ m langen, hochmontierten, schmalen Maschinenkasten befinden sich zu beiden Seiten in regelmäßigen Abständen je 10—20 Porzellanwalzen, die an einer Apparatur in dem Maschinenkasten befestigt sind. Diese ist so eingerichtet, daß einerseits die Walzen um ihre Achse in der Richtung von rechts nach links gedreht werden, andererseits aber auch durch eine Einschaltvorrichtung selbsttätig nach einem bestimmten Zeitraum, etwa einer halben Minute, in der umgekehrten Richtung gedreht werden können. Bei einzelnen Fabrikaten findet man, daß außer der Umschaltung auch die Walzen selbst abwechselnd einen anderen Umlauf haben, also die erste von links nach rechts, die zweite von rechts nach links, die dritte wieder von links usw. Der Zweck dieser Einrichtung ist, die auf die Walze aufgehängten Masten mit den Wasserstrahlen von möglichst vielen Richtungen zu treffen. Die aus Porzellan oder Zelluloid hergestellten Walzen sind mit Längsrillen versehen, um die aufgehängten Seidenmasten in fortlaufender Bewegung zu halten. An den beiden Enden sind die Walzen wulstig verdickt, wodurch ein Abgleiten des Waschgutes verhindert werden soll. Senkrecht unterhalb jeder Walze, von dieser 10 cm entfernt, befindet sich ein Spritzrohr, das an den beiden Seiten eine Anzahl sich gegenüberstehender Spritzlöcher enthält. Oberhalb der Walzen befinden sich ebenfalls Spritzrohre mit Spritzlöchern über die ganze Länge der Rohre, die so gebohrt sind, daß die Wasserstrahlen der einen Seite auf die links befindliche Walze, diejenigen der anderen Seite auf die rechts befindliche Walze aufspritzen. Läuft die Maschine, so spritzt das untere Spritzrohr sein Wasser an die Innenseite der Seidenmasten, das obere Spritzrohr auf die Außenseite der Stränge, so daß sämtliche Teile des Mastens gewaschen werden. Die Spritzrohre sind selten aus Eisen, mit Zelluloid überkleidet, meistens aus Kupfer.

Bei Inbetriebsetzung der Maschine wird gleichzeitig der Wasserzulauf eingeschaltet. Die ganze Maschine ist über einem Becken montiert, in dem das ablaufende Wasser aufgefangen und zur Wiedergewinnung des überschüssigen Zinnhydroxydes in große Absitzbassins geleitet wird. Um die Arbeiter vor dem Naßwerden zu schützen, ist die Maschine mit einem Holzkasten versehen, der oben offen, nach dem Becken zu schräg verjüngt ist. Die Längswand darf natürlich nur so hoch sein, daß ein einwandfreies Aufhängen und Abnehmen der Seide gewährleistet ist. Ebenso schützt man das Holz dieses Kastens durch einen festen Lacküberzug vor unvermeidbaren Zerstörungen durch das säurehaltige Wasser. Die Bordwand des Kastens muß einwandfrei glatt sein und ist meistens mit einer eingelegten Glasstange versehen, um zu verhüten, daß die Seide bei dem unvermeidbaren Berühren der Oberkante durch Holzsplitter oder Unebenheiten Schaden erleidet. Auch den Walzen und Spritzröhren ist ständige Aufmerksamkeit zu schenken, damit nicht durch Rauheiten oder sonstige Fehler Seidenbeschädigungen veranlaßt werden. Es ist zu empfehlen, sowohl die Porzellanwalzen wie die Spritzrohre bei Stillstand der Maschine wöchentlich mehrere Male durch Abreiben mit Sandpapier wieder zu glätten und jeglichen Ansatz von Zinnhydroxyd oder Grünspan zu entfernen. Unebenheiten an den mit der Seide in Berührung kommenden Teilen der Waschmaschine können zu unangenehmen Nebenerscheinungen Anlaß geben.

Die Wasserversorgung der Waschmaschine erfolgt meistens von einem
Hochbassin aus. Da der Wasserdruck von sehr großer Bedeutung ist,
nicht nur bezüglich Stärke, sondern auch bezüglich Gleichmäßigkeit,
so findet man in den Betrieben vielfach Vorrichtungen, die den Zufluß
und Abfluß des Wassers aus dem Hochbassin in der Weise automatisch
regeln, daß die Höhe der Flüssigkeitssäule in den Bassins und damit
der Wasserdruck stets der gleiche bleibt. Das Fassungsvermögen dieses
Hochbassins braucht mithin gar nicht so erheblich zu sein, wenn nur die
Zufuhr des Wassers so groß ist, daß sie dem Verbrauch an der Waschmaschine entspricht. Etwas anderes ist es natürlich, wenn man das
Hochbassin gleichzeitig als Wasserreservoir benutzt, in dem Falle
empfiehlt sich aber immer die Zwischenschaltung eines Ausgleichsbassins.
Beim Waschen an der Waschmaschine ist nichts unangenehmer und
gefährlicher als ungleichmäßiger Druck.

Man hängt auf die Walzen der Waschmaschine höchstens 2—3 Handvoll der Seide, damit nicht ungenügend gewaschen wird. Die Dauer des
Waschens beträgt durchschnittlich 4 Minuten beim ersten bis dritten
Pinkzuge, dagegen 5—6 Minuten beim vierten und fünften Pinkzuge.
Handelt es sich beim Pinken nicht um Strang-, sondern um Stückware,
so ist die Zeitdauer des Waschens nach dem Pinken zu vergrößern, man
wäscht 8—10 Minuten, weil die Ware eben weniger leicht zu durchdringen
ist. Um die Wirkung eines zu geringen oder zu starken Druckes auszugleichen, wird entsprechend länger bzw. kürzer gewaschen. Auch nach
den örtlichen Verhältnissen wird man wechseln müssen, je nachdem,
ob hartes oder weiches, natürliches Wasser vorliegt. Bei einem harten
Wasser wird man weniger lange zu waschen brauchen als bei weichem,
weil die Spaltung des Chlorzinns besser vor sich geht. Durch den Mehr-
gehalt an Erdalkalikarbonat wird eine schnellere Neutralisierung der
freiwerdenden Salzsäure erzielt. Andererseits wird man ein zu langes
Waschen mit hartem Wasser möglichst vermeiden, da die Seide, von
oben gesehen, leicht einen Stich ins Weiße bekommt durch Ablagerung
von Kalksalzen. Eine einwandfreie Seide soll schwarzglänzend erscheinen, wenn man von oben nach unten an der Seide hinabsieht. Seiden,
die während des Pinkprozesses zu lange mit hartem Wasser gewaschen
wurden, weisen nach dem Färben häufig einen stumpfen statt perlenden
Glanz auf. Umgekehrt ist ein zu weiches Wasser nicht zum Waschen
der gepinkten Seide zu empfehlen, weil dadurch zu viel Zinn wieder
herausgenommen wird. Zu beachten ist beim Waschen ferner, daß das
Wasser vollständig frei von Schwebestoffen wie Ton- oder Lehmsub-
stanzen ist, weil dadurch leicht der Griff beeinflußt werden kann, ganz
abgesehen von den etwaigen Trübungen der Seide. Bezüglich des Arbeitens auf der Waschmaschine ist noch zu erwähnen, daß man sich
davor zu hüten hat, zu viel Seide auf die Walzen zu hängen — höchstens
2—3 Handvoll —, da sonst nicht genügend gewaschen werden kann.
Andererseits ist bei zu viel Seide auf den Walzen die Überwachung zu
sehr erschwert. Bei der drehenden Bewegung der Walzen haben die
Seidenstränge das Bestreben, an den Enden der Walzen abzugleiten,
daß dieses vermieden wird, ist natürlich Pflicht des diese Maschine

bedienenden Arbeiters, weil sonst Beschädigungen der Ware unausbleiblich sind. Sind zu viel Masten auf der Walze, dann wird diese Gefahr natürlich vergrößert.

Ist die Seide genügend gewaschen, so wird sie vorsichtig abgenommen, bei der Strangseide ein Kopf gedreht, darauf 8—10 Handvoll in ein Nesseltuch eingeschlagen und diese Pakete in der Zentrifuge ausgeschleudert. Diese Pakete müssen in den Schleudern ziemlich gleichmäßig verpackt werden, einmal um ein Schlingern der Schleuder zu verhüten, sodann aber auch, um ein etwaiges Herumschleudern der Seide im Kessel zu vermeiden. Es wird etwa 8—10 Minuten geschleudert, und hat man darauf zu achten, daß die Zentrifuge eine genügend hohe Umdrehungszahl — etwa 1000 Umdrehungen in der Minute — aufweist. Wie ich bereits in meinen diesbezüglichen Veröffentlichungen[1] ausgeführt habe, tritt bei Außerachtlassung dieser Vorschrift leicht Fleckenbildung ein. Es wird gerade durch das nicht entsprechende Ausschwingen in den Zwischenprozessen ein gut Teil der Spaltungsprodukte in der Seide bleiben und Anlaß der Fleckenbildung werden. Meistens werden Zentrifugen mit einer Geschwindigkeit von 1000 Umdrehungen in der Minute allen Anforderungen genügen. Sind die Seiden gewaschen und ausgeschleudert, müssen sie anschließend weiterverarbeitet werden und dürfen nicht etwa lange liegen bleiben. Es ist nämlich eine merkwürdige Erscheinung, daß neutral gewaschene Seiden allmählich nachsäuern. und zwar in nicht geringem Maßstabe. Nach Sommerhoff[2] spielt sich hierbei ein physikalisch-chemischer Vorgang ab, die sog. Photolyse, also eine Spaltung des noch unzersetzten Chlorzinns durch das Licht. Diese Säurebildung mag an und für sich nicht so groß sein, daß eine Schädigung der Seidenfaser entstehen könnte, sie wird aber den folgenden Phosphatierungsvorgang in einer Weise beeinflussen, die zu anormalen Bedingungen führt. Läßt es sich daher in der Praxis nicht vermeiden, daß ein Seidensatz vom Pinken längere Zeit oder über Nacht liegen bleiben muß, so vermeide man, ihn an der Luft liegen zu lassen, sondern stecke ihn lieber in einer Barke mit Wasser ein, wodurch kein Schaden angerichtet werden kann.

b) Das Phosphatieren. Wie beim Pinken, ist es auch beim Phosphatieren üblich, teilweise sogar erforderlich, teils auf der Barke — z. B. bei Stückware —, teils in der Zentrifuge oder in Apparaten zu arbeiten.

Was das Arbeiten auf der Barke anbelangt, so wird die Seide nach dem Ausschleudern vom Pinkwaschen auf Stöcke gemacht, und zwar wie üblich zu 2—4 Handvoll auf den Stock, und jetzt auf das Phosphatbad aufgestellt. Das Phosphatbad hat durchweg eine Stärke von 130 bis 150 g krist. Natriumphosphat im Liter und wird 55—60° C warm verwandt. Bezüglich der näheren Zusammensetzung des Bades und seiner sonstigen Beschaffenheit ist oben bei der Besprechung des Natriumphosphates das Nähere ausgeführt worden. Ist die Seide aufgestellt,

---

[1] Ley: Chem.-Ztg **1915**, 973.
[2] Sommerhoff: Färber-Ztg **1914**, 171.

so wird sie $^3/_4$ Stunde auf dem Bade mit drei- bis fünfmaligem Umziehen behandelt. Bezüglich der Temperatur sind in den verschiedenen Betrieben die Anschauungen sehr verschieden. Je nachdem man mit einer geschwungenen Seide oder mit einer nassen Seide eingeht, wird man natürlich die Temperatur niedriger oder höher stellen. Eine zu niedrige Temperatur verschlechtert den Zug des Phosphates, eine zu hohe Temperatur beschädigt die Seide. Nach dem Phosphatieren auf der Barke wird die Seide aufgeworfen und das Bad gut abtropfen gelassen, sodann wird geschwungen. Beim Arbeiten auf der Barke ist darauf zu achten, daß die Barken gut ausgeschlagen werden mit Stramin oder einem ähnlichen Stoff, sofern es sich um Holzbarken handelt. Dieselben werden vom Phosphat sehr stark angegriffen, das Holz beginnt zu splittern, und können hierdurch leicht Beschädigungen der Seide verursacht werden. Man findet an Stelle der Holzbarken deshalb vielfach eiserne oder sonstige Metallbarken, vielfach haben sich auch aus Beton hergestellte Barken sehr gut bewährt.

Grundbedingung bei allen Phosphatbarken ist die absolute Glätte der Wandungen sowie der Überkanten, weil die Seide, mit alkalischen Substanzen behandelt, schlüpfrig wird und leicht zu beschädigen ist. Deshalb ist das Ausschwingen stets nur nach Einhüllen der Seide in Stoff zulässig. Vielfach findet man auch, daß man die Seide auf den Stöcken beläßt und in sog. Stockschleudern zentrifugiert. Dieses sind Zentrifugen mit sehr großem Durchmesser, so daß also bequem die Stöcke eingelegt werden können. Die Verwendung dieser Stockschleudern, die also ein Abnehmen der Seide von den Stöcken überflüssig machen, findet man nicht nur nach dem Phosphatieren, sondern auch nach dem Färben, Absäuren, Avivieren usw., also überall dort, wo die Seide auf Stöcken behandelt worden ist.

Bedeutend mehr verbreitet als das Arbeiten auf der Barke ist jedoch das Phosphatieren in Zentrifugen und Apparaten. Als die gebräuchlichsten Apparate zum Phosphatieren sollen im folgenden die hauptsächlichsten Erwähnung finden.

1. Die Natronzentrifuge von A. Clavel & Fritz Lindenmeyer in Basel. Diese Zentrifugen (Abb. 12 u. 13) werden von der Maschinenfabrik Burckhardt in Basel gebaut und ist die Einrichtung derselben folgende:

Die Konstruktion dieser Zentrifuge zeichnet sich dadurch aus, daß im Trommelboden A schlitzförmige Durchbrechungen B angeordnet sind, die unterhalb des Bodens längs diesen Durchbrechungen als Förderschaufeln ausgebildet sind, wodurch die Flotte aus dem unteren Teile des Kessels C von unten her mit Druck durch den Trommelboden in das Innere der Schleudertrommel gefördert wird. Etwas oberhalb des Trommelbodens A befindet sich ein zweiter siebartiger Boden D, um die von unten geförderte Flotte auf die ganze Bodenfläche zu verteilen und einen regelmäßigen Kreislauf der durch die Bodenöffnungen eintretenden Flüssigkeiten zu ermöglichen. Ein weiterer Wechsel geschieht durch die unter dem Deckel des Außenkessels C sich befindende Leitvorrichtung E, bestehend in kleinen Schaufeln, die dazu dienen, einen Teil der ausgeschleuderten Flüssigkeit unmittelbar wieder in das Innere

der Trommel zu führen. Dieser Deckel ist fest und möglichst nahe an
den Korb gerückt, um ein rasches und praktisches Einpacken der Seide

Abb. 12. Phosphatierapparat von Clarel & Lindenmeyer, Basel.

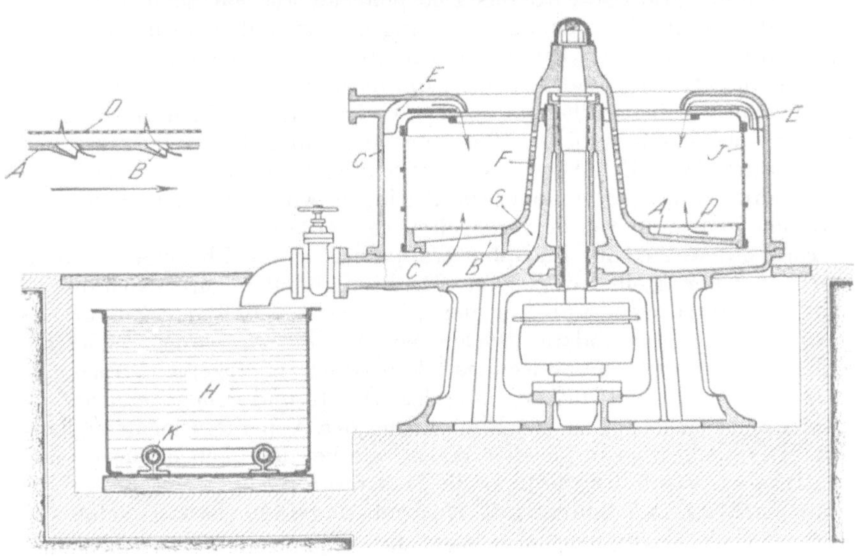

Abb. 13. Querschnitt von Abb. 12.

in keiner Weise zu hindern. Gleichzeitig bieten die in der Trommelnabe
angebrachten Löcher F die Möglichkeit, die innerhalb dieser Nabe befindliche Flüssigkeit im Raume G ebenfalls in Bewegung zu setzen. Die

Phosphatmaschine, die auf festem Fundament ruht, erhält ihren Antrieb durch ein Zahnradvorgelege mit zwei Geschwindigkeiten. An letzterem ist auch ein unmittelbarer Antrieb für eine Zentrifugalpumpe angebracht, die dazu dient, die in dem Behälter H befindliche Flotte in die Zentrifuge zu fördern. Die Beschickung des Bades ist keine fortlaufende, sondern das aus dem Behälter H gepumpte Bad verbleibt während des Phosphatiervorganges ohne Erneuerung in der Zentrifuge, um nach Schluß des Phosphatierens wieder in den Behälter abgelassen zu werden. In demselben befindet sich eine Heizschlange, um das frischgestellte Bad wieder auf die entsprechende Temperatur zu bringen. In der Zentrifuge selbst befindet sich keine Wärmevorrichtung, da die Temperatur des Phosphatbades während des Phosphatierens nur um wenige Grade sinkt. Nach beendigtem Phosphatieren kann die Seide durch entsprechende Übersetzung leicht ausgeschwungen werden.

Die Arbeitsweise in diesen Zentrifugen ist folgende: Nachdem die Seide vom Pinkwaschen ausgeschwungen ist, werden die Handvoll durch Aufschlagen über die Hand gelockert. Darauf werden sie in der Weise in die mit Stramin ausgekleidete Zentrifuge gelegt, daß die Masten quer liegen, d. h. von der mittleren Achse bis an die Seitenwandung, also mit dem Kopfe der Handvoll nach der Mitte und nicht, wie in der Pink-zentrifuge, in Paketen und in der Richtung der Seitenwandung. Die Seide wird ohne jegliche Zwischenlage in die Zentrifuge gebracht und jetzt das Stramintuch nach der Mitte zu verschlossen, was durch besondere Klammern geschieht, um jegliche Verschiebungen der Masten zu verhüten. Hierauf wird das Phosphatbad auf die Seide gepumpt, die Zentrifuge in umdrehende Bewegung gesetzt und $^3/_4$ Stunden laufen gelassen mit einer Geschwindigkeit von 50 Umdrehungen in der Minute. Die Temperatur des Bades, ebenso die Zusammensetzung desselben ist die gleiche wie beim Phosphatieren auf der Barke. Nach Beendigung des Phosphatierens wird das Bad abgelassen und die Seide jetzt nach Umschalten bzw. Erhöhung der Umdrehungszahl auf 500 10 Minuten ausgeschwungen. Nach dem Ausschwingen wird die Seide herausgenommen, um dann weiter verarbeitet zu werden.

Eine zweite Art der Phosphatierapparate ist die Phosphatierzentrifuge von Gebr. Heine in Viersen. Dieselbe ähnelt in ihrer Ausführung den Pinkzentrifugen, nur mit der Abänderung, daß der Zulauf des Phosphatbades ein anderer ist als bei der Pinkzentrifuge. Was die Einrichtung und Arbeitsweise dieser Zentrifuge im einzelnen anbelangt, so ist folgendes zu bemerken: Aus der Abb. 14 und dem schematischen Querschnitt (Abb. 15) ist die Einrichtung des Apparates leicht ersichtlich. Die Seide wird in gleicher Weise, wie bei den oben beschriebenen Zentrifugen ausgeführt wurde, in die Siebtrommel a eingelegt, darauf die Doppeltrommel $a\,b$ soweit mit Natronbad gefüllt, daß dasselbe die Seide bedeckt. Nunmehr läßt man die Doppeltrommel mit geringer Umdrehungszahl, etwa 50 in der Minute, laufen, so daß der Flüssigkeitsspiegel sich kegelschnittlinienartig einstellt. Durch die Leitschaufel c wird die an der Innenwand von b hochsteigende Flüssigkeit erfaßt und durch ein mit der Schaufel c verbundenes Rohr d auf den Boden der

Lauftrommel zurückgeführt. Von hier aus gelangt die Flüssigkeit durch
die Seide wieder nach oben, wird wiederum abgeschöpft, auf den Boden
zurückgeführt usw. Da die gesamte Flüssigkeitsmenge mit der Doppeltrommel *a b* umläuft, so wird auch jeder Tropfen in gleicher Weise von
der Fliehkraft beeinflußt und zum Kreislauf gezwungen. Infolgedessen
ist die Zusammensetzung der Flüssig-
keit in den verschiedenen Schichten
zu jeder Zeit eine gleiche, so daß eine
vollständige Ausnutzung der wirk-
samen Stoffe und eine gleichmäßige
Beschaffenheit des Schleudergutes er-

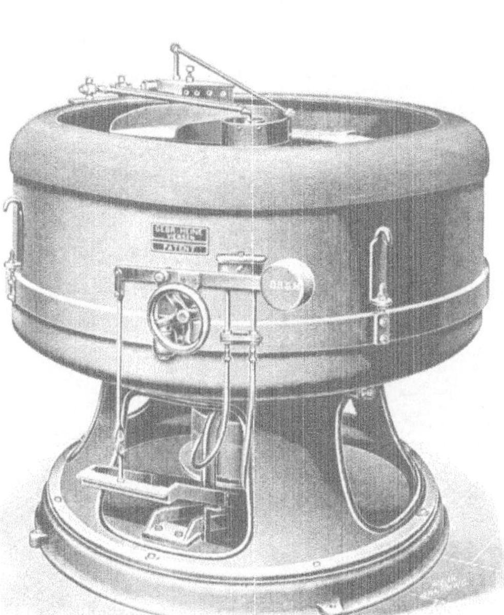

Abb. 14. Phosphatierzentrifuge von Gebr. Heine,
Viersen.

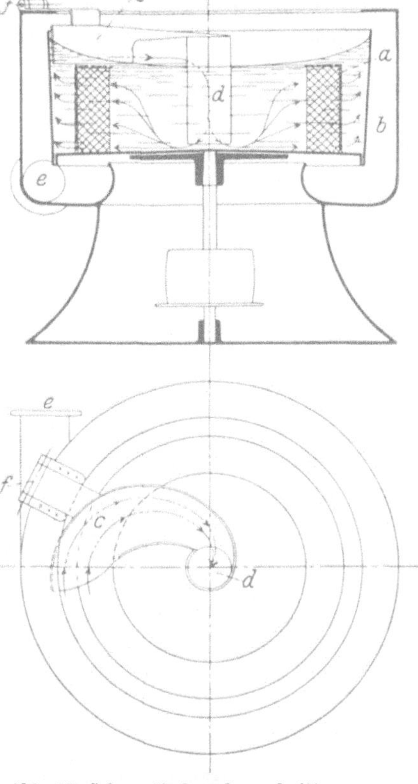

Abb. 15. Schematischer Querschnitt von
Abb. 14.

reicht wird. Ist der Phosphatierprozeß beendigt, so schleudert man die gesamte Flüssigkeit durch Erhöhung der Umdrehungszahl nach außen ab.
Das Phosphatbad tritt hierbei über den Rand des ungelochten Trommel-
mantels *b* und fließt durch das Rohr *e* nach dem Sammelbehälter. Was die
Arbeitsweise in diesen Zentrifugen anbelangt, so ist dieselbe die gleiche,
wie sie soeben bei den Burckhard-Zentrifugen beschrieben wurden.

Eine dritte Art von Apparaten zum Phosphatieren sind die sog.
Wegmannapparate von der Firma Wegmann & Cie., Baden i. Schweiz,
deren Bauart und Arbeitsweise im folgenden kurz beschrieben werden
soll. Dieselben finden sich auch heute noch in einzelnen Färbereien,
wenngleich auch die Arbeitsweise, weil zu umständlich, sich nicht so
hat einbürgern können als diejenige in Zentrifugen.

Der Apparat (Abb. 16 u. 17) besteht aus einer hölzernen Barke, in der
sich 32 oder 48 kleine, etwa 3 kg Seide fassende, durchlöcherte und
verbleite Kupfertrommeln befinden. In der Mitte jeder Trommel ist
eine durchlöcherte Hohlspindel angebracht, die zur Befestigung der
Trommeln auf einer Schleudermaschine dienen. Die einzelnen Trommeln
sind mit Straminstoff ausgekleidet zum Schutz der Seiden. Nachdem
die Apparate mit der Seide gefüllt sind, werden sie mit einem Deckel
verschlossen, um ein Hinausfallen der Seiden zu vermeiden, und jetzt
mittels Bajonettverschluß abwechselnd rechts und links an zwei Rohr-
leitungen angeschlossen, die sich übereinanderliegend in der Barke

Abb. 16. Phosphatierapparat von Wegman & Co., Freiburg i. S.

befinden. Jetzt füllt man den Apparat aus einem Behälter mit dem 55°
warmen Phosphatbade und setzt eine Pumpe in Tätigkeit, die das Bad
abwechselnd durch die Seide drückt und absaugt. Während bei den
an der oberen Leitung angeschlossenen Trommeln die Flüssigkeit von
innen nach außen gedrückt wird, geht die Flüssigkeit bei den Trommeln
der unteren Leitung von außen nach innen. Eine diesbezügliche Vorrichtung an der Pumpe wechselt den Kreislauf der Flotte selbsttätig
alle 2—4 Minuten.

Nach beendigtem Phosphatieren wird das Bad wieder in den Behälter
zurückgepumpt. Die Trommeln werden abgenommen und zu je 6 auf
einer besonderen Schleuder ausgeschwungen. Die Seide wird darauf
entweder aus den Apparaten genommen und gewaschen, oder man wäscht
sie in einer der eben beschriebenen Phosphatbehandlung gleichen

Weise, indem man im Apparat anstatt des Phosphatbades das betr. Waschwasser durch die Seide hindurchgehen läßt. Bezüglich des in den Wegmannapparaten zur Verwendung gelangenden Natronbades ist zu bemerken, daß dasselbe vielfach etwas schwächer — 3 bis 4° Bé — eingestellt wird als sonst üblich ist.

Außer den oben besprochenen Arbeitsweisen des Phosphatierens sei noch auf ein neueres Verfahren hingewiesen, das der Firma Gebrüder Schmidt in Basel geschützt ist. Es handelt sich hierbei um ein Phos-

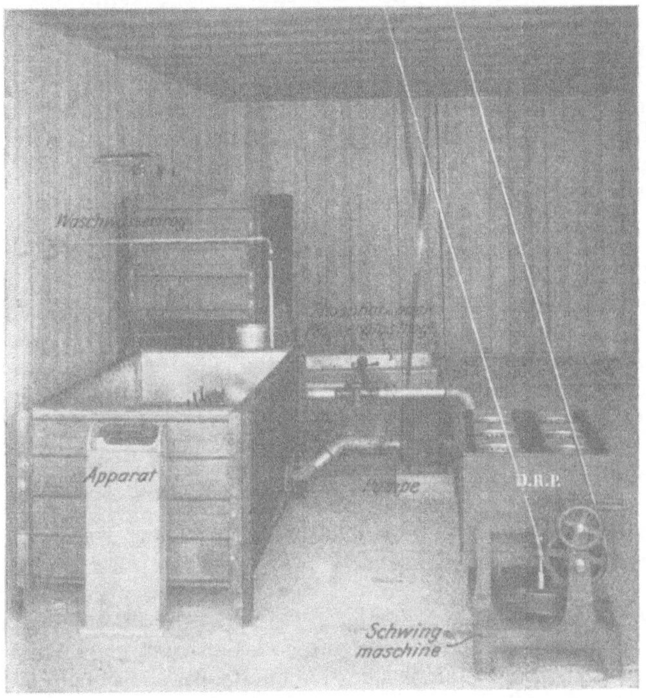

Abb. 17. Phosphatierapparat von Wegman & Co., Freiburg i. S.

phatieren im Schaumbad, wie solches zum Abkochen der Seide bereits eingeführt ist. Durch dieses Phosphatieren der Seide im Schaum wird nicht nur eine Schonung der Seide bewirkt, sondern auch eine Zeitersparnis insofern, als diese Behandlungsweise nur eine $^1/_4$ Stunde dauert. Der in Frage kommende Apparat ist in seiner Einrichtung nahezu übereinstimmend mit dem Schaumabkochapparat, nur sind die Haspeln insofern etwas anders gebaut, als dieselben aus Hartgummi in Gestalt der Walzen einer Waschmaschine hergestellt sind. Dieses war erforderlich, weil das alkalische Phosphat allmählich das Metall der Haspeln angreift. Außerdem bietet es noch den Vorteil, daß sich unter diesen Umständen auch das Absäuern der Seiden im gleichen Apparat vornehmen läßt. Der Apparat ist mit mehreren Abflußkanälen sowie mehreren Zuflußröhren versehen. Im übrigen ist der Apparat wie eine Waschmaschine gebaut, indem sich senkrecht unter den Walzen oder Haspeln und zwischen je zwei Haspeln oberhalb je ein Spritzrohr befindet, die ebenso wie bei der Waschmaschine dazu bestimmt sind, die auf die Haspeln aufgehängte Seide von innen und außen gleichmäßig mit der Waschflüssigkeit in Berührung zu bringen.

Beim Phosphatieren in Schaum arbeitet man in gleicher Weise wie beim Schaumabkocher, indem man das zum Schäumen gebrachte Bad auf die Seide 10—15 Minuten einwirken läßt. Da bekannt war, daß ein Seifenzusatz zum Phosphatbad die Höhe der Rendite ungünstig beeinflußt, mußte das Schäumen durch Eiweißsubstanzen bewirkt werden, man bedient sich hierzu eines wäßrigen Auszuges der Chrysaliden. Dieses sind die Kadaverüberreste der abgetöteten Seidenraupe, die nach dem Abhaspeln der Seidenkokons und Entfernung des letzten Seidensäckchens, der Telette, übrigbleiben. Chrysalidenauszug, dem Phosphatbade zugesetzt, gibt beim Kochen des Bades einen ebensolchen feinblasigen und konsistenten Schaum wie Seifenschaum.

Nach Besprechung der verschiedenen Arbeitsweisen sind jetzt noch einige allgemeine Gesichtspunkte zu erörtern.

Zu bemerken ist, daß das Phosphatieren in den Apparaten, soweit es sich um Strangseide handelt, in Großbetrieben das Arbeiten auf der Barke vollständig verdrängt hat. Beim Phosphatieren stückerschwerter Ware dagegen haben bislang die Apparate außer den Schmidtschen Phosphatapparaten, noch so gut wie immer versagt, und man ist beim Arbeiten auf der Barke geblieben, weil beim Behandeln der Seide mit dem alkalischen Natriumphosphat diese derart schlüpfrig wird, daß Schußverschiebungen nicht zu vermeiden sind, sobald die Ware sich in drehender Bewegung befindet. Außerdem ist das Durchdringen der Strangware mit dem Phosphatbad in den Apparaten leichter zu erzielen als bei den Stückwaren, wo eine Menge Lagen festgepreßt aufeinander liegen. Was nun noch die besonderen Gesichtspunkte anbelangt, welche beim Phosphatieren zu beachten sind, so ist als hauptsächlichstes Gebot zu fordern, daß die Seide in der schonendsten Weise behandelt wird, weil gerade in der alkalischen Flüssigkeit eine Verletzung der Seidenfaser viel leichter eintritt, als z. B. in einer sauren Flüssigkeit, wie beim Pinken. Man hüte sich deshalb beim Arbeiten auf der Barke, daß die Seide der Berührung mit den geringsten Unebenheiten ausgesetzt wird, sei es, daß die Stöcke rauh sind, sei es, daß die Barken nicht ausgekleidet sind, sei es, daß die Kopfleisten der Barken Unebenheiten aufweisen. Beim Arbeiten in den Apparaten achte man darauf, daß die Seide genügend fest in denselben verpackt ist und nicht etwa Spielraum hat, um sich bei der drehenden Bewegung der Apparate an den Wandungen zu scheuern. Außerdem achte man beim Arbeiten auf der Barke darauf, daß die Handvoll nicht zu dick sind, um jegliches Scheuern der Seide an den Seitenwandungen der Barke zu verhindern. Ebenso achte man beim Arbeiten in den Apparaten darauf, daß die Seide nicht zu fest in denselben eingepackt ist, weil sonst ein ungleichmäßiges Durchdringen der Ware mit dem Phosphatbad eintritt, das nachher nicht zu beseitigende Fleckenbildungen im Gefolge hat. Ein weiterer Umstand, dem man seine Aufmerksamkeit zuzuwenden hat, ist die Alkalinität der Bäder. Es ist ohne weiteres klar, daß eine fünfmal gepinkte Seide ein bedeutend alkalischeres Phosphatbad gebraucht als eine einmal gepinkte Seide. Es ist unbedingt zu vermeiden, daß das Phosphatbad während des Phosphatierens sauere Beschaffenheit annimmt, weil dadurch, ganz abgesehen von einer möglichen Schädigung der Faser und der unbedingt eintretenden Beeinflussung der Erschwerung, ebenfalls leicht weiße Flecken auf der Seide entstehen, die später nicht wieder zu entfernen sind. Das gleiche gilt vom Zinngehalt der Bäder. Ein Phosphatbad mit einem Gehalt an metallischem Zinn, der 1 g pro Liter übersteigt, sollte stets mit frischem Bade verdünnt werden, um den Zinngehalt herabzudrücken, oder besser, es sollte gereinigt werden. Die Erfahrungen in der Praxis haben gezeigt, daß Seiden, die mit zinnreichen Phosphatbädern behandelt waren, an Stärke erhebliche Einbuße erlitten hatten. Wo die genaue Grenze zu ziehen ist, läßt sich naturgemäß bei dem verschiedenartigen Material nicht bestimmt sagen. In manchen Betrieben hat man die Grenze der Gebrauchsfähigkeit mit einem Zinngehalt von $1\,{}^0/_{00}$ festgesetzt. Man sei sich stets darüber klar, daß das Phosphatieren entschieden eine noch größere Aufmerksamkeit erfordert, als das Pinken und das Pinkwaschen, weil gerade der Phosphatierprozeß die Grundlage bildet für das Auftreten der verschiedensten weißen Flecken in der Seide bzw. direkter Seidenschäden.

c) **Die Nachbehandlung der Seide nach dem Phosphatieren.** Nach dem Phosphatieren und Ausschleudern der Seide wird dieselbe ebenso wie beim Pinkwaschen mit Wasser behandelt, um das überschüssige Phosphat hinauszuwaschen. Der Unterschied hierbei ist jedoch der, daß das Wasser nahezu bzw. vollständig seiner Kalk- und Magnesiasalze beraubt sein muß, weil sich sonst die entsprechenden Phosphate bilden, die die Seide naturgemäß trüben. Es geschieht dieses Waschen nach dem Phosphat entweder auf Barken, in denen man die Seide etwa $^1/_2$ Stunde auf Weichwasser umzieht und diese Arbeit 2—3 mal mit frischem Wasser wiederholt. Ebensogut kann das Waschen nach dem Phosphatieren natürlich auf einer Waschmaschine geschehen. Nach diesem Waschen wird die Seide ausgeschleudert und für den etwa zu wiederholenden Pinkprozeß vorbereitet.

Die Vorbereitung zur neuen Pinkbehandlung bezweckt, einmal die Seide von den letzten Spuren der Phosphatverbindungen zu reinigen, damit diese nicht in die Pinken übergehen, andererseits soll die Zugfähigkeit der Seide für Zinn hierdurch erhöht werden. Zu diesem Zweck findet man in manchen Betrieben, daß die Seide nach dem Phosphatwaschen geseift wird, d. h. die Seide wird in einem Bad mit 10% Seife vom Seidengewicht $^1/_2$—$^3/_4$ Stunde bei 55° C behandelt. Nach dem Seifen wird geschwungen und mit der Seide wieder in die Pinke eingegangen. Eine andere und gebräuchlichere Vorbereitungsmethode besteht im sog. Absäuren, d. h. die Seide wird mit 10% Salzsäure vom Seidengewicht im kalten Wasser $^1/_4$—$^1/_2$ Stunde behandelt. Nach dem Absäuren wird ebenfalls geschwungen, um dann wieder in die Pinke einzugehen.

Das Waschen und Absäuren nach dem Phosphat wird jedoch vielfach auch in einer einzigen Verrichtung gemacht auf sog. Absäuremaschinen. Eine derartige Maschine ist der Gegenstand eines Patentes der Firma Clavel & Lindenmeyer, Basel. Diese Maschine ist eingerichtet wie eine Waschmaschine, die über einem Behälter aufgebaut ist. Sie steht mit einer Pumpe in Verbindung, die imstande ist, die in dem Behälter befindliche Flüssigkeit beständig in die Spritzrohre der Waschmaschine zu pumpen. Da in der Flüssigkeit Salzsäure vorhanden ist, so muß natürlich der Behälter säurefest ausgekleidet sein, außerdem müssen die Metallteile durch Verbleiung geschützt sein, die Spritzrohre sind am besten aus Hartgummi herzustellen. Die Arbeitsweise ist folgende:

Man läßt in den Behälter eine Menge Weichwasser eintreten, das man darauf mit Hilfe der Pumpe auf die an den Walzen aufgehängten Seiden 4 Minuten auftreten läßt. Das Wasser macht den Kreislauf aus dem Behälter durch die Pumpe in die Spritzrohre, und aus den Spritzrohren, von der Seide abfließend, wieder zurück in den Behälter. Hiernach läßt man dieses Waschwasser laufen und wiederholt diese Arbeitsweise zum zweitenmal mit erneuertem Weichwasser. Hat dieses zweite Weichwasser die Seide 4 Minuten gewaschen, so wird auch dieses Wasser laufen gelassen und der Behälter jetzt mit Rohwasser gefüllt, dem man je nach dem Pinkzuge 10—15% Salzsäure vom Seidengewicht zusetzt. Dieses Säurebad läßt man darauf ebenfalls die Seide 5 Minuten im Kreislauf durchdringen. Die auf dieser Absäuremaschine erzielten Resultate können als sehr gut bezeichnet werden, obendrein wird an Zeit und Arbeitskraft gespart.

Eine ähnliche Einrichtung und Arbeitsweise, wie die der Absäuremaschine, stellen die Wegmannapparate und die Phosphatierzentrifugen von Heine dar. Diese beiden Apparate bieten gegenüber dem Arbeiten mit der Absäuremaschine noch den Vorteil, daß die Seide nach dem Phosphatieren nicht aus den Apparaten herausgenommen zu werden braucht. Man arbeitet in der Weise, daß beim Wegmannapparat die kleinen Trommeln und bei der Heinezentrifuge der innere mit Seide gefüllte Kessel nach dem Phosphatieren und Ausschleudern einfach durch entsprechende Vorrichtung in ein Wasserbad bzw. in ein Absäurebad getaucht werden. Hier können sie dann in der gleichen Weise wie beim Phosphatieren mit den in Betracht kommenden Flüssigkeiten, wie Weichwasser, Absäurebad, Seifenbad u. a. behandelt werden. Außerdem bieten diese beiden Arten von Apparaten den Vorteil, daß die Seide jetzt nach dem Absäuren einfach ausgeschleudert werden kann, daß also das mehrfache Umpacken der Seide völlig in Fortfall kommt. Andererseits ist nicht von der Hand zu weisen, daß die Vereinigung dieser verschiedenen Operationen, also des Phosphatierens, des Waschens und des Absäuerns, in einem Apparat besondere Vorsichtsmaßregeln beim Einpacken der Seide erfordert. Wird die Seide z. B. zu fest in die Apparate eingepackt, so ist jedenfalls Gefahr vorhanden, daß die jeweilige Flüssigkeit die Seide nicht gleichmäßig durchdringen kann und daß später Fleckenbildungen in der Seide vorhanden sind. Jedenfalls wird es bei dieser Art von Apparaten erforderlich sein, zum mindesten vollständig enthärtetes Wasser zum Waschen zu verwenden. Bezüglich der eben erwähnten Heinezentrifuge ist zu bemerken, daß die Firma Gebr. Heine in Viersen in neuester Zeit eine ganz neue diesbezügliche Zentrifuge (Abb. 18 u. 19) gebaut hat, deren Arbeitsweise sich wie folgt gestaltet:

Die Anlage besteht aus zwei Zentrifugengestellen mit drei Trommeln aus verbleitem Kupfer, die mittels Laufkran in die Zentrifugengestelle hinein und herausgehoben werden können. Außerhalb der Zentrifugen sind Aufsetzvorrichtungen für die Trommeln beim Aus- und Einpacken angebracht.

Von der Zentrifuge kommt die Seide zum Waschen auf die Waschmaschine und dann zum Trocknen in eine gewöhnliche Trockenzentrifuge. Hierauf wird die Seide in die Trommel des Apparates eingeladen, der Deckel aufgelegt und mittels Riegel befestigt. Das Einladen geschieht in die mit Tüchern ausgelegten Füllräume a. Jetzt wird die ge-

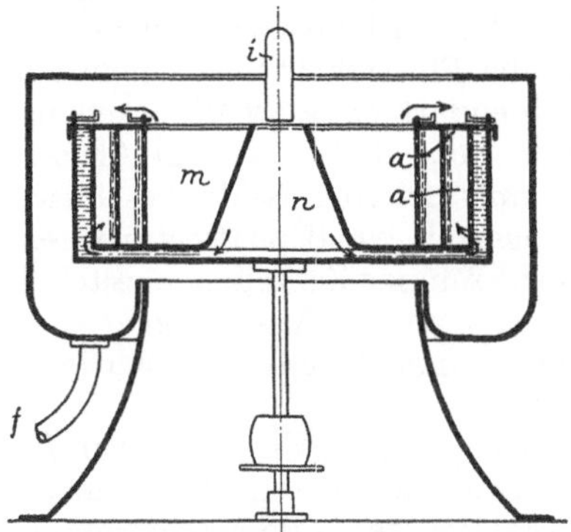

Abb. 18. Phosphatier- und Absäurezentrifuge von Gebr. Heine, Viersen.

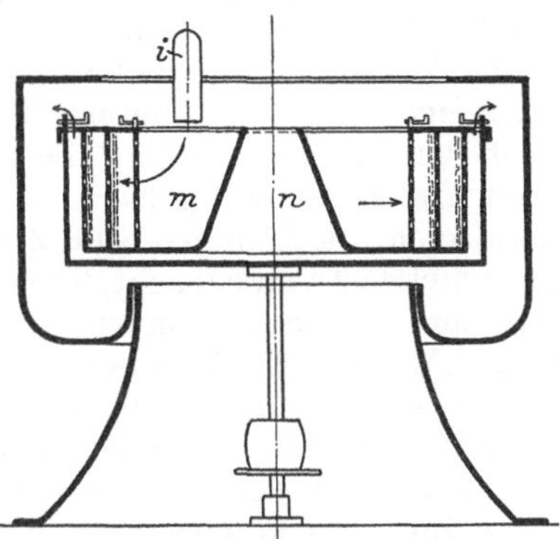

Abb. 19. Phosphatier- und Absäurezentrifuge von Gebr. Heine, Viersen.

ladene Trommel mit dem Laufkran in das Zentrifugengestell eingesetzt. Die Zentrifuge wird durch eine Dampfmaschine in geringe Umdrehung gesetzt, das Phosphatbad aus dem Bodenreservoir mittels einer Eisenpumpe durch das Rohr i mit dem Mittelkonus n eingeleitet. Die Trommel füllt sich mit dem Phosphatbad. Nach der für das Phosphatieren nötigen Zeit (30—45 Minuten) wird die Tourenzahl erhöht, um auszuschleudern. Gleichzeitig wird die Pumpe abgestellt. Während des Phosphatierens läuft das Bad aus der Zentrifuge durch den Auslauf in das Phosphatreservoir zurück. Nach dem Ausschleudern wird die Zentrifuge auf eine niedrige Tourenzahl gebracht. Hierauf wird der bewegliche Einlaufarm i in den Zwischenraum m gestellt. In einem Hochreservoir ist inzwischen weiches Wasser auf 35° C erwärmt worden, dieses wird nun durch Öffnen eines Schieberhahnes in den Zwischenraum m hineingelassen. Die Tourenzahl wird so gestellt, daß das Wasser nicht über den Kesseldeckel läuft, sondern durch die Seide hindurchgetrieben wird; nach etwa fünf Minuten ist das Wasser durchgelaufen. Dann wird die Tourenzahl behufs Ausschleuderns erhöht. Der Auslaufstutzen f ist indessen in den Ablaufkanal umgedreht worden. Nach dem Abschleudern wird abgebremst, die Trommel mit dem Kran herausgehoben und in ein zweites Zentrifugengestell eingesetzt. Man läßt jetzt die Trommel mit langsamer Tourenzahl laufen. Durch das Einlaufrohr i läßt man aus der Wasserleitung direkt kaltes Wasser während etwa fünf Minuten in den Konus n einlaufen, indem man die Touren so reguliert, daß das Wasser nicht überspritzt, sondern vom Zwischenraum aus über den Deckel abläuft. Der Auslaufstutzen ist in den Ablaufkanal gerichtet. Nach den fünf Minuten wird die Tourenzahl gesteigert und einige Minuten ausgeschleudert. Inzwischen hat man in einem besonderen Holzreservoir kalte mit Wasser verdünnte Säure hergerichtet. Die Trommel wird auf niedrige Tourenzahl abgebremst und die Säure mittels einer Bronzepumpe in den Mittelkonus n eingelassen. Der Auslauf wird so gedreht, daß die auslaufende Säure ins Holzreservoir zurückläuft. Nach etwa fünf Minuten wird das Einlaufrohr i in den Zwischenraum m gerichtet, die Tourenzahl etwas gesteigert und die gesamte Flüssigkeit aus dem Holzreservoir hindurchgetrieben, der Auslaufstutzen ist hierbei in den Ablaufkanal gerichtet. Nachdem alle Flüssigkeit hinausgepumpt ist, steigert man die Tourenzahl und schleudert etwa 15 Minuten aus. Nach dem Abbremsen wird die Trommel herausgehoben, auf die Absetzvorrichtung gesetzt, geleert und wieder mit frischer Seide beschickt. Inzwischen ist Trommel 2 im Zentrifugengestell 1 phosphatiert worden, Trommel 3 ist voll gepackt, Trommel 2 geht nun ins Zentrifugengestell 2, während Trommel 1 zum Ein- bzw. Auspacken auf der Absetzvorrichtung ruht. Alle 45—60 Minuten kommt eine Trommel zum Phosphatieren bzw. zum Aus- und Einpacken.

Diese Maschinen werden in zwei Größen hergestellt, und zwar für eine Tagesleistung (acht Stunden) von 680 und 960 kg Rohseide für einen Zug. Es können vier Züge gemacht werden. Bedienungsmannschaft 2 Mann gegenüber 14 bzw. 16 Mann an der Barke.

Ist die Seide nach dem Absäuern geschwungen, so wird dieselbe wieder von neuem durch Aufschlagen gelockert und jetzt in gleicher Weise, wie oben beschrieben wurde, in die Pinke eingelegt. Hierauf wiederholt sich die gleiche Arbeitsweise, wie sie oben beschrieben worden ist, also nach dem Pinken das Pinkwaschen, Phosphatieren, Waschen und Absäuren. Je nach der Höhe der Erschwerung, welche man erzielen will, wird das Verfahren 3, 4 oder 5mal wiederholt. Von den Bedingungen, unter welchen gearbeitet wird, bezüglich der Pinkzüge, um eine gewisse Höhe der Erschwerung zu erzielen, wird später die Rede sein, wenn die weiteren Erschwerungsvorgänge besprochen werden. Hier muß jedoch noch erwähnt werden, daß in der Schlußbehandlung nach dem letzten Phosphatieren insofern ein Unterschied gemacht wird, als man nach der Art der Weitererschwerung entweder nach dem letzten Phosphat mit Seife behandelt oder nur mit weichem Wasser wäscht.

3. Das Zinnerschweren der Seide im Stück.

Für eine Zinnerschwerung kommen von Seidengeweben nur solche in Frage, die einmal lediglich aus Seide bestehen, sodann keine Trame oder Organzin enthalten und schließlich nicht zu dicht sind. Es leuchtet ohne weiteres ein, daß Seidenmischgewebe mit Baumwolle, Wolle, Kunstseide usw. zum Erschweren untauglich sind, weil sie der Säureeinwirkung nicht gewachsen sind. Dagegen werden Mischgewebe aus Seide und Schappe oder Tussah und Schappe doch hin und wieder erschwert.

Daß Trame und Organzin im Gewebe sich nicht mehr abkochen und erschweren lassen, hat seine Ursache darin, daß die größere Menge der Einzelfasern zu fest aneinander haften, jedenfalls ganz anders als beim Grègefaden. In einem gewissen Widerspruch hierzu steht allerdings die Tatsache, daß der sehr stark gedrehte Kreppfaden sich wieder sehr gut kochen und erschweren läßt. Dieses wird jedenfalls darauf zurückzuführen sein, daß der Kreppfaden beim Abkochen sich zusammenzieht und so durch eine mechanische Reibwirkung die Ablösung des Bastes unterstützt. Gerade die Kreppgewebe stellen wohl die Hauptmenge der erschwerten Seidenstückware dar.

Daß die Seidengewebe schließlich nicht zu dicht sein dürfen, erklärt sich aus der Tatsache, daß durch die Erschwerung bzw. die Quellung des Einzelfadens das Gewebe derart dick wird, daß es bricht. Die Dichte des Gewebes ersieht man aus dem Quadratmetergewicht. Dasselbe beträgt etwa 30—55 g, kann aber auch auf 60—80 g steigen. Seidengewebe, die ein höheres Gewicht je Quadratmeter aufweisen, eignen sich nicht mehr für Erschwerungszwecke.

Die für die Erschwerung durchweg in Frage kommenden Gewebe sind solche mit Taffetbindung, wie Krepp, Krepon, Musselin, Lumineux und Voile.

Die Stückware gelangt durchweg in die Erschwerung nach dem Abkochen, bei dünner Ware findet man allerdings auch, daß die Ware erst nach dem Erschweren abgekocht wird, wovon noch weiter unten berichtet werden wird.

Die Erschwerung ist durchweg die gleiche wie bei der Seide im Strang, nämlich eine Zinn-Phosphat-Erschwerung, die bei Couleur noch durch eine Wasserglasbehandlung ergänzt wird, während sich bei Schwarz die folgende Gerbstoffbehandlung anschließt. Wie wir nachher sehen werden, liegen die Unterschiede gegenüber der Strangerschwerung nur in einzelnen besonderen Manipulationen, die die Beschädigung der Gewebe verhindern sollen. Die einfache Gerbstofferschwerung, wie wir sie in Form der Vegetalfärbung bei Strang kennenlernen werden, gehört heute bei der Stückware der Vergangenheit an. Sie ist bei den Anfängen der Stückerschwerung ausgeführt worden, hat aber nicht zu dem gewünschten Resultat geführt.

Die Anforderungen an die für die Zinnerschwerung benötigten Bäder sind die gleichen, wie sie in der Strangerschwerung in Frage kommen, höchstens, daß die Stärke teilweise etwas höher genommen wird, also

Pinken durchweg in einer Stärke von 26—30° Bé, Phosphatbäder in einer Stärke von 7—9° Bé und die Wasserglasbäder 5—6° Bé. Außerdem wird man bei den Pinken den Säuregehalt durchweg etwas höher nehmen, ungefähr 1—$1^1/_2\%$, weil die Bildung von Kalkstellen bei Stückware eher möglich ist als bei Strangware. Die Phosphatbäder läßt man eher etwas geringer alkalisch, namentlich bei den Erschwerungsmethoden, bei denen die Abkochung erst nach der Erschwerung vorgenommen wird. Bezüglich äußerer Beschaffenheit der Bäder erfordert die Stückausrüstung absolutes Klarsein derselben, da die Stücke noch mehr als Strangseiden als Filter wirken und gegebenenfalls an Glanz einbüßen.

Mit wenigen Ausnahmen — z. B. beim Pinken — wird das Arbeiten in Zentrifugen unterlassen. Es ist noch eine Streitfrage, ob dieses seinen Grund darin hat, daß die Stücke von den Bädern nicht genug durchdrungen werden.

Wenn wir uns jetzt dem Erschwerungsprozeß selbst zuwenden, so müssen wir darauf Rücksicht nehmen, daß viele Gewebe vom Abkochen lose vorliegen, z. B. von der Sternabkochung her, wo man nach dem Abkochen einfach die Stücke vom Stern abwickelt, die durch das Aneinandernähen ein langes Band von verschiedenen 100 m darstellen. Die Stücke müssen natürlich voneinander getrennt werden. Sie werden dann in der gleichen Weise, wie dieses beim Abkochen bereits beschrieben wurde, in Buchform oder in Halben gebracht in der Weise, daß man sie über einen zweiarmigen Haspel laufen läßt, dessen Arme durchwegs einen Zwischenraum von ungefähr 80 cm aufweisen. Die Länge der Stücke wählt man zu 10—15 m, näht dann wieder sowohl das Anfangs- wie das Endstück quer fest und kann jetzt durch seitliches Vernähen an den Kanten dem ganzen Gewebe einen Halt geben. In manchen Betrieben findet man dagegen, daß diese Stücke wohl ebenfalls in Buchform aufgemacht werden, jedoch nicht seitlich vernäht werden, damit man sie nachher in den Bädern seitlich auseinanderbreiten oder, wie der technische Ausdruck lautet, „blättern" kann. Das letztere geschieht namentlich bei Stücken, die ein höheres Gewicht pro Quadratmeter aufweisen und demgemäß dichter im Gewebe sind sowie ferner vielfach bei Bändern. Steht zum Waschen eine Breitwaschmaschine zur Verfügung, dann brauchen die Stücke nicht so kurz bemessen zu werden, man läßt sie vielmehr in Längen von 30—70—100 Metern.

Zu bemerken ist noch, daß man bei den Stücken, die bereits bei der Abkochung in Buchform aufgemacht und seitlich mit Schlaufen vernäht werden, an denen die Ware an Stöcken aufgehangen wurde, jetzt diese langen Schlaufen abschneidet, damit die Ware beim weiteren Hantieren nicht beschädigt und verwirrt wird.

Die so aufgemachten und meistens abgesäuerten Stücke werden jetzt entweder an Stöcken oder auch ohne dieselben in die Pinken eingelegt, jedoch mit der Vorsicht, daß sich die Stücke allmählich mit dem Beizbade vollsaugen. Außerdem drückt man die Stücke mit Stöcken, die am unteren Ende mit einem Gummiball versehen sind (um das Gewebe nicht zu beschädigen), unter die Pinke, und zwar solange, bis die im Gewebe immer vorhandenen Luftblasen nach Möglichkeit verschwunden sind. Hat man so die Pinkbarke mit den Stücken gefüllt, dann legt man über dieselben einen Holzschragen oder ein sonstiges Holzgestell, um die gern schwimmenden Gewebe unter der Oberfläche der Flüssigkeit zu halten. Es muß hier darauf hingewiesen werden, daß man die in dem Gewebe ja ganz anders als in der Strangware auftretenden Luftblasen unbedingt entfernen muß, weil an den Stellen, wo eine Luftblase sich befindet, selbstverständlich das Gewebe mit der Flüssigkeit nicht durchdrungen werden kann. Die Folge hiervon sind nachher unangenehme weiße Flecken bzw. unstarke Stellen. Statt in Barken kann das Pinken auch in Zentrifugen vorgenommen werden. Sehr empfehlens-

Abb. 20. Pinkzentrifuge für Stückware von Gebr. Heine, Viersen.

wert sind die neuen Pinkzentrifugen für Stück, wie sie von Gebr. Heine, Viersen i. Rhld. und C. G. Haubold AG., Chemnitz, gebaut werden.

Mit diesen Zentrifugen (Abb. 20 u. 21) kann man nicht nur im Lauf, sondern auch im Stillstand pinken. Es gewährt dies bei der Stückerschwerung, bei der man im übrigen nicht im Laufen pinkt, den großen Vorteil, daß man durch ein anfängliches Laufenlassen der Maschine die Luftblasen aus dem Gewebe gut entfernen kann. Nachdem dieses geschehen ist, pinkt man dann weiter im Stillstand.

Man läßt die Seiden 3—4 Stunden oder eine Nacht in der Pinke.

Ist der Beizprozeß beendigt, so werden die Stücke vorsichtig herausgenommen, auf einen Schragen gelegt und gut ablaufen gelassen. Darauf legt man sie in eine Schleuder, jedoch mit der Vorsicht, daß die Bücher bzw. die Halben möglichst in geordneter Form bleiben und beim Schleudern nicht zu sehr zerknittert werden. Das Ausschleudern hat ungefähr 10—20 Minuten zu dauern, da in dem dichten Gewebe die Flüssigkeit mehr zurückgehalten wird, als dieses bei Strangseide der Fall ist.

Die von der Pinke ausgeschleuderte Ware muß jetzt gewaschen werden, ein Vorgang, der bei Stückware noch viel größere Sorgfalt erfordert, als dieses bei Strang der Fall war. In einem fehlerhaften Waschprozeß zwischen den einzelnen Beizungen liegt die Ursache der unangenehmen Schäden, die sich bei Stückware hin und wieder bemerkbar machen. Das zum Waschen verwandte Wasser darf weder zu weich noch zu hart sein, wie solches bereits oben beim Pinkprozeß der Strangseide ausgeführt worden ist.

Bei den Geweben, die in Buchform erschwert wurden, kann man nun entweder in Buchform waschen oder aber auch, nachdem das Buch aufgelöst worden ist. Wird in Buchform gewaschen, dann benötigt man dazu eine Waschmaschine, welche sehr lange Walzen und entsprechende Spritzrohre besitzen muß, da die Stücke doch eine Breite von 80—120 cm aufweisen. Man hängt auf jede Walze ein Halb, handelt es sich um schmale Ware bzw. Bänder evtl. auch mehrere. Das Arbeiten an dieser Waschmaschine ist natürlich das gleiche, wie es früher bereits ausgeführt wurde.

Anders gestaltet sich der Waschprozeß, wenn nun nicht in Halben, sondern im aufgelösten Zustand gewaschen wird. Hier kann man entweder in der Weise waschen, daß man das Gewebe durch eine Wasserbarke auf einen Haspel aufdreht und durch verschiedene Wiederholung dieses Prozesses den Strang von Stücken reinigt. Meistens findet man daher als Waschmaschine auch die üblichen Stückfärbemaschinen.

Die Abb. 22 zeigt eine solche von der Firma C. G. Haubold AG., Chemnitz, gebaute Färbemaschine. Sie besteht aus zwei Haspeln, von denen der eine aus einer runden Welle von etwa 20 cm Durchmesser besteht, während die andere Welle oval ist und einen Durchmesser in der Länge von 75, in der Breite von 30 cm aufweist. Diese beiden Haspeln sind über einer Barke montiert, die mit kreisender Wasserflotte gespeist

Abb. 21. Pinkzentrifuge für Stückware von C. G. Haubold AG., Chemnitz.

wird. Wenn die Walzen in Bewegung gesetzt werden, zieht die große
ovale Walze das Gewebe von der dünnen runden Walze ab, das Gewebe
fällt in spiraliger Form in das Wasser und wird jetzt als endloses Band
wieder auf die runde Walze hinaufgeleitet. Man erzielt dies in der Weise,
daß man entweder ein oder mehrere Stücke aneinandergeknüpft und so
als unendliches Band über die Walze laufen läßt. Meistens sind diese
Färbemaschinen auch so breit gebaut, daß man mehrere derartige Gewebestränge nebeneinanderlaufen lassen kann. Bei diesen speziellen Pink-
waschmaschinen findet man auch noch eine Vorrichtung, daß das Gewebe,

Abb. 22. Stückfärbemaschine von C. G. Haubold AG., Chemnitz.

wenn es von der großen Welle auf die kleine Welle tritt, unter einem
Rohr hergeführt wird, aus dem das frische Wasser im kräftigen Strahl
auf die Ware spritzt. Außerdem ist eine Vorrichtung eingebaut, die
imstande ist, bei der geringsten Verwirrung oder Verzerrung des Gewebes den Gang der Maschine augenblicklich automatisch auszuschalten.
Nach den Erfahrungen des Verfassers haben sich diese Waschmaschinen
gut bewährt.

Eine andere Art von Waschmaschinen ist dann die bereits beim Abkochen erwähnte Breitwaschmaschine (Abb. 23). Es sind dieses, ähnlich wie beim Waschen nach dem Abkochen, eine Anzahl von Bassins
oder Barken, in denen sich bewegliche Rollen oben und unten befinden
und in denen jetzt das Stück wie in einem Jigger, breit gehalten, durch
die Waschflüssigkeit hindurchgeführt wird. Das Waschen auf diesen

Breitwaschmaschinen setzt aber voraus, daß genügend Bassins vorhanden sind bzw. die Stücke lange genug mit dem Waschwasser in Berührung bleiben, weil sonst der Erfolg zu sehr in Frage gestellt wird. Wenn man diese Breitwaschmaschinen benutzt, müssen die Stücke vorher auf eine Walze aufgedreht werden und laufen nach Verlassen der Waschmaschine auf eine neue Walze oder, wie meistens vorgezogen wird, auf einen zweiarmigen Haspel auf, damit man die Ware wieder in Buchform vorliegen hat.

Es empfiehlt sich, nicht mit der Zeitdauer zu sparen, sondern eher etwas länger als zu kurz zu waschen. Man rechnet als Mindestzeit für den ersten und zweiten Pinkzug 5 Minuten, für den dritten Pinkzug 8 Minuten und für den vierten Pinkzug 10 Minuten. Bei dichter Ware wird man sogar diese Waschzeiten verdoppeln.

Abb. 23. Breitwaschmaschine von Zittauer Maschinenfabrik A G., Zittau.

Da die Ware jetzt ins Phosphat geht, empfiehlt es sich, nach dem Waschen noch zwei Weichwasser zu geben, was man ja in der Praxis leicht ohne Umstellung der Maschinen bewerkstelligen kann, indem man die betreffenden Barken leerlaufen läßt und jetzt mit Weichwasser füllt. Hat man auf der Strangwaschmaschine in Halben gewaschen, so gibt man meistens die zwei Weichwasser auf der Barke, indem man hier die Halben an den Stock nimmt und entsprechend mit Durchstechen umzieht.

Nach dem Waschen wird jetzt ausgeschleudert, mit denselben Vorsichtsmaßregeln, wie dies bereits beim Ausschleudern nach dem Pinken ausgeführt wurde. Das vielfach empfohlene Abquetschen oder Absaugen mit entsprechenden Maschinen ist während des Erschwerungsprozesses nicht zu empfehlen, da hierdurch zu leicht Brüche entstehen können.

Das Phosphatieren wird entweder an Stöcken oder auch auf Haspeln vorgenommen. Die zum Phosphatieren benötigten Barken müssen von einer den Stücken entsprechenden Breite sein, um die Beschädigung der Stücke durch ein Herscheuern an der Barkenwandung zu vermeiden. Ebenso muß die Tiefe der Barke so gewählt sein, daß die Halben nicht etwa am Boden herschleifen. Man phosphatiert in der Weise, daß man die Halben auf Stöcke hängt und sie mit Durchstechen umzieht. Es ist dieses jedoch mehr dort zu empfehlen, wo es sich um schmalere Ware bzw. Bänder handelt, da das Hantieren mit den Stöcken in der alkalischen Flüssigkeit immer leicht Ursache werden kann, daß die Ware irgendwie beschädigt wird.

Die zweite Form des Phosphatierens geschieht in gleicher Weise, wie dieses bereits beim Waschen besprochen wurde, in einer Phosphatiermaschine, die mit der bereits besprochenen Färbemaschine identisch ist. Allerdings nimmt man beim Phosphatieren die Schnelligkeit der Walzenumdrehung, die beim Waschen unbeschadet 25 Umdrehungen in der Minute betragen darf, nur mit 15 Umdrehungen in der Minute. Außerdem empfiehlt es sich, bei der alkalischen Flüssigkeit sehr darauf zu achten, daß sich die Gewebestränge nicht irgendwie verwirren, was sie in diesem Falle gern tun. Niemals sollte eine derartige Maschine ohne Aufsicht laufen, auch wenn sie mit selbsttätigem Auslöser versehen sind. Außer diesen Arten des Phosphatierens gibt es noch andere, von denen aber erst weiter unten die Rede sein wird, da es sich, ähnlich wie bei der Strangseide, um Kombinierung verschiedener Arbeitsvorgänge handelt.

Die Dauer des Phosphatierens ist die gleiche wie bei der Strangware, nämlich dreiviertel bis eine Stunde. Daß bei diesen alkalischen Bädern darauf geachtet werden muß, daß sowohl Barken wie Stöcke, wie auch die Walzen der Maschine frei sind von irgendwelchen Splittern und Unebenheiten, versteht sich wohl von selbst. Man findet daher vielfach, daß sowohl Barken als auch Haspel mit Metallüberzug versehen oder aus Porzellan oder Glas hergestellt sind.

Nach dem Phosphat wird in üblicher Weise gewaschen, entweder auf Barken, indem man mehrfach Wasser gibt, oder auf Maschinen. Darauf wird mit 10% Salzsäure von $30°$ C abgesäuert, hiernach ein oder zwei Weichwasser gegeben und dann geschleudert.

Nach dem letzten Phosphat gibt man an Stelle des Weichwassers und der Säure vielfach eine dünne Seife.

Daß vor jedem neuen Eingehen in die Pinke oder in das Phosphat die Bäder wieder genau auf Gehalt und Säure- bzw. Alkaliüberschuß eingestellt werden müssen, versteht sich wohl von selbst.

Wir wären jetzt am Ende der Beschreibung des eigentlichen Zinnerschwerungsvorganges angelangt. Hiermit ist jedoch die Erschwerung der Seide keineswegs beendigt, es trennt sich jetzt die Arbeitsweise insofern, als wir anders erschweren, sobald es sich um Seiden handelt, die als farbige Seiden gefärbt werden sollen oder sobald es sich um Seiden handelt, die zu Schwarz verarbeitet werden sollen. Während bei farbigen Seiden die Weitererschwerung der Seiden auf Verwendung mineralischer Erschwerungsmittel angewiesen ist, verwendet man bei Schwarz organische Erschwerungsmittel, teilweise in Verbindung mit unorganischen Stoffen.

Bevor wir uns jedoch der Weitererschwerung der Seide zuwenden, sind hier noch einige Worte einzufügen über verschiedene Anwendungsformen der Zinnphosphaterschwerung, die als solche sich ja stets gleich bleibt. Ist bisher die Verwendung dieser Erschwerungsart nur bei abgekochter Seide beschrieben worden, so soll damit nicht gesagt sein, daß dieses bei allen Seiden der Fall sein muß. Es gibt außerdem noch andere Anwendungsformen, so z. B. indem man nicht entbastete Seide pinkt. Man bezeichnet diese Art des Pinkens als das sog. Rohpinken, während die zuerst beschriebene Art, also das Pinken nach dem Entbasten, unter dem Namen Weißpinken bekannt ist.

Beim Rohpinken, wie solches vielfach bei der Erschwerung von Stückwaren, jedoch auch bei Strangwaren üblich ist, wird die Ware vor dem Pinken mehrere Stunden oder eine Nacht in einer mäßig warmen Seifenlösung, in anderen Betrieben in einer kalten Salzsäurelösung oder auch in einer schwachen Formaldehydlösung eingenetzt. Dieses Einnetzen geschieht, um die Aufnahmefähigkeit der trockenen Seide für Flüssigkeit zu erleichtern, bzw. um den Faden besser aufquellen zu lassen. Wenn es sich um Gewebe handelt, verwendet man vielfach die Salzsäure- oder Formaldehydbehandlung, um eine Verschiebung des Schusses oder der Kette hintenanzuhalten. Die mit Seife bzw. Formaldehyd eingenetzte Seide muß noch besonders mit Salzsäure abgesäuert werden, bevor sie in die Pinke geht. Nach dem Absäuren wird die Seide geschwungen und darauf in die Pinke eingelegt. Der Pinkvorgang spielt sich dann in der gleichen Weise ab wie der oben bei entbasteter Seide beschriebene. Ist die Zinnerschwerung beendigt, so wird entweder anschließend abgekocht oder, wenn es sich um farbige Seiden handelt, erst noch mit Wasserglas behandelt und dann abgekocht.

Eine Abart des Verfahrens besteht darin, daß namentlich bei besonderen Waren in Schwarz insofern eine Änderung im Pinkprozeß vor sich geht, als beim Rohpinken nicht phosphatiert, sondern mit Soda behandelt wird. Es ist wohl ohne weiteres klar, daß hierbei die Erschwerung nicht die Höhe erreichen wird als beim üblichen Phosphatieren. Man verfährt in der Weise, daß man die Seide nach dem Pinkwaschen auf ein 30° C warmes Bad mit 50% Kristallsoda vom Seidengewicht bringt und hierauf eine Stunde umzieht. Nach der Sodabehandlung gibt man drei Wasser, falls man nochmal auf Pinke geht, das letzte unter Zusatz von 10% Salzsäure. Nach dem Abwässern bzw. Absäuren wird geschwungen und entweder abgekocht oder wieder in die Pinke gegangen.

Das Abkochen geschieht in beiden Fällen mit 40% Seife eine Stunde und repassieren mit 5% Seife eine Stunde. Wird im Schaum abgekocht, so vermindert sich die Zeitdauer, wie bereits beim Abkochen ausgeführt wurde.

Eine besondere Art des Rohpinkens ist das Pinken der Soupleseiden. Dasselbe geschieht in gleicher Weise wie bei der Cuiteseide, nur mit dem Unterschied, daß man die Temperatur der Phosphatbäder nicht höher als 35° C gehen läßt, um eine Ablösung des Bastes zu vermeiden.

Außer diesem Weiß- und Rohpinken kennt man noch eine weitere Art des Pinkens, das sog. „Blaupinken“. Dieses Blaupinken geschieht in der Schwarzfärberei, nachdem die mit Eisen gebeizte Seide mit Blaukali blaugemacht worden ist. Dieser Eisenbehandlung kann unter Umständen eine Abkochung der Seide vorausgegangen sein, und wird alsdann nach dem Blaumachen zum erstenmal gepinkt. Es kann aber auch ein Rohpinkzug vorausgegangen sein, worauf abgekocht, dann eisengebeizt, blau gemacht und jetzt wieder gepinkt worden ist. Bemerkenswert für das Blaumachen ist, daß man nach dem Pinken, das meistens mit besonderen Pinkbädern geschieht — deren Säuregehalt möglichst niedrig gehalten wird —, nicht ein stehendes Phosphatbad nimmt, wie sonst üblich, sondern sehr dünne Natronbäder, vielfach unter Zusatz von Natriumsilikat. Bezüglich der Mengenverhältnisse werden die näheren Einzelheiten bei dem Abschnitt „Schwarzfärberei" beschrieben werden. Ebenso geht man in den Temperaturen bei weitem nicht so hoch wie bei dem gewöhnlichen Phosphatieren. Beide Vorsichtsmaßregeln sollen verhindern, daß das auf der Faser niedergeschlagene Blau wieder abgelöst wird.

IV. Das Erschweren der farbigen Seiden.

Während schwarze Seiden durchweg erschwert werden, und wie wir sehen werden, Weitererschweren und Färben ineinandergreifen, liegen die Verhältnisse wesentlich anders bei den farbigen Seiden. Wohl haben wir bei den üblichen Schwarzfärbungen sowohl mit abgekochter Cuiteseide, als auch mit nicht entbasteten Soupleseiden zu rechnen, jedoch begegnet einem höchst selten eine vollständig unerschwerte Seide. In den seltenen Fällen, wo in Schwarz eine vollständig unerschwerte Seide gefärbt wird, z. B. bei säure- und waschechten Effektfäden, wird die Seide nach Art der farbigen Seiden gefärbt und zählt dann auch zu diesen.

Während also die Einteilung der Schwarzfärbungen sich nach der Art der Erschwerungen zu richten hat, ist dieses bei den farbigen Seidenfärbungen nicht möglich, da die Erschwerungsart bei diesen stets die gleiche ist, nämlich die Zinnphosphatsilikaterschwerung, vielfach unter Einschiebung einer Tonerdebehandlung. Man muß hier einen Unterschied machen zwischen der Erschwerung und Färbung. Obendrein werden bei der Färbung der farbigen Seiden vielfach vollständig unerschwerte Seiden verarbeitet. Es wird also das Erschweren und Färben der farbigen Seiden getrennt voneinander besprochen werden, und wenden wir uns zuerst der Erschwerung der farbigen Seiden zu.

Sind die Weitererschwerungsarten nach der Zinnphosphaterschwerung bei Schwarz verhältnismäßig vielseitig, so gestaltet sich das Weitererschweren für farbige Seiden bedeutend einfacher. Eigentlich kommt nur ein Weitererschwerungsverfahren in Frage, ohne das überhaupt keine erschwerte Seide fertiggestellt werden kann, sobald sie zu farbigen Seiden verwandt werden soll, nämlich die Behandlung mit Wasserglas. Ist eine Seide mit Zinnphosphat erschwert, so kann man nicht ohne weiteres nach dem letzten Zinnphosphat farbig färben, will man sich nicht einer fleckigen und unansehnlichen Färbung aussetzen, stets ist eine Vorbehandlung mit Wasserglas erforderlich. Eine

Ausnahme hiervon macht man vielfach in der Stückerschwerung, wie wir später sehen werden. Diese Wasserglasbehandlung stellt aber nicht etwa gewissermaßen eine Vorbehandlung für die Färbung dar, sondern ist ein Erschwerungsvorgang, der der Faser ein Mehr an Erschwerung von mindestens 25—50% bringt. Außer dieser einfachen Wasserglas-weitererschwerung nach der Zinnphosphaterschwerung findet man jetzt vielfach in Betrieben eine Zwischenbehandlung eingeschoben, die auch als erschwerend zu betrachten ist, nämlich die Behandlung mit schwefel-saurer Tonerde. Diese Behandlung mit schwefelsaurer Tonerde tritt erst nach dem letzten Phosphat ein, sie wird, wenn nötig, wiederholt, und hieran anschließend erfolgt die Wasserglasbehandlung. Diese beiden Weitererschwerungsverfahren also, entweder mit Wasserglas allein oder mit Tonerde und Wasserglas, stellen die einzigsten Weitererschwe-rungen dar, die für farbige Seiden in Frage kommen. Man ersieht daraus ohne weiteres, daß bei farbigen Seiden die Weitererschwerung tatsächlich eine solche ist, während bei Schwarzseiden die Weitererschwerung nicht so scharf vom eigentlichen Färbevorgang abgegrenzt ist, vielmehr beide Prozesse ineinander übergreifen. Während bei Schwarz die erschwerte Seide schon teilweise gefärbt erscheint, wenn man z. B. mit unoxy-diertem Blauholzextrakt erschwert hat, bleibt bei den farbigen Seiden dagegen die erschwerte Faser bis zum Färbebad weiß, und Erschwe-rungs- und Färbevorgang sind scharf voneinander abgegrenzt. Nicht unerwähnt möge hier bleiben, daß bei farbigen Seiden auch mit der Möglichkeit, daß vollständig unerschwerte Seide gefärbt wird, mehr zu rechnen ist als bei Schwarz, da eine lebhafte Schwarzfärbung ohne Erschwerung nicht gut zu denken ist. Es wird darauf noch später besonders zurückzukommen sein und werden die diesbezüglichen Verhältnisse des Näheren beleuchtet werden.

1. Die benötigten Rohstoffe.

Entsprechend der bisherigen Einteilung soll auch hier die Betrach-tung der für die Weitererschwerung erforderlichen chemischen Rohstoffe vorweggenommen werden. Für die Weitererschwerung der farbigen Seiden kommen, wie schon ausgeführt wurde, nur zwei in Frage, nämlich Wasserglas und schwefelsaure Tonerde. Außerdem käme natürlich noch Seife und das Wasser in Betracht, die aber bereits vorher ausführlich besprochen worden sind.

a) **Wasserglas.** Die Darstellung des Wasserglases geschieht in der Weise, daß Quarz (SiO_2) mit Soda, unter Zusatz von etwas Holzkohle geschmolzen wird. Diese Schmelze, die harte glasähnliche Stücke dar-stellt, wird mit heißem Wasser unter Druck ausgelaugt. Nach einer anderen Vorschrift zur Darstellung des Wasserglases benutzt man Kieselgur oder Infusorienerde und löst dieselbe durch Kochen mit Natronlauge unter Druck. In beiden Fällen werden die erhaltenen Laugen mit reinem bzw. kalk- oder magnesiafreiem Wasser auf eine Stärke von 30—40° Bé verdünnt. Das so erhaltene Wasserglas stellt eine klare, wasserhelle, sirupartige Flüssigkeit dar, die möglichst unter

Luftabschluß aufbewahrt werden soll, da sie unter dem Einfluß der Luft sich leicht gallertartig verdickt.

Was die Untersuchung des Wasserglases anbelangt, so kommt hierfür in Frage: 1. die Bestimmung der Kieselsäure, 2. die Bestimmung des Gesamtalkalis, 3. die Bestimmung des freien Alkalis, 4. die Bestimmung der Verunreinigungen.

Bestimmung der Kieselsäure. Man stellt sich eine Stammlösung her, indem etwa 50 g Wasserglas zu 1 Liter mit Wasser verdünnt werden. Von dieser Lösung mißt man 100 cm³ in eine Platinschale ab, fügt konzentrierte Salzsäure hinzu, dampft ein, nimmt mit Salzsäure auf, dampft nochmals ein und wiederholt diese Behandlung noch 2—3 mal. Nach dem letzten Eindampfen trocknet man gut im Trockenschrank, löst den Rückstand gut mit heißem Wasser unter Zusatz von etwas Salzsäure auf, bringt ihn aufs Filter, wäscht gut aus, trocknet und glüht. Die so erhaltene Kieselsäure wird gewogen und stellt die Menge Kieselsäure dar, die in 5 g Wasserglas vorhanden ist.

Bestimmung des Gesamtalkalis. Weitere 100 cm³ der Stammlösung werden mit etwa 200 cm³ Wasser verdünnt und mit Normalschwefelsäure unter Verwendung von Methylorange als Indikator titriert. Die verbrauchten Kubikzentimeter Normalsäure mal 0,04 genommen, ergeben den Gehalt an Gesamtalkali, als Natronlauge (NaOH) berechnet, in 5 g Wasserglas.

Bestimmung des freien Alkalis. Diese Bestimmung ist in einer einwandfreien Weise nicht durchzuführen, und ist als die für die Praxis beste Arbeitsweise noch immer die von Heermann[1] seinerzeit veröffentlichte anzusprechen. Zu diesem Zweck werden 100 cm³ der obigen Stammlösung mit einer kalten Lösung von 10 g Chlorbarium in destilliertem Wasser vorsichtig unter Umschütteln gemischt. Diese Mischung wird auf 250 cm³ aufgefüllt und filtriert. Nach Verwerfen der ersten 50 cm³ des Filtrats werden 100 cm³ desselben mit $^1/_{10}$ n-Säure und Phenolphthalein titriert. Die verbrauchten Kubikzentimeter $^1/_{10}$ n-Säure mal 0,004 genommen, ergeben den Gehalt an freiem Ätznatron (NaOH) in 2 g Wasserglas. Wenn diesem Verfahren auch wegen des Entstehens eines kompakten großklumpigen Niederschlages gewisse Fehler anhaften, so liefert es doch für die Praxis brauchbare Ergebnisse.

Bestimmung der Verunreinigungen. Für die Bestimmung der Verunreinigungen kommen in Frage: Kochsalz und andere Fremdsalze, wie Soda, Tonerdeverbindungen und Natriumsulfat. Zu deren Bestimmung versetzt man das bei der Bestimmung der Kieselsäure erhaltene Filtrat mit Ammoniak. Der erhaltene Niederschlag von Tonerde und Eisen wird abfiltriert und die Bestandteile in üblicher Weise bestimmt. Das Filtrat wird vorsichtig auf dem Wasserbad eingedampft, der Rückstand schwach geglüht und gewogen. Der erhaltene Rückstand besteht aus Kochsalz, Natriumsulfat und ähnlichen Alkaliverbindungen. Ist eine Bestimmung des Kalkes erforderlich, so schiebt man nach der Abscheidung der Tonerde und des Eisens eine Fällung des Kalkes mit

---

[1] Heermann: Chem.-Ztg. **1904,** 879.

oxalsaurem Ammon ein. Das erhaltene Kalziumoxalat wird in üblicher Weise zur Wägung gebracht. Soll der Gehalt an schwefelsaurem Alkali bestimmt werden, so geschieht dieses durch Abscheidung und Wägung der Schwefelsäure als Bariumsulfat.

Beurteilung. Was die Beurteilung des Wasserglases anbelangt, so ist als erste Anforderung an ein gutes Wasserglas die klare Löslichkeit in destilliertem Wasser zu stellen. Diese Lösung soll auch nach mehrtägigem Stehen keine Trübung oder Fällung aufweisen. Der Gehalt an Kieselsäure soll durchschnittlich nicht mehr als 24% betragen. Eine Ware von 38° Bé enthält nach Heermann[1] 25,5% SiO_2 und 7,7% Na_2O. Der Gehalt an Gesamtalkali soll, als Na_2O gerechnet, höchstens $^1/_3$ der ermittelten Kieselsäure betragen. Was den Gehalt an freiem Ätzalkali anbelangt, so wird derselbe durchschnittlich 0,2—0,5% betragen. Bezüglich der Verunreinigungen ist zu erwähnen, daß von denselben in größeren Mengen nur Kochsalz und Tonerdeverbindungen in der üblichen Handelsware anzutreffen sind. Der Gehalt an diesen beiden schwankt je nach der Darstellung des Wasserglases sehr. Es wurden als höchste Werte beobachtet 6,5% Kochsalz und 2,6% Tonerde. Diese Verunreinigungen sind für die Beurteilung der Verwendbarkeit des Wasserglases für Seidenfärbereizwecke nicht gerade als schwerwiegend anzusehen, da noch keine Beobachtungen vorliegen, daß diese Stoffe von schädlichem Einfluß auf die Seidenfaser gewesen sind. Das hauptsächlichste Augenmerk wird man auf den Gehalt an freiem Ätzalkali legen müssen, da hierdurch einmal die Abscheidung der Kieselsäure auf der Seidenfaser zurückgehalten wird, andererseits eine Schädigung der Seidenfaser zu erwarten ist. Ein Wasserglas, dessen Gehalt an freiem Ätzalkali 0,5% übersteigt, sollte, wenn nicht zurückgewiesen, so doch jedenfalls durch einen geringen Säurezusatz neutralisiert werden. Wie schon eingangs erwähnt wurde, soll der Verdünnung der Wasserglasbäder, dieselben werden meistens in einer Stärke von 4—5° Bé verwandt, große Sorgfalt geschenkt werden. Die Verdünnung mit kalkhaltigem Wasser hat je nach der Härte des Wassers eine größere oder geringere Trübung des Bades zur Folge, wodurch andererseits eine Trübung auf der Seide erzeugt wird. Ebenso ist der Beschaffenheit der Wasserglasbäder, sobald dieselben mehrmals gebraucht werden, peinliche Beachtung zu schenken. Es entstehen leicht bei solchen mehrmals gebrauchten Bädern Abscheidungen von gallertartiger Kieselsäure durch Wegnahme des überschüssigen Alkalis. Diese Abscheidungen machen sich erst bemerkbar bei genauer Durchsicht des Bades in hohen Zylindern, während sie beim Daraufsehen auf das in der Barke befindliche Bad nicht wahrzunehmen sind. In vielen Betrieben ist man deshalb dazu übergegangen, die Wasserglasbäder nur einmal, höchstens zweimal zu verwenden und sie dann laufen zu lassen, eine Maßnahme, die nur warm empfohlen werden kann. Ein gelbgefärbtes Wasserglas, wie solches leicht vorkommen kann, wenn das Wasserglas in Holzfässern zum Versand gelangt, kann wohl für Schwarzfärbungen verwandt

---

[1] Heermann: Färberei- u. Textilchem. Untersuchungen, S. 148. Berlin: Julius Springer 1929.

werden, für die Färbung der farbigen Seiden ist es jedoch unbedingt zu verwerfen. Schließlich wäre noch zu erwähnen, daß die Temperatur des fertiggestellten Wasserglasbades für die Seidenbeschwerung nicht zu hoch sein darf, weil leicht Spaltung des Wasserglases eintritt und das freiwerdende Ätznatron auf die Seide sehr zerstörend einwirken kann. Als höchste Temperatur sollte deshalb $55°$ C nie überschritten werden.

b) Schwefelsaure Tonerde. Die Darstellung dieses Salzes geschieht aus einem in der Natur vorkommenden Gestein, dem Bauxit, $Al(OH)_3$, indem dasselbe mit Soda geschmolzen wird und die Schmelze darauf mit Wasser ausgelaugt wird. In die geklärte Lösung wird Kohlensäure eingeleitet, wodurch Aluminiumhydroxyd zur Abscheidung gebracht wird. Dieses Aluminiumhydroxyd wird gut gewaschen, in berechneten Mengen Schwefelsäure gelöst und die Lösung eingedampft. Die erhaltenen weißen Kristallrückstände stellen die übliche Handelsware dar.

Was die chemische Prüfung des Aluminiumsulfates anbelangt, so erstreckt sich dieselbe auf den Wassergehalt, Gehalt an Tonerde und an Gesamtschwefelsäure und Gehalt an freier Schwefelsäure. Als Verunreinigungen kommen in Betracht, fremde Metallsalze, Kalk, Kieselsäure, Arsen und vielleicht Alkalisalze.

Bestimmung der Tonerde. Man nimmt von einer Stammlösung, die 10 g Aluminiumsulfat in 1 Liter Wasser enthält, 50 cm³, setzt zu dieser Lösung reichlich Ammoniumchlorid, erhitzt zum Kochen und fügt jetzt soviel Ammoniak hinzu, bis ein geringer Überschuß hiervon vorhanden ist. Man läßt gut absetzen, filtriert den Niederschlag ab, wäscht gut mit heißem Wasser aus, dem man ein paar Tropfen Ammoniak hinzugefügt hat. Nach schwachem Trocknen wird er im Porzellantiegel verascht und vor dem Gebläse geglüht. Der nach dem Erkalten gewogene Glührückstand ergibt die Menge Aluminiumoxyd in 0,5 g schwefelsaurer Tonerde.

Bestimmung der Schwefelsäure. 50 cm³ der Stammlösung werden mit Salzsäure gut angesäuert, erhitzt und durch Zusatz von Chlorbarium die Schwefelsäure abgeschieden. Der abfiltrierte und geglühte Niederschlag mal 0,3429 genommen zeigt den Gehalt an Schwefelsäure, als SO_3 gerechnet, in 0,5 g Aluminiumsulfat an.

Wasserbestimmung. Der Wassergehalt des Salzes wird durch Trocknen von 1 g zerriebenem Aluminiumsulfat bis zur Gewichtsbeständigkeit ermittelt.

Bestimmung der freien Schwefelsäure. Eine direkte Titration der wäßrigen Lösung ist ausgeschlossen, da das neutrale Aluminiumsulfat entsprechend der Eigenschaften des Aluminiumoxydes als schwache Basis bereits stark sauer reagiert. Man kann allerdings ähnlich wie beim Chlorzinn aus der Basizitätszahl einen Schluß auf freie Schwefelsäure ziehen. Es hat aber nicht an Versuchen gefehlt, die freie Schwefelsäure direkt zu bestimmen. Als das zuverlässigste Verfahren ist dasjenige von Zschokke u. Heuselmann[1] zu empfehlen. In einem Meßkolben von 100 cm³ bringt man 10 cm³ der Aluminiumsulfatlösung

---

[1] Chem.-Ztg. **1922**, 302.

(50 g im Liter), fügt 10 cm³ einer 10% Chlorbariumlösung und 5 cm³ einer frisch bereiteten 10% Ferrozyankaliumlösung und 60 cm³ siedendes Wasser hinzu. Nach dem Mischen gibt man unter Umschütteln tropfenweise so viel einer 2%igen Gelatinelösung (etwa 1,5 cm³) hinzu, bis der Niederschlag sich schnell und flockig absetzt. Nach dem Abkühlen wird zu 100 cm³ aufgefüllt, filtriert und in 50 cm³ die Schwefelsäure mit $^1/_{10}$ n-Natronlauge und Methylorange titriert. Diese Bestimmungsmethode eignet sich besonders gut zur Bestimmung der freien Säure in den Gebrauchsbädern.

Verunreinigungen. Von den Bestimmungen der Verunreinigungen kommt hauptsächlich die Bestimmung des Eisens in Frage, das für den technischen Betrieb meistens kolorimetrisch bestimmt wird. Man vergleicht die mit Salpetersäure oxydierte Lösung des Aluminiumsulfates mit einer eingestellten Eisenammoniakalaunlösung unter Zusatz gleicher Mengen von Rhodankali. Will man das Eisen quantitativ bestimmen, so geschieht dieses am besten, daß man sich eine wäßrige gesättigte Lösung des Salzes herstellt, diese Lösung mit Schwefelsäure ansäuert und mittels eisenfreien Zinkes das Eisen reduziert. Die Eisenoxydulverbindung wird darauf mit einer $^1/_5$ n-Kaliumpermanganatlösung titriert, von der 1 cm³ 0,0118 g Eisen entspricht.

Die Bestimmung des Zinks, das als Verunreinigung beim Drucken der Seiden sich unangenehm bemerkbar macht, geschieht nach Entfernung der Schwefelsäure mit essigsaurem Baryt, indem man im Filtrat vom Bariumsulfat das Zink mittels Schwefelwasserstoff fällt. Das ausgeschiedene Schwefelzink wird in bekannter Weise geglüht und als Zinkoxyd zur Wägung gebracht. Der Nachweis der übrigen Verunreinigungen wird sich meistens auf qualitative Reaktionen beschränken, wie Arsen mit Zinnchlorürlösung, Kalk nach Entfernung der Tonerde mit Ammoniumoxalatlösung, Kieselsäure durch mehrmaliges Abrauchen der klaren wäßrigen Lösung mit Salzsäure usw.

Beurteilung. Was die Beurteilung der schwefelsauren Tonerde anbelangt, so ist die handelsübliche Ware diejenige, die mit 18 Molekülen Kristallwasser dargestellt wird. Dieselbe enthält rund 15% Aluminiumoxyd und 36% Schwefelsäure (SO_3), sowie 48% Wasser. Das Salz soll im Wasser möglichst klar löslich sein. Die Ausscheidung von basischen Salzen soll auf Zusatz von Schwefelsäure sofort verschwinden. Freie Schwefelsäure, die aus dem Unterschied aus der Gesamtschwefelsäure und derjenigen, die dem Gehalt an Tonerde entsprechen muß, gefunden wird, soll nicht in erheblicher Menge vorhanden sein. Ein geringer Überschuß hieran kann nicht schaden, da bei der Verwendung des Tonerdesulfates zur Seidenerschwerung meist ein Zusatz von Schwefelsäure zu der Auflösung dieses Salzes gemacht wird. In der Handelsware findet man einen Gehalt an freier Schwefelsäure, der zwischen 0,5—1% schwankt.

Was den Gehalt an Eisen anbelangt, so sind hier die Verhältnisse ähnlich wie bei dem Gehalt an freier Schwefelsäure. Es wird in jedem Tonerdesulfat Eisen vorhanden sein, jedoch wird man als Grenze des Eisengehaltes 0,01% zulassen können. Ein höherer Gehalt birgt die

Gefahr der gelblichen Verfärbung der damit behandelten Seiden in sich. Was den Gehalt an Zink anbelangt, so ist derselbe für die Seidenfärberei wenig von Belang, sobald er sich in Grenzen unterhalb 0,01% hält. Auch bezüglich der anderen Verunreinigungen läßt sich kein fester Maßstab aufstellen und müssen hier die besonderen Anforderungen der einzelnen Betriebe berücksichtigt werden. Im Betriebe sollen möglichst klare Bäder verwandt werden. Die Temperatur derselben soll 35—40° C nicht überschreiten, da die leichte Spaltbarkeit des Tonerdesulfates eine unangenehme Einwirkung der Schwefelsäure auf die Seidenfaser im Gefolge haben kann. Die Tonerdebäder werden in gleicher Weise wie die Pinkbäder durch Zusatz einer gesättigten Lösung des Tonerde-sulfates nach dem Gebrauch jedesmal wieder auf die erforderliche Stärke gebracht, sie werden also fortlaufend gebraucht. Es ist ferner darauf zu achten, daß der Säureüberschuß der Bäder nicht zu hoch — über 1% — steigt und andererseits, daß der Gehalt an Tonerde nicht unter die den gespindelten Graden Bé entsprechenden Mengen sinkt.

Bezüglich der Aufbewahrung der Bäder sei hier noch erwähnt, daß man sich vor der Berührung der Bäder mit Blei zu hüten hat, da dieses durchgreifende Umsetzungen der Lösung veranlassen kann.

Wir kommen jetzt zur Arbeitsweise mit Wasserglas und Tonerde. Dabei ist vorauszuschicken, daß in manchen Betrieben nur mit Wasser-glas gearbeitet wird, in anderen Betrieben dagegen mit Wasserglas und Tonerde. Es richtet sich dieses auch vielfach nach der Höhe der Er-schwerung, und ist es ohne weiteres klar, daß man bei niedriger Er-schwerung die Tonerdebehandlung ausfallen lassen kann und dieselbe erst bei Erschwerungen über 30% eintreten läßt. Die Erschwerung mit Tonerde beeinflußt übrigens auch den Griff der Seide, derselbe wird härter und krachender. Aus diesem Grunde wird die kombinierte Er-schwerungsart vor der einfachen Wasserglaserschwerung bevorzugt.

2. Das Weitererschweren mit Wasserglas.

Nachdem die Seide in üblicher Weise mit Zinn und Phosphat er-schwert worden ist, geht man nach dem letzten Phosphat auf ein Seifen-bad mit 10% Seife (vom Seidengewicht) 50° C warm. Vielfach läßt man auch diese Seife fortfallen und begnügt sich damit, die Seide nach dem letzten Phosphat durch Auswaschen mit Weichwasser, allein oder unter Zusatz von 5—10% Ammoniak, genügend zu reinigen. Wie dem auch sei, in beiden Fällen geht man hierauf, ohne zu schwingen, auf ein 50—55° C warmes Wasserglasbad, dessen Stärke zwischen 3 und 5° Bé schwankt. Man zieht auf diesem Bade $^3/_4$—1 Stunde um, und zwar mit mehrmaligem Schieben hintereinander und ungefähr 3—5maligem Umziehen in der angegebenen Zeit. Nach dieser Behandlung geht man mit der Seide auf eine dünne Seife, 10—20% und 35° C warm. Auf dieser Seife wird $^1/_2$ Stunde umgezogen, das Bad laufen gelassen und nochmals ein Seifenbad mit 10% Seife gegeben. Zur Erzielung eines besseren Griffes wird vielfach zwischen der ersten und zweiten Seife geschwungen. Nach der letzten Seife wird die Seide warm fest aus-geschwungen — aus dem einfachen Grunde, weil nach dem Erkalten eine Entfernung der Seife schwieriger ist — und die Seide zum Abkühlen kalt ausgehängt. Die Seide ist alsdann fertig zum Färben.

Handelt es sich um Ware, die länger liegen soll und nicht sofort gefärbt wird, so säuert man nach dem Seifenbad schwach mit 2—5% Salzsäure oder Schwefelsäure oder auch mit 10—20% Essigsäure oder Ameisensäure ab und schwingt erst dann. Häufig findet man auch, daß nach dem Seifen mehrere Weichwasser gegeben werden, bevor man absäuert und schwingt.

Die Erschwerung der Stückware mit Wasserglas unterscheidet sich, was Stärke der Bäder, Temperatur und Behandlungsdauer anbelangt, nur wenig von derjenigen der Strangseide. Man geht also nach dem letzten Phosphat auf ein Seifenbad mit 10% Seife etwa $1/_2$ Stunde bei 40° C, gibt hinterher ein Weichwasser lauwarm und geht dann auf das Wasserglasbad. Die Stärke dieses Bades ist bei einer Erschwerung 40—60% etwa 3,5° Bé, bei einer Erschwerung 70—80% dagegen 4,5° Bé.

Die Behandlung im Wasserglasbad erfolgt bei Stückware nur bei Bändern in Buchform auf Stöcken und auf der Barke, bei breiter Ware dagegen auf Maschinen. Und zwar arbeitet man entweder auf den bereits erwähnten Stückfärbemaschinen oder im Schmidschen Apparat. Nach der Wasserglasbehandlung werden zwei leichte Seifenbäder gegeben 30° C warm und zum Schluß noch ein Weichwasser lauwarm mit Ammoniak (5—10% vom Seidengewicht) ebenfalls auf den Apparaten. Man findet in einzelnen Betrieben auch die Arbeitsweise, daß nach der Abkühlseife direkt in der Contenuewaschmaschine mit lauwarmem bzw. kaltem Wasser gewaschen wird. Jedenfalls ist jedoch der Seifenbehandlung große Beachtung zu schenken. Ferner ist darauf zu achten, daß die Ware beim Arbeiten in den Apparaten keine Gelegenheit hat, an der Luft anzutrocknen. Ebenso vermeide man auch nach Möglichkeit, daß die Ware sehr faltig durch das Bad läuft.

Bei dieser Wasserglaserschwerung ist nun unbedingt auf verschiedene Umstände zu achten, weil gerade die Wasserglaserschwerung der Seide erheblichen Schaden zufügen kann. Als erstes hat man darauf zu achten, daß das Wasserglasbad die vorgeschriebene Temperatur nicht überschreitet. Je höher die Temperatur steigt, um so stärker tritt die Zersetzungsfähigkeit des Silikates in Erscheinung unter Bildung von freiem Ätznatron. Ferner ist darauf zu achten, daß die Wasserglasbäder vollständig klar sind, man tut deshalb gut, beim Ansetzen der Bäder das zugeschüttete Wasserglas durch ein Sieb zu geben. Ebenso sollte man die Silikatbäder nicht mehr als 1—2mal gebrauchen. Jegliche Trübung im Silikatbade, die auch teilweise dem Auge nur sehr gering erscheint, vermag auf der Seide die unangenehmsten Flecken hervorzurufen, die sich nicht entfernen lassen und jeder Behandlungsweise trotzen. Ein weiterer Umstand, worauf sehr zu achten ist, ist die Beschaffenheit der Barken, in denen sich das Wasserglas befindet. Das eintrocknende Wasserglas bildet an den Wandungen einen lackartigen Überzug, der sehr hart und rauh ist. Wird hierauf keine Rücksicht genommen und werden die Unebenheiten nicht abgeschliffen, so wird

man leicht beobachten, daß die Seide vollständig rauh und zerscheuert
wird. Man tut daher gut, die Wasserglasbarken mit einem Stoff, wie
Stramin oder Nessel, auszuschlagen und die oberen Leisten gut abzu-
schleifen. Auch findet man in Betrieben, daß die Wasserglasbarken
ganz aus Zement hergestellt sind. Wichtig ist nun, daß diese Barken,
von welchem Stoff sie auch sein mögen, stets gut geglättet werden und
mindestens alle acht Tage mit Glaspapier oder Bimsstein die Unebenheiten abgerieben werden.

Namentlich bei Stückware ist die Wasserglasbehandlung einer der
gefährlichsten Erschwerungsvorgänge. Nicht nur, daß sich bei der
Sättigung des Gewebes mit Kieselsäure besonders in den Falten Brüche
bilden, die sich bei der Fertigware in Form weißer kreuz und quer
laufender Streifen, der sog. Blanchissuren bemerkbar machten, sondern
es treten auch unregelmäßige wolkige Flecken auf, die namentlich beim
Passieren der Trockentrommeln während des Appretierens in Gestalt
durchscheinender dunkler Fettflecken sich bemerkbar machen. Beide
Übelstände lassen sich nicht wieder entfernen und können höchstens
durch eine entsprechende Nachbehandlung der fertigen Ware durch das
sog. Tamponieren weniger auffällig gemacht werden.

Vor allem hat man sich gerade bei Stückware vor einer zu starken
Wasserglaserschwerung zu hüten, da die Kieselsäure die Stücke brüchig
macht. Man hüte sich deshalb, bei der Stückware mit zu starken
Bädern zu arbeiten.

An dieser Stelle sei dann noch des Abkochens der Seide nach der
Zinn-Wasserglaserschwerung Erwähnung getan. Nachdem die Ware
nach der Wasserglaserschwerung auf den beiden Abkühlseifen gewaschen
ist, kommt sie auf das eigentliche Abkochbad. Auf der Barke wird wie
üblich 1 Stunde mit 2 maligem Erhitzen mit 60% Seife abgekocht, im
Schaumabkocher dagegen $^1/_2$ Stunde mit 3 maligem Drehen der Kurbel
je zehnminutenweise. Darauf wird mit 20% Seife kochend 20 Minuten
evtl. 2 mal repassiert und anschließend ein lauwarmes Bad mit 5—10%
Ammoniak gegeben und dann geschwungen.

3. Das Erschweren mit Tonerde und Wasserglas.

Diese Art der Weitererschwerung, die durchweg nur bei Strangware
üblich ist, nicht dagegen bei Stückware, schließt sich ebenfalls an die
Zinnphosphaterschwerung wie die einfache Wasserglaserschwerung an.

Nach dem letzten Phosphat wird die Seide mit 5% — hat die Seide
länger oder über Nacht gelegen — mit 8% Schwefelsäure vom Seidengewicht kalt abgesäuert. Man zieht meistens 3 mal nacheinander um,
ohne zu schieben, läßt das Bad laufen und geht nun, ohne zu schwingen,
auf Tonerde.

Dieses Tonerdebad, das meistens 4,5° oder niedriger bis zu 3,5°
spindelt, wird hergestellt, indem man eine gesättigte Aluminiumsulfatlösung, einen sog. Ansatz, mit Weichwasser in entsprechender Weise
verdünnt. Dieser Ansatz wird in der Weise bereitet, daß man 100 kg
des käuflichen Aluminiumsulfates in 400 l Wasser, dem man 1 l konzentrierte Schwefelsäure zugesetzt hat, durch $^1/_2$—1 stündiges Kochen

löst, natürlich unter Ersatz des verdampften Wassers. Nach erzielter Lösung läßt man klar absitzen und verdünnt die vollständig klare Lösung mit weichem Wasser auf die gewünschten Bé-Grade. Man benutzt diesen Ansatz auch zum Verstärken der gebrauchten Tonerdebäder.

Auf dieses verdünnte Tonerdebad geht man mit der Seide bei einer Temperatur von 35° C 1 Stunde, wobei man jede $^1/_4$ Stunde einmal umzieht. Nach dieser Behandlung wirft man auf, läßt die Seide abtropfen und wäscht jetzt auf der Waschmaschine 5—6 Minuten mit Rohwasser. Nach dem Waschen macht man die Seide auf besonders dafür bestimmte Wasserglasstöcke. Dieses ist erforderlich, weil sich sonst leicht gallertartige Fällungen auf den Stöcken bilden können, die ihrerseits wieder unliebsame Flecken auf den Seiden im Gefolge haben können. Es empfiehlt sich überhaupt, für die einzelnen Behandlungen — Pinken, Phosphatieren, Tonerde- und Wasserglasbehandlung — jedesmal besondere Stöcke zu verwenden, weil die Stöcke nicht in dem Maßstabe gereinigt werden können, daß sie nicht noch Bestandteile des jeweiligen Bades zurückhielten. Bei dieser Gelegenheit sei auch bemerkt, daß die Walzen der Waschmaschine, auf der die Seiden nach der Tonerdebehandlung gewaschen werden, stets gut zu reinigen sind, da sich harte Krusten absetzen. Im Anschluß an das Waschen von der Tonerdebehandlung geht man jetzt in gleicher Weise, wie bereits S. 73 beschrieben wurde, auf ein Wasserglasbad von 4° Bé bei 50—55° C. Nach dem Wasserglasbad geht man auf die Seife. Nach der Seifenbehandlung schwingt man unmittelbar aus, oder man säuert ab und schwingt dann in gleicher Weise, wie S. 74 bereits ausgeführt wurde.

Diese Weitererschwerung mit Wasserglas allein oder im Zusammenhang mit Tonerde hat je nach dem auf der Seide befindlichen Zinnuntergrund eine recht erhebliche Steigerung der Erschwerung zur Folge. Die Höhe dieser Erschwerung ist jedoch vollständig abhängig von der Höhe der Zinnerschwerung. In gleicher Weise, wie diese erhebliche Verschiedenheiten aufweisen kann, machen sich diese Schwankungen auch bei der Silikaterschwerung bemerkbar. Wie bei der Zinnphosphaterschwerung bereits ausgeführt wurde, ist die Höhe der erzielten Erschwerung von einer ganzen Reihe von Umständen abhängig, wie Herkunft, Titer und Drehung der Seide, und bei Stückware Art und Dichte des Gewebes. Das gleiche trifft zu bei der Silikaterschwerung. Um vor Überraschungen sicher zu sein, d. h., daß man mit seinen Partien nicht zu niedrig oder zu hoch in der Erschwerung herauskommt, ist es daher meistens üblich, einen Wahrsager zur Feststellung der Erschwerung aus Wasserglas oder Tonerde-Wasserglas mit einer vorhergehenden Partie übergehen zu lassen. Nach Beendigung der Wasserglasbehandlung wird dieser Wahrsager getrocknet und die Höhe der erzielten Erschwerung festgestellt. Erst dann nimmt man die Hauptmenge der Partie in Behandlung und richtet sich jetzt nach der am Wahrsager festgestellten Erschwerung, ob hoch oder niedrig, indem man die Bé-Grade des Wasserglases höher oder niedriger stellt, indem man bei höherer Temperatur eingeht, oder auch, indem man das Wasserglas 2 mal warm macht, und schließlich, indem man die Wasserglasbehandlung länger als die übliche $^3/_4$—1 Stunde ausdehnt. Erwähnenswert ist, daß man besonders bei der Wasserglasbehandlung sehr leicht wechseln kann in der zu erzielenden Erschwerung, namentlich wenn man verschiedene Partien von verschiedener Erschwerung in einem Satz hat. Man kann z. B. ohne Bedenken zuerst diejenige Seide, die mit höherer Erschwerung herauskommen soll, aufstellen und läßt nach $^1/_4$ oder gar $^1/_2$ Stunde erst den anderen Teil, der weniger hoch in der Erschwerung auszufallen braucht, folgen. Ist nun trotz aller dieser Vorsichtsmaßregeln eine Partie bon der Wasserglasbehandlung zu niedrig ausgefallen, so kann man auch hier sich helfen durch folgende Nachbehandlung. Man geht auf eine 10%ige Seife, der man 150% Wasserglas vom Gewicht der Seide zugesetzt hat. Auf diesem Bade läßt man die Seide bei 42°C 1 Stunde langsam gehen und kann auf diese Weise ein Mehr an Erschwerung von 10—15% erzielen. Würde man einfach von neuem auf ein Wasserglasbad gehen, so würde man durchaus keine Erhöhung der Erschwerung bemerken. So eigenartig es ist, daß die Seide aus dem Wasserglasbad eine erhebliche Menge von Erschwerung herauszunehmen vermag, so ist dieses Mehr an Erschwerung aber verhältnismäßig locker auf der Seidenfaser gebunden und fällt bei den nachherigen Behandlungen, wie Färben und Avivieren, mit Leichtigkeit wieder ab. Man darf sich also keineswegs begnügen, an dem Wahrsager die zu erzielende Erschwerung festgestellt zu haben, sondern diese Erschwerung muß mindestens um 20% überschritten werden, d. h. mit anderen Worten, soll eine fertige Seide eine Erschwerung von 80—100% aufweisen, so ist unbedingt erforderlich, daß sie nach der Wasserglasbehandlung, also vor dem Färben, etwa 110—120% erschwert ist.

Die Ursache dieser merkwürdigen Erscheinung, daß eine Partie beim Färben eine so große Menge an Erschwerung verlieren kann, ist noch nicht einwandfrei geklärt. Sie hängt aber bestimmt mit der Form der Zinncharge zusammen. Eine zu leicht ausgefallene Partie kann nur in der Weise wieder erschwert werden, daß man der Seide nach dem Absäuern nochmals einen Pinkzug gibt und anschließend ein leichtes Wasserglasbad. Man läuft hierbei allerdings ein gewisses Risiko bezüglich der Haltbarkeit der Seide, aber es wird das Zuwenig ausgeglichen. Merkwürdigerweise zeigen solche nacherschwerten Seiden eine sehr große Gleichmäßigkeit im Farbausfall.

Was jetzt das Anlegen der Partien anbetrifft, um diese oder jene Erschwerung zu erzielen, so ist hier eine sehr große Abwechslung möglich und können die im nachstehenden gegebenen Anweisungen nicht unbedingt als maßgebend hingestellt werden, sondern nur als Anhaltspunkt dienen. Man verfährt etwa wie folgt. Man pinkt bei einer zu erzielenden Erschwerung von

pari	= 2 mal stark oder 1 mal stark und 1 mal schwach,
5—20%	= 2 mal stark,
20—35%	= 2 mal dünn und 1 mal stark,
35—50%	= 2 mal dünn und 1 mal stark, mit Tonerdebehandlung,
50—65%	= 4 mal dünn und mit 1 Tonerdebehandlung oder 2 mal stark und 3 mal dünn ohne Tonerdebehandlung,

65— 80% = 3mal dünn und 1mal stark mit Tonerdebehandlung oder 2mal
        dünn und 2mal stark mit Tonerdebehandlung oder 3mal stark
        und 2mal dünn ohne Tonerdebehandlung,
80—100% = 5mal dünn mit Tonerdebehandlung oder 4mal stark mit 2 Ton-
        erdebehandlungen oder 4mal stark und 1mal dünn ohne Ton-
        erdebehandlung.

Hierbei sei bemerkt, daß unter starker Pinke eine solche von 30° Bé
und unter schwacher eine solche von 22° Bé zu verstehen ist.

Es ist natürlich klar, daß man bei Seiden, die schlecht ziehen, wie
syrische und Kanton, ebenfalls bei stark gedrehter Seide, insofern eine
Änderung eintreten läßt, als man das Arbeiten mit schwachen Pinken
durch ein entsprechendes mit starken Pinken ersetzt, dagegen nicht die
Menge der Züge. Man kann nicht eine 4mal dünn gepinkte Seide mit
3mal starken Pinken auf dieselbe Erschwerung bringen. Daß bei den
aufgeführten Erschwerungen zum Schluß stets eine Wasserglasbehandlung eintritt, ist, wo es sich um farbige Seiden handelt, wohl selbstverständlich.

Was das Anlegen der Partien bei Stückware anbelangt, so ist ja
bereits früher betont worden, daß die Gewebe bei weitem nicht so hoch
und so unterschiedlich erschwert werden als dieses bei Strangseide der
Fall ist. Die Höhe der Erschwerung hat sich der Dichte des Gewebes
anzupassen. Bei einem Quadratmetergewicht von 30—40 g wird man
in der Erschwerung bis zu 60% hinaufgehen können, bei einem Gewicht
von 60—80 g wird man es aber bei 40% bewenden lassen müssen, um
nicht brüchige Ware zu erzielen, nur bei dünnen Bändern, wie Lumineux, geht man in der Erschwerung bis zu 80% hinauf. Bei Misch-
seidengeweben mit Schappe geht man in der Erschwerung höchstens
bis zu 30% hinauf. Daß andere Mischseidengewebe nicht erschwert
werden, wurde ja bereits erwähnt.

Die durchschnittliche Anlage ist bei Stückware folgende: Man pinkt
bei einer zu erzielenden Erschwerung ab

     10% 2mal stark Wasserglas 4° Bé stark
20—30% 3mal   ,,   ,,   3° Bé ,,
30—40% 3mal   ,,   ,,   4° Bé ,,
50—60% 3mal   ,,   ,,   6° Bé ,,

V. Das Bleichen der farbigen Seiden.

Die in dieser Weise mit Wasserglas oder Tonerde und Wasserglas
erschwerten Seiden, einerlei ob Strang oder Stückware, können, sobald
es sich um dunklere Farbtöne handelt, jetzt unmittelbar dem Färben
unterworfen werden. Sobald es sich jedoch um zartere Farbtöne, besonders Weiß, Ivoire, Ciel und Rosa handelt, ist eine Vorbehandlung
der Seiden — nicht nur der gelbbastigen, sondern auch der weißbastigen,
die doch stets etwas gefärbt sind, erforderlich, nämlich das Bleichen.
Dieses Bleichen kann nach verschiedenen Arbeitsweisen vorgenommen
werden. Die hauptsächlichsten derselben sind:

1. Das Schwefeln, 2. die Sauerstoffbleiche mit Superoxyden oder
Perboraten, 3. die Nitritbleiche.

1. Die Schwefelbleiche.

Was die erste Form des Bleichens anbelangt, so ist dieselbe die in der Praxis für Strangware am meisten übliche und wird in folgender Weise durchgeführt. Die erschwerte bzw. wenn unerschwert, die gut entbastete Seide wird auf einem leichten Seifenbad mäßig warm behandelt und nach der Seifenbehandlung abgewrungen. Darauf bringt man die Seide auf entsprechenden Stöcken in die sog. Schwefelkammer. Es ist dieses ein gut verschließbarer Raum, der einerseits mit einem Luftabzug versehen ist, andererseits Öffnungen enthält, die luftdicht abgeschlossen werden können und bei ihrer Öffnung einen guten Durchzug durch den Raum gestatten. Sämtliche Öffnungen an dem Raum sind gut mit Filz gedichtet, um ein Entweichen der schwefligen Säure hintenanzuhalten. Nach dem Aufhängen der Seide in dem Raum entzündet man eine in einer Eisenschale befindliche Menge Schwefel, die sich nach dem Inhalt des Raumes richten muß. Man verschließt darauf den Raum vollständig und läßt die beim Verbrennen des Schwefels sich entwickelnde schweflige Säure während 10—12 Stunden, meistens über Nacht, auf die Seide einwirken. Diese Behandlungsweise kann man nötigenfalls wiederholen, bis die Seide vollständig entfärbt ist. Nach Beendigung dieses Verfahrens läßt man die schweflige Säure durch Öffnen der verschiedenen Klappen oder durch Absaugen mit einem Exhaustor sich aus dem Raume entfernen, nimmt die Seide heraus und gibt ihr mehrereWasser und säuert mit 10% Schwefelsäure 45° C warm ab. Bei dem Bleichen auf diese Art und Weise ist darauf zu achten, daß die Seide genügend Alkali enthält, das von der Seife herrühren kann oder künstlich auf die Faser gebracht worden ist, indem man die Repassierseife durch Zusatz von Soda möglichst alkalisch gemacht hat.

Die Alkalinität der Faser ist sehr wichtig, da die schweflige Säure in Form des sauren Alkalisulfites bleicht, während sie sonst nur reduziert und in Schwefelsäure übergeht. Die Alkalinität ist mithin nicht nur zur Erzielung eines guten Bleicheffektes erforderlich, sondern auch zur Abstumpfung der etwa gebildeten und für die Seidenfaser schädlichen Schwefelsäure.

2. Die Sauerstoffbleiche.

Es kommen bei dieser Art des Bleichens eigentlich nur Wasserstoffsuperoxyd und Natriumsuperoxyd in Frage. Man benutzt die Superoxydbleiche besonders bei solchen Seiden, die sich beim Schwefeln nicht gut bleichen lassen, wie Tussah und Schappe, auch teilweise bei gelbbastigen Seiden, besonders aber bei Seidenstückware.

Das Bleichen mit Wasserstoffsuperoxyd geschieht auf einem Bade, das sich aus 1—2 Teilen des käuflichen 3%igen Wasserstoffsuperoxyds und 4 bzw. 3 Teilen Weichwasser zusammensetzt. Als Katalysator für die Auslösung der Sauerstoffentwicklung setzt man entweder Seife oder Wasserglas (1 l auf die Barke) und Ammoniak bis zur alkalischen Reaktion des Bades hinzu.

Man geht mit der Seide auf dieses Bleichbad bei einer Temperatur von 60—80° C, läßt $^1/_2$ Stunde gehen, wirft auf, wärmt nochmals und legt die Seide ein bis mehrere Stunden ein. Ist der Bleichprozeß beendigt, so nimmt man die Seide heraus, gibt eine leichte Seife, 10% und 40° C warm, wäscht mehrere Male und säuert mit verdünnter Säure ab. Will man statt des Wasserstoffsuperoxyds Natriumsuperoxyd verwenden, so stellt man sich zuerst eine Lösung her von schwefelsaurer Magnesia, auf 100 l 2—3 kg und 350 g Schwefelsäure. Auf diesem Bade geht man bei gewöhnlicher Temperatur ein, zieht einmal um, wirft auf und setzt jetzt langsam zu dem Bade unter Vorsicht 1 kg Natriumsuperoxyd hinzu. Die Lösung darf nicht alkalisch sein, sondern etwas sauer. Vor Beginn des eigentlichen Bleichens macht man das Bad schwach alkalisch durch Zusatz von etwas Ammoniak oder Wasserglas. Jetzt erhöht man die Temperatur in ähnlicher Weise wie bei der Wasserstoffsuperoxydbehandlung auf 50—80° C und geht mit der Ware in dieses Bad ein, zieht mehrere Male um und steckt ein. Ist die Bleichwirkung genügend, wozu 6—10 Stunden ausreichen, so nimmt man die Seide vom Bade ab, wäscht sie und säuert mit Schwefelsäure oder Ameisensäure ab. Vielfach findet man auch, daß die Alkalinität des Natriumsuperoxydes durch berechnete Mengen Schwefelsäure abgestumpft wird, ohne daß Magnesiumsulfat dem Bade zugesetzt wird, bevor man mit der Seide auf das Bad geht.

Eine ähnliche Wirkung wie die Superoxydwirkung, die ja auf der Abgabe von aktivem Sauerstoff beruht, erzielt man bei Verwendung von Perboraten. Das Arbeiten mit denselben ist leichter als dasjenige mit Natriumsuperoxyd, weil die Alkalinität in Fortfall kommt. An Bleichkraft stehen diese Verfahren jedoch dem Superoxydverfahren nach und haben dementsprechend sich in der Praxis nicht so gut einbürgern können.

Zu dieser Kategorie von Bleichweisen gehört auch diejenige mit Kaliumpermanganat, wie sie namentlich in der Tussahbleiche Verwendung findet. Es wird hierauf noch näher bei der Besprechung der Veredlung von Tussah und Schappe eingegangen werden.

Bei dem Bleichen von Stückware mit Wasserstoffsuperoxyd ist bezüglich des Wasserglaszusatzes große Vorsicht am Platze, da dasselbe noch erschwerend auf die Seide zieht und die Ware brüchig macht. Vor allem hat man sich davor zu hüten, breite Ware in das Bleichbad einzulegen, weil sich dann unfehlbar Knicke mit Blanchissüren bilden. Man bleicht daher maschinell mit Haspeln, die vielfach sogar mit Breithaltern ausgerüstet sind.

Reine Seidengewebe werden aber auch vielfach in der Schwefelkammer gebleicht bzw. nachgebleicht unter den bereits S. 79 dargelegten Vorsichtsmaßregeln.

Besonders sei aber beim Bleichen von Stückware mit sauerstoffhaltigen Bleichmitteln darauf hingewiesen, daß die Gewebe vorher daraufhin durchzusehen sind, daß keinerlei metallhaltiger Schmutz sich auf der Ware befinden darf, weil sonst an diesen Stellen durch katalytische Vorgänge Zerstörung der Faser eintritt. Namentlich die durch Schmierölspritzer, die durchweg geringe Mengen Metall mit sich führen, veranlaßten strichförmigen schwarzen Flecken müssen durchaus sorgfältig vorher entfernt werden. Daß diese Arbeitsweise des Bleichens nicht in Metallgeschirren durchgeführt werden darf, versteht sich nach dem eben Ausgeführten wohl von selbst.

Die Nitritbleiche. Die Nitritbleiche, die eigentlich nur für gelbbastige Seide bzw. für solche Seide, die den Bast behalten soll, in Frage kommt, wird entweder in der Weise durchgeführt, daß man mit einem verdünnten Königswasser, einer Mischung von Salpetersäure und Salzsäure, arbeitet, oder indem man in salpetriger Säure bleicht, die durch Zersetzen von Natriumnitrit mit Schwefelsäure hergestellt wird. Da das Arbeiten mit Königswasser wegen der Bildung von Chlor sehr unangenehm ist und schädigende Einflüsse auf die Seide nicht ausgeschlossen sind, so gibt man heute derjenigen mittels Natriumnitrit und Schwefelsäure den Vorzug.

Die Königswasserbleiche wird in der Weise durchgeführt, daß man sich Königswasser durch Mischen von 3 Teilen Salzsäure und 1 Teil Salpetersäure — nach anderen Autoren von 5 Teilen Salzsäure und 1 Teil Salpetersäure — herstellt und mit Wasser so weit verdünnt, daß die Lösung etwa 3—5° Bé spindelt. Auf dieses Bad geht man kalt mit der Seide ein und zieht solange um, bis der gewünschte Bleicheffekt erzielt ist. Dann wird gut gewaschen. Man hüte sich aber vor einem zu lange Verweilen auf dem Bleichbad, weil sonst die Seide wieder gelb wird.

Die Arbeitsweise bei der Nitritbleiche ist folgende: Auf 100 l Wasser nimmt man 25 g Natriumnitrit und fügt vorsichtig der kalten Lösung 600 cm³ Salzsäure und 300 cm³ konzentrierte Schwefelsäure hinzu. Auf dieses Bad geht man mit der Seide ein und zieht auf demselben vorsichtig um während 20 Minuten bis $^1/_2$ Stunde. Danach wässert man mit Weichwasser ab und geht hiervon auf eine mäßige fette Seife mit etwas Sodazusatz. Auf dieser Seife zieht man etwa 10 Minuten um, wobei die Seidenmasten eine rötliche Färbung annehmen. Hiervon wird die Seide abgenommen und in den Schwefel gebracht. Es ist bei diesem Bleichverfahren zu bemerken, daß es hauptsächlich bei Souplefärbung angewandt wird. Die entsprechende gelbbastige Cuiteseide läßt sich durch einfaches Schwefeln genügend bleichen.

Was diese eben beschriebenen Bleichvorgänge im allgemeinen anbelangt, so ist zu bemerken, daß der gebräuchlichste und ungefährlichste derjenige des Schwefelns ist. Eine größere Aufmerksamkeit erfordert das Wasserstoffsuperoxydverfahren, das Natriumsuperoxyd dagegen ist in der Hand eines ungeschickten Arbeiters schon sehr gefährlich. Dasselbe gilt von dem Bleichen mit salpetriger Säure.

Neuerdings bürgert sich übrigens namentlich bei Veredlung von Stückware immer mehr das Bleichen mit der hydroschwefligen Säure und Formaldehydkompositionen derselben ein. Beim Arbeiten mit diesen Körpern, wie Burmol, Rongalit, Hyraldit, Blankit usw., bleicht man in den mit diesen Körpern hergestellten Bädern teils warm aber kürzer, teils kalt, dann aber länger mit sehr guten Erfolgen.

Ist die Seide gebleicht, so ist natürlich erforderlich, daß sie vor dem Färben von dem Bleichmittel genügend gereinigt wird, um eine Einwirkung bzw. Nachwirkung auf die Farbstoffe zu vermeiden.

VI. Das Färben der farbigen Seiden.

Nachdem die Seide in der Weise vorbehandelt worden ist, wie dieses in den vorhergehenden Abschnitten beschrieben wurde, hat sich die Beschreibung dem eigentlichen Färben zuzuwenden. Da nun einerseits die Färberei farbiger Seiden sehr vielseitig ist, jedenfalls bedeutend vielseitiger als die Schwarzfärberei, andererseits aber nicht beabsichtigt ist, eine ganze Reihe von Färbevorschriften zu geben, so wurde die Einteilung dieses Abschnittes in folgender Weise gewählt. Es werden besprochen werden:

a) Die Hilfsmittel, mit denen man färbt, also die Farbstoffe.

b) Das Arbeiten mit diesen Farbstoffen, also das Färben.

c) Das maschinelle Färben der Seiden.

d) Die Betrachtung der Seide in ihrer verschiedenen Ausrüstung.

e) Die Färbearten zur Erzielung besonderer Echtheiten.

1. Die Farbstoffe für Seidenfärbungen.

Bei der Färbung der Seide hat man Rücksicht zu nehmen auf die Eigenschaften, die an die Seide im fertigen Gewebe gestellt werden. Man ist nicht in der Lage, ein und denselben Farbton für verschiedene Zwecke nach einem einheitlichen Verfahren unter Verwendung des gleichen Farbstoffes herzustellen. Man hat Rücksicht zu nehmen, ob z. B. ein leuchtender Farbton eine gewisse Echtheit an den Tag legen muß und hat hiernach seine Auswahl in den einzelnen Farbstoffen zu treffen. Die Kunst des Seidenfärbers beruht auf der richtigen Beurteilung in der Verwendung der Farbstoffe. Die Farbstoffe, die dem Seidenfärber zur Verfügung stehen, sind folgende:

a) Basische Farbstoffe. Die Gruppe dieser Farbstoffe besteht aus Chloriden oder mittels Zinnchlorid gebildeten Doppelchloriden von organischen Farbbasen. Sie färben Seiden unmittelbar und ergeben satte, lebhafte Töne, die aber größeren Anforderungen an Echtheit nicht entsprechen. Sie werden als unmittelbare Färbungen sehr viel gebraucht, sobald es sich nicht um besondere Echtfärbungen handelt. Sie dienen auch vielfach zum Abtönen und Schönen. Hierhin gehören: Mauvein, Fuchsin, Malachitgrün, Methylviolett, Methylenblau, Methylgrün, Safranin, Rhodamine, Auramin, Viktoriablau, Rosolane, Chrysoidin u. a. m.

b) Säurefarbstoffe. Die Gruppe dieser Farbstoffe besteht aus den Alkalisalzen von Farbstoffsäuren, wie Nitro-Azo-Keton-Sulfonsäurefarbstoffe. Die Farbtöne dieser Farbgruppe sind nicht so lebhaft wie diejenigen der basischen Farbstoffe, aber immerhin nicht schlecht. Was die Echtheit anbetrifft, so übertreffen sie die ersteren bedeutend. Es gehören hierin: Violamin, Croceinscharlach, Phloxin, Echtsäureblau, Naphtholgrün, Wasserblau, Echtgelb, Janusblau Alkaliblau, Pikrinsäure usw.

c) Beizenfarbstoffe. Zu dieser Gruppe gehören die Holzfarbstoffe, wie Blauholz und Gelbholz, ferner Cochenille und Alizarinfarbstoffe. Auch diese Farbstoffe haben einen schwach sauren Charakter. Sie unterscheiden sich aber wesentlich von den anderen dadurch, daß sie imstande sind, mit Metallhydroxyden unlösliche Farblacke zu bilden. Die Lebhaftigkeit der Farbtöne läßt zu wünschen übrig; die Echtheit der erzielten Färbung ist jedoch hervorragend. Zum Färben bedarf man eines sehr weichen Wassers, da die Härtebildner, die Bikarbonate des Kalziums und Magnesiums imstande sind, mit diesen Farbstoffen ebenfalls Farblacke zu bilden, wodurch die Färbung verschleiert wird. Das Vorbeizen mit Metallhydroxyden geschieht für farbige Seiden kalt mit basischer Tonerdesulfatlösung oder neutraler Chrombeize. Bei besonderen Rotfärbungen findet man auch das Zinn als Metallbeize und sei hier an den Cochenille-Zinnlack erinnert. Für Schwarz oder dunkle Farben dient als Metallbeize die Eisenbeize. Es gehören hierhin außer den oben genannten die Alizarin-, Anthrazen-, Anthranol-, Diamant-, Gallozyanin-, Rosol-, Indolfarbstoffe, Coerulein usw.

d) **Salzfarben, substantive Farbstoffe.** Diese Gruppe von Farbstoffen gibt an und für sich wohl lebhafte Farbtöne, die Farbstoffe sind, was Wasser- und Waschechtheit anbelangt, den Alizarinen gleichwertig, nicht dagegen bezüglich anderer Echtheitsanforderungen. Man ist jedoch imstande, die Echtheit zu erhöhen, wenn die Färbungen mit Metallsalzen nachbehandelt werden, oder wenn die Färbungen diazotiert und entwickelt werden, wobei allerdings Vorsicht geboten ist wegen der Änderung des Tones. Auch andere Nachbehandlungen sind vorgeschrieben worden, wie solche mit Formaldehyd, Bittersalz oder Chlorkalk. Im allgemeinen ist die Waschechtheit dieser Farben ebensogut wie diejenigen der Alizarine, sie sind jedoch bei weitem nicht so licht- und luftecht wie diese.

Die substantiven Farbstoffe haben in der Seidenfärberei früher verhältnismäßig wenig, neuerdings jedoch mehr Anklang gefunden. In der Färbung von Halbseide waren sie jedoch beliebt, weil man durch Zusatz von Salzen oder durch Temperaturänderung es in der Hand hat, die Baumwolle bzw. die Seide musterentsprechend zu bringen. Es gehören hierin: Chrysophenin, Diaminscharlach, Benzogrün, Benzoechtviolett, Siriusblau, Sambesischwarz, Direkt-, Benzidin-, Kongo-, Columbia-, Dianil- und Diaminfarbstoffe u.a.m. Ferner von den natürlichen Farbstoffen: Curcuma, Orleans, Saflor.

e) **Entwickelte Azofarbstoffe.** Diese Farbstoffe, zu denen die Diazo-, Dianilecht-, Indigen-, Oxydiamin-, Triazolfarbstoffe u. a. m. gehören, werden in der Weise auf die Faser gebracht, daß man die Faser mit den Bestandteilen nach Vorschrift behandelt, aus denen die Farbstoffe gebildet werden. Es liegt auf der Hand, daß Färbungen dieser Art nicht abgetönt werden können, und daß demgemäß die Arbeitsweise sich genau an die Vorschrift halten muß. Die Farben sind zum Teil sehr leuchtend und weisen verschiedene Echtheiten auf, sind jedoch wenig reibecht.

Zu diesen Entwicklungsfarbstoffen zählt man auch die Oxydationsfarbstoffe, von denen das Anilinschwarz, soweit Seide in Betracht kommt, der wichtigste ist.

f) Schwefelfarbstoffe. Die Vertreter dieser Farbstoffgruppe, deren Färbung auf dem Bade unter Zuhilfenahme von Schwefelnatrium geschieht, kommen für die Seidenfärberei nicht in Frage, da die Seidenfaser durch die Schwefelnatriumbehandlung sehr stark geschwächt wird. Die Versuche, diesen Übelstand durch Zusatz von anderen Salzen zu beheben, sind bislang so gut wie erfolglos gewesen. Es gehören hierhin die Immedial-, Katigen-, Thiogenfarbstoffe u. a. m.

g) Küpenfarbstoffe. Der hierzugehörige Farbstoff Indigo, ebenso die Indanthren-, Algol-, Ciba- und Helindolfarbstoffe u.a.m. entsprechen den höchsten Anforderungen, die in bezug auf die verschiedensten Echtheiten gestellt werden können. Die Färbung derselben ist jedoch keineswegs einfach und ist, da man nach bestimmten Vorschriften arbeiten muß, so gut wie nicht nuancenreich. Immerhin ist die Gruppe dieser Farbstoffe, wenn es sich um Echtheit handelt, sicher diejenige, die die größte Zukunft aufzuweisen hat.

2. Das Färben der Seiden.

Was jetzt die Praxis des Färbens mit den oben angeführten Farbstoffgruppen anbelangt, so kommen als wesentlich die nachstehenden Arbeitsweisen in Anwendung.

a) Das Färben mit basischen Farbstoffen. Man stellt sich ein Farbbad her, entweder aus Marseillerseife, indem man je Liter 5—8 g Seife auflöst, oder aber man stellt sich ein gebrochenes Bastseifenbad her, indem man ein Viertel oder die Hälfte der Flotte an Bastseife nimmt und diese mit Wasser verdünnt unter Zusatz von 2% Essigsäure, vom Gewicht der Seide gerechnet. Bei Mangel an Bastseife nimmt man auch nur 5—10% von der Menge der Flotte an Bastseife. Zu diesem so hergestellten Seifenbade gibt man darauf den Farbstoff, der vorher gelöst und, wenn nötig, filtriert werden muß. Zu bemerken ist, daß bei den basischen Farbstoffen nicht zu gesättigte Farblösungen in das Bad gegeben werden dürfen, weil sonst bronzige Abscheidungen auf der Seide entstehen. Beim Avivieren vermeide man möglichst Schwefelsäure. Bei Nichtvorhandensein von Bastseife kann man auch unter Verwendung von Glaubersalz und etwas Schwefelsäure oder etwas Essigsäure färben. Beim Färben mit Glaubersalz hat man sich davor zu hüten, zuviel Glaubersalz zu verwenden, da sonst die Seide leicht an Glanz einbüßt. Man löst 5—10% Glaubersalz, vom Gewicht der Seide gerechnet, in Wasser, gibt die Hälfte der benötigten Essigsäure hinzu, dann den Farbstoff, der natürlich vorher gelöst war, und geht jetzt mit der Seide bei 30° C ein, zieht 5mal um und erwärmt unter Zugabe des weiteren Farbstoffes auf 60° C. Wenn das Bad ziemlich erschöpft ist bzw. der Farbton erreicht ist, gibt man den Rest der Säure ins Bad und macht kochend. So vermag man Rhodamin, Orange II, Methylviolett, Brillantgrün extra und Naphtholgelb S mit Glaubersalz zu färben. Eosine und Erythrosine dürfen nicht in mit Schwefelsäure gebrochenem Seifenbad behandelt werden, da sonst Trübung eintritt.

b) Das Färben mit sauren Farbstoffen. Die Farbstoffe werden ebenfalls im gebrochenen Bastseifenbad gefärbt, jedoch nicht kochend, sondern unter langsamer Steigerung der Temperatur auf 60—90° C. Zum Brechen des Bastseifenbades darf nur wenig Säure verwandt werden, da bei zu starkem Säuregehalt die Farbstoffe zu schnell und ungleichmäßig auf die Faser ziehen. Auch hier ist der Farbstoff allmählich zuzugeben. Man bricht das Bastseifenbad meistens mit Schwefelsäure — wenn es sich um Eosine handelt mit Essigsäure —, so daß das Bad deutlich sauer reagiert. Man geht in das lauwarm gemachte Bad mit der Seide ein, zieht einige Male um und fügt alsdann den ebenfalls vorher gelösten und filtrierten Farbstoff hinzu. Alkaliblau kann man auch im fetten Seifenbad färben, entwickelt darauf mit Schwefelsäure, die vor dem Avivieren durch Auswaschen wieder entfernt wird. Säurefarbstoffe geben keine lebhaften dunklen Farben, weshalb man sie in solchen Fällen mit basischen Farbstoffen vereinigt, indem man mit den ersteren grundiert und mit den letzteren nuanciert.

c) **Das Färben mit Beizenfarbstoffen.** Beim Färben mit dieser Farbstoffgruppe ist unbedingt erforderlich, daß die Seide vorher gebeizt wird. Man bedient sich dreierlei Beizen, entweder der Tonerdebeize, der Chrombeize oder der Eisenbeize.

Die Tonerdebeize stellt man her, indem man auf 100 l Wasser 6—8 kg Alaun oder Tonerdesulfat löst und unter gutem Umrühren 10—15 kg kristallisierte Soda zusetzt. Vielfach verdünnt man diese Beize noch mit Wasser bis zu einer Stärke von 7—8° Bé. Man geht mit der Seide in diese Beize bei 20—30° C ein, zieht 2 mal um und legt mehrere Stunden oder über Nacht ein. Hiernach wird gewaschen und gefärbt.

Das Beizen mit Chrom geschieht mit einer 10—20°igen Chromchloridbeize. Man zieht ebenfalls 2 mal um und legt über Nacht ein. Hiernach wird gewaschen und je nach Bedarf mit 10% Seife geseift.

Das Beizen mit Eisenbeize sowie die Nachbehandlung geschieht ebenso wie das Beizen mit Chrombeize in einer Lösung von basisch schwefelsaurem Eisenoxyd der sog. Eisenbeize von 25° Bé.

Das eigentliche Färben der so gebeizten Seide geschieht im gewöhnlichen Bastseifenbade, das entweder neutral oder schwach gebrochen ist. Als Säure ist jedoch nur organische und nicht anorganische und in Mengen von 1% vom Gewicht der Seide zu verwenden. Zu diesem Färbebad gibt man den nötigen Farbstoff hinzu, geht mit der gebeizten Seide ein, und zwar kalt, zieht $^1/_2$ Stunde um und bringt das Bad im Laufe einer Stunde durch mehrmaliges Wärmen zum Kochen. Wichtig ist, daß stets gut umgezogen wird. Vielfach findet man, daß die Seide noch 1—2 Stunden bis zum Erkalten des Bades umgezogen wird. Nach dem Färben gibt man ein Wasser und seift jetzt kochend, 5—10 g Seife auf 1 l Wasser, und zwar solange, bis kein Farbstoff mehr abgegeben wird. Danach wird nochmals gespült und mit 10% Essigsäure aviviert bei 40° C. Wenn die Alizarinfarben auch eine sehr gute Echtheit aufweisen, so bieten sie doch große Schwierigkeiten, um den richtigen Farbton zu treffen. Bei nicht zu großen Anforderungen an die Echtheit kann man mit basischen und sauren Farbstoffen nuancieren, wo dieses nicht möglich ist, muß mit Alizarinfarben nachgefärbt werden. Auch in der

Schwarzfärberei finden Alizarinfarbstoffe, so namentlich bei unerschwertem Schirmschwarz, Verwendung wegen ihrer Wasserechtheit. Bei Wau- oder Walkgelb beizt man mit Tonerdelösung und färbt mit einer Abkochung von Wau aus.

d) Das Färben mit substantiven Farben. Diese Farbstoffe werden auf mit Essigsäure gebrochenem Bastseifenbad gefärbt, doch ist Vorsicht geboten im Säurezusatz, der bis zu 10% vom Seidengewicht betragen kann, insofern, als man ihn nicht auf einmal, sondern nach und nach zusetzen muß. Ebenso darf man auch nicht zu heiß färben. Statt der Bastseife kann man auch mit Glaubersalz und Essigsäure, im ähnlichen Verhältnis, wie dieses bereits bei den basischen Farbstoffen ausgeführt wurde, färben. Nach einer anderen Vorschrift nimmt man als Ersatz der Bastseife 15—20% phosphorsaures Natron und 5% Marseillerseife. Die substantiven Farben sind nicht so leuchtend wie die sauren und basischen Farbstoffe. In gewissen Echtheiten übertreffen sie diese aber bei weitem. Bemerkenswert ist nun, daß man besonders die Waschechtheit der substantiv gefärbten Seiden bedeutend erhöhen kann durch entsprechende Nachbehandlung. Diese Nachbehandlung kann eine verschiedene sein, und es sind die wichtigsten und gebräuchlichsten folgende: Man behandelt die fertig gefärbten Seiden mit einer heißen wäßrigen Lösung von 1—3% Kupfersulfat und 2—3% Essigsäure $^1/_2$ Stunde. Oder man behandelt sie mit einer heißen wäßrigen Lösung von 1—3% Kaliumchromat und 2—3% Essigsäure. Nach einer anderen Vorschrift behandelt man mit einer heißen wäßrigen Lösung von 3% Chromalaun. Eine gute Wasch- und Walkechtheit soll man auch erzielen, wenn man die fertig gefärbte Seide $^1/_2$ Stunde bei 70° mit einer wäßrigen Lösung von 3% Formaldehyd und 1% Kaliumchromat behandelt. Die größte Echtheit jedoch erzielt man, wenn man die Färbungen diazotiert und entwickelt. Es sind hierfür alle diejenigen substantiven Farbstoffe geeignet, die diazotierbare Amidogruppen enthalten. Man verfährt in folgender Weise: Nach dem Färben behandelt man kalt 10—15 Minuten mit einem Bade, welches 1,5—3% Natriumnitrit und 5—7% Salzsäure und 3—5% Schwefelsäure 66°ig enthält. Beim Behandeln auf diesem Diazotierbade ist das Sonnenlicht zu meiden, ebenso darf man auch nach dem Diazotieren die Seide nicht antrocknen lassen, da sich in beiden Fällen unegale Färbungen ergeben. Vielfach findet man auch, daß beim Diazotieren statt der zwei Säuren einfach 8—10% Salzsäure verwandt werden. Nach dem Diazotieren geht man unmittelbar, ohne zu spülen, auf den Entwickler, oder man spült in Wasser, das mit Salzsäure schwach angesäuert worden ist, und entwickelt dann. Der Entwickler besteht aus Phenolen oder Aminen. Am gebräuchlichsten sind Naphthol, Resorzin oder Phenol und nimmt man 0,5—1,5% von diesen, löst dieselben in Wasser und setzt gleich bis zur doppelten Menge von dem Gewicht des Entwicklers an Natronlauge von 40° Bé hinzu. Heutzutage werden die Entwickler meistens fertig in den Handel gebracht, so daß sie einfach nur in Wasser gelöst zu werden brauchen. Mit dem Entwickler behandelt man die diazotierte Seide $^1/_2$ Stunde kalt, hernach spült man, seift wie gewöhnlich und aviviert.

e) Das Färben mit Entwicklungsfarbstoffen. Von den hierhin zu zählenden Farbstoffen kommt für die Seide nur in Frage das Anilinschwarz. Das Anilinschwarz kann auf zweierlei Weise gefärbt werden, entweder in einem Bade oder durch zweimalige Behandlung, indem bei der zweiten Behandlung das Anilinschwarz erst entwickelt wird. Das erste Schwarz, das sog. Einbadschwarz, erzielt man in der Weise, daß man in einer Flotte von 1000 l Wasser 6 kg Anilinsalz auflöst und 10 kg Salzsäure und 6 kg Kaliumbichromat hinzufügt. Auf dieser Flotte zieht man die Seide 1 Stunde kalt um, erwärmt auf 70° und zieht nochmals $^1/_2$ Stunde um. Darauf spült man gut, seift mit 10% Seife $^1/_2$ Stunde, schleudert und trocknet. Dieses Einbadschwarz greift die Faser wenig an, hat aber den Nachteil, daß es nicht reibecht ist. Um diesem Übelstande abzuhelfen, gibt man häufig noch ein Blauholzseifenbad und hinterher noch einen leichten Stärkeappret.

Das zweite Anilinschwarz, das sog. Oxydationsschwarz, wird in der Weise hergestellt, daß man die Seide zuerst in einem ähnlichen Bade, wie oben ausgeführt wurde, umzieht. Man setzt dasselbe zusammen aus Anilinsalz, chlorsaurem Natron, Kochsalz oder Chlorammonium und Kupfersulfat. Hierauf wird die Seide $^1/_4$ Stunde kalt umgezogen, darauf vorsichtig ausgeschleudert und hierauf in einer feuchten Oxydationskammer solange hängen gelassen, bis die Seide eine schwarzgrüne Farbe angenommen hat. Hierauf wird die Seide in einem Chromierungsbad, das je 100 l 300 g Kaliumbichromat und 75 cm³ konzentrierte Schwefelsäure enthält, umgezogen. Hiernach wird gewaschen und bei 80° C $^1/_4$ Stunde gut geseift und nochmals gespült. Das so erhaltene Oxydationsschwarz hat gegenüber dem ersteren Schwarz den Nachteil, daß die Seidenfaser leicht erheblich geschwächt werden kann, und daß außerdem der Farbton leicht ins Grünliche übergeht. Auch hier hat man sich durch Überfärben mit Blauholz und violetten Anilinfarbstoffen zu helfen gesucht. Dieses Oxydationsschwarz besitzt eine gute Reibechtheit. Das verhältnismäßig umständliche und gefährliche Arbeiten dieser Schwarzfärbungen hat bewirkt, daß dasselbe für reine Seiden nur höchst selten gebraucht wird. Für Halbseide dagegen findet es besonders dort, wo es sich um tiefen Farbton und Echtheit handelt, Verwendung.

f) Das Färben mit Schwefelfarbstoffen. Die Auflösung der Farbstoffe geschieht in Holzgefäßen, weil Metallgefäße angegriffen werden. Man setzt außer dem Farbstoff noch eine entsprechende Menge Schwefelnatrium hinzu, etwas Soda, Kochsalz und Glaubersalz. Vielfach werden auch noch Zusätze gemacht von Türkischrotöl, Traubenzucker und Leim. Man geht mit der Seide je nach der Natur des Farbstoffes kalt ein und färbt bis zu mittlerer Temperatur, vielfach auch bis zum Kochen. Nach dem Färben läßt man abtropfen und schleudert und spült, je nachdem, ob die Natur des Farbstoffes nicht noch ein Oxydieren an der Luft oder ein Dämpfen beansprucht. Nach dem Waschen wird zur Entfernung jeglichen Alkalis mit Essigsäure oder Ameisensäure aviviert. Wie schon erwähnt, werden die Schwefelfarbstoffe für Seide sehr wenig verwandt, wenngleich es auch nicht an Versuchen gefehlt hat, das für die Seide so schädliche Schwefelnatrium durch andere Stoffe zu ersetzen bzw. unschädlich zu machen. Zu diesem Zwecke hat man dem Bade Natriumbisulfit zugesetzt, bis die alkalische Reaktion des Bades auf ein Geringes herabgesetzt war. In der Praxis sehr bewährt hat sich ein Zusatz von Traubenzucker, Gerbstoff oder Dextrin. Auch ein Zusatz von phosphorsaurem oder kieselsaurem Alkali ist zum Schutz der Faser empfohlen worden. Immerhin werden auch heute noch die großen Vorzüge der Schwefelfarbstoffe bezüglich ihrer Echtheit ganz aufgehoben durch die Nachteile, die das Färben mit diesen Farbstoffen der Seidenfaser bringt.

g) Das Färben mit Küpenfarbstoffen. Wie der Name schon andeutet, werden diese Farbstoffe in einer sog. Küpe zum Färben verwandt. Die Farbstoffe als solche werden in einer Küpe durch irgendwelche Reduktionsmittel, seien es nun chemische oder organische, in eine farblose Verbindung übergeführt. In dieser Form wird der Farbstoff auf die zu färbende Faser gebracht und hier durch Oxydationswirkung in die richtige Farbe übergeführt. Man kann drei Arten von Küpen unterscheiden. 1. Die Eisenvitriol-Kalk-Küpe, 2. die Zinnstaub-Kalk-Küpe, 3. die Hydrosulfit-Küpe. Während die ersten beiden Küpen trübe Mischungen mit einem Bodensatz darstellen, ist die dritte frei von jeglichem Bodensatz und kommt daher nur allein für die Seidenfärberei in Betracht. Beim Färben der Seiden mit diesen Farben verfährt man in folgender Weise: Der Farbstoff wird mit lauwarmem Wasser angeteigt, sodann gibt man die vorgeschriebene Menge Natronlauge und Hydrosulfit hinzu und läßt solange stehen, bis das Gemisch vollkommen klar geworden ist. Diese sog. Stammküpe gibt man hierauf in das Farbbad, in dem vorher die vorgeschriebenen Mengen Natronlauge, Hydrosulfit und Glaubersalz gelöst sind. Auf dieses Farbbad geht man mit der Seide bei gewöhnlicher Temperatur oder bei 25—30° C ein und zieht auf demselben $^3/_4$—1 Stunde um. Je nach der Natur des Farbstoffes arbeitet man bei dieser Temperatur, oder man steigert dieselbe auf 70—80° C. Nach dem Färben wird die Seide herausgenommen, abtropfen gelassen und $^1/_2$ Stunde ausgehängt. Hiernach wird gewaschen und mit Schwefelsäure bzw. Ameisensäure oder Essigsäure abgesäuert. Danach wird gründlich gespült und kräftig geseift. Statt des Aushängens der fertig gefärbten Seide kann man auch, um eine schnelle und gleichmäßige Oxydation der Farben zu erzielen, sie durch ein Bad laufen lassen, das 2% Chromkali mit etwas Essigsäure angesäuert, enthält. Man läßt auf dem Bade $^1/_4$ Stunde bei 20—25° C, spült gründlich und behandelt hierauf mit Seife.

Nachdem die verschiedenen Verwendungsarten der Farbstoffe erklärt worden sind, soll hier noch eine kurze Besprechung Platz finden über zwei spezielle Färbungen, die mit den vorhergehenden Ausführungen nur insoweit im Zusammenhang stehen, als zu deren Erzielung eine besondere Arbeitsweise erforderlich ist. Es sind dieses die Weißfärbung und die Ombréfärbung der Seide. Diese Färbungen sind weniger abhängig von der Auswahl des Farbstoffes als von der Art der Arbeitsweise.

Weißfärbung auf Seide. Die nach dem Wasserglas geseifte Seide wird geschwungen und kommt auf ein Färbebad mit Ammoniak und Seife, in dem sie unter Zusatz von Rosolan oder Alkaliblau 50° C warm angefärbt wird. Man läßt etwa 1 Stunde auf dem Bade und mustert sodann, um festzustellen, ob der Farbton richtig getroffen ist, in der Weise, daß man eine kleine Fitze mit verdünnter Schwefelsäure absäuert. Es bedarf bei der Beurteilung einer gewissen Übung, da man bedenken muß, daß durch das noch·folgende Schwefeln der Farbton lebhafter dunkel wird. Darauf gibt man ein leichtes Seifenbad, auf dem man 2 mal umzieht, nimmt die Seide ab und wringt leicht aus, um dann die Seide zu schwefeln. Nach dem Schwefeln gibt man ein schwaches Essigsäurebad 30—35° C warm und hiernach zwei warme Wasser. Sodann säuert man stark mit Schwefelsäure 4% vom Seidengewicht ab und gibt zugleich den eventuellen Farbstoff zum Nuancieren (Cochenille, Pikrinsäure, Patentblau, Methylenblau) mit in das Bad hinein. Auf diesem Bade zieht man 5 mal um, gibt ein kaltes Wasser und aviviert mit Ameisensäure und Öl. Seiden, die nicht geschwefelt werden, erhalten ein Bad mit 5—10% Ammoniak nach dem Farbbade. Nach einer anderen Vorschrift arbeitet man wie folgt: Die Seide kommt vom Wasserglas auf ein Bad mit 30% Seife vom Seidengewicht 1 Stunde bei 60° C. Hierauf wird der Farbstoff Rosolan oder Alkaliblau gegeben und die Seide umgezogen. Darauf gibt man ein Wasser mit etwas Seife bei 25° C, zieht 2 mal um, wringt ab und schwefelt. Nach dem Schwefeln wird mit 10% Ameisensäure vom Seidengewicht 55° C warm abgesäuert und 3 mal umgezogen. Dann geht man auf Schwefelsäure, 0,5 l auf 10 kg Seide gerechnet, 45° C warm, zieht 3 mal um und aviviert kalt mit Essigsäure, je nach Bedarf unter Zugabe des Nuancierfarbstoffes.

Ombréfärbung. Die Ombréfärbungen sind solche, bei denen man auf einem Strang die verschiedenen Schatten einer Farbe herstellt. Es ist natürlich sehr verschieden, wieviel Schatten verlangt werden. Je mehr verlangt werden, um so schwieriger gestaltet sich die Färbung. Beim Färben beginnt man mit den hellsten Farbtönen, und zwar in der Weise, daß man das Färbebad vollständig bis zum Rande der Barke auffüllt und jetzt die Seide wie üblich färbt. Will man jetzt den zweiten Farbton herstellen, so nimmt man aus der Barke soviel an Bad heraus, als der Länge des ersten Farbschattens auf dem Seidenstrang entsprechen soll. Man stellt jetzt das Farbbad entsprechend dem zweiten Farbton, den man erzielen will, durch Zusatz von neuem Farbstoff ein, und geht jetzt mit der Seide unter der Vorsicht ein, daß das frische Farbbad nicht den ersten Farbton zu stark beeinflußt. Um dieses möglichst zu verhindern, bindet man die Seide kurz oberhalb der Stelle, wo der zweite Farbschatten beginnen soll, zwischen zwei Stöcke, die ineinander passen. Es ist der eine Stock entsprechend der Rundung des anderen Stockes ausgehöhlt. Man hängt die Seidenmasten über den ersten Stock, legt den zweiten ausgehöhlten Stock fest auf die Seide und befestigt die beiden Stöcke durch Zusammenbinden oder durch Klemmschrauben. Man färbt jetzt den zweiten Farbton fertig. Will man jetzt den dritten Farbton vornehmen, so hat man die Seide herauszunehmen, soviel Bad aus dem Farbbad zu entfernen, wie der Länge des zweiten Farbschattens entspricht. Dann wird von neuem das dritte Farbbad angesetzt und die Seide vorsichtig wie oben ausgeführt, gefärbt. Dieses Verfahren wiederholt sich, bis die verschiedenen verlangten Farbschatten erzielt sind. Anstatt in der Wcise zu färben, daß man das Farbbad vermindert, kann man auch dasselbe erzielen, wenn man die Seide auf ein Gestell aufhängt, das so eingerichtet ist, daß man die Seide entsprechend der Länge der Farbtöne aus dem Farbbad herausnehmen kann.

Wo es sich um Ombréfärbungen handelt, die nicht mit einer Farbe hergestellt werden, sondern mit mehreren Farben, da verfährt man in der Weise, daß man die fertig gefärbten und avivierten Teile des Seidenmastens trocknet, und den Masten, soweit die Färbung reicht, fest in Pergamentpapier einwickelt, so daß ein Benetzen der eingewickelten Seide nicht möglich ist. Ist der zweite Schatten fertig gefärbt und aviviert, so trocknet man wieder und bindet den neu gefärbten Teil mit zu dem ersten in das Pergamentpapier ein. Diese Prozedur wiederholt sich entsprechend der Anzahl der verlangten Schatten. Bei billigen Ombréfärbungen kann man auch in der Weise verfahren, daß man sich ein Farbbad herstellt, das kräftiger ist als für die folgenden Farben nötig ist und jetzt mit der Seide soweit eingeht, als den tiefsten Schatten entspricht. Nachdem die Hauptmenge des Farbstoffes auf die Seide gezogen ist, hängt man die Seide tiefer in das Bad hinein. Die Folge wird sein, daß der zweite Farbschatten schwächer als der erste ist. Nachdem man eine Weile die Farbe hat einwirken lassen, hängt man die Seide wieder um die Länge des dritten Schattens tiefer in das Bad hinein. Der dritte Schatten wird natürlich heller als der erste und zweite Schatten. Man erzielt auf diese Weise verhältnismäßig schnell ein Ombré, aber kein gleichmäßiges, da die zu der Färbung verwandten Farbstoffe — durchweg sind es bei jeder Färbung mehrere — verschieden leicht und schnell auf die Seidenfaser aufziehen. Bei allen Ombréfarben wässert man zum Schluß vorsichtig ab und aviviert wie gewöhnlich durch Umziehen der ganzen Seidenmasten auf der Avivage. Hierdurch werden die vielleicht zu scharf abgegrenzten Schatten in ein gleichmäßigeres Bild übergeführt, da durch das Behandeln in der Avivage die scharfen Grenzen der Schatten verwischt werden.

3. Das maschinelle Färben der Seiden.

a) Im Strang. Während man früher in den Seidenfärbereien nur ein Färben auf der Barke durch Umziehen mit der Hand kannte, hat sich Hand in Hand gehend mit dem Ausbau der Stückveredlung mehr und mehr das Färben auf Apparaten und mit Maschinen eingebürgert. In Großbetrieben arbeitet man heute nur mehr auf Färbemaschinen, und nur in Kleinbetrieben kennt man noch das Färben von Hand. Das Färben mit Maschinen bietet ja nicht nur den Vorteil der Arbeitskraft- und Zeitersparnis, sondern gestattet auch die bessere Ausnutzung der Farbbäder. Für Strang kommen die Strangfärbemaschinen in Frage, für Stückware dagegen der Haspel in verschiedenster Form und der

Jigger. Im folgenden sollen die Hauptvertreter der in Frage kommenden Maschinen beschrieben werden.

Unter den Färbemaschinen für Seide im Strang kommt als die wohl gebräuchlichste diejenige der Firma Tillmann, Gerber Söhne & Gebr. Wansleben, Krefeld, in Frage (Abb. 24). Dieselbe ist auf dem Prinzip der üblichen Waschmaschinen aufgebaut und zeigt folgende Einrichtung:

Je nach Umfang der täglichen Produktion sowie Größe der jeweils zu färbenden Partien wird die Größe und Gruppeneinteilung der Färbemaschine vorgesehen. In doppelseitiger Ausführung beträgt die höchste Zahl der das Garn aufnehmenden Walzen einer Maschine 100 bei 50 Walzen auf jeder Seite. Jede Walze faßt etwa 1 kg Naturseide, die

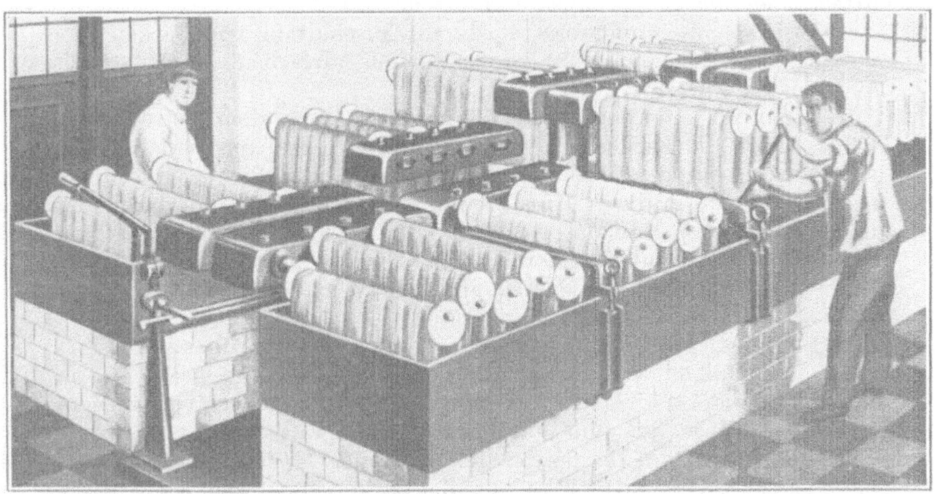

Abb. 24. Färbemaschine von Gerber-Wansleben, Krefeld.

Gruppengrößen für die Farbpartie werden wunschgemäß mit 1 bis 12 Walzen vorgesehen. Die nutzbare Walzenlänge beträgt etwa 700 mm. Unterhalb der Walzen, die aus hochfein glasiertem Porzellan bestehen, befinden sich die Farbbarken aus handgenietetem Kupfer oder Holz. Sind größere zu färbende Partien des häufigeren vorhanden, so werden sog. Großbarken für mehrere nebeneinanderliegende Gruppen vorgesehen, die entsprechend den jeweiligen Gruppen dichtschließende und herausnehmbare Schotten besitzen. Der Antrieb gestattet je nach Erfordernis die geeignete Geschwindigkeit einzustellen.

Bei Beginn des Färbeprozesses werden die Walzen der einzelnen hydraulisch gehobenen Gruppen mit der Seide behängt. Durch Betätigung des für jede Gruppe vorhandenen Steuerventils senkt man die Seide in die Farbflotte. Sobald dann die Gruppe sich in Tiefstellung befindet, beginnt selbsttätig die Drehbewegung der Walzen und das Umziehen der Seide durch die Flotte. Die Drehbewegung erfolgt durch

einen Umsetzapparat, der den Walzen automatisch abwechselnde Drehbewegung gibt, und zwar nach rechts und links in verschiedener Anzahl.
Hierdurch wird erreicht, daß die Umkehrung niemals auf derselben
Stelle der Auflageflächen der Seide erfolgt. Die Bewegung der Walzen
ist neben drehend auch noch exzentrisch, um eine intensivere Durch-
färbung zu erreichen. Die Lagerung der Seidenträgerwellen tragen den
Feuchtigkeitsverhältnissen in den Färbereien Rechnung.

Für den hydraulischen Betrieb kommt Wasserdruck von etwa
8 Atmosphären in Betracht. Wo dieser nicht vorhanden ist, wird ein
hydraulisches Pumpwerk geliefert, dessen Pumpe direkt am Umsetzapparat angebaut, während der gewichtsbelastete Akkumulator frei-
stehend ausgeführt wird.

Der Antrieb der Maschine erfolgt durch Riemen- oder Einzelantrieb
mittels eines direkt gekuppelten Elektromotors.

Diese Färbemaschine gestattet, durch Einschaltung von Barken verschiedenster Größe nicht nur große Partien zu färben, sondern auch
die kleinsten Partien.

Daß das Arbeiten auf der Färbemaschine von dem betreffenden
Färber selbst die gleichen Kenntnisse und Erfahrungen verlangt wie
das Arbeiten auf der Barke ist wohl selbstverständlich. Die Färbemaschine erspart in dieser Hinsicht nur Arbeitskräfte. Andererseits ist
nicht abzustreiten, daß das Arbeiten mit der Färbemaschine insofern
erhöhte Aufmerksamkeit erfordert, als bei der Maschine immer die
Gefahr vorliegt, daß ein Masten abrutscht, sich verwirren oder zerreißen kann.

b) Im Stück. Bei Seidenstückware ist es, wie bereits früher ausgeführt
wurde, nicht üblich, von Hand zu färben, mit Ausnahme vielleicht von
schmalen Bändern, die auf dem Stock in der Barke gefärbt werden.
Unter den Apparaten zum Färben von Stückware kommt an erster
Stelle der Haspel auf der Färbekufe in Frage. Er ist entstanden aus
dem kleinen Haspel, den man auf die Barke setzt. Die Einrichtung
dieses Apparates, dessen Bauweise im einzelnen verschieden sein kann,
im Prinzip aber das gleiche darstellt, ist folgende:

Diese Stückfärbemaschine (Abb. 25 u. 26) besteht aus zwei Haspeln,
die über einer Färbebarke montiert sind. Bei dieser Barke, meistens aus
Holz hergestellt, ist die eine Wand nicht senkrecht, sondern geneigt
angebracht.

In der Barke befindet sich an der einen Querseite eine Abteilung,
durch die der Heizkörper für die Flotte geführt ist. Die beiden Haspel
bestehen aus einem kleineren runden Haspel, der gewissermaßen nur
als Leitbahn dienen soll, und einem größeren, meistens im Querschnitt
ovalen Haspel, der die Zugwirkung ausübt. Dieser letztere Haspel ist
mit einer Transmission verbunden und wird mit einer mäßig starken
Schnelligkeit gedreht. Das zu färbende Stück wird in das Färbebad
hineingebracht, über den kleinen, sodann über den großen ovalen Haspel
geführt und hierauf mit dem entgegengesetzten Ende, das evtl. aus
mehreren Stücken zusammengenäht sein kann, entweder durch Ver-
knüpfen oder durch Zusammennähen verbunden. Das ganze Färbegut

stellt mithin ein unendliches Band dar. Sobald die Maschine in Tätigkeit tritt, zieht die große Walze das Band über den kleinen Haspel aus dem Bade heraus und läßt es auf der anderen Seite wieder in das Färbebad hineingleiten. Außerdem sind vor dem kleinen Haspel 5 oder 6 Führungsstöcke angebracht, damit man gleichzeitig mehrere solcher aus verschiedenen Stücken gebildete Bänder färben kann. Während also beim einfachen Haspel zur Zeit nur ein Stück, allerdings von großer Länge, gefärbt werden kann, hat man bei dieser Maschine die Möglichkeit, eine große Anzahl von Stücken zu färben.

Eine Verwirrung der schlaufenförmig ablaufenden Stücke zu vermeiden, ist noch eine Vorrichtung angebracht, die bei dem geringsten Widerstand den Gang der Maschine automatisch aussetzt.

Abb. 25. Färbekufe.

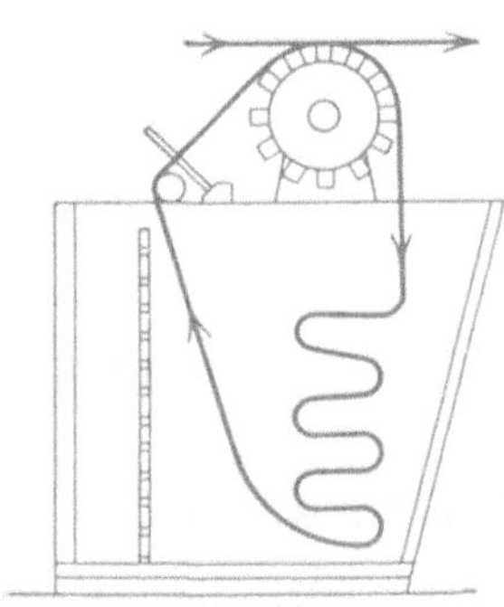

Abb. 26.
Färbekufe. Lauf der Ware darstellend.

Diese Maschinen arbeiten sehr sicher und schonen das Gewebe, aber nicht genug, um bei dichteren Geweben Brüche und Falten zu vermeiden.

Die zweite Art der Färbemaschinen ist der Jigger. Während beim Haspel oder der soeben beschriebenen Färbemaschine das Seidengewebe in Schlauchform oder in einem unendlich laufenden Bande die Farbflotte passiert, läuft beim Jigger das Gewebe, in seiner ganzen Breite vollständig glatt gehalten, durch die Farbflotte. Es ist ja ohne weiteres verständlich, daß dichtere oder dickere Gewebe auf dem Jigger weniger der Gefahr von Brüchen und Blanchissuren ausgesetzt sind als auf dem Haspel.

Bei den Jiggern wird das aufgebäumte, also das auf eine Welle aufgedrehte Stück in die Färbekufe eingeführt und über ein System von Walzen, die in der Richtung der Breitseite des Stückes durch das Bad angeordnet und leicht drehbar konstruiert sind, geleitet. Auf der anderen Seite der Barke befindet sich dann eine zweite Rolle, auf der das Stück wieder aufgedreht wird. Durch Umstellung des Ganges kann jedoch das Stück in den beiden Richtungen abwechselnd solange durch das Färbebad geführt werden, bis es den richtigen Farbton erlangt hat.

Vielfach findet man, daß noch eine zweite schwerere Walze am Jigger angebracht ist, die dazu dient, durch entsprechende Auflagerung auf die letzte Walze die überschüssige Farbflüssigkeit durch Auspressen zu entfernen, um die folgenden Bäder nicht unnötig zu verschmutzen.

Abb. 27. Jigger, speziell für Seidengewebe.

Derartige Maschinen, wie die abgebildete (Abb. 27 u. 28), die von der Zittauer Maschinenfabrik A.G. in Zittau hergestellt wird, bei denen jedesmal, nachdem das Stück die Flotte passiert hat, ein Ausquetschen stattfindet, bezeichnet man auch als Paddingmaschine. Vielfach findet man auch, daß zwei Jigger nebeneinander aufgestellt werden, damit nach dem Färben sofort die Weiterbehandlung eintreten kann. Es dient dann der eine Jigger zum Färben und der andere zum Spülen.

Eine andere Art der Jigger stellt derjenige der Firma Gustav Obermeyer, Plauen (Abb. 29), dar. Er zeichnet sich dadurch aus, daß die Barke aus glasiertem Steingut hergestellt ist. Hierdurch ist ein einwandfreies Reinigen der Barke von Farbstoff usw. ermöglicht, was insofern

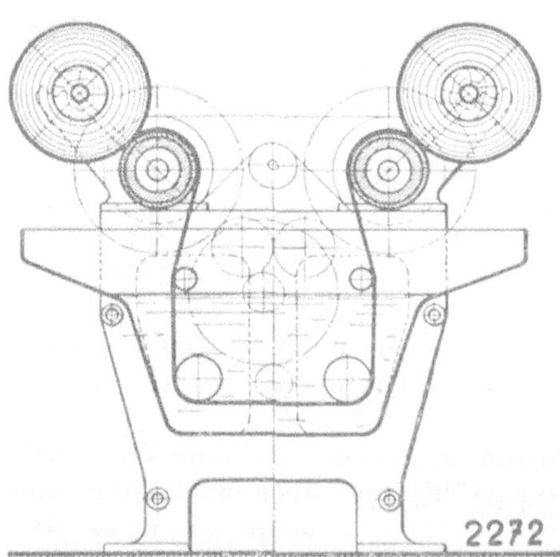

Abb. 28. Querschnitt des Jiggers von Abb. 27.

einen großen Vorteil gewährt, als man ein und denselben Jigger für verschiedene Bäder verwenden kann. Außerdem sind die Leitwalzen des Jiggers statt aus Holz oder Metall aus Hartgummi hergestellt, was ebenfalls sehr große Vorzüge bietet.

Eine Kombination von derartigen Jiggern oder von ähnlich gebauten Färbebarken — eingerichtet wie die Breitwaschmaschine — bezeichnet man auch als Kontinue-Färbemaschinen. Sie haben sich namentlich beim Färben mit Küpenfarbstoffen bewährt.

Bei sämtlichen dieser letzteren Maschinen, die das Stück in breiter Form färben, ist natürlich unbedingtes Erfordernis, daß die Ware auf die erste Walze, bevor sie in den eigentlichen Färbeapparat eintritt, gleichmäßig und ohne Falten aufgewickelt worden ist. Es ist daher das Bestreben der in Frage

Abb. 29. Jigger von G. Obermeyer, Plauen.

kommenden Maschinenfabriken, auf diesem Gebiete Apparate in der größten Vervollkommnung zu liefern. Namentlich bei dichteren Geweben tritt auch die geringste Faltenbildung nachher im Fertigfabrikat in der unangenehmsten Weise zutage.

Das Arbeiten mit diesen Apparaten, welcher Art sie auch sein mögen, erfordert große Aufmerksamkeit.

Daß die beschriebenen Färbemaschinen nicht nur zum Färben, sondern auch für andere Behandlungsweisen, wie Waschen, Absäuern, Avivieren usw. in Frage kommen, liegt wohl auf der Hand.

4. Die Seiden in ihrer verschiedenen Ausrüstung.

Bei der Färbung der farbigen Seiden hat man das Seidenmaterial, soweit Strang in Frage kommt, zu unterscheiden in

1. abgekochte oder Cuiteseide ohne Bast,
2. nichtabgekochte oder Soupleseide mit weichem Bast,
3. nichtabgekochte oder Cruseide bzw. Ecruseide mit hartem Bast.

An jede dieser drei Seidenausrüstungsarten werden, je nachdem ob sie erschwert oder unerschwert sind, besondere Anforderungen gestellt im Hinblick auf die Art der Gewebe, die aus ihnen hergestellt werden.

Bei Stückware kommt diese Einteilung nicht in Frage, weil die Mehrzahl der Ausrüstungsformen von abgekochter Ware ausgehen. Nur ganz wenige gehen von der unabgekochten Ware aus, wie z. B. bei einzelnen Gazen, Schleierstoffen und Spitzengeweben, bei denen man also gewissermaßen eine Ecruausrüstung vorfindet.

Dagegen sind die Ausrüstungsformen der Stückware insofern bedeutend vielseitiger als hier die Ausrüstung der verschiedenen Mischseidengewebe mit Wolle, Baumwolle und Kunstseiden in Frage kommt. Diese Ausrüstungsformen würden sich also an die obige Einteilung anzuschließen haben.

a) Cuiteseiden. Die Cuiteseiden werden, wie schon unter dem Abschnitt „Das Entbasten der Seide" ausgeführt wurde, durch Behandeln mit Seifenlösung oder Seifenschaum ihres Bastes beraubt. Die Seide verliert dadurch 21—25%, vereinzelt sogar bis zu 30% an Gewicht, verbessert aber ihr äußeres Aussehen bezüglich Glanz sehr wesentlich. Die abgekochte Seide kann zur Erzielung eines noch höheren Glanzes auch vorgesteckt werden, eine Behandlung, auf die in dem Abschnitt „Strecken" noch näher eingegangen wird. Die abgekochte Seide kann nun entweder als solche unerschwert gefärbt werden, oder sie wird mittels Zinnphosphat und Wasserglas erschwert, oder schließlich wird ganz schwach erschwert mittels Gerbstoffen, wobei aber das Erschweren gegenüber der Erzielung einer gewissen Echtheit in den Hintergrund tritt. Die unerschwerten Seiden werden meistens da verwandt, wo es sich um große Widerstandsfähigkeit des Seidenfadens gegenüber Temperatur, Schweiß, Wasser oder anderen Gespinstfasern handelt. Die Auswahl der Farbstoffe richtet sich nach den Umständen, die im vorigen Kapitel besprochen wurden. Nähere Ausführungen erübrigen sich daher an dieser Stelle. Was die erschwerte Seide anbelangt, so ist hier noch eine kurze Erklärung zu geben über eine ganze Reihe von Sonderfärbungen und Bezeichnungen, die sich in der Praxis eingebürgert haben. Die übliche Färbung ist die, daß man nach der Erschwerung mit Wasserglas seift oder absäuert, dann auf das Färbebad geht und in gewohnter Weise färbt. Wesentlich verschieden hiervon sind drei Färbungen, die unter der Bezeichnung „Végétal", „Royal" und „Charge mixte" unter den Färbevorschriften von seiten der Fabrikanten zu finden sind.

Unter der Bezeichnung „Végétal" versteht man eine Färbung bzw. Erschwerungsart unter Verwendung möglichst gebleichter Gerbstoffe, wie Galläpfel- und Sumachextrakt, während des Färbevorganges. Es wird hierdurch einerseits eine gute Quellung des Fadens erzielt, andererseits eine Erschwerung, die bei Cuiteseiden bis pari, bei Souple bis 60—80% über pari geht. Die Végétalfärbung wurde früher so gehandhabt, daß man mit der Seide auf eine wäßrige Lösung des betreffenden Gerbstoffes etwa 100% vom Seidengewicht bei 60—80° C einging und hierauf 1 Stunde umzog. Hierauf wurde gefärbt in der üblichen Weise, und dann wurde nochmals in gleicher Weise mit Gerbstoff nachbehandelt. Heutzutage vereinigt man diese Behandlungsweisen, indem man den betreffenden Gerbstoff einfach ins Färbebad gibt, mit der Seide heiß eingeht und nun solange umzieht, bis das Bad erkaltet ist. Sollte die Seide hierdurch an Griff und Glanz eingebüßt haben, dann ist dieses ein Zeichen, daß zuviel Gerbstoff aufgenommen worden ist. Man hilft diesem Übelstande leicht ab, indem man die Seide mit einem lauwarmen Seifenbad behandelt. Die Végétalfärbungen werden namentlich gern bei Futterstoffen verwandt.

Ein ähnliches Verfahren wie die Végétalfärbung ist die „Charge mixte". Bei der Charge mixte erschwert man mit Zinn und Phosphat in gewohnter Weise. Nach dem letzten Natron wird geschwungen und nicht auf Wasserglas, sondern auf eine 40%ige Seife kochend etwa 1 Stunde gegangen. Man macht vielfach nach $^1/_2$ Stunde das Seifenbad nochmals kochend. Nach dem Seifen wird gewaschen, mit Essigsäure abgesäuert und mit möglichst echten Farben gefärbt. Nach dem Färben geht man auf ein Gerbsäurebad, 100% Gerbstoff vom Seidengewicht, und behandelt in gleicher Weise, wie unter Végétalfärbung beschrieben wurde. Die Gewichtszunahme durch die Gerbstoffbehandlung beträgt etwa 8—10%. Nach derselben wird, ohne zu waschen, aviviert. Der Unterschied zwischen Charge mixte und Végétal liegt also nur darin, daß die eine Seide eine mineralische Vorerschwerung und mithin eine höhere Gesamterschwerung aufweist. Will man bei der Charge mixte höhere Erschwerung erzielen, so ist zu bemerken, daß man dieses nur durch Verstärkung der Pinken erzielen kann, da die Wasserglasbehandlung ja fehlt.

Eine besondere Form der Charge mixte ohne Vorerschwerung ist folgende: Man verfährt dabei in der Weise, daß man das mit einem Gerbstoff, besonders Sumachextrakt oder Galläpfelextrakt, versetzte Farbbad zur Erschwerung der Seide verwendet, wie dieses bei der sog. Végétalfärbung ausgeführt wurde, indem man es mit 5—10% Zinnsalz versetzt. Auf diesem 50—60° warmen Erschwerungsbad zieht man die Seide solange um, bis das Bad auf 30° abgekühlt ist. Man erzielt dadurch Erschwerungen, die bis pari bzw. wenige Prozente über pari gehen.

Die „Royalfärbung" zeichnet sich dadurch aus, daß die Seide roh gepinkt und mit Wasserglas erschwert wird, hernach erst abgezogen und dann gefärbt wird. Man verfährt folgendermaßen: Die Seide wird roh auf Stöcke gemacht, mit 10% Salzsäure bei 30° C eingenetzt und hierauf 1 Stunde gelassen. Von der Säure wird geschwungen und jetzt gepinkt, durchweg mit 30°iger Pinke in üblicher Weise $1^1/_2$ Stunde oder über Nacht, ebenso wird in üblicher Weise phosphatiert mit Natron-bädern von 5—6° Bé, 55° C warm $^3/_4$—1 Stunde. Die Zwischen-behandlung zwischen Natron und Pinke geschieht in der Weise, daß man vom Natron auf ein schwaches $2^1/_2$%iges Sodabad geht, 30° C warm $^1/_2$ Stunde. Hiernach gibt man ein Weichwasser lauwarm, dann ein kaltes Hartwasser mit 5% Salzsäure vom Seidengewicht. Von der Säure wird geschwungen und wieder in die Pinke gegangen. Man tut gut, die Seide zwischen den einzelnen Pinkzügen am Pol aufzulockern. Vom letzten Natron gibt man ein lauwarmes Weichwasser und säuert dann $^1/_2$ Stunde mit Schwefelsäure 5% vom Seidengewicht ab. Von dieser Säure geht man $^3/_4$ Stunde auf ein 4° Bé starkes Tonerdebad bei 45° C. Hiernach wird gut gewaschen und dann auf Wasserglas ge-gangen, $4^1/_2$° Bé stark, 40° C warm, 1 Stunde. Nach der Wasserglas-behandlung wird mit 40% Seife vom Seidengewicht abgekocht $^1/_2$ Stunde. Nach dem Abkochen wird ein Weichwasser 40° C warm mit 5—10% vom Seidengewicht Salmiakgeist gegeben. Nachdem man hierauf $^1/_2$ Stunde umgezogen hat, werden nochmals zwei Weichwasser 40° C warm ge-geben und mit 10% Salzsäure vom Seidengewicht abgesäuert, sodann wird gefärbt.

Man erzielt bei diesem Verfahren bei Organzin z. B. eine Erschwerung von 40—50% durch 3maliges Pinken mit 30° Bé starken Pinkbädern.

Zu diesen drei Sonderfärbungen gesellt sich noch eine vierte, die sich den anderen drei vollständig anpaßt, nur mit dem Unterschied, daß die Seide vor dem Abkochen roh gestreckt wird. Durch diese Behandlung wird der Seide ein höherer Glanz verliehen. Im übrigen wird die Seide nach dem Vorstrecken genau wie Cuiteseide behandelt, abgekocht, erschwert und gefärbt oder auch roh erschwert, abgekocht und gefärbt. Bezüglich der Behandlung der Seide beim Vorstrecken sei auf den Abschnitt über „Strecken" verwiesen.

Außer diesen vier Färbungen besteht noch eine ganze Reihe von Färbungen von allen möglichen verschiedenen Bezeichnungen. Dieselben haben jedoch kein allgemeines Interesse, da es sich meistens nicht um besondere Verfahren handelt, die etwa erhebliche Abweichungen in der Arbeitsweise zeigen, sondern um Bezeichnungen, die der geschäftliche Wettbewerb gezeitigt hat.

Was die Anforderungen bezüglich besonderer Echtheiten anbelangt, so eignen sich die Cuiteseiden am besten dazu, den verschiedenen Echtheiten gerecht zu werden. Die Verfahren um die betreffenden Echtfärbungen herzustellen, werden in dem diesbezüglichen Abschnitt des näheren beschrieben werden.

b) Soupleseiden. Während die Cuiteseiden solche waren, denen der Bast vollständig genommen war, verstehen wir unter Soupleseiden eine Seide, bei der der Bast noch nahezu vollständig erhalten ist, nur daß man dem Bast seine harte Beschaffenheit genommen hat, indem man ihn möglichst geschmeidig oder weich macht. Dieser Souple hat für den Fabrikanten gegenüber der Cuiteseide den Vorteil, daß er ein dichteres Gewebe liefert und imstande ist, eine größere Menge Trame als Schuß zu ersetzen. Da der Souple noch Bast enthält, so wird die Lebhaftigkeit des Farbtones und der Glanz der Seide natürlich gegen den der abgekochten Seide zurücktreten. Andererseits vermag der Souple entsprechend seinem größeren Volumen bedeutend mehr Erschwerung aufzunehmen, und findet man deshalb bei Souplefärbungen besonders in Schwarz Erschwerungen, die 300—400% erreichen. Wesentlich für die Verwendung des Souples ist der Umstand, daß der Souple bei richtiger Behandlung an seidigem Gefühl nichts einbüßt. Die Arbeitsweise, die das Weichmachen des Seidenbastes zum Zweck hat, bezeichnet man als Souplieren. Der Zeitpunkt, wann das Souplieren stattfindet, ist ein verschiedener. Durchweg soupliert man vor dem Erschweren, doch findet man auch bei Schwarz, daß nach dem Erschweren oder auch während des Erschwerens soupliert wird. Das Souplieren geschieht nach verschiedenen Vorschriften. Im wesentlichen soupliert man mit Säuren oder mit Gerbstoffen oder mit saurer reagierenden Salzen. Die Vorschriften für das Souplieren sind sehr verschieden, und es können hier nur allgemeine Anleitungen für die drei ebengenannten Souplierungsverfahren gegeben werden.

1. Das Souplieren mit Säure geschieht in folgender Weise: Nachdem die Seide roh mit 30% Seife 35° warm, 1 Stunde eingenetzt

worden ist, wird sie abgewrungen, gebleicht — durch Schwefeln oder Nitritbleiche — und dann auf ein Bad gestellt, das auf 100 kg Seide 6 kg Glaubersalz und 3 l konzentrierte Schwefelsäure enthält. Man geht bei 65° C ein und läßt 1 Stunde bzw. solange auf dem Bade, bis der Souple genügend weich erscheint. Hierauf wird ein Wasser von 40° C gegeben, sodann ein zweites von 20° C und mit 10% Salzsäure abgesäuert.

2. Das Souplieren mit saurem Salz geschieht in folgender Weise: Nachdem die Seide durch Einnetzen und Bleichen vorbehandelt worden ist, kommt dieselbe auf ein Bad, das auf 100 kg Seide 1500 g Weinstein, 750 g Glaubersalz, 4 l Schwefelsäure und 30 l wäßrige, schweflige Säure enthält. Beim Ansatz dieses Souplierbades empfiehlt es sich, den Weinstein in einem kleinen Gefäß mit etwas Wasser anzuteigen und dann so viel der konzentrierten Schwefelsäure hinzuzufügen, und zwar langsam, bis die Lösung vollständig und ohne Dunkelfärbung erfolgt ist. Diese Lösung gibt man unter Umrühren in die große Menge des Bades, in dem das Glaubersalz bereits gelöst ist. Dann setzt man den Rest der Schwefelsäure und darauf die schweflige Säure hinzu. Auf diesem Bade wird bei 55—60° C je nach der Herkunft der Seide 1 Stunde bis zur genügenden Erweichung des Bastes behandelt. Hierauf wird ein warmes und ein kaltes Wasser gegeben und abgesäuert.

3. Das Souplieren mit Gerbstoff geschieht bei den farbigen Seiden in der Weise, daß man die Seide in warmem Wasser einnetzt und dann auf dem Bastseifenbad bei möglichst niedriger Temperatur nach Muster färbt. Von dem Färbebad geht man mit der Seide auf ein 1—1,5° Bé starkes Sumachbad, das mit etwas Schwefelsäure angesäuert ist, kochend ein und beläßt hierauf unter mehrmaligem Kochendmachen, bis der Souple weich genug ist. Hierauf gibt man ein warmes Wasser und aviviert in gewohnter Weise. Eine andere Art der Souplierung mit Gerbstoff geschieht in der Weise, daß man die Seide mit Kastanienextrakt oder Katechu weich kocht. Dieses Souplieren, das nur für Schwarz in Frage kommt, unterscheidet sich von den drei eben aufgeführten Verfahren wesentlich dadurch, daß es nicht nur ein Verfahren zum Souplieren ist, sondern gleichzeitig auch zum Erschweren dienen kann. Es wird hierauf bei den Schwarzfärbungen noch des näheren zurückzukommen sein.

Zu bemerken ist, daß meistens vor dem Souplieren noch eine Bleiche eingeschoben wird, die, soweit es sich um hellfarbige Rohseide handelt, meistens in einem mehrmaligen Schwefeln besteht. Handelt es sich jedoch um gelbbastige Seide, so wird die Nitritbleiche angewandt, die bereits unter dem Abschnitt „Bleichen der Seide" besprochen worden ist. Handelt es sich um farbige Seiden, so kann der Souple unerschwert oder erschwert gefärbt werden. Im letzteren Falle geschieht das Erschweren mit Zinnphosphat in der gleichen Weise wie bei Cuiteseide, nur hat man Obacht zu geben, daß die Temperatur des Natronbades 30—40° C nicht überschreitet. Im übrigen wird die Erschwerung ebenso durchgeführt wie bei allen übrigen Erschwerungen der farbigen Seiden, d. h. am Schlusse wird der Souple mit Wasserglas behandelt, hier natür-

7*

lich auch ohne die Temperatur von 35° C zu überschreiten. Das Färben der souplierten Seide bietet keine Schwierigkeit, nur hat man beim Abmustern Rücksicht darauf zu nehmen, daß noch Bast vorhanden ist und dementsprechend die Färbung nicht so leuchtend kräftig ist. Beim Avivieren empfiehlt es sich, den Ölzusatz in der Avivage etwas höher zu nehmen, um eine bessere Verarbeitung des Souples zu ermöglichen. Bei den Behandlungen des Souples, sei es in der Erschwerung, sei es in der Färberei, empfiehlt es sich, vor den verschiedenen Behandlungsweisen die Masten gut am Pol aufzulockern, weil der erweichte Seidenleim ein Verkleben der einzelnen Fäden bewirken kann. Was die Anforderungen an die Echtheiten anbelangt, so sind dieselben die gleichen wie bei der Cuiteseide, jedoch begünstigt das Vorhandensein des Bastes die verschiedenen Echtheiten keineswegs.

c) **Cruseiden.** Enthält die Soupleseide noch fast den sämtlichen Bast, und beträgt der mechanische Verlust an Bast nur etwa 5%, so ist die Cruseide vollständig frei von Verlust, sie enthält sämtlichen Bast. Sie unterscheidet sich jedoch im wesentlichen vom Souple dadurch, daß der Bast nicht weich, sondern hart ist. Die Cruseide wird aus der Rohseide in der Weise hergestellt, daß man die Rohseide in einem lauwarmen Wasser einweicht, dem 3—4% Formaldehyd zugesetzt sind. Man läßt die Seide in diesem Bade über Nacht liegen, wäscht sie und säuert sie mit Salzsäure ab, um sie dann in ähnlicher Weise wie Souple zu erschweren und zu färben. Bei der Behandlung der Cruseide hat man aber zweierlei zu beachten, einmal, daß man keine zu heißen alkalischen Bäder verwendet, weil dieselben den Bast lösen würden, und auf der anderen Seite, daß man keine zu heißen Säurebäder verwendet, weil man sonst naturgemäß Souple erhalten würde. Die Cruseide ist heutzutage sehr in den Hintergrund gedrängt und wird eigentlich nur mehr zu Schleierseiden verwandt. Dementsprechend wird eine Cruseide auch nur sehr selten erschwert. In neuerer Zeit findet man die Hartfärbung häufiger bei Geweben aus Grège. Bezüglich der Anforderungen an Echtheit gilt das gleiche, was von den Cuiteseiden gesagt wurde.

5. Färbemethoden zur Erzielung besonderer Echtheiten.

Wurden oben die drei verschiedenen Ausrüstungsformen besprochen, in denen die farbig gefärbten Seiden hauptsächlich zur Herstellung von Geweben Verwendung finden, so sollen hier die verschiedenen Verfahren behandelt werden, die den Seidenfärber instand setzen, den Anforderungen gerecht zu werden, die der Fabrikant oder das Publikum an die fertig gefärbte Seide stellen. Es handelt sich in diesem Falle um die verschiedenen sog. Echtheiten. Im allgemeinen beziehen sich die Echtheitsanforderungen bei einer Färbung auf das Erhalten des Farbstoffes gegenüber besonderen Einwirkungen, wie Licht, Luft, Wasser, Säure usw. Es gibt jedoch auch Anforderungen, die sich nicht auf die Farbstoffe beziehen, sondern auf das Verhalten der gefärbten Seide gegenüber anderen Faserstoffen oder gegenüber besonderen Behandlungsweisen. Hier spielt eine Rolle der Gehalt an anderen Stoffen, die in der Seide vorhanden sein können bzw. mit denen die Seide behandelt worden ist, wie z. B. der Säuregehalt der Seide, der Fettgehalt, der Fettsäuregehalt, der Gehalt an schwefelhaltigen Körpern u. a. m.

Zu den ersteren Echtheiten, die mit den Farbstoffen zusammenhängen, sind folgende zu zählen: die Lichtechtheit, Reibechtheit, Waschechtheit, Wasserechtheit, Säureechtheit, Kochechtheit, Walkechtheit und Bügelechtheit. Die besonderen Begriffe, wie Schweiß- oder Schirmechtheit, sind natürlich unter die Gattung der Wasser- und Säureechtheit zu bringen. Zu den anderen Echtheiten, bei denen es sich nicht um den Farbstoff handelt, sondern um andere Bestandteile der Seide, sind folgende zu rechnen: die Metallechtheit, die Gummiechtheit, die Appreturechtheit u. a. m.

Bevor auf die einzelnen Verfahren, um die verschiedenen Echtheiten zu erzielen, eingegangen wird, mag eine allgemeine Arbeitsweise vorausgeschickt werden, die in den Seidenfärbereien Verwendung findet, sobald es sich im allgemeinen um Echtfärbung handelt.

Es ist dieses die sog. Tannin-Brechweinsteinbehandlung. Die Ausführung geschieht in der Weise, daß die fertig gefärbte Seide kalt mit einer 1—5%igen wäßrigen Lösung von Tannin oder Gallusextrakt behandelt wird. Hierauf geht man auf eine Brechweinsteinlösung (0,75—1%ig). Beide Lösungen werden kalt verwandt und auf diesen die Seide $^3/_4$ Stunden umgezogen. Es ist nicht abzustreiten, daß diese allgemeine Behandlung der Färbungen, was Wasser- und Waschechtheit anbelangt, eine Verbesserung bedeutet. Andererseits ist diese Verbesserung nur eine geringe und hält größeren Anforderungen an Echtheit nicht stand.

Will man jedoch im einzelnen den Anforderungen an Echtheit genügen, so ist natürlich unbedingt erforderlich, daß man bei der Auswahl der Farbstoffe zur Erzielung der Färbung vorsichtig verfahren muß. Wie bereits erwähnt, ist hier nicht der Ort, um besondere Vorschriften von Färbungen zu geben, und können wir uns daher hier nur auf Hinweise beschränken. Was die Auswahl der einzelnen Farbstoffe als solche anbelangt, so liefert jede Farbenfabrik ausführliche Vorschriften über ihre Farbstoffe, und muß es den Erfahrungen des einzelnen Seidenfärbers überlassen bleiben, mit welchen Farbstoffen er die besten Ergebnisse erzielt. Was im allgemeinen die Echtheitseigenschaften der Farbstoffe anbelangt, so macht sich durchweg bemerkbar, daß ein kräftig leuchtender Farbstoff meistens nur geringe Echtheit aufweist, während diejenigen Farbstoffe, die sich durch Echtheit auszeichnen, durchweg nur stumpfe oder weniger lebhafte Färbungen ergeben. Daß hier natürlich Ausnahmen vorkommen, sieht man z. B. am Alizarinrot, einer sehr lebhaften und andererseits sehr echten Färbung. Die echteste Färbung, d. h. diejenige Färbung, die den meisten Echtheitsanforderungen genügen, sind die Färbungen mit Beizenfarbstoffen und Küpenfärbung. Zu beachten ist dabei, daß diese Färbungen nur nach bestimmten Mustern geschehen können, weil irgendwie eine Nuancierung der Färbung ausgeschlossen ist, will man nicht die Echtheit wieder herabsetzen. Die früher häufig vertretene Anschauung, daß die Echtfärbung leichter mit den Naturprodukten, also den Holzfarben, Wau und Cochenille, zu erzielen sei, ist ein Irrtum. Diese Färbungen sind wohl wasserecht, auch teilweise lichtecht, ·den Einflüssen von chemischen Stoffen vermögen sie jedoch nicht standzuhalten.

Was die Herstellung der Färbungen im einzelnen anbelangt, so ist zu bemerken, daß man eine wasch-, walk- und kochecht gefärbte Seide nach dem Färben natürlich heiß seifen muß und sich überzeugen muß, daß der Farbton nicht geändert wird. Bei einer säureechten Färbung wird man mit einer verdünnten Essigsäure 30—40° C warm behandeln und sich überzeugen, ob die Färbung abläßt. Bei einer Wasserechtheit wird man die betreffende gefärbte Seide gut mit lauwarmem Wasser waschen und auch hier beobachten, ob sich der Farbton verändert. Was die Reibechtheit anbelangt, so ist vor der Prüfung unbedingt zu vermeiden, daß der Farbton durch nachträgliches Nuancieren, sei es im gebrochenen Farbbade, sei es in der Avivage, erzielt wird. Jede über die ursprüngliche Färbung gesetzte Farbe wird nicht reibecht sein können. Hat man doch nuanciert, so kann man sich in einzelnen Fällen damit helfen, daß man den betreffenden Farbstoff durch die Nachbehandlung mit Tannin und Brechweinstein befestigt. Was die Licht- und Bügelechtheit anbelangt, so kann hier nur die richtige Auswahl des Farbstoffes in Frage kommen. Bezüglich der einzelnen Anforderungen an die verschiedenen Echtheiten sei auf den späteren Abschnitt „Chemische Untersuchungen" verwiesen.

Was jetzt die Echtheiten anbelangt, die nicht vom Farbstoff abhängig sind, so besteht die Anforderung der Metallechtheit darin, daß die betreffende Seide beim Verweben mit Metallfäden (Gold, Silber, Bronze) die Metallfäden nicht angreifen darf. Zu dem Zweck ist erforderlich, daß die Seide möglichst wenig Fett enthält bzw. freie Fettsäure, d. h. man wird die Seide nur mit sehr wenig Öl avivieren. Sodann dürfen keine schwefelhaltigen Farbstoffe verwandt werden, weil die Spuren des zur Färbung verwandten Schwefelnatriums das Metall anlaufen lassen. Man wird also bei der Auswahl der Farbstoffe hierauf Rücksicht nehmen müssen. Als drittes käme in Frage, daß die Seide nicht zuviel freie Säure enthält, die ein Oxydieren des Metalls begünstigen würde. Zu diesem Zweck aviviert man nur sehr gering mit Säure, besser noch mit sauer reagierenden Salzen, wie Weinstein, Kaliumbioxalat, oder aber, wenn man mit freier Säure aviviert hat, stumpft man die Säure durch nachherige Sodabehandlung wieder etwas ab.

Bezüglich der sog. Gummiechtheit ist zu bemerken, daß dieselbe darauf beruht, daß freie Fettsäure die Elastizität des Gummifadens mit der Zeit aufhebt. Ein Gehalt an größeren Mengen freier Säure macht den Gummifaden mit der Zeit vollständig brüchig. Um die Bildung größerer Mengen freier Fettsäure hinten anzuhalten auf der Seidenfaser, ist es erforderlich, daß die Seide von jeglicher Seife gut gereinigt wird. Andererseits wird man in der Avivage den Zusatz von Öl so niedrig wie möglich gestalten. Dasselbe gilt von der Verwendung der Aviviersäure.

Was jetzt die Appreturechtheit anbelangt, so kommen zwei Gesichtspunkte in Frage. Einmal findet man häufig, daß Färbungen, sobald

sie mit den heißen Appreturwalzen in Berührung kommen, sich dunkler
färben. Es liegt hier meistens ein Fehler in der Auswahl der Farbstoffe
vor, und zwar in der Weise, daß die Bügel- und Wasserechtheit nicht
genügend berücksichtigt worden ist. Vielfach findet man jedoch auch,
daß die Färbung aus dem Grunde dunkler geworden ist, weil die Bestandteile des Apprets den Farbstoff heruntergelöst haben. Man wird
also bei appreturechten Färbungen unbedingt darauf sehen müssen, daß
die Seide sowohl mit heißer Seife wie mit lauwarmer Säure behandelt
wird. Eine weitere Erscheinung, die bei der Appreturechtheit häufig
zu Klagen Anlaß gibt, ist die, daß die Seide keinen Appret annehmen
will. Es hängt dieses meistens damit zusammen, daß die Seide zuviel
Fett enthält. Man wird in diesem Falle also unbedingt darauf sehen
müssen, daß die Seide nicht mit zuviel Öl aviviert wird bzw. daß größere
Mengen Seife, die Fettsäure bilden können, sorgfältig durch Spülen mit
heißem Wasser entfernt werden.

Nach Besprechung der verschiedenen Echtheiten ist noch eine Betrachtung am Platze über das Verhältnis von erschwerter und unerschwerter Cuiteseide zu den genannten Forderungen. Die eben erwähnten Echtheiten können selbstverständlich in beiden Fällen sowohl
bei erschwerter wie bei unerschwerter Seide in Betracht kommen. Ein
Blick in das Farbstoffverzeichnis der Farbenfabriken gibt auch hier für
die richtige Auswahl der Farbstoffe genügend Anhalt. Es ist ja ohne
weiteres klar, daß eine nicht erschwerte Seide den Anforderungen der
verschiedenen Echtheiten eher gerecht werden kann als eine erschwerte
Seide. Andererseits wird eine erschwerte Seide, was Fülle, Glanz und
Griff des fertigen Gewebes anbelangt, eine unerschwerte Seide weit
übertreffen. Es sollte hierauf vom Fabrikanten Rücksicht genommen
werden, und man sollte z. B. Säure-, Schweiß- oder Bügelechtheit nicht
bei einer hoch erschwerten Seide verlangen, sondern auf eine nicht oder
nur sehr wenig erschwerte Seide beschränken. Ebenso sollte man bezüglich Glanz und Lebhaftigkeit des Farbtones nicht die gleichen Anforderungen stellen, wenn eine Seide vorliegt, die den verschiedensten
Echtheiten entsprechen soll, als eine Seide, bei der dieses nicht erforderlich ist.

Was hier bezüglich der verschiedenen Echtheiten gesagt worden ist,
gilt natürlich nicht nur für die Ausrüstung der Seide im Strang, sondern
auch im Stück. Hier häufen sich allerdings die Schwierigkeiten bei der
Ausrüstung der seidenen Mischgewebe, hier sind Echtfärbungen nur
möglich durch Auswahl der entsprechenden Farbstoffe.

VII. Das Erschweren und Färben von schwarzen Seiden.

Es ist wohl kein Gebiet der Seidenfärberei so reich und mannigfaltig
an chemischen Vorgängen als dasjenige der Schwarzfärberei. Nicht nur,
daß die Arten der Erschwerung hier bedeutend reichhaltiger sind als
bei der farbigen Seide, so greift außerdem bei Schwarz der Erschwerungsvorgang und das Färben derart häufig ineinander, daß es ein Unding
wäre, diese Gebiete getrennt zu behandeln, wollte man das Verständnis

für die sich abspielenden Vorgänge nicht unnötig erschweren. Wohl lassen sich die Arten der Erschwerung bei Schwarz in verschiedene Gruppen einteilen, aber ein gut Teil der Erschwerungsvorgänge spielt sich zusammen mit denjenigen des Färbens ab und bildet sogar einen unerläßlichen Bestandteil, um diesen oder jenen Farbton zu erzielen. Die Erschwerungsvorgänge, die in Frage kommen, lehnen sich teils an die bereits beschriebene Zinnphosphaterschwerung an, sind also gewissermaßen Weitererschwerungen, teils sind sie selbständig, von einer Eisenbehandlung ausgehend, teils sind es Zusammenfassungen von Zinn- und Eisen-Weitererschwerung. In all diesen Fällen bilden diese gewissermaßen Weitererschwerungsvorgänge eine Grundlage für den nachfolgenden Färbevorgang.

1. Die verwandten Rohstoffe.

Bevor auf nähere Einzelheiten eingegangen wird, soll, wie bei den bisherigen Abschnitten, so auch hier, der chemische Teil vorweggenommen werden.

Was die hauptsächlichsten der in der Schwarzfärberei verwandten Chemikalien und Rohstoffe anbelangt, so sind dieselben folgende: a) Katechu, b) Blauholzextrakt, unoxydiert und oxydiert, c) Gelbholz, d) Eisenbeize, e) holzsaures Eisen, f) Blaukali.

Wie bei den vorhergehenden Abschnitten, so soll die Beschreibung dieser für die Erschwerung und Färbung notwendigen Hilfsstoffe nicht vom rein wissenschaftlichen Standpunkte aus erschöpfend sein, sondern sie soll sich den Forderungen der Praxis anpassen. Will man sich eingehend über die Erzeugnisse unterrichten, so sei auf die zur Genüge vorhandene Literatur, z. B. Heermann[1], hingewiesen.

a) Katechu. Katechu ist eine eingedickte Abkochung verschiedener in Südasien vorkommender gerbstoffhaltiger Pflanzen. Man unterscheidet Mimosen-, Gambier- und Palmkatechu, und rührt diese Bezeichnung davon her, daß man entweder das Stammholz der unter dem Namen Acacia Katechu bekannten Pflanze oder die jungen Zweige von Uncaria Gambier oder die Samen von Areca Katechu auskocht. Der in der Seidenfärberei angewandte Katechu ist der Gambier, der, wie der Name schon andeutet, von Uncaria Gambier gewonnen wird. Die Stammpflanze des Gambier ist auf Java und Sumatra zu Hause. Hier werden von den Eingeborenen die Zweige gesammelt, ausgekocht und der Auszug in Kesseln über freiem Feuer zur Extraktdicke eingedampft. Dieser eingedickte Auszug wird dann in große Kuchen geformt, die, in Bambusmatten eingehüllt, versandt werden. Da dieses in roher Weise von den Eingeborenen hergestellte Erzeugnis selbstverständlich vielen Verunreinigungen ausgesetzt ist und dementsprechend in den letzten Jahren Katechusendungen auf den Markt kamen, die so gut wie unbrauchbar waren, so hat sich die Großindustrie dieses Gegenstandes angenommen. Es befinden sich dort bereits große Fabriken, die die Herstellung des Gambiers den Eingeborenen abgenommen haben,

---

[1] Heermann: Färberei- und textilchemische Untersuchungen 1929. Berlin: Julius Springer.

und die in der Lage sind, für ein hoch- und stets gleichwertiges Erzeugnis ihren Abnehmern bürgen zu können. Allerdings hat sich bei diesem fabrikmäßig hergestellten Katechu, z. B. dem sog. Indragiri, herausgestellt, daß das Erzeugnis keineswegs genau übereinstimmend ist mit dem ursprünglich von den Eingeborenen hergestellten Katechu, und daß es für die Seidenfärberei vielfach so gut wie unbrauchbar ist, es sei denn, daß es seines großen Gehaltes an Katechin durch eine besondere Behandlung beraubt würde. Ein fabrikmäßig hergestellter Katechu, der sich gut in der Seidenfärberei verwenden läßt, weil bei ihm die Katechinabscheidung zurückgehalten ist, ist der Asahan Reingambier. Der Katechu ist von schmieriger Beschaffenheit, hellgelb brauner Farbe und besitzt einen eigenartigen aromatischen Geruch. Beim Kochen mit Wasser löst sich die Ware fast vollständig auf bis auf mechanische Verunreinigungen. Diese Lösung trübt sich beim Erkalten allerdings wieder. Diese Trübung rührt von einem Gehalt an Katechin her, der in geringer Menge den Wert des Katechus nicht beeinträchtigt.

Was die Untersuchung des Katechus anbelangt, so kommen hier in Frage: 1. die Bestimmung des Wassergehaltes, 2. die Bestimmung des Gesamtwasserlöslichen, 3. die Bestimmung des Gerbstoffes, 4. die praktische Wertbestimmung.

Bestimmung des Wassers. Man wiegt in einer gewogenen Porzellanschale eine gewisse Menge des Katechus am besten auf Bimssteinpulver ab und trocknet in einem Wasser- oder Glyzerin-Trockenschrank bis zur Gewichtsbeständigkeit aus. Der Unterschied aus dem Gewicht des ursprünglich angewandten Katechus und demjenigen des Rückstandes stellt den Wassergehalt dar.

Bestimmung des Gesamtlöslichen. Man kocht in einer Porzellanschale 25—50 g des Katechus mit destilliertem Wasser aus, seiht von den groben mechanischen Verunreinigungen ab und wäscht den Rückstand mit Wasser soweit aus, bis die vereinigten Filtrate 500 cm³ betragen. Diesen wäßrigen Auszug filtriert man jetzt gegebenenfalls unter Anwendung von präpariertem Kaolin durch dickes Filtrierpapier, bis das Filtrat vollständig klar ist. Von diesem Filtrat dampft man in einer gewogenen Plantinschale 50 cm³ ein, trocknet den Rückstand bis zur Gewichtsbeständigkeit und erhält so, nach dem Wägen, den Gehalt an Gesamtlöslichem.

Bestimmung des Gerbstoffes. Man stellt sich eine Glasröhre her von 2 cm Durchmesser und 12 cm Länge und verschließt dieselbe an einem Ende mit einem Gummistopfen, durch den eine zweite, zweimal rechtwinklig gebogene, dickwandige Kapillarröhre hindurchführt. Über dem Stopfen breitet man in der Röhre einen kleinen Bausch von Verbandmull aus und füllt jetzt die Röhre mit etwa 12—15 g eines schwach chromierten Hautpulvers, das an Wasser keine löslichen Bestandteile abgibt. Sollte dieses doch der Fall sein, so ist dieser Wert bei der Bestimmung zu berücksichtigen. Die Röhre wird darauf mit einem Verschluß von Verbandmull geschlossen. Dieses so hergerichtete Röhrchen, das ja dazu dienen soll, dem Katechuauszug den Gerbstoff zu entziehen, hängt man jetzt in den oben beschriebenen, klar filtrierten Auszug des

Katechus. Man saugt die Kapillarröhre erst dann an, wenn sich das Hautpulver vollständig mit der Flüssigkeit genetzt hat. Das jetzt durch das Hautpulver langsam durchfiltrierte, also von Gerbstoff vollständig befreite Filtrat wird aufgefangen und hiervon 50 cm³ in einer gewogenen Platinschale eingedampft, der Rückstand bis zum bleibenden Gewicht getrocknet und gewogen. Der Unterschied des erhaltenen Gewichtes und desjenigen des bei der Bestimmung des Gesamtlöslichen erhaltenen Rückstandes ergibt den Gehalt an Gerbstoff im Katechu. Die heute gültige Gerbstoffbestimmung nach der international offizinellen Hautpulvermethode sieht übrigens wieder die früher übliche Schüttelmethode vor. Man arbeitet in der Weise, daß zu einem nassen, leicht chromierten Hautpulver, dessen Herstellung in den Vorschriften genau beschrieben wird und dessen angewandte Menge etwa 6,25 g Trockensubstanz entsprechen soll, — 100 cm³ der Gerbstofflösung gegeben werden und das ganze sofort in einem Schüttelapparat genau 10 Minuten geschüttelt wird. Darauf wird die Mischung durch ein Leinentuch geseiht und das Filtrat nach dem Durchmischen mit Kaolin absolut klar filtriert. Vorher wird das Filtrat mit einer Gelatine Kochsalzlösung auf etwa noch vorhandenen Gerbstoff geprüft. 50 cm³ des gerbstofffreien Filtrates werden dann in einer Platinschale abgedampft und im Wassertrockenschrank bis zur Gewichtskonstanz getrocknet. Der Rückstand, also der Nichtgerbstoff, wird dann gewogen und unter Berücksichtigung des Wassergehaltes des verwandten Hautpulvers der Gerbstoff (Gesamtlösliches minus Nichtgerbstoff = Gerbstoff) festgestellt.

Praktische Wertbestimmung. Diese Bestimmung kann in zweierlei Hinsicht erfolgen, entweder zur Feststellung der Erschwerungsfähigkeit oder zur Feststellung der Färbekraft. Während die letztere Eigenschaft nur für Wolle und Baumwolle in Frage kommt, hat nur die erstere für Seide eine Bedeutung. Die Erschwerungsfähigkeit bestimmt man in der Weise, daß man gewogene Seidenfitzen zuerst mit Zinnphosphat erschwert und dann in einer Weise mit der Katechuprobe erschwert, die dem jeweiligen Erschwerungsverfahren im Betriebe gleich ist. Aus der erzielten Erschwerung läßt sich dann ein Schluß auf den Wert des betreffenden Katechus ziehen. Durchschnittlich nimmt man an, daß eine 3 mal gepinkte Seide nach der Katechubehandlung 40—50%, eine 4 mal gepinkte Seide je nach den angewandten Katechumengen 50—80% Erschwerung aufweist. Es kann diese praktische Wertbestimmung nur warm empfohlen werden, da man häufig bemerkt, daß eine Ware mit hohem Gerbstoffgehalt bei weitem nicht so gut erschwert, als man erwarten sollte. Was die Bestimmung der Färbekraft anbelangt, die ja allerdings für die Seide so gut wie gar nicht in Frage kommt, so geschieht dieses mit eisengebeizten Stoffproben. Als Vergleichsmaterial nimmt man einen als einwandfrei bekannten Katechu. Es handelt sich also um eine einfache Ausfärbung, die mit einem Muster von bekannter Stärke verglichen wird.

Beurteilung des Katechus. Von dem in der Seidenfärberei verwandten Gambier wird man unter Berücksichtigung der Tatsache, daß Katechu eine telquel-Ware ist, d. h. sie muß so abgenommen werden,

wie sie in den Handel gebracht wird, folgende Eigenschaften verlangen
dürfen. Er soll von schöner, goldgelber Farbe und schmieriger, ton-
artiger Beschaffenheit sein. Es sollen sich auf dem Querschnitte eines
Ballens nicht zu große Mengen Fremdkörper in dem Katechu vorfinden.
Der Geruch des Katechus muß der für diesen Stoff charakteristische,
aromatische sein, nicht etwa stinkend, ammoniakalisch. In destilliertem
Wasser soll er nach etwa $^1/_2$stündigem Kochen klar löslich sein, es darf
sich nach dem Erkalten in dieser Lösung kein erheblicher Bodensatz
vorfinden. Dieser Bodensatz, wenn er eine weiße Farbe aufweist, wäre
Katechin, das für die Seidenfärberei ohne jeglichen Wert ist. Was die
Beurteilung der chemischen Untersuchungsergebnisse anbelangt, so soll
der Wassergehalt 40% nicht überschreiten, der Gehalt an Gesamtlöslichem soll etwa 40—60% betragen. Ferner soll der Gerbstoffgehalt
nicht unter 25% sinken, da einwandfreier Katechu einen Gerbstoffgehalt
von rund 40% aufweist. Die Erschwerungsfähigkeit des Katechus gegenüber gepinkter Seide muß sich in den Grenzen der oben angegebenen
Werte halten. Bei dieser Gelegenheit sei auch auf einzelne Sonder-
katechuarten bzw. Katechuersatzmittel hingewiesen. Hierzu gehört der
eingangs erwähnte Indragirikatechu, der wohl den Vorzug besitzt, einen
hohen Gehalt an gerbstoffhaltiger Substanz zu besitzen, etwa 42—45%,
andererseits aber den großen Nachteil aufweist, daß er sehr erhebliche
Mengen Katechin enthält, wodurch die Bäder beim Erkalten getrübt
und mithin zur Verwendung in der Seidenfärberei ungeeignet werden.
Es soll besondere Verfahren geben, wodurch diese Katechinabscheidung
zurückgehalten werden kann, z. B. mehrstündiges Kochen; genauere
Daten hierüber stehen aber nicht zur Verfügung.

Ähnlich wie der Indragiri verhält sich der sog. präparierte Katechu,
der durch Schmelzen des Katechus unter Zusatz von Kupfersulfat oder
Kaliumdichromat erhalten wird. Dieser Stoff hat wohl eine stärkere
Färbekraft, jedoch bezüglich der Erschwerung liefert er keine günstigen
Ergebnisse. Ein für Seidenfärbereien gut brauchbarer Katechu ohne
Katechinabscheidung ist der oben bereits erwähnte Asahan Reingambier.
Die vielfach angepriesenen Katechuersatzmittel, wie Gambierine u. a. m.
meistens eine Zusammenstellung verschiedener Gerbauszüge, haben dem
natürlichen Katechu keinen erfolgreichen Wettbewerb zu machen ver-
mocht. Die Erschwerungsfähigkeit des Katechus auf gebeizter Seide
ist unter den verschiedensten gerbstoffhaltigen Stoffen noch stets die
ausgiebigste gewesen.

b) Blauholz. Das Blauholz oder Kampecheholz ist das von der
Rinde befreite Kernholz des in Mittelamerika einheimischen Baumes
Hämatoxylon Campechianum. Während das Holz des frisch gefällten
Baumes fast farblos ist, da der Farbstoff in demselben in Form eines
Glykosides enthalten ist, ändert sich dieses an der Luft sehr schnell,
indem durch Oxydation erst der eigentliche rote Farbstoff entwickelt
wird. Diese Entwicklung des Farbstoffes wird in der Technik in der
Weise gefördert, daß das Blauholz fein geraspelt und jetzt in großen
Haufen stark angefeuchtet für einige Wochen dem Einfluß der Luft
ausgesetzt wird. Fälschlicherweise hielt man dieses früher für einen

Gärungsvorgang und sprach von einer Fermentation. Der chemische Vorgang bei dieser sog. Fermentation ist ein doppelter. Es bildet sich zuerst durch Zersetzung des Glykosides Hämatoxylin und Zucker. Sodann bildet sich erst durch Oxydation aus dem Hämatoxylin der eigentliche Farbstoff, nämlich das Hämatein. Man kann sich jetzt den Blauholzfarbstoff in der Weise nutzbar machen, daß man das geraspelte und oxydierte Holz auskocht und diesen Auszug als Färbebad verwendet; es hat dieses den Vorzug, daß man einen recht lebhaften Farbton erhält. Oder, was für die heutigen Verhältnisse mehr zutrifft, es wird dieses Auskochen von Spezialfirmen im großen erledigt. Darauf wird der erhaltene Auszug in großen Vakuumapparaten so weit eingedampft, daß nach dem Erkalten eine glänzende braunschwarze Masse entsteht, der sog. feste Blauholzextrakt.

Ein Zweig der Fabrikation der Blauholzextrakte geht jedoch vom nichtfermentierten Blauholz aus, so daß diese Extrakte meistens mehr Hämatoxylin als Hämatein enthalten. In letzter Zeit sehr wichtig geworden sind die von Hämatein fast ganz freien Blauholzextrakte, die sog. unoxydierten Blauholzextrakte, die namentlich beim Erschweren der Seide eine sehr große Bedeutung erlangt haben.

Die unoxydierten Blauholzextrakte waren ursprünglich französischen Ursprungs, z. B. Brunner, Rouen. Dieselben werden aber heute auch in der gleichen Güte von deutschen Extraktfabriken hergestellt.

Was die chemische Untersuchung der Blauholzextrakte anbelangt, so ist dieselbe noch einstweilen eine sehr unsichere, da für die wichtigsten Bestandteile des Blauholzes keine quantitativen chemischen Bestimmungsweisen bekannt sind. Man muß sich deshalb darauf beschränken, etwaige Fremdkörper und betrügerische Zusätze zu ermitteln. Es geschieht dieses durch Aschebestimmung oder durch qualitative Untersuchungen auf Zucker, Stärke, Dextrin und fremde Gerbstoffe. Die mineralischen Erschwerungen machen sich dadurch bemerkbar, daß der Aschengehalt des Extraktes wesentlich mehr als 3% beträgt. Beigemengte, zur Verfälschung dienende Stoffe, wie Sand, Erde, Kalk, können daran erkannt werden, daß sie bei der Auflösung des Extraktes in Wasser unlöslich zurückbleiben. Zucker kann daran erkannt werden, daß auf Zusatz von Hefe die Extraktlösung zu gären beginnt. Überhaupt können organische lösliche Zusätze am besten erkannt werden, wenn die Lösung des Extraktes in gleicher Weise, wie bei Katechu beschrieben wurde, durch Filtration über Hautpulver entgerbt und entfärbt wird. Das Hautpulver hat nicht nur die Fähigkeit, Gerbstoffe niederzuschlagen, sondern auch Farbstoffe. In dem erzielten klaren Filtrat lassen sich Leim, Stärke, Dextrin, Zucker in üblicher Weise nachweisen. Sehr schwierig gestaltet sich die Erkennung von betrügerisch zugesetztem Gerbstoff, wie Kastanienextrakt, im Blauholzextrakt. Eine einfache Reaktion, die zur oberflächlichen Aufklärung genügt, ist folgende: Man löst eine kleine Menge des Extraktes in destilliertem Wasser, etwa 1 g in 100 cm³, und versetzt diese Lösung mit ¹/₃ ihres Volumens an gelbem Schwefelammonium; bei reinem Extrakt färbt sich die Lösung dunkel, und es entstehen geringe Mengen eines flockigen Niederschlages, während

bei Anwesenheit fremder Gerbstoffe die Lösung sich hellgelb färbt unter
Bildung eines feinen hellgelben Niederschlages. Das für die Beurteilung
in der Seidenfärberei auch noch heute gültige Verfahren ist das Aus-
färbungsvermögen des in Frage kommenden Blauholzextraktes, im Vergleich mit einer als gut bekannten Ware. Es geschieht dieses in der
Weise, daß zwei Stränge Seide abgekocht, mit Eisen gebeizt und geseift
werden. Darauf werden die Seiden in Lösungen der beiden Extrakte
von gleichem Gehalt bei gleicher Temperatur und gleicher Zeitdauer
behandelt. Nach dem Waschen und Trocknen überzeugt man sich durch
den Ausfall der Färbung von der Güte des betreffenden Extraktes. Bei
dem nichtoxydierten Blauholzextrakt führt man die Untersuchung in
gleicher Weise aus, wie S. 106 beschrieben, nur zieht man hierbei nicht
den Grad der Ausfärbung, sondern die Höhe der erzielten Erschwerung
zur Beurteilung heran.

Die Gütebestimmung der Blauholzextrakte durch Bestimmung ihres
Gehaltes an Hämatoxylin und Hämatein nach dem Verfahren von
Cochemhausen[1] ist als Betriebsuntersuchung reichlich unsicher.
Einen ähnlichen Anhaltspunkt gibt schließlich auch eine Untersuchung
auf färbende und gerbende Substanz nach der Hautpulvermethode.
Immerhin hat namentlich der unoxydierte Blauholzextrakt für Er-
schwerungszwecke eine derartige Bedeutung, daß eine Prüfung des
Blauholzextraktes unerläßlich ist.

c) **Gelbholz.** Das Gelbholz oder Kuba-, auch gelbes Brasilholz genannt, stammt von Morus tinctoria, einem in Mittel- und Südamerika
einheimischen Baum. Das Holz enthält als Farbstoff zwei Körper, das
leichtlösliche Masclurin und das schwerlösliche Morin. Das Holz kommt
in ähnlicher Weise wie beim Blauholz besprochen in den Handel. Die
Herstellung des Extraktes geschieht ebenfalls durch Auskochen des fein
geraspelten Holzes und Eindampfen des erhaltenen wäßrigen Auszuges,
wobei allerdings zu bemerken ist, daß das Holz vor der Herstellung des
Extraktes nicht fermentiert zu werden braucht. Die Untersuchung des
Gelbholzextraktes erstreckt sich lediglich auf seine Färbekraft. Es wird
dieselbe in der Weise durchgeführt, daß mit Tonerde oder mit Zinn
gebeizte Seidenstränge mit diesem Extrakt behandelt und gegen einwandfreie Ware verglichen werden. Die chemische Untersuchung des
Extraktes erstreckt sich auf Ermittlung von Verfälschungen, wie Dextrin,
Zucker, Gerbstoffe und gelbe Teerfarben, die nach den üblichen Regeln
der Analyse durchgeführt werden kann. Im übrigen ist Gelbholzextrakt mehr und mehr in den Hintergrund gedrängt worden durch
künstliche Farbstoffe, und wird es meistens nur mehr zum Nuancieren
in der Schwarzfärberei verwandt.

d) **Eisenbeize.** Die in der Seidenfärberei verwandte Eisenbeize, die
auch fälschlich als salpetersaures Eisen bezeichnet wird, ist eine Lösung
von basischem schwefelsaurem Eisenoxyd. Dieses Erzeugnis wird hergestellt, indem Eisenspäne in verdünnter Schwefelsäure gelöst werden
und nach eingetretener Lösung so viel Salpetersäure hinzugesetzt wird,

---

[1] Ztschr. f. angew. Ch. **1904.** 874.

als zur Oxydation des schwefelsauren Eisenoxyduls erforderlich ist.
Der Überschuß an Salpetersäure wird durch Erhitzen verjagt. Diese
Oxydation kann mittels anderer Oxydationsmittel, wie flüssiges Chlor
usw. bewirkt werden, doch findet die erste Arbeitsweise den Vorzug,
weil die so erhaltene Eisenbeize eine schöne braunrote Farbe hat, während
die anderen Beizen eine mehr grünlichbraune Färbung aufweisen. In
chemischer Beziehung stellt die Eisenbeize eine Auflösung von Eisenhydroxyd in einer gesättigten Eisensulfatlösung dar.

Was die Untersuchung anbelangt, so erstreckt sich dieselbe auf
folgendes: 1. Bestimmung der Gesamtazidität, 2. die Bestimmung des
als Oxyd vorliegenden Eisens, 3. die Bestimmung der Basizität, 4. Bestimmung des Gehaltes an Eisenoxydulverbindung, 5. Bestimmung der
Verunreinigungen.

Bestimmung der Gesamtazidität. Man wiegt etwa 2 g Eisenbeize in einem Literglas ab und übergießt dieselbe mit etwa 300 cm³
kochend heißem Wasser. Nachdem sich die durch ausgeschiedenes
Eisenhydroxyd braun getrübte Flüssigkeit geklärt hat, filtriert man
dieselbe und bringt sodann den Niederschlag aufs Filter, um ihn bis
zum Verschwinden der sauren Reaktion auszuwaschen. Die vereinigten
Filtrate werden darauf mit n-Natronlauge, unter Verwendung von
Phenolphthalein als Indikator, titriert. Die verbrauchten Kubikzentimeter mal 0,049 genommen, ergeben den Gehalt an Schwefelsäure in
der angewandten Menge der Eisenbeize. Vielfach findet man auch, daß
die Azidität in folgender Weise bestimmt wird: Die abgewogene Menge
Eisenbeize wird mit etwa 500 cm³ Wasser verdünnt und auf dem Wasserbade bis zur völligen Spaltung erhitzt. Darauf wird die heiße Lösung
ohne weiteres, also ohne zu filtrieren, mit n-Natronlauge titriert. Man
muß gegen Schluß der Bestimmung den Niederschlag etwas absitzen
lassen, um zu erkennen, ob die klare Flüssigkeit rosa gefärbt ist. Man
braucht bei dieser Titration insofern keine Bedenken zu haben, als das
ausgeschiedene Eisenhydroxyd von Natronlauge nicht angegriffen wird
und der Endpunkt der Reaktion bei einiger Übung gut zu erkennen ist.
Gegenüber der ersten Vorschrift hat sie jedenfalls den Vorzug der
größeren Einfachheit.

Bestimmung des Gesamteisens. Es werden in einem Reduktionskolben etwa 1 g der Eisenbeize abgewogen, mit 25 cm³ verdünnter
Schwefelsäure versetzt und 1 g eisenfreies Zink hinzugefügt. Nach
beendeter Reduktion, die in bekannter Weise unter Luftabschluß vorzunehmen ist, wird mit $^1/_5$ n-Kaliumpermanganatlösung titriert. 1 cm³
dieser Permanganatlösung entspricht 0,01117 g metall. Eisen.

Bestimmung der Basizität. Man teilt den gefundenen Schwefelsäuregehalt, als H_2SO_4 berechnet, durch den gefundenen Gehalt an
metallischem Eisen. Es ist mithin die Basizitätszahl die Verhältniszahl
von Schwefelsäure zu Eisen.

Bestimmung der Eisenoxydulverbindung. Es werden etwa
10 g Eisenbeize gut mit Schwefelsäure angesäuert und die Mischung
unmittelbar mit $^1/_5$ n-Kaliumpermanganatlösung titriert. 1 cm³ der
Kaliumpermanganatlösung entspricht 0,0144 g Eisenoxydul (FeO).

Nachweis sonstiger Verunreinigungen. Als hauptsächlichste Verunreinigungen, abgesehen von den Eisenoxydulverbindungen, kommen Salpetersäure und Arsen in Frage. Der Nachweis der Salpetersäure geschieht nach Abscheidung des Eisens durch heißes Wasser im klaren Filtrat mit Diphenylamin. Im gleichen Filtrat kann auch Arsen erkannt werden mittels Zinnchlorür und Salzsäure durch Schwarzfärbung. Die quantitativen Bestimmungen dieser Bestandteile geschehen nach den üblichen Vorschriften.

Beurteilung der Eisenbeize. Die Eisenbeize stellt meistens eine 50° Bé schwere, dicke, braunrote Flüssigkeit dar. Dieselbe soll klar und frei sein von erheblichen Mengen eines gelblich kristallinischen Niederschlages. Sie soll mit nicht zu hartem Wasser leicht mischbar sein. Der Eisengehalt schwankt zwischen 12—14%, der Gehalt an Schwefelsäure zwischen 26—28%. Die Basizitätszahl soll nach Heermann[1] etwa 2 betragen. Erhebliche Unterschiede, namentlich über 2, sprechen für eine zu saure Beize, die bei der Verarbeitung zu wenig Eisen auf die Faser gelangen lassen wird. Andererseits soll die Basizitätszahl nicht unter 2 hinabgehen, etwa auf 1,5, weil hierdurch eine selbsttätige Abscheidung von unlöslichem Ferrihydroxyd bewirkt wird, die eine Verwendung der Beize ausschließt. Was den Gehalt an Eisenoxydul anbelangt, so ist in jeder Eisenbeize ein solcher vorhanden, etwa 02,—0,5%. Er soll aber jedenfalls 1% nicht überschreiten. Ebenso sollen Salpetersäure und arsenige Säure nur in geringen Mengen vorhanden sein, da sonst unbedingt Schädigungen der Seide zu erwarten sind.

Außer dieser chemischen Untersuchung wird häufig noch eine praktische Untersuchung sich als erforderlich erweisen, sobald es sich um die Feststellung der erschwerenden Eigenschaft der Beize handelt. Dieselbe wird in der Weise durchgeführt, daß gewogene, entbastete Seide, den Verhältnissen der Praxis angepaßt, mit der Beize erschwert wird und die Höhe der Erschwerung festgestellt wird.

e) Holzsaures Eisen. Das holzsaure Eisen, auch als Schwarzbeize bekannt, wird hergestellt durch Umsetzen von rohem Bleizucker mit Eisenvitriol oder durch Sättigen von rohem Holzessig mit Eisenspänen. Das Präparat gelangt in den Handel in Form einer schwarzgrünen, nach Holzteer riechenden Lösung von 12—15° Bé. Die Ware muß gut abgelagert sein, wodurch überschüssige Teerbestandteile zur Abscheidung gebracht werden und die Beize geklärt wird. Immerhin muß die Beize genügend teerige Bestandteile enthalten, weil dadurch die Haltbarkeit derselben erhöht wird. Was die Untersuchung der Beize anbelangt, so kann man sich schon dadurch in der Güte überzeugen, daß man die Beize genügend mit destilliertem Wasser verdünnt. Die Flüssigkeit bleibt klar und weist eine schöne blaue Färbung auf, die erst allmählich ins Grüne umschlägt unter Trübewerden der Flüssigkeit. Eine schlechte Beize dagegen gibt keine klare Flüssigkeit, und die Farbe derselben ist mehr grün als blau. Die chemische Untersuchung der Beize erstreckt

---

[1] Heermann: Färberei- und textilchemische Untersuchungen 1929, 195.

sich auf die Bestimmung des Eisengehaltes. Derselbe kann nicht durch Titration mit $^1/_5$ n-Kaliumpermanganatlösung ermittelt werden, da die teerigen Stoffe stören, sondern kann nur auf gewichtsanalytischem Wege als Eisenoxyd gefunden werden, also nach vorheriger Oxydation durch Abscheidung mit Ammoniak.

Als Verunreinigung kommt eigentlich nur Eisenvitriol in Frage, welches leicht daran erkannt werden kann, daß große Mengen von Schwefelsäure vorhanden sind, die quantitativ als Bariumsulfat zur Wägung gebracht werden können.

Was die Beurteilung des holzsauren Eisens anbelangt, so sind die Anforderungen bereits oben zum Ausdruck gebracht worden. Der Eisengehalt soll etwa 5—6% Eisenoxyd entsprechen. Bei diesem Erzeugnis kann weniger auf die gute Beschaffenheit in chemischer Beziehung gegeben werden, als vielmehr auf die Eigenschaften, womit dasselbe sich in der Praxis bewähren soll. Abgesehen von den einzelnen Fällen, wo es erschwerend wirken soll, wie beim Donssouple, soll es in der Schwarzfärberei ein sattes, blaustichiges Schwarz ergeben. In dieser Richtung hat sich daher hauptsächlich die Begutachtung des holzsauren Eisens zu bewegen.

f) Blaukali. Das Blaukali, gelbes Blutlaugensalz oder Ferrozyankalium, wird hergestellt durch Verbrennen tierischer Abfälle, Leder, Wolle usw. mit Pottasche unter Zusatz von Eisenspänen. Die erhaltene Schmelze wird mit Wasser ausgelaugt und bis zur Kristallisation eingedampft. Diese Darstellungsweise ist heutzutage aber in den Hintergrund gedrängt durch diejenigen aus gebrauchter Gasreinigungsmasse. Diese Gasreinigungsmasse — ursprünglich ein feuchtes Ferrihydroxyd — enthält große Mengen Berlinerblau und Ferrozyanid und wird dieselbe auf Blaukali verarbeitet durch entsprechende Behandlung mit Ätzkalk und Pottasche. Das Blaukali stellt bernsteingelbe Kristalle dar, die sich klar und leicht in Wasser lösen. Die chemische Untersuchung desselben erstreckt sich vornehmlich auf die Gehaltsbestimmung. Dieselbe geschieht in der üblichen Weise, daß eine Lösung des Salzes etwa 1:100 mit Schwefelsäure angesäuert und mit $^1/_{10}$ n-Kaliumpermanganatlösung titriert wird. 1 cm³ $^1/_{10}$ n-Kaliumpermanganatlösung entspricht 0,0422 g Ferrozyankalium. Es ist bei der Gehaltsbestimmung noch zu bemerken, daß die Handelsware kein einfaches Kaliumsalz, sondern vielfach eine Mischung eines Kalium- und Natriumsalzes ist, worauf bei der Gehaltsbestimmung unter Umständen Rücksicht zu nehmen ist. Als Verunreinigungen kommen in Betracht: kohlensaure und schwefelsaure Alkalien und Chloride, die in üblicher Weise erkannt werden können. Was die Beurteilung des Gehaltes anbelangt, so soll das Salz mindestens 97%ig sein. Bezüglich der Verunreinigungen, die auf Fehler in der Fabrikation zurückzuführen sind, ist zu bemerken, daß dieselben jedenfalls nicht mehr wie 2—3% betragen dürfen. Dieselben bestehen meistens aus anderen Kaliumsalzen. Für die Verwendung in der Seidenfärberei kommen diese Verunreinigungen nicht in Frage, hier handelt es sich lediglich um den Gehalt an reinem Ferrozyankali.

Es ist natürlich für den Fachmann ohne weiteres klar, daß bei der

Schwarzfärberei auf die allgemeinen Verhältnisse und die Beschaffenheit der übrigen — hier nicht besonders aufgeführten — Chemikalien in ähnlicher Weise Rücksicht zu nehmen ist, wie dieses bereits bei dem Zinnerschwerungsprozeß ausgeführt wurde.

So spielt eine große Rolle die Beschaffenheit des Rohwassers, das in der Schwarzfärberei in großen Mengen benötigt wird, da für künstlich gereinigtes Wasser in einem solchen Maßstabe nicht überall Vorrichtungen vorhanden sein dürften. Empfehlenswert ist natürlich ein Wasser von geringer oder mittlerer Härte, direkt harte Wässer sind als ungeeignet zu verwerfen. Bei dem großen Seifenverbrauch, den die Schwarzfärberei erfordert, ist natürlich auch auf das gereinigte Wasser große Sorgfalt zu verwenden. Bei den verschiedenen Erzeugnissen, mit denen die schwarze Seide in Berührung kommt, ist es unbedingt erforderlich, daß nach Behandlungen, bei denen Seife verwandt wurde, diese letztere vollständig entfernt wird. Dieses ist jedoch nur möglich, wenn ein gutes gereinigtes Wasser bzw. eine Seife mit niedrigem Trübungspunkt zur Verfügung steht. Ist dieses nicht der Fall, so wird man vor zahlreichen Überraschungen, veranlaßt durch sich bildende Kalkseife, nicht geschützt sein.

Auch die Seife ist einer von den Stoffen, die vollständig den Anforderungen entsprechen muß, wie solche zu Anfang beim Abkochen der Seide aufgestellt wurden. Ein zu geringer Alkaliüberschuß wird den Griff der Seide durch leichte Bildung von Fettsäuren ungünstig beeinflussen, auf der anderen Seite wird dasselbe der Fall sein, wenn die Seifen zu alkalisch sind.

Auf besondere Einzelheiten wird in der nun folgenden Beschreibung der verschiedenen Verfahren eingegangen werden.

2. Die Arten der Erschwerung und Färbung von Schwarzseiden.

Wie bereits erwähnt wurde, ist unter dem üblichen Begriff der Schwarzfärberei nicht nur die Färberei als solche, sondern eine Reihe von Erschwerungsvorgängen zu verstehen, die teilweise mit dem Färben in geeigneter Weise vereinigt werden. Die hauptsächlichsten Arten der Erschwerung in Schwarz sind drei.

1. Man geht von einer Zinnphosphaterschwerung aus und erschwert mit Katechu weiter. Oder man erhöht die Zinnerschwerung durch geeignete Behandlung mit unoxydiertem Blauholzextrakt. Oder schließlich man erschwert nach der entsprechenden Zinnbehandlung weiter, indem man die Katechu- und Blauholzerschwerung miteinander vereinigt. Namentlich das zweite Verfahren dürfte das in der Neuzeit bevorzugteste sein.

2. Eine zweite Abteilung von Erschwerungsverfahren bei Schwarz geht aus von der Eisenbeize. Es wird mittels Eisenbeize eine gewisse Erschwerungshöhe erzielt und darauf erschwert man unmittelbar weiter mit Katechu, oder man macht erst nach der Eisenbeize blau und erschwert dann weiter mit Katechu. Auch hierbei wird vielfach der

Katechu durch unoxydierten Blauholzextrakt ersetzt, oder es wird Katechu und Blauholzextrakt miteinander vereinigt. Dieses Verfahren ist heute allerdings mehr und mehr in den Hintergrund gedrängt worden, weil die erzielte Höhe der Erschwerung gegenüber der Mehrarbeit eine zu geringe ist.

3. Die dritte Art der Erschwerungsverfahren stellt jetzt eine Vereinigung von Zinn- und Eisenerschwerung dar, indem entweder vor oder nach der Erschwerung mit Eisen eine Zinnerschwerung vor sich geht, der dann nachher die Weitererschwerung mit Katechu und Blauholzextrakt folgt.

Wie schon aus dieser kurzen Gegenüberstellung hervorgeht, werden die verschiedenen Arten der Schwarzerschwerung unter Zuhilfenahme von Blauholzextrakt durchgeführt, woraus ohne weiteres zu ersehen ist, daß mit dieser Behandlung nicht nur eine Beschwerung, sondern gleichzeitig eine Färbung der Seide Hand in Hand geht. Es sei dieses hier erwähnt, um nochmals darauf hinzuweisen, daß in der Schwarzfärberei Erschwerung und Färben der Seide nicht scharf auseinandergehalten werden können, wie dieses z. B. bei den farbigen Seiden der Fall ist.

In der angegebenen Reihenfolge sollen denn auch in diesem Abschnitt die einzelnen Verfahren besprochen werden. Hieran anschließend werden noch kurz die Souplefärbungen behandelt werden, die bei Schwarz eine nicht unerhebliche Rolle spielen.

a) Katechuerschwerung. Die Seiden werden in der bekannten Weise mit Chlorzinn und Phosphat erschwert, vom letzten Phosphat nicht abgesäuert, sondern sie bekommen eine Seife je nach dem vorhergegangenen Pinkzuge, ob ein 3-, 4- oder 5-Pinker vorliegt, in der Höhe von 20, 30 oder 40% vom Gewicht der Seide. Man stellt die Seide bei 60° C auf und zieht $^1/_2$—$^3/_4$ Stunde auf derselben um, was 5 mal Umziehen entspricht. Darauf läßt man die Seife laufen und schwingt die Seide. Man geht jetzt auf Katechu, und zwar nimmt man ein altes, gebrauchtes Katechubad, das 5—6° Bé spindelt, und setzt je nach der Höhe der Pinkzüge 150, 200, 300 oder 400% vom Seidengewicht, frischen Katechu in Form einer gesättigten Aufkochung von 13—14° Bé Stärke hinzu. Das Katechubad macht man 70° C warm und zieht jetzt die Seide 3 Stunden unter nochmaligem Erwärmen auf diesem Bade um. Ebensogut kann man auch das zweite Warmmachen unterlassen und zieht im ganzen nur 3 Stunden um. Vielfach und je nach der Höhe der zu erzielenden Erschwerung zieht man die Seide auf dem Katechubad nicht nur während mehrerer Stunden um, sondern man steckt sie über Nacht ein. Bei der Katechureschwerung ist darauf zu achten, daß die Flotte möglichst kurz ist, und man nimmt deshalb statt 2 Handvoll 5 und mehr Handvoll auf den Stock. Zu bemerken ist, daß vielfach in das Katechubad Eisen- oder Kupfervitriol hineingegeben wird, um die Seide zu schwärzen. Man macht diesen Zusatz nicht gleich zu Anfang, wenn man mit der Seide eingeht, sondern erst nachdem man mit der Seide schon $^1/_2$ Stunde auf dem Katechubad umgezogen hat. Dann wirft man auf, setzt die entsprechenden Mengen Vitriol hinzu, etwa 6—10%, erhitzt nochmals auf 70° und stellt die Seide auf, um sie dann, wie oben beschrieben, 3 Stunden gehen zu lassen. Eine besondere Art der Katechuerschwerung ist der Zusatz von Zinnsalz im Katechubad. Es sei gleich im voraus bemerkt, daß diese Zinnsalzkatechubehandlung namentlich für echte Färbungen vielfach angewandt wird, jedoch nicht gerade sehr beliebt ist, weil die Seide leicht an Stärke einbüßen kann. Ferner nimmt man diese Arbeitsweise nur vor, wo die Seiden wesentlich höher in der Erschwerung ausfallen müssen. Die Arbeitsweise ist folgende:

Man stellt, wie oben beschrieben, die Seide auf ein Katechubad mit 150% frischem Katechu bei 70° C auf, behandelt etwa $^1/_2$ Stunde, gleich 3 mal Umziehen, auf diesem Bade, wirft auf und gibt ins Bad 7—10% Zinnsalz (Zinnchlorür). Darauf bringt man das Bad wieder auf eine Temperatur von 65° C, stellt die Seide auf, zieht 5—6 mal um und steckt darauf die Seide über Nacht ein. Am anderen Morgen ist die Seide herauszunehmen und sehr gut zu waschen. Da sich ein Niederschlag von gerbsaurem Zinn bildet, der sich beim Einlegen über Nacht auf die Seide setzt und hier unter Umständen Schädigungen hervorrufen kann, so findet man vielfach auch, daß die Seide nicht eingesteckt wird, sondern 5 Stunden auf dem Bade bleibt unter ständigem Schieben und Umziehen.

Nach der Katechuerschwerung wird leicht geschwungen und ein lauwarmes Wasser von 20—30° C gegeben, worauf man 2—3 mal umzieht. Hiernach wird an der Waschmaschine gut gewaschen, geschwungen und ausgefärbt. Vielfach wird auch ohne weiteres nach dem Katechu gewaschen. Das Färbebad setzt sich aus 20% Blauholzextrakt und etwa 120—150% Seife sowie 5% eines schwärzenden Anilinfarbstoffes — also grün oder eine Zusammenstellung von blauem und gelbem Farbstoff — zusammen. Es ist bei den Färbebädern nach der Katechuerschwerung unbedingt darauf zu achten, daß an Seife nicht gespart wird, da die Nachwirkung des Katechus auf die Seife eine sehr durchgreifende ist. So findet man vielfach, je nach den Wasserverhältnissen, daß noch höhere Prozentsätze an Seife gegeben werden; ist ein Wasser weich, so ist es natürlich leichter, den überschüssigen Katechu auszuwaschen, als bei einem harten Wasser, da sich Verbindungen zwischen den Kalksalzen des Wassers und den Gerbstoffen des Katechus bilden. Von den Anilinfarbstoffen haben sich sehr gut bewährt das Brillantgrün, das Thioninblau und das Chrysoidingelb, wenngleich andere derartige Farbstoffe natürlich genügend zur Verfügung stehen. Vielfach setzt man auch einige Prozent Gelbholz hinzu, um dadurch ein tieferes Schwarz zu erzielen, weil das Gelbholz den roten Ton des Blauholzextraktes drückt. Man zieht diese Behandlung allerdings mehr beim Nuancieren in Frage, da man hier bei Verwendung von Anilinfarbstoffen Gefahr läuft, daß die Seide bronzig wird, abgesehen davon, daß eine derart mit Farbstoffen nuancierte Seide leicht abfärbt. Auf dem Färbebad stellt man die Seide bei 65° C auf, zieht 3—5 mal um, gibt dann den betreffenden Anilinfarbstoff hinzu, zieht nochmals $^1/_2$ Stunde um, wirft auf, erwärmt das Bad auf annähernd 75° und zieht nochmals 1 Stunde um. Darauf wird gemustert, vielfach, um die Seife völlig zu entfernen, wird noch ein Ammoniakbad, etwa 10%, oder ein Sodabad von 1—2%, 25—30° C warm gegeben und gewaschen. Nach dem Waschen wird abgesäuert, je nach der Höhe der Erschwerung mit 25—40% Säure 30—35° C warm. Als Säure wird Essigsäure, Milchsäure oder Ameisensäure, auch wohl Gemische von diesen Säuren gegeben. Hiernach geht man naß auf die Avivage, die je nach der Art der Verwendung Essigsäure, Essigsprit, Zitronensaft, Milchsäure oder Ameisensäure als Säure enthält. Manchmal werden Appreturstoffe, wie Leim, Gelatine, Dextrin, Stärke oder Diastafor, hinzugefügt. Außerdem enthält jede Avivage Öl, je nach der Höhe der Erschwerung 1—4%. Sollen Seiden einen weichen Griff haben, so gibt man entweder in die Avivage 1—2% venetianischen Terpentin, oder man macht die Seide mit sog. Weicherde weich. Bezüglich des Avivierens und Weichmachens der Seide sei noch auf den Abschnitt über die Nachbehandlung der Seide verwiesen.

Es wäre jetzt noch zu erwähnen, in welcher Weise die Seide in der Pink- und Katechuerschwerung angelegt werden muß, um die vorgeschriebene Erschwerung zu erzielen.

```
pari      = 1 mal dünn pinken,  150% Katechu in altem Bad
10—20%  = 1 mal stark    ,,     150%    ,,    ,,   ,,    ,,
20—40%  = 2 mal dünn     ,,     200%    ,,    ,,   ,,    ,,
40—50%  = 3 mal    ,,     ,,     200%    ,,    ,,   ,,    ,,
50—60%  = 4 mal    ,,     ,,     250%    ,,    ,,   ,,    ,,
60—80%  = 2 mal dünn, 2 mal stark pinken, 300% Katechu in altem Bad
80—100% = 5 mal dünn pinken,  500% Katechu in altem Bad.
```

Arbeitet man mit Zinnsalzzusatz im Katechu, so läßt sich vielleicht ein Pinkzug ersparen, es ist dieses jedoch ein, wie oben bereits erwähnt wurde, wenig beliebtes Erschwerungsverfahren. Überhaupt wird die reine Katechuerschwerung auf Zinnphosphatuntergrund heute nur mehr dort angewandt, wo große Anforderungen an Echtheit in jeder Beziehung gestellt werden.

b) Blauholzerschwerung. Es war schon früher bekannt, daß das Blauholz nicht nur färbte, sondern auch die Erschwerung der Seide erheblich vergrößerte. Es ist das Verdienst Heermanns[1], darauf hingewiesen zu haben, daß diese erschwerenden Eigenschaften besonders denjenigen Blauholzextraktsorten zukamen, die weniger stark bzw. sehr wenig oxydiert waren. Er wies durch seine Versuche darauf hin, daß man mit unoxydiertem Blauholzextrakt, wie ein solches die Marke NAD von Brunner & Co. darstellt, den Seiden eine organische Erschwerung von 100% geben könnte. Diese Ausführungen Heermanns sind später in die Praxis übernommen worden und finden sich heute in verschiedenen Seidenfärbereien darauf gegründete Erschwerungsverfahren, bei denen man Erschwerungen bis zu 200 und mehr Prozent über pari erreicht hat. Da diese Verfahren zum guten Teil Geheimverfahren sind, so sollen auch hier naturgemäß keine genaue Vorschriften gegeben werden, und es mag nur darauf hingewiesen werden, daß die Zugfähigkeit gegenüber dem Blauholzextrakt abhängig ist von der Höhe der Pink-

---

[1] Heermann, Internat. Kongreß f. angew. Chemie London **1909**.

züge. Ferner zieht der Extrakt nicht in wäßriger Lösung auf die Seide, sondern es bedarf eines Vermittlers dieses Vorganges in Form eines Zusatzes leichter Alkaliverbindungen, wie Seife, phosphorsaurem Natron, Wasserglas, Alkalilauge. Es sei an dieser Stelle auch das Verfahren erwähnt, daß der Firma Schmidt in Wolgast, DRP. 305275 und 305770, patentiert worden ist. Aus der Patentbeschreibung ist die Arbeitsweise für den Fachmann leicht ersichtlich. Ein nicht zu unterschätzender Gesichtspunkt bei dieser Erschwerungsart ist die Temperatur; bei niedrigen Graden zieht der Extrakt nur unwesentlich, desgleichen auch bei zu hoher Temperatur. Die beste Temperatur liegt zwischen 60—80° C, und zwar wird man auch hier, wie häufig in der Seidenfärberei, die Temperatur langsam steigern, um ein gleichmäßiges Aufziehen der Erschwerung zu ermöglichen. Auch sei hier auf die Abhandlung von Dr. W. Keiper[1] hingewiesen, in der die Verwendung von Alkalilauge anstatt der Seife beschrieben wird. Diese Arbeitsweise trifft man heute in sehr vielen Seidenfärbereien an.

Im wesentlichen verfährt man beim Erschweren mit unoxydiertem Blauholzextrakt in folgender Weise: Es wird der Extrakt gesättigt in Weichwasser gelöst und diese Lösung durch ein Haarsieb in das eigentliche Erschwerungsbad gegeben, das einstweilen nur Weichwasser enthält. Jetzt gibt man die Seife oder das Natriumphosphat oder Wasserglas in der berechneten Menge hinzu, rührt gut um und verdünnt das Bad so weit mit Wasser, daß das Verhältnis von Seide zur Flotte etwa 1:30 ist. Nachdem das Bad auf 60° C erwärmt ist, stellt man die Seide auf, die nach dem letzten Phosphat entweder einfach abgewässert oder leicht geseift worden ist, zieht etwa $^1/_2$ Stunde um, wirft auf und erhitzt das Bad auf 68° C. Bei dieser Temperatur zieht man die Seide wieder $^1/_4$ Stunde um, wirft auf, erwärmt auf 75° C und zieht jetzt solange um, bis die Seide nach dem Wahrsager die erwünschte Erschwerung erreicht hat. Nach der Holzerschwerung muß kräftig auf der Waschmaschine gewaschen werden, um die Spaltungsprodukte, wie Fettsäure oder Kieselsäure usw. zu entfernen. Vielfach geht man auch auf ein Bad mit 10% Salmiakgeist oder 2—5% Soda bei 30° C, um besser reinigen zu können, dann wird geschwungen und aufs Färbebad gegangen. So verlockend diese Erschwerungsart mit Blauholzextrakt im Hinblick auf die Höhe der erzielten Erschwerung sein mag, ein um so größerer Übelstand ergibt sich aber aus diesem Verfahren in der Hinsicht, als die Seide stark rotbraun bis rotviolett gefärbt wird und dieser rote Farbton sehr schwer zu decken ist. In ähnlicher Weise arbeiten zu wollen wie beim Katechuverfahren, durch Zusatz von Metallsalzen eine Schwärzung zu erreichen, ist hierbei unmöglich, weil derartige Zusätze, während des Erschwerungsvorganges gemacht, die Erschwerungsfähigkeit des Extraktes vollständig aufheben. Ebenso rufen sie nach dem Erschweren angewandt, überhaupt keine Einwirkung auf den Farbton hervor. Es bleibt also nichts weiter übrig, als den roten Stich der Erschwerung durch ein Mehr an Anilinfarbstoffen aufzuheben, wodurch sich das Verfahren naturgemäß verteuert.

---

[1] Keiper, W.: Melliands Textilber. **1922**, 181.

Nach dem Erschweren und Waschen geht man aufs Färbebad. Dasselbe besteht aus 20% oxydiertem Blauholzextrakt und jetzt im Gegensatz zum Katechuverfahren nur 50% Seifenzusatz. Man stellt bei 65° C auf, zieht $1/_2$ Stunde um und wirft auf. Darauf setzt man die Menge Anilinfarbstoff hinzu, etwa 5—10% Grün oder 4—6% Blau und 2—3% Gelb. Man stellt die Seide, ohne das Bad nochmals zu erwärmen, wieder auf und zieht jetzt 1 Stunde um. Nachdem ein Ausfallmuster den gewünschten Farbton ergeben hat, wird das Färbebad laufen gelassen und die Seide auf ein schwaches Soda- oder Ammoniakbad gestellt, um etwaige Fettsäure- oder Anilinfarbstoffschmiere zu entfernen. Hiernach wird wieder an der Waschmaschine gewaschen und schwach abgesäuert, je nach Höhe der Erschwerung, etwa mit 20—30% Essigsäure, 25° C warm. Nach dem Absäuern geht man auf die Avivage, die etwa 2—3% Öl und 10—50% Essigsäure, Milch- oder Ameisensäure enthält. Je nach dem Farbton und nach der Eigenart des aus der Seide herzustellenden Stoffes werden in der Avivage noch Zusätze gemacht von blauem oder grünem Farbstoff bzw. Appreturmitteln, wie Dextrin, Stärke, Gelatine, Leim, Diastafor, Protamol, Terpentin, Glyzerin u. a. m. Es ist hier im wesentlichen in gleicher Weise zu arbeiten und die Zusätze auszuwählen, wie solches bei dem Abschnitt über Katechuerschwerung ausgeführt wurde.

In neuerer Zeit herrscht eine Vorliebe für hochblaue Färbung auf hocherschwerten Seiden. Man kann dieses, gewissermaßen eine Nachbildung der sog. Doppelfärbung, nicht in der Weise erzielen, daß man in das Färbebad mehr an blauem Anilinfarbstoff oder eine bestimmte Art eines solchen hinzufügt, sondern man hilft sich in der Weise, daß man die bereits fertig gefärbten Seiden nach Art der Färbung der farbigen Seiden mit einem Anilinfarbstoff wie Thioninblau und Brillantgrün überfärbt. Für diese Zwecke sind auch Vereinigungen verschiedener Farbstoffe in den Handel gebracht. Vielfach gibt man auch bei diesen hochblau zu färbenden Seiden blaue oder grüne Anilinfarbstoffe in die Avivage. Eine große Gefahr dieser Blauschwarzfärbung ist der Umstand, daß die Seiden nach der Avivage leicht einen bronzigen Farbton aufweisen und jeglichen Versuchen, das bronzige Aussehen zu beheben, Widerstand leisten. Es ist diese Erscheinung jedenfalls in Zusammenhang zu bringen mit einer nicht genügend befestigten Erschwerung, sei es nun die Zinnerschwerung, sei es die Holzerschwerung. Es ist deshalb unbedingt darauf zu achten, daß in diesem Punkte bei derartigen Färbungen die größte Sorgfalt angewandt wird. Will man das bronzige Aussehen einer derartigen Seide beheben, kann man dieses vielfach nur in der Weise, daß man die Partien auf ein mäßig starkes Katechubad setzt und nochmals neu färbt. Ein anderes Verfahren besteht darin, daß man der Seide ein dünnes Bad von Natriumhypochlorit gibt und nach gründlichem Waschen nochmals färbt. Es liegt auf der Hand, daß diese Behandlungsweise sehr große Vorsicht erfordert, will man ein Unstarkwerden der Seide verhüten. Ein Nachteil dieser überfärbten Färbungen ist natürlich der, daß die gewissermaßen nur oberflächlich daraufsitzenden Anilinfarbstoffe leicht durch Reibung abfärben. Die Versuche, die Farbstoffe besser zu befestigen, stecken heute noch in den Kinderschuhen.

Das Blauholzerschwerungsverfahren, vielfach auch als Neumonopolschwarz bezeichnet, hat trotz mancher Nachteile, die besonders in dem ungleichmäßigen Ausfall der Erschwerung und der damit verbundenen bunten Beschaffenheit der einzelnen Seidenmasten sich bemerkbar machen, heute die ganze Welt erobert. Nicht nur bei der Strangerschwerung, sondern auch bei der Schwarzerschwerung im Stück, ist dieses Erschwerungsverfahren wohl dasjenige, das sich am besten eingebürgert hat. Zum Schluß sei eine kurze Übersicht gegeben, in welcher Weise die Seiden in der Zinnphosphat- bzw. Blauholzerschwerung angelegt werden können, um die vorgeschriebenen Erschwerungen zu erzielen:

	Pinken	Unoxydierter Extrakt
30— 50%	= 3mal dünn	30— 50%
50— 80%	= 2mal dick, 2mal dünn	50— 80%
80—100%	= 4mal dünn	80—100%
100—120%	= 4mal dünn	100—110%
120—140%	= 1mal dick, 3mal dünn	130—140%
140—160%	= 2—3mal dick, 1—2mal dünn . . .	140—160%
160—180%	= 5mal dünn	160—170%
180—200%	= 1—2mal dick, 3—4mal dünn . . .	170—180%

Der Alkalizusatz richtet sich nach den örtlichen Wasserverhältnissen, der Extraktzusatz nach den erzielten Zinnerschwerungen, d. h. bei niedrigem Ausfall mehr, bei höherem Ausfall weniger Extrakt. Feste Durchschnittszahlen hierfür anzugeben, ist nicht möglich, da jeder Betrieb andere Verhältnisse bedingt.

c) Vereinigung von Katechu- und Blauholzerschwerung. Es liegt auf der Hand, daß eine Vereinigung der beiden vorher beschriebenen Erschwerungsarten gewisse Vorteile bieten muß. Die Katechuerschwerung als solche ist eine begrenzte und lassen sich sehr hohe Erschwerungen nur auf umständliche Art durch Nachbehandeln usw. hierbei erzielen. Auf der anderen Seite lassen sich bei der Blauholzerschwerung wohl leicht hohe Erschwerungen erzielen, jedoch tritt der Übelstand zutage, daß der rote Farbton des Blauholzes nur sehr schwer gedeckt werden kann, während die Erzielung eines tiefsatten Schwarzes bei der Katechubehandlung keine Schwierigkeiten bietet. Man arbeitet deshalb in den meisten Färbereien nur so, daß man zuerst mit Katechu erschwert, wobei man meistens eine Erschwerung, je nach der Höhe der Pinkzüge, von 60—120% erhält. Die so erschwerte Seide wird gut gewaschen und kommt jetzt auf ein Erschwerungsbad mit unoxydiertem Extrakt, je nach der Höhe der Erschwerung etwa 50—100%, unter Zusatz von 15% oxydiertem Blauholzextrakt und etwa 100—150% Seife. Es wird hier also das Färbebad mit dem Erschwerungsbad verbunden. Es wird ebenso gearbeitet wie bei der Blauholzerschwerung ausgeführt wurde. Man stellt bei etwa 60° C auf, zieht 5mal um, macht das Bad auf 75° C warm und zieht jetzt etwa noch 1 Stunde um, bis die gewünschte Erschwerung erzielt ist. Nach dem Erschweren wird dann in gleicher Weise gefärbt, wie S. 118 ausgeführt wurde, nur daß man mit dem

Zusatz der Anilinfarbstoffe nicht so hoch zu gehen braucht, um ein schönes tiefes Schwarz zu erzielen. Das soeben beschriebene Verfahren ist hervorgegangen aus der ursprünglichen sog. Monopolfärbung, bei der man in der Weise arbeitet, daß die abgekochte Seide abgesäuert, gepinkt wurde, nach dem Pinken mit Phosphat warm behandelt wurde und hierauf mit 5% Ammoniak und 1 Stunde mit 200% Wasserglas bei 42° behandelt wurde. Darauf wurde abgewässert, mit 10% Salzsäure abgesäuert und ein 6°iges Katechubad gegeben. Das Katechubad wurde von 55° C auf 80° C gewärmt, und über Nacht die Seide eingesteckt. Am anderen Morgen wurde nach dem Waschen und Schwingen vorgefärbt, etwa mit 10% Seife und 40% Blauholzextrakt. Nach diesem Vorfärbebad wurde geschwungen, nochmals auf das alte Katechubad gegangen und in derselben Weise wie oben gewärmt, eingesteckt und am anderen Morgen gewaschen und geschwungen. Darauf ging man auf das sog. Ausfärbebad, das nochmals aus 70% Seife und 40% Blauholzextrakt und Anilingrün bzw. -blau bestand. Nach diesem Ausfärbebad wurde dann leicht geseift, gewaschen und aviviert. Eigenartig für dieses Verfahren war die Zugabe von 200% Wasserglas nach dem Pinken, wodurch man die hohen Erschwerungen erzielt zu haben glaubte, während in Wirklichkeit die erschwerenden Eigenschaften des Blauholzextraktes eine Rolle spielten. Man erzielte nach diesem Verfahren z. B. eine Erschwerung von 140—160%, wovon man im günstigsten Falle der Katechuerschwerung eine Menge von 100—110% zuschreiben kann, während der Rest auf Rechnung des Blauholzes kommt. Es wurde bei diesem Verfahren an der Katechubehandlung und dem Färbebad nur sehr wenig geändert, einerlei ob es sich um eine Erschwerung von 10—20 oder 120—140% handelte. Der Unterschied lag lediglich in der Zinnerschwerung. Man gab z. B. nachstehende Pinkzüge:

```
 10— 20% = 1 Pinke, 1 Natron, 1 Ammoniak, 200% Silikat,
 50— 60% = 2    „    2 Natron, 1 Ammoniak, 200% Silikat,
 60— 70% = 1    „    1 Ammoniak, 2 Pinken, 2 Natron, 1 Ammoniak,
                     200% Silikat,
 90—100% = 3    „    2 Natron, 1 Ammoniak, 200% Silikat,
100—120% = 1    „    1 Ammoniak, 3 Pinken, 3 Natron, 1 Ammoniak,
                     200% Silikat,
140—160% = 1    „    1 Ammoniak, 4 Pinken, 4 Natron, 1 Ammoniak,
                     200% Silikat.
```

Diese ältere Monopolfärbung hat sich jedoch nicht gut einbürgern können, weil die verderblichen Einflüsse des Wasserglases nicht lange auf sich warten lassen. Die Seide büßt entsprechend der Zunahme ihrer Erschwerung sehr bald an ihrer Festigkeit ein. Man ging dementsprechend bald dazu über, das Silikat und den Salmiakgeist fortzulassen und wie üblich zu pinken und zu phosphatieren. Diesen Bestrebungen kamen dann die Untersuchungen Heermanns über die Zugfähigkeit des unoxydierten Blauholzextraktes sehr zu statten, und das Ergebnis war eine neue Monopolfärbung, die heute, wie oben beschrieben wurde, in den meisten Färbereien im Gebrauch ist.

Was hier die erforderlichen Pinkzüge sowie die Menge Katechu und unoxydierten Blauholzextraktes anbelangt, so sind dieselben folgende:

Rendite	Pinkzüge	Katechu	Blauholzextrakt	Seife
30— 50%	1	120%	80%	60%
50— 80%	2	120—150%	80%	80%
80—100%	3	120—200%	90%	90%
100—130%	3	200—250%	100%	100—130%
130—170%	4	200—250%	110%	130—160%
170—200%	5	200—350%	110%	170—190%

Diese Monopolfärbung hat vor der reinen Blauholzfärbung jedenfalls den Vorteil aufzuweisen, daß man nicht mit dem roten Stich der Seide so zu kämpfen hat. Ferner ist durch die Katechubehandlung der Zinnuntergrund so gut befestigt, daß irgendwie ein Abfallen der Erschwerung, wie man es bei der Blauholzfärbung hin und wieder beobachtet, gänzlich ausgeschlossen ist, wie man überhaupt bei dieser Monopolfärbung weniger Zufälligkeiten ausgesetzt ist als bei der reinen Blauholzerschwerung. Zu erwähnen wäre noch, daß der Vorschlag Heermanns, den Erschwerungsvorgang bei der Monopolfärbung umzukehren, also nach der Pinkerschwerung unmittelbar mit Holz zu erschweren und dann erst hierauf mit Katechu weiter zu erschweren, wenig Anklang gefunden hat, weil derart behandelte Seiden leicht einen holzigen brettartigen Griff aufweisen.

d) Seidenerschwerung mit Eisenbeize. Die abgezogene und absgesäuerte Seide wird kalt auf ein Bad von Eisenbeize 32° Bé gestellt, wobei nur wenig, etwa 3mal, umgezogen wird. Hierauf wird die Seide abgewrungen oder auch abgepreßt, nicht etwa geschwungen, und an der Waschmaschine gewaschen. Nach dem Waschen erfolgt das sog. Abbrennen. Es ist dieses eine Behandlung mit 60—65° C heißem Wasser, in dem die Seide 3mal hintereinander umgezogen wird. Durch diese Behandlung wird das salpetersaure Eisen gespalten in Ferrihydroxyd, das sich in der Faser ablagert, und verdünnte Schwefelsäure. Vielfach geschieht dieses Abbrennen auch mit etwas weniger heißem Wasser, etwa 25—40° C, dem man 10% Ammoniak zugesetzt hat. Die Behandlungsweise ist dieselbe wie beim Abbrennen mit heißem Wasser. Nach dem Abbrennen wird mit 30—40% Seife behandelt, je nach der Härte des verwandten Wassers. Man stellt die Seide kochend heiß auf und zieht $^3/_4$ Stunde um. Vielfach findet man auch, daß länger geseift wird, indem zwischendurch das Seifenbad wieder kochend heiß gemacht wird. Vom Seifen wird die Seide fest geschwungen, um dann mit Katechu weiter erschwert zu werden. Diese Weitererschwerung mit Katechu geschieht in gebräuchlicher Weise, indem man in ein kaltes Katechubad 50—100% frischen Katechu gibt, mit der Seide kochend heiß eingeht, etwa 1—1$^1/_2$ Stunde umzieht und über Nacht einlegt. Hiernach wird gut gewaschen und in üblicher Weise mit Blauholz und Seife gefärbt und aviviert. Diese einfache Eisenbehandlung, wie sie oben beschrieben ist, gibt nur verhältnismäßig geringe Charge und wird dieselbe heutzutage eigentlich nur mehr bei Parierschwerungen, besonders aber bei Schappefärbungen, verwandt. Man kann jedoch diese Erschwerung erhöhen, wenn man in ähnlicher Weise wie beim Pinken die Behandlung mit Eisenbeize in mehreren Zügen wiederholt. So gibt es Vorschriften, nach denen 5—6mal, sogar 10mal mit Eisen gebeizt wird, um schließlich eine Erschwerung von 50% zu erzielen. Es liegt auf der Hand, daß eine derart häufige Behandlung der Faser keineswegs zuträglich sein kann. Obendrein ist der Zug der mit Eisen gebeizten Seide für die Katechuerschwerung ein so geringer, daß er in keiner Weise der Zugfähigkeit der gepinkten Seide gleichkommt.

e) Eisen-Blaukali-Erschwerung. Eine wesentlich höhere Eisenerschwerung läßt sich in der Weise erzielen, daß man das auf der Faser niedergeschlagene Ferrihydroxyd durch Behandlung mit Blaukali in Berlinerblau überführt. Man verfährt hierbei in folgender Weise. Die in bekannter Weise mit Eisen gebeizte und abgebrannte Seide kommt in ein Bad, das 12% Blaukali und 20—24% Salzsäure, vom Gewicht der Seide gerechnet, enthält. Man geht etwa 40° warm auf dieses Bad, setzt $^1/_2$ Stunde durch, ohne umzuziehen, dann erst wird umgezogen und nochmals $^1/_2$ Stunde durchgesetzt, so daß die ganze Behandlung etwa 2 Stunden dauert. Es geschieht diese Arbeitsweise, um eine bessere Gleichmäßigkeit zu erzielen, weil die Umwandlung des unlöslichen Eisenhydroxydes in Berlinerblau nur allmählich vor sich geht und nicht in so schlüssiger Weise, als wenn man ein lösliches Salz vor sich hätte. In manchen Betrieben findet man auch, daß das Blaukali und die Säure nicht gleich zu Anfang zusammen in das Bad hineingegeben werden, sondern man zieht zuerst auf einer Blaukalilösung bei 40—50° C um, wirft auf, gibt jetzt die Salzsäure in das Bad hinein und zieht dann weiter um bis zu $1^1/_2$—2 Stunden. Nach dem Blaumachen wird geschwungen. Dann werden 2—3 kalte Wasser gegeben und wieder geschwungen. Jetzt geht man auf Katechu in ganz ähnlicher Weise, wie S. 114 beim Abschnitt „Katechuerschwerung" beschrieben wurde, also bei 70° C eingehen, 1 Stunde umziehen und über Nacht einlegen. Die Menge des verwandten Katechus beträgt je nach der Höhe der Erschwerung 50—200% von frischem Katechu im alten Bade. Auch bei dieser Erschwerungsart lassen sich, wenn auch etwas höhere wie bei der einfachen Eisenbeizeerschwerung, so doch nicht sehr hohe Erschwerungen erzielen. Wiederholt man hier dagegen das Verfahren, und zwar in der Weise, daß man die Behandlung mit Eisenbeize mit anschließendem Seifen mehrfach wiederholt, so wird die Erschwerung doch wesentlich höher. Man verfährt, um z. B. eine Erschwerung 20—30% zu erzielen, etwa wie folgt:

Die Seide wird abgezogen, repassiert, mit 10% Salzsäure abgesäuert, 2—3 Wasser gegeben, geschwungen und darauf 1 Stunde mit Eisenbeize behandelt. Nach dem Beizen wird abgewrungen, gewaschen und mit 40% Seife, die man in das alte Repassierbad gibt, kochend heiß $^3/_4$ Stunde geseift. Hernach wird mit 5—10% Seife repassiert, geschwungen, mit 10% Salzsäure abgesäuert und jetzt die Behandlung mit Eisenbeize wiederholt. Im ganzen wird 3mal mit Eisen gebeizt. Das Seifen geschieht unter Verwendung der alten Repassierseife, höchstens, daß beim letztenmal vollständig frische Seife genommen wird. Nach dem letzten Seifen wird geschleudert und darauf blau gemacht mit 30% Blaukali und 50—60% Salzsäure. Nach dem Blaumachen werden 3 Wasser gegeben, und dann geht man in gewohnter Weise auf Katechu usw.

Das wesentliche dieses Verfahrens ist also, daß man das verschiedentliche Beizen mit Eisen hintereinanderfolgend und das Blaumachen erst nach dem letzten Eisenbeizen vornimmt. Der Zusatz von Blaukali muß allerdings erhöht werden, während man beim einmaligen Beizen nur 12% Blaukali und 24% Salzsäure gab, erfordert die mehrmalige Eisenbehandlung bis zu 40% Blaukali und 60% Salzsäure. Daß das Blaumachen nicht zwischendurch, sondern am Schlusse der Eisenbeizung erfolgt, ist leicht erklärlich, weil die einmal blaugemachte Seide den Zug für Eisenbeize verloren hat.

Zu beachten ist bei der Blaukalierschwerung, daß man die blaugemachte Seide nicht zu hohen Temperaturen und nicht zu stark alkalischen Bädern aussetzt, weil sonst ein gut Teil des Berlinerblaus wieder heruntergelöst wird. Man wird sich, mit anderen Worten, bei der Weitererschwerung und Färbung zu hüten haben, daß man nicht mit zu alkalischen Bädern, namentlich bei hoher Temperatur, arbeitet.

Andererseits ist auch nicht zu übersehen, daß durch die nachfolgende Katechubehandlung eine gute Befestigung des Untergrundes erreicht wird. Was nun die Höhe der Erschwerung anbelangt, so kann man annehmen, daß man bei der oben beschriebenen 3 maligen Eisenbehandlung eine Erschwerung von etwa 20—25 über pari erzielt. Will man dieselbe erhöhen, so arbeitet man nicht in der Weise, daß man die Anzahl der Eisenzüge erhöht, sondern man erschwert mit Zinnsalz im Katechu weiter, wie solches unter dem Abschnitt „Katechuerschwerung“ näher beschrieben worden ist. Es ist natürlich klar, daß die Veränderungen der Arbeitsweise bei dieser Art der Erschwerung sehr mannigfaltig sind, insofern, als man die Eisenbeizzüge erhöht und dafür weniger Zinnsalz verwendet oder umgekehrt, weniger Eisenzüge und mehrfache Zinnsalzbehandlung, alles in allem ist jedoch die erzielte Erschwerung nicht erheblich, höchstens 60—80%, und dieses auch nur im günstigsten Falle. Will man in der Erschwerung höher, so bedient man sich des im nächsten Abschnitt beschriebenen Verfahrens der Vereinigung von Pink- und Eisenbehandlung.

Was das Färben der blauerschwerten Seide anbelangt, so geschieht dieses in der üblichen Weise mit 20—30% Blauholzextrakt und 50—60% Seife, vielfach unter Zusatz von 5—10% Gelbholzextrakt, um ein tiefes, sattes Schwarz zu erlangen. Nach dem Färben wird gewaschen — nach Bedarf ein leichtes Ammoniakbad gegeben —, abgesäuert und aviviert.

f) **Eisen- und Zinnerschwerung.** Wir haben bei der einfachen Eisenerschwerung und derjenigen, wo nach der Eisenbehandlung blaugemacht wurde, gesehen, daß die Erschwerungen verhältnismäßig niedrig ausfallen. Diesem Übelstande abzuhelfen, ist man in der Lage, sobald man die Eisenerschwerung mit der Zinnerschwerung vereinigt. Die Art der Arbeitsweise ist in diesem Falle zweierlei: entweder man läßt die Zinnbehandlung nach dem Blaumachen eintreten, oder man pinkt vor der Eisenbehandlung. In manchen Betrieben findet man auch, daß sowohl vor wie nach der Eisenbehandlung gepinkt wird. Handelt es sich um eine Zinnerschwerung nach dem Blaumachen, so ist die Arbeitsweise folgende: Nach dem Blaumachen wird gewaschen, und man geht auf eine Pinke, die nur einen sehr geringen Säureüberschuß hat, meistens gibt man auch eine hochgrädige Pinke (28°). Man zieht auf derselben einmal um und legt $^3/_4$ Stunde ein. Nach dem Herausnehmen und Ausschwingen wird 4 Minuten gewaschen. Anschließend geht man auf ein Phosphatbad, jedoch bei niedriger Temperatur, etwa 20° C, $^3/_4$ Stunde. Hat man ein stehendes Phosphatbad, so darf dasselbe nur geringen Phosphatgehalt haben, 2—3° Bé, weil sonst die Alkalinität zuviel Blau herunterreißen würde. In manchen Betrieben geht man jedoch nicht auf ein einfaches Phosphatbad, sondern auf eine Mischung von 75% Phosphat und 25% Wasserglas, vom Gewicht der Seide gerechnet. Hierbei muß natürlich die Temperatur auch sehr niedrig gehalten werden, weil die Gefahr des Herunterreißens von Blau eine noch größere ist. Nach dem Phosphatieren wird gewaschen, und je nach der Erschwerung die Pink- und Phosphatbehandlung wiederholt. Nach dem letzten Phosphatieren wird gewaschen, aufs Katechubad gegangen und jetzt in gleicher Weise erschwert, wie unter dem Abschnitt „Katechuerschwerung" ausgeführt wurde.

In dem Falle, wo man vor der Eisenbehandlung pinkt, geschieht dieses als sog. Rohpinken, d. h. man geht mit der Rohseide als solcher auf eine 25—30°ige Pinke. Gegebenenfalls kann die Seide vorher eingeweicht sein unter Zusatz von etwas Salzsäure. Nach dem Pinken wird gut gewaschen, 5—8 Minuten geschwungen, dann auf ein Sodabad gegangen, von kalzinierter Soda etwa 30%, 35° C warm, 1 Stunde. Hernach gibt man ein Wasser, zieht mit 40% Seife ab, repassiert leicht mit 5—10% Seife, säuert mit 5—10% Salzsäure ab, gibt hernach ein kaltes Wasser, schwingt und beginnt jetzt die Eisenbehandlung durch Einlegen in die Eisenbeize in der gleichen Weise, wie unter Eisenerschwerung ausgeführt wurde.

Die Ausfärbung nach der Katechuerschwerung ist die gleiche wie bei den anderen Schwarzfärbungen üblich ist, nämlich mit 20—30% Blauholzextrakt und etwa 40—50% Seife und den entsprechenden Mengen Anilinfarbstoff. Doch ist besonders bei den Blaukalierschwerungen zu bemerken, daß dieselben meistens nicht einfach gefärbt werden, sondern eine Behandlung mit holzessigsaurem Eisen erfahren, und dieses geschieht aus dem Grunde, weil eine einmal blaugrundierte Seide auch zum Schlusse eine Ware von hochblauem Farbton ergeben soll. Dieses wird erzielt durch die Behandlung mit essigsaurem Eisen. Eine übliche Art dieser Behandlungsweise ist folgende:

Nach der Katechuerschwerung geht man auf ein sog. Vorfärbebad von 15% Blauholzextrakt und 65% Seife. Man stellt die Seide bei 50° auf, steigert die Temperatur allmählich auf 70° C und zieht 3 Stunden um. Nach dem Vorfärben wäscht man gut (vielfach gibt man auch vorher ein dünnes Sodabad) und säuert alsdann mit 5—10% Essigsäure ab. Hiernach geht man auf ein Bad von holzsaurem Eisen etwa 5° Bé, 7—8 Stunden. Ähnlich wie beim Katechu arbeitet man mit kurzer Flotte, man nimmt 5—6 Handvoll auf den Stock. Man legt die Seide in das holzsaure Eisenbad ein, ohne erst lange umzuziehen. Nach der holzsauren Eisenbehandlung wird an der Waschmaschine tüchtig gewaschen, und zwar muß dieses Waschen ein äußerst genaues sein, weil sonst leicht Fleckenbildung in der Seide auftritt. Hiernach schwärzt man ab, indem man mit der Seide auf ein dünnes Katechubad geht, etwa 30—50% und auf demselben $1^1/_2$ Stunde umzieht. Vom Katechu wird gewaschen und geschwungen, um dann auszufärben mit 20% Extrakt und 75% Seife. Man stellt in üblicher Weise bei 50° C auf und steigert die Temperatur, bis die gewünschte Farbe erzielt ist. Nach dem Färbebad gibt man mehrere Wasser und aviviert.

g) Besondere Schwarzfärbungen. Wie bereits bei der Ausrüstung der farbigen Seiden verschiedene besondere Ausrüstungsformen, z. B. Charge mixte, Royal und Végétalfärbungen besprochen wurden, so sind auch hier ähnliche Ausrüstungsformen für die Schwarzseiden zu erwähnen, wie Doppelfärbung, Supérieur, Englischbraun u. a. m.

1. Doppelfärbung. Diese Färbungsart ist dort am Platze, wo besonders blaustichiger Farbton verlangt wird. Zu ihrer Herstellung bedarf es stets eines blaugemachten Eisenuntergrundes mit oder ohne Zinnerschwerung sowie einer Nachbehandlung mit holzessigsaurem Eisen. Für die Behandlung mit holzessigsaurem Eisen ist es erforderlich, daß die Seide mit Katechu vorbehandelt ist, d. h. man schiebt die holzessigsaure Eisenbehandlung zwischen Katechuerschwerung und Ausfärbebad ein. Man verfährt dabei etwa wie folgt: Nachdem die Seide von der Katechuerschwerung gründlich gewaschen ist, säuert man mit 10% Essigsäure ab, gibt 2 kalte Wasser und geht jetzt auf ein altes stehendes Bad von 3—4°igem holzsaurem Eisen, dem man 150—200% frisches holzessigsaures Eisen von 12° Bé zugesetzt hat. Hierauf zieht man 1 Stunde um, wringt ab und hängt mehrere Stunden in der Barke gut aus, um die Oxydation der Luft einwirken zu lassen. Dann wird gut gewaschen, vielfach mit Umkehren der Masten, damit jegliche Fleckenbildung verhindert wird. In manchen Betrieben wird die Behandlung mit holzsaurem Eisen auch auf mehrere Stunden ausgedehnt, teilweise wird sogar über Nacht eingesteckt. Ist die Seide vom Eisen gewaschen, so wird zum Befestigen, oder fachtechnisch zum „Abschwärzen", eine Behandlung mit 30% Katechu eingeschoben. Nachdem man auf dem Katechu $1^1/_2$ Stunde umgezogen hat, wird gewaschen und lose geschwungen und jetzt in der üblichen Weise mit Blauholz und Seife ausgefärbt. Zu bemerken ist, daß man vielfach vor der Behandlung mit holzsaurem Eisen der Seide ein sog. Vorfärbebad gibt. Zu diesem Zweck wird nach der Katechuerschwerung gewaschen, geschwungen und mit der Seide auf ein Färbebad mit 20% Blauholzextrakt und 50% Seife gegangen. Man stellt bei 55° C auf, zieht 5mal um und steigert die Temperatur auf 80° C und zieht nochmals 1 Stunde um. Nach diesem Vorfärbebad wird 1 Wasser mit 5% Ammoniak gegeben und hiernach mit Salzsäure oder Essigsäure abgesäuert, um dann die Behandlung mit holzsaurem Eisen in einem stehenden Bade von 3—5° Bé vorzunehmen, wenn es sich um Erzielung hochblauer Töne handelt. Handelt es sich dagegen um weniger blaue Farbtöne, so wird vielfach das holzsaure Eisen frisch in Wasser gegeben. Ebenso wie bei der Katechubehandlung

arbeitet man beim holzsauren Eisen nur mit kurzer Flotte und nimmt statt 2 Handvoll 5—6 Handvoll auf einen Stock.

Wie oben bereits erwähnt wurde, erfordert die Behandlung mit holzsaurem Eisen eine vorausgehende Katechuerschwerung. Die Versuche, ein gleiches Ergebnis mit vorausgegangener Blauholzerschwerung zu erreichen, sind bisher noch nicht von Erfolg begleitet gewesen. Auch die Versuche, unmittelbar nach der Zinnphosphaterschwerung eine Behandlung mit holzsaurem Eisen einzuschieben und dann mit Blauholz und Katechu weiter zu erschweren, haben für die Praxis keinen durchgreifenden Erfolg aufzuweisen gehabt.

Zum Schlusse ist noch zu bemerken, daß die Behandlung mit holzessigsaurem Eisen eine Erhöhung der Erschwerung von 5—10% bedingt.

2. **Supérieur.** Diese Färbung stellt eine Schwarzfärbung mit ganz besonders hochblauem Farbstich dar und wird nur bei besonderen Artikeln, wie Krawattenseiden, verwandt. Die Erschwerung ist die gleiche, wie wir solche bei der Eisen- und Zinnerschwerung kennengelernt haben. Die Seide wird also mit Eisen gebeizt, blau gemacht und je nach Erschwerung 1—2mal gepinkt und mit Katechu erschwert, oder nach älterer Arbeitsweise statt des Pinkens unter Zugabe von Zinnsalz erschwert. Nach der Erschwerung erfolgt die ebenfalls beschriebene Behandlung mit holzsaurem Eisen. Die Ausfärbung geschieht nun stets mit einer frischen Abkochung von Blauholz. Hierin liegt das Wesentliche der Supérieurfärbung, und ist es selbstverständlich Geheimnis der verschiedenen Betriebe, diese Ausfärbung mit frischem Blauholz, sei es durch Stärke der Bäder, sei es durch geeignete Temperatursteigerung, so durchzuführen, daß der entsprechende Farbton erzielt wird. Die Supérieurfärbung ist sehr schwierig, da die Seide sehr leicht bunt oder zu dunkel wird. Es kommen namentlich die örtlichen Verhältnisse in Betracht, so das eine allgemein gültige Vorschrift nicht gegeben werden kann.

3. **Végétalfärbung.** Diese Färbung, die namentlich für Futterstoff in Frage kommt, wird in der Weise ausgeführt, daß man mit der abgekochten Seide auf ein Bad geht, das durch Aufkochen von 16% Gelbholzextrakt, 10% Eisenvitriol und 3% Kupfervitriol mit der entsprechenden Menge Wasser hergestellt wurde. Man stellt die Seide auf dieses Bad bei 50—60° C, zieht 1 Stunde um, läßt laufen und wäscht an der Waschmaschine. Darauf geht man naß bei 50° C auf ein Färbebad mit 20% Blauholzextrakt und 40% Seife 1½ Stunde. Ähnlich wie bei Supérieur steigert man die Temperatur langsam bis zur Erzielung des gewünschten blauen Farbtones. Hiernach gibt man zum Reinigen ein schwaches Soda- oder ein Ammoniakbad, wäscht gut und aviviert dann mit Essigsäure und etwas Öl, vielfach unter Zugabe von etwas Gelatine.

4. **Englischbraun.** Die Darstellung dieser, auch „Sealbraun“ bezeichneten Färbung geschieht im Anschluß an die Zinn-Katechuerschwerung. Die Ausfärbung geschieht mit Blauholz unter Zugabe geeigneter Mengen Fuchsin.

5. **Hartschwarz Noir cru.** Diese Seidenfärbung, bei der der Seidenbast nicht oder nur unerheblich entfernt wird, und auf der an-

deren Seite auch nicht erweicht werden darf, geschieht in folgender Weise: Man netzt die Seide mit lauwarmem Wasser ein und geht auf ein Wasser mit 5% Salzsäure, auf dem man 1 Stunde umzieht. Hierauf gibt man 1 kaltes Wasser, schwingt, beizt 1 Stunde mit Eisenbeize und wäscht gut. Nach dem Waschen und leichten Schwingen geht man auf ein Bad mit 100% Katechu, 60° warm, 1 Stunde und steckt die Seide über Nacht ein. Am anderen Morgen wird gewaschen und mit 20% Blauholzextrakt und 40% Seife bei 45° C gefärbt. Hiernach gibt man 1 Wasser, schwingt und aviviert, nach Bedarf gibt man noch vor dem Avivieren ein leichtes Katechubad 30—40% 1 Stunde bei 30° C mit nachfolgendem Waschen. Man aviviert bei 25° C mit Essig und Zitronensaft, evtl. 1% Leim und reichlich (4%) Öl. Bei dieser Behandlung erzielt man eine Erschwerung von 10—20%.

Um eine Erschwerung von 30—40% zu erzielen, verfährt man ganz genau wie oben angegeben, jedoch nach dem Waschen und Schwingen von der Eisenbeize geht man 1 Stunde bei 25° C auf ein Bad mit 10% kalzinierter Soda. Hiernach wird gut abgewässert, d. h. 3—4 Wasser gegeben, mit Salzsäure abgesäuert, geschwungen und nochmals mit Eisen gebeizt. Nach dieser Eisenbeize wird 2mal gewaschen und jetzt auf das erste Katechubad gegangen, wie oben ausgeführt wurde, und ganz ebenso weiter behandelt. Bei der Erschwerung von 40—50% wird ebenso wie bei 30—40% 2mal mit Eisen gebeizt, hernach ebenso mit Katechu usw. behandelt, wie oben ausgeführt wurde, nur gibt man den Schlußkatechu statt mit 50% mit 100% Katechu.

3. Erschwerung und Färbung von Schwarzsouple.

Ein nicht unwesentlicher Zweig der Schwarzfärberei ist die Souplefärbung. Dieselbe ist bedeutend vielseitiger als die Souplefärbung farbiger Seide, weil der Schwarzsouple zu einer ganzen Reihe von Artikeln verwandt wird, wie Krawatten, Futterstoffen, Moiré u. a., wofür farbiger Souple seltener in Frage kommt. Das wesentlichste des Souples ist ja, daß die Seide nicht entbastet wird, und daß man dafür zu sorgen hat, daß nicht nur der Bast als solcher der Faser erhalten bleibt, sondern auch, daß der Bast geschmeidiger wird. Es ist ja klar, daß eine derart weichgemachte Rohseide nicht nur ganz anders wie abgekochte Seide, sondern auch mit größerer Vorsicht behandelt werden muß als jene, namentlich was Temperatur anbelangt. Die wesentlichsten Souplefärbungen in Schwarz sind vier, nämlich 1. Donssouple oder Souple ordinär, 2. Persansouple, 3. Pinksouple, 4. Gallsouple. Das Souplieren in Schwarz wird nicht in derart umständlicher Weise vorgenommen, wie solches bei der Färbung der farbigen Souples der Fall ist, sondern es besteht das Souplieren meistens in einem einfachen Weichkochen auf den Pflanzengerbstoffen. Die Weitererschwerung bzw. Färbung unterscheidet sich von derjenigen der Cuiteseide nur unwesentlich.

a) Donssouple. Man netzt die Rohseide entweder in Wasser allein oder mit 5% Salzsäure ein bei 35° C, gibt nach diesem Einnetzen ein kaltes Wasser und geht jetzt auf ein Bad mit 200% Kastanienextrakt, worin die Seide weich gekocht wird. Man geht meistens in der Weise vor, daß man zuerst bei 55° C $^1/_2$ Stunde gehen läßt und dann von $^1/_2$ Stunde zu $^1/_2$ Stunde die Temperatur des Bades je nach der Natur der Seide auf 75 bzw. 100° C steigert. Es ist für die verschiedenen Seiden die Temperatur verschieden, während man Italiener-, Japan- und Kantonseiden meistens nur bis 75° C wärmt, kann man Chinatrame kochend heiß souplieren. Man soupliert natürlich solange, bis die Seide dem Gefühl weich genug erscheint. Nach dem Souplieren wird gewaschen, geschwungen, darauf geht man auf ein Bad von holzsaurem Eisen. Vielfach findet man auch, daß im Kastanienextrakt nach dem Weichkochen über Nacht eingesteckt wird. Das holzsaure Eisenbad wird 3° stark genommen mit einem Zusatz von 100—150% frischem holzsaurem Eisen. Man behandelt die Seide etwa 1 Stunde bei 55° C auf diesem Bade. Hiernach hängt man die Seide 1 Stunde lang aus, wäscht gut und geht auf das Kastanienextraktbad bei 35° C zurück, zieht um, steckt mehrere Stunden ein oder zieht die Seide bis zum Erkalten um. Nach dieser Behandlung wird abgewrungen, gewaschen, geschwungen und wieder auf holzsaures Eisen, wie oben, gegangen. Diese Behandlung im Kastanienextrakt und im holzsauren Eisen wird je nach der Erschwerung 2—8mal wiederholt. Nach dem letzten Kastanienextrakt, wenn man sich überzeugt hat, daß die Seide schwer genug geworden ist, geht man auf ein Bad mit 30% Katechu bei 35° C etwa 1 Stunde, nach demselben wird gewaschen und getrocknet. Nach dem Trocknen geht man auf ein Divi-Dividbad von 30—50%, 35° C warm und zieht auf demselben 3 Stunden um. Hiernach wird 2mal gewaschen und aviviert. Die Avivage enthält ziemlich viel Leim, 5—10%, ziemlich viel Öl, 8—10%, ferner Essig und Zitronensaft in den üblichen Mengen. Hin und wieder findet man auch, daß für besonders blaustichige Souples vor dem Divi-Dividbad eine Behandlung mit Eisen und Blaukali oder mit Essigsäure und rotem Blutlaugensalz eingeschoben wird. Diese Behandlungsart hat jedoch den Nachteil, daß der Souple leicht einen bronzigen Farbton erhält, was bei der Verwendungsweise des Souples in der Weberei, z. B. zu Krawatten oder Futterstoffen, namentlich aber bei dem Appretieren sehr unangenehm in Erscheinung tritt. Was die Behandlungsweise bezüglich der zu erzielenden Erschwerung anbelangt, so ist im Durchschnitt anzunehmen, daß eine Erschwerung von

80—100%	= 4mal Kastanienextrakt,	3mal holzsaures Eisen		
100—120%	= 5mal	,,	4mal	,, ,,
130—150%	= 6mal	,,	5mal	,, ,,
160—180%	= 7mal	,,	6mal	,, ,,
200—220%	= 8mal	,,	7mal	,, ,,

erfordert.

Will man Donssouple über 200% herstellen, so arbeitet man vorteilhaft mit essigsaurem Blei, und zwar kann man sich eine einfache Lösung von holzessigsaurem Bleizucker herstellen, oder aber man kocht eine Lösung von essigsaurem Bleizucker mit Bleiglätte mehrere Stunden auf, läßt absetzen und benutzt die abgehobene klare Flüssigkeit zum Erschweren. Man vereinigt meistens diese Bleibehandlung mit derjenigen

von holzsaurem Eisen, entweder, indem man beide Lösungen zusammenschüttet, oder vorteilhafter, indem man zuerst auf Blei geht, dann auf
holzessigsaures Eisen. Im übrigen bleibt die Behandlung mit Kastanienextrakt dieselbe, wie oben beschrieben wurde. Die Behandlungsweise
im Souplieren und im Färben bleibt stets dieselbe. Zu erwähnen wäre
noch, daß in einzelnen Betrieben von vornherein statt der einfachen
holzsauren Eisenbehandlung eine solche in Vereinigung mit essigsaurem
Blei durchgeführt wird. Es ist deshalb bei der Arbeitsweise darauf
Rücksicht zu nehmen.

b) Persansouple. Beim Persansouple wird die Seide ebenfalls bei
35° C mit 5% Salzsäure eingenetzt, hierauf gibt man ein Wasser,
schwingt und geht auf Eisenbeize von 30° Bé etwa 1 Stunde, was einem
5maligen Umziehen entspricht. Hiernach wringt man ab, wäscht und
geht auf eine Sodalösung 5% 1 Stunde 30° C. warm. Darauf werden
mehrere Wasser gegeben und je nach der Erschwerung nochmals mit
Eisen gebeizt und mit Soda behandelt, wie soeben beschrieben worden
ist. Darauf wird blau gemacht, in der gleichen Weise wie bei Cuite,
mit 15—20% Blaukali und 20—30% Salzsäure, 1 Stunde kalt. Nach
dem Blaumachen werden 2 Wasser gegeben und jetzt vorgefärbt auf
einem Färbebad mit 25% Blauholzextrakt und der entsprechenden
Menge Seife, bei 55° C, 1 Stunde. Von diesem Vorfärbebad wird, ohne
zu waschen, geschwungen, dann geht man auf 200% frischen Katechu,
auf den man jetzt den Souple weich kocht, indem man die Temperatur
von 55° C langsam auf 90° C steigert. Man zieht mehrere Stunden um,
bis die Seide weich genug ist, unter Umständen steckt man über Nacht
ein. Nach dem Aufwerfen der Seide macht man das Bad nochmals
50° C warm, setzt 8—10% Zinnsalz hinzu, zieht auf diesem Bade
mehrere Stunden um und wäscht. Hiernach geht man auf ein Seifenbad
von 40%, 1 Stunde, schwingt und wiederholt die Behandlung im Zinnsalz-Katechubad nochmals, wie soeben beschrieben, je nach der zu erzielenden Erschwerung. Hierauf wird gewaschen, geschwungen, getrocknet oder auch ohne zu trocknen auf 80% Divi-Divi, 40° C warm,
1 Stunde gegangen. Vom Divi-Divi wird wieder gewaschen und 1 Stunde
auf eine Abkochung von 100% Blauholz 40° C warm gegangen. Hiernach wirft man auf und fügt diesem Bade Anilinfarbstoff, wie Methylenblau oder Methylviolett hinzu und zieht nochmals 1—2 Stunden bei
45° C um. Nach dem Färben gibt man 2 Seifen, eine von 60% und
eine von 40%, 35° C warm. Je nach dem Farbton kann wärmer geseift
werden. Nach dem Seifen verfährt man, wie bei Cuite, weiter, gibt ein
Ammoniak von 5—10%, wäscht, säuert mit Essigsäure ab und aviviert
mit Leim, reichlich Öl, Essigsäure und Zitronensaft. Um die verschiedenen Chargen zu erzielen, ist, wie erwähnt, die Behandlung mit
Zinnsalzkatechu in entsprechender Weise zu wiederholen. Und zwar
kann man annehmen, daß bei einer Behandlung von einmal Zinnsalz
und Katechu eine Erschwerung von 100—120% erzielt wird, während
eine Behandlung von 2mal Zinnkatechu 140—160% ergibt, eine solche
mit 3mal dagegen 160—200%. Weiter ist zu bemerken, daß statt des
Ausfärbens mit Blauholz allein besser eine solche eintritt mit Blauholz

und Eisenvitriol. Zu diesem Zweck zieht man zuerst auf dem Blauholzbad (100%) bei 45° C einige Male um, dann wirft man auf, setzt 25% Eisenvitriol hinzu und zieht die Seide bei derselben Temperatur noch einige Male um. Durch diese Behandlung erhält man einen schönen tiefschwarzen Souple und kann sich dadurch die spätere Behandlung mit Anilinfarbstoff ersparen bzw. das Verfahren verbilligen.

c) Pinksouple. Zur Darstellung des Pinksouples soupliert man die vorher in Seife eingeweichte Seide mit Schwefelsäure und Weinstein, und zwar 5—6% Schwefelsäure und 2—3% Weinstein, 1 Stunde bei 55—65 bzw. bis 70° C, je nachdem man sich überzeugt hat, ob der Souple weich genug ist, bzw. ob der Faden sich genügend geöffnet hat. Nach dem Souplieren gibt man ein Wasser, schwingt und geht mit der Seide in die Pinke. Die Höhe der Pinkzüge richtet sich nach der verlangten Erschwerung und kommen wir am Schlusse darauf zurück. Nach dem Pinken wird phosphatiert, möglichst wenig warm, etwa 40° C, mit 6° Bé starkem Phosphatbad. Nach dem letzten Phosphat wird geseift. Nach anderen Vorschriften gibt man ein Bad mit 10% Ammoniak und hinterher 200% Wasserglas $^3/_4$ Stunde bei 40° C. Nach dem Wasserglas wird abgewässert, mit Salzsäure abgesäuert und nochmals gewässert. Bezüglich der Haltbarkeit der Seide ist jedenfalls das Seifen dieser Wasserglasbehandlung vorzuziehen. Hiernach geht man auf ein Bad mit 300% Katechu, 50° C warm, etwa 1 Stunde. Sollte der Souple nicht weich genug sein, so kann man auch die Temperatur auf 75° C steigern. Nach dem Umziehen wird vielfach über Nacht eingesteckt. Vom Katechu wird abgewrungen, gut gewaschen und vorgefärbt mit 50% Seife und 30% Blauholzextrakt bei 45° C. Von diesem Bade geht man auf ein Bad mit 10% Seife, auf welchem man 1 Stunde umzieht. Darauf schwingt man und geht jetzt nochmals auf ein altes Katechubad 45° C warm, wo man entweder mehrere Stunden umzieht oder über Nacht einsteckt. Ganz ebenso, wie oben angegeben, wird dann gewaschen und jetzt ausgefärbt mit 50% Seife, 40% Blauholzextrakt und entsprechenden Mengen Anilinfarbstoffen, wie Methylengrün und Methylenblau. Die Temperatur wird wieder auf 45° C gehalten oder bis 50° C gesteigert. Hiernach gibt man nochmals 10% Seife, wäscht und aviviert mit Leim, Öl, Essigsäure und Zitronensaft. Was die Anlage für die einzelnen Erschwerungen anbelangt, so gibt man für 100 bis 120% 3 Pinkzüge, für 120—140% 4, für 140—160% ebenfalls 4 Pinkzüge, nur mit dem Unterschied, daß nicht alle 4 Züge dünne Pinken, sondern 2 davon als dicke Pinken genommen werden. In gleicher Weise kann man die Erschwerung mit Katechu steigern, da die Zugkraft des Katechus in gleicher Weise zunimmt, wie die Zinnerschwerung steigt.

d) Gallsouple. Unter Gallsouple versteht man einen Souple, der im Verhältnis zu den anderen weniger erschwert ist, und der in der Weise hergestellt wird, daß er, wie beim Persansouple ausgeführt wurde, zuerst eingeweicht, gebeizt und blaugemacht wird, sodann nochmals mit Eisenbeize übergebeizt wird. Von der Eisenbeize geht man zum Souplieren auf ein Bad mit 80% Divi-Divi, vom Divi-Divi wird mit Seife behandelt und mit Essigsäure und Öl aviviert. Die höchste Erschwerung, die man auf diese Weise erzielt, ist 50—65%. Man muß natürlich dementsprechend die Einwirkung des Divi-Divi, etwa 80—150%, mehr oder weniger ausdehnen. Will man höhere Erschwerungen erzielen, so kann man dieses in der Weise, daß man 200% Divi-Divi nimmt, unter Zusatz von 10% Zinnsalz. Bezüglich der Arbeitsweise im einzelnen ist noch zu bemerken, daß das zweitemal Überbeizen mit Eisenbeize nicht etwa mit der 30°igen Beize geschehen kann, weil die Seide hierfür keinen Zug besitzt, sondern man muß sich ein 12°iges Bad herstellen durch Verdünnen mit Wasser unter Zusatz von etwas Salzsäure, um die Abscheidung von Eisenhydroxyd zu vermeiden. Im großen und ganzen hat es sich in manchen Betrieben als ratsamer herausgestellt, überhaupt das zweite Beizen ganz zu unterlassen und mit Zinnsalz zu arbeiten. Man verfährt hierbei in folgender Weise: Die Rohseide wird, wie üblich, mit etwas Salzsäure eingenetzt, dann ein Wasser gegeben, mit Eisen gebeizt und mit Soda 30° C warm behandelt. Danach wird ein Wasser gegeben und in der üblichen Weise blaugemacht mit Blaukali und Salzsäure. Dann geht man auf Divi-Divi 150—200% und soupliert auf diesem Bade, indem man es mehrere Male kochend macht. Ist der Souple weich genug, so wird über Nacht eingesteckt. Wenn jetzt mit Zinnsalz gearbeitet werden soll, so wird die Seide am anderen Morgen herausgenommen, das Zinnsalz zum Bade gegeben und die Seide 6 Stunden auf diesem Bade bis 45° C umgezogen. Hierauf wird mehrere Male gewaschen. Dann gibt man nochmals ein leichtes Divi-Divibad und färbt jetzt mit 25% Blauholzabkochung, nicht etwa Extrakt, aus, 1 Stunde. Hiernach wird bei 30° C mit 25% Seife behandelt, gewaschen und dann aviviert. Ist keine Zinnbehandlung eingetreten, also bei Erschwerungen unter 60%, dann wird am anderen Morgen einfach ohne Holzzugabe geseift, gewaschen und aviviert. Mit diesen Behandlungsweisen läßt sich nur eine begrenzte Erschwerung erzielen, etwa bis 70—80%, will man höher erschweren, so erzielt man dieses nicht mit Divi-Divi, sondern mit Aleppogallen. Überhaupt kann man den Gallsouple von vornherein etwa mit einer 3°igen Auskochung von Aleppogallen weichkochen und nachher unter Zusatz von Zinnsalz in diesem Bade weiter erschweren. Man erzielt dann eine Erschwerung bis etwa 120%. Der so hergestellte Souple zeichnet sich durch einen schöneren blauen Ton aus als der mit Katechu oder Divi-Divi behandelte, allerdings muß die Abkochung der Gallen sehr vorsichtig geschehen, um ein klares Bad zu erzielen.

4. Stückerschwerung und Färbung in Schwarz.

Die Seide als Stückware schwarz zu färben, kann natürlich nach den gleichen Methoden erfolgen, wie solche bei Strang in Frage kommen. Will man ohne Erschwerung schwarz färben, so kann dieses in der Weise geschehen, daß mit Eisenbeize gebeizt und mit Blauholz ausgefärbt wird. Man kann aber natürlich auch mit den entsprechenden Anilinfarbstoffen färben. Soll dagegen die Stückware erschwert werden, dann geschieht dieses entweder nach Art der farbigen Seiden oder nach

dem Zinnphosphat-Blauholzerschwerungsverfahren. Im ersten Falle wird
also mit Zinnphosphat und Wasserglas erschwert und mit Anilinfarbstoffen wie Naphthylaminschwarz gefärbt, genau so wie bei den farbigen Seiden. Bei der zweiten Art wird mit Zinnphosphat erschwert
und mit unoxydiertem Blauholzextrakt weiter erschwert und ausgefärbt.
Bei der letzteren Arbeitsweise ist aber darauf zu achten, daß mit der
Blauholzerschwerung eine wesentlich größere Quellung der Faser verbunden ist, als bei der Wasserglaserschwerung. Man wird also unbedingt darauf Rücksicht nehmen müssen, daß das Gewebe nicht zu
dicht bzw. zu schwer im Quadratmetergewicht ist. Eine weitere Vorsicht ist bei der Blauholzerschwerung im Stück insofern zu beachten,
als das Gewebe sehr leicht Seife zurückhält, die nachher beim Lagern
eine Spaltung in Fettsäure erleidet. Diese verleiht dann nachher der
fertigen Ware nicht nur einen auffälligen unangenehmen Geruch, sondern
läßt die Ware auch abfetten und schließlich noch den Griff verlieren,
ja sogar unstark werden. Es ist also unbedingt am Platze, nach jedem
seifenhaltigen Bad (Erschweren und Färben) gut mit Ammoniak zu
reinigen.

Jedenfalls muß man sich an Hand des Rohgewebes vorher darüber
klar werden, welche Erschwerungsart am geeignetsten sein dürfte.

Für den Fachmann ist es ja ohne weiteres klar, daß eine Blauholzerschwerung ein viel satteres und blumigeres Schwarz liefert als jedes
Couleurschwarz, aber bei vielen Artikeln wird das letztere nicht zu
umgehen sein.

VIII. Schappe- und Tussahfärbung.

Das Färben dieser beiden Materialien hat früher in den Seidenfärbereien bei weitem nicht eine so große Rolle gespielt, wie es heute der
Fall ist. Der Aufstieg der Schappegarnherstellung und der Tussah-
gewinnung ist in den letzten Jahrzehnten ein so gewaltiger gewesen,
daß die Mengen der zu veredelnden Schappe und Tussah sowohl im
Strang als auch im Stück, namentlich aber in den Florgeweben nahezu
an die der realen Seide heranreichen.

1. Schappe.

Das als Schappe bezeichnete, aus Abfallseide hergestellte Gespinst
wird im großen und ganzen so verarbeitet wie die echte Seide, allerdings
kommen, da die Verwendung der Schappe sich auch auf besondere
Gebiete erstreckt, vielfach Sonderverfahren in Frage, um die Schappe
für diese Verwendung geeignet zu machen. Da die Schappe aus den
Seidenabfällen gesponnen ist und dementsprechend der Faden ein
größeres Volumen und eine stärkere Drehung aufweist als die Seide,
so ist eine gründliche Reinigung von den Hilfsmitteln des Spinnprozesses
vor dem Färben erforderlich. Ein eigentliches Abkochen kommt dagegen nicht in Frage, da die Abfälle vor dem Verspinnen bereits ein
Gärungs- und Entbastungsverfahren durchgemacht haben. Man kann
mithin bei der Schappe kaum von einem Abkochverlust sprechen. Der

Verlust von 5—8%, der bei der Reinigung zutage tritt, kommt auf Rechnung der Verunreinigungen, die noch in den Abfällen verblieben waren bzw. beim Spinnen hineingelangt sind. Dementsprechend ist die sog. Bastseife von der Schappe keine solche und daher für die Färberei wertlos.

Die Vorbereitung der Schappe zum Färben besteht darin, daß man zuerst bei 40° C auf ein Sodabad 10—20% vom Seidengewicht geht und auf demselben 4—5 mal umzieht, darauf geht man auf ein kochendes Seifenbad mit 20—30% Seife vom Seidengewicht und zieht nochmals 5 mal um. Nach der Seife wird ein kaltes und ein warmes Wasser gegeben, auf dem man je einmal umzieht. Die Seide ist darauf fertig zum Bleichen. Wird nicht gebleicht, sondern unmittelbar gefärbt, so säuert man nach dem letzten Wasser mit 2% Schwefelsäure ab. Für helle Farben muß die Schappe unbedingt gebleicht werden, nicht dagegen für dunkle. Das Bleichen geschieht vielfach bei heller Schappe durch einfaches Schwefeln. Meistens ist aber eine durchgreifende Bleiche nötig mittels Superoxyd. Man verfährt in der Weise, daß man mit Wasserstoffsuperoxydlösung in der gleichen Art bleicht, wie dieses beim Bleichen der Seide bereits beschrieben wurde. Ein ähnliches, gerade bei der Schappebleiche beliebtes Verfahren ist folgendes: Nach dem Reinigungsbad wird mit 20% vom Seidengewicht Salzsäure $^1/_4$ Stunde abgesäuert. Hiervon geht man auf ein Bad mit 8% Natriumsuperoxyd und 24% Bittersalz. Vorteilhaft setzt man dem Bleichbade geringe Mengen eines Netzmittels, wie Prästabitöl, Nekal u. a. m. etwa 1—2 g auf das Liter Flotte zu. Man stellt die Schappe bei 45° C auf, zieht 5 mal um, wärmt darauf auf 65° C, um wieder 3 mal umzuziehen, und macht schließlich kochend, um 1 Stunde umzuziehen oder auch über Nacht einzulegen. Nach dieser Bleiche wird abgewässert bzw. abgesäuert. In dem Falle, wo ein reines Weiß verlangt wird, empfiehlt es sich, die Schappe außer dieser Bleiche noch zu schwefeln. Nach dem Schwefeln gibt man 2 Weichwasser und färbt dann auf kochendem Seifenbade mit etwas Methylenblau oder Methylviolett an. Nach dem Anfärben gibt man ein warmes Wasser mit etwas Seife und schwefelt nochmals. Nach dem Schwefeln gibt man wieder 2 Wasser, säuert ab mit Schwefelsäure und aviviert. Erschwert wird die Schappe nur selten und dann nur meistens in Stückware. Das Erschweren geschieht mit Gerbstoffen in der Form der Végétalerschwerung oder mit Zinnphosphat in üblicher Form. Daß die Höhe der Erschwerung nur eine niedrige sein wird, liegt im Charakter des Fadens. Was das Färben anbelangt, so geschieht dieses in gleicher Weise wie das der erschwerten Seide. Bei Schwarzfärbung wird meistens mit Eisen gebeizt, mit Katechu behandelt und mit Blauholz ausgefärbt.

Bei der Schwarzfärbung der Schappe spielt die Erschwerung eine größere Rolle als bei der farbig gefärbten Schappe. Es sollen daher im folgenden einzelne Vorschriften Erwähnung finden.

Schappe unerschwert. Man zieht die Schappe ab, beizt einmal mit Eisen, brennt ab und geht jetzt auf alten Katechu 5° Bé stark und 5% Gelbholz bei 60° C etwa 2 Stunden. Hierauf wird gewaschen und mit 25% Blauholzextrakt und 50% Seife ausgefärbt in üblicher Weise.

Nach dem Färben gibt man zum Reinigen 1—2% Soda, 35° C, wäscht gut und aviviert. Soll diese Färbung zum Verweben mit Metallfäden verwandt werden, so aviviert man nicht, sondern schwingt und trocknet ohne weiteres nach dem Waschen.

Erschwerung 5—10%. Nach dem Abziehen der Schappe wird mit 10% Essigsäure abgesäuert und in einem Bade mit 150% holzsaurem Eisen 1 Stunde gebeizt. Man wringt ab, läßt über Nacht hängen, wäscht gut und geht auf 50% Katechu, dem 5—10% Gelbholzextrakt zugesetzt werden, kochend ein, zieht 1 Stunde um und steckt über Nacht ein. Am anderen Morgen zieht man nochmals auf dem Bade um, wäscht gut und färbt mit 40% Blauholzextrakt und 50% Seife aus, wäscht, schwingt und aviviert.

Erschwerung 10—20%. Nach dem Abkochen säuert man mit 10% Salzsäure ab, gibt 2 kalte Wasser, schwingt und beizt mit Eisenbeize. Nach dem Beizen wird gut gewaschen, geschwungen, dann geht man kochend auf 30% Katechu 1 Stunde und steckt über Nacht ein. Nach dem Katechu wird gewaschen, mit 10% Essigsäure abgesäuert und 2 kalte Wasser gegeben. Dann gibt man 150% holzessigsaures Eisen, 1 Stunde, wringt ab, läßt mehrere Stunden an der Luft hängen, wäscht und schwingt lose. Darauf geht man nochmals auf 30% Katechu, jedoch nicht kochend, sondern nur 30° C warm, zieht 1 Stunde um und steckt über Nacht ein. Am anderen Morgen wird nach dem Waschen und Schwingen mit 40% Seife und 30% Blauholzextrakt ausgefärbt. Vielfach gibt man auch eine zweite Seife (5%), 65° C warm, hinterher. Hiervon wird gewaschen, geschwungen und aviviert mit Essigsäure, Zitronensaft und etwas Öl.

Erschwerung 30—40%. Nach dem Abkochen wird wie oben mit Salzsäure abgesäuert und mit Eisen gebeizt. Nach der Eisenbeize wird gewaschen, geschwungen und kochend heiß mit 40% Seife 2 Stunden behandelt. Nach dem Seifen wird ein lauwarmes Wasser gegeben, geschwungen und blaugemacht mit 10% Blaukali und 20% Salzsäure in der üblichen Weise. Darauf geht man auf 150% Katechu, kochend 1 Stunde, über Nacht einstecken, am anderen Morgen waschen und vorfärben mit 50% Seife und 20% Blauholzextrakt. Nach dem Vorfärben wird vielfach mit 10% Ammoniak gereinigt oder nur gewaschen, dann abgesäuert mit 10% Essigsäure, mehrere kalte Wasser gegeben und jetzt auf 150% holzsaures Eisen 1 Stunde gegangen. Vom holzsauren Eisen wird, wie oben beschrieben, gelüftet, gewaschen und ausgefärbt mit 50% Seife und 20% Blauholzextrakt. Nach dem Färben wird gewaschen, geschwungen und aviviert wie oben angegeben.

Erschwerung 50—60%. Die Schappe wird einmal roh vorgepinkt mit 22° Bé starker Pinke. Darauf wird mit 50% Soda bei 30° C behandelt, wie früher bereits beschrieben wurde. Nach dem Abziehen mit 40% Seife wird 2 Stunden repassiert mit 5% Seife, geschwungen und abgesäuert mit 10% Salzsäure. Hiernach wird mit Eisen gebeizt, mit 40% Seife geseift, wie bei der vorigen Vorschrift, geschwungen und blaugemacht mit 12% Blaukali und 24% Salzsäure. Nach dem Blaumachen gibt man zwei Wasser und geht kochend auf 100% Katechu,

steckt über Nacht ein, wirft am anderen Morgen auf, wärmt wieder
auf 60° C und setzt zu dem Bade 5% Zinnsalz. Auf diesem Bade wird
die Schappe 2 Stunden umgezogen, dann gibt man zwei kalte Wasser
und geht nochmals auf 100% Katechu kochend. Man steckt nochmals
über Nacht ein, wäscht und färbt mit 20% Blauholzextrakt und 50%
Seife vor. Nach dem Vorfärben gibt man ein Reinigungsbad mit 10%
Ammoniak, wäscht und säuert ab mit 10% Essigsäure. Darauf folgt
die Behandlung mit 150% holzsaurem Eisen und die Ausfärbung mit
20% Blauholzextrakt und 50% Seife, genau wie oben beschrieben wurde.

Erschwerung 70—80%. Diese Erschwerung wird in der gleichen
Weise vorgenommen wie bei derjenigen von 50—60% beschrieben
wurde. Nur gibt man statt einmal 100% Katechu und 5% Zinnsalz
jetzt beide Male 150% Katechu und 10% Zinnsalz.

Erschwerung 90—100%. Dieselbe entspricht derjenigen von
70—80%, nur wird jetzt nicht 1 mal, sondern 2 mal vorgepinkt und
2 mal mit 50% Soda zum Befestigen des Zinnes behandelt. Die weitere
Erschwerung ist beide Male mit 150% Katechu und 10% Zinnsalz.

Nach Tiska[1] läßt sich ein Leichtschwarz für Nähseide in der Weise
herstellen, daß die in üblicher Weise abgekochten Garne 1 Stunde mit
Querzitronextrakt (25%) bei 50° C grundiert werden. Nach dem
Aufwerfen wird das Bad auf 75° C erhitzt und die Schappe nochmals
1 Stunde danach behandelt. Jetzt wird dem Bade 25% Eisenvitriol
und 6% Kupfervitriol zugesetzt, wieder auf 75° C erhitzt und jetzt die
Garne nochmals $1^1/_2$ Stunde auf dem Bade umgezogen. Dann wird die
Seide über Nacht zum Oxydieren ausgehangen, 2 lauwarme Wasser
gegeben und ausgeschleudert. Anschließend wird dann ausgefärbt mit
Blauholz (frische Auskochung) mit Marseillerseife, 75° C warm etwa
$1^1/_2$ Stunde. Nach dem Waschen mit 2 lauwarmen Wassern wird wie
üblich mit Ameisensäure oder Essigsäure aviviert.

Bezüglich der Anforderungen an die verschiedenen Echtheiten sind
bei der Schappe dieselben Bedingungen zu beobachten, wie solche
bereits bei der Färbung der farbigen Seiden zur Sprache gebracht
wurden.

Hier ist jedoch noch einer Behandlung der Schappe Erwähnung zu
tun, nämlich der Vorbereitung der für Plüsch oder Sammet verwandten
Schappe, der sog. Praeparierung. Für diese Zwecke muß die Schappe
weich gemacht werden, was in folgender Weise geschieht: Nachdem die
Schappe gereinigt worden ist, gibt man zuerst ein kochendes Wasser,
auf dem man einmal umzieht. Dann gibt man ein Bad mit 5% Weichöl,
das in bekannter Weise aus Olivenöl und Schwefelsäure hergestellt
worden ist. Man zieht auf diesem 30° C warmen Bade 3 mal um und
gibt langsam in das Bad eine Alaunlösung, die nach folgender Vorschrift
hergestellt wird: 10 kg schwefelsaure Tonerde werden mit 100 l Wasser
bis zur Lösung gekocht, darauf gibt man 25 l Essigsäure hinzu und läßt
eine Auflösung von 5 kg kalzinierter Soda in 15 l Wasser unter ständigem Umrühren langsam hinzufließen. Diese Lösung muß vollständig

---

[1] Tiska: Melliands Textilber. **1921**, 264.

klar sein, und von einem etwa entstandenen Bodensatz muß klar abgehebert werden. Von dieser Alaunbeize gibt man auf das Kilogramm Schappe $^3/_4$ l in das obige Bad. Ist die Schappe weich gemacht, dann wird gefärbt und aviviert. Heutzutage wird das Vorbereiten der Schappe auch vielfach nach dem Färben vorgenommen.

Zum Schluß sei über die Schappeausrüstung noch bemerkt, daß die Schappe entsprechend ihrem Charakter als Gespinst bei der Veredlung mit großer Schonung zu behandeln ist, da sie sehr leicht filzig und rauh wird.

2. Tussah.

Die Tussah, das Erzeugnis mehrerer in Indien und China heimischer sog. wilder Seidenspinner, wie Bombyx Mylitta, Antheraea Perny und Bombyx Yamamai, unterscheidet sich von der echten Seide hauptsächlich durch die Ausbildung ihres Bastes und durch ihre gröbere Faserstruktur. Während bei der echten Seide die eigentliche Seidensubstanz, das Fibroin, sich scharf vom Bast abgrenzt und der Bast auf dem Fibroin sitzt, ist das gleiche bei der Tussah nicht der Fall. Der Bast sitzt auch hier wohl oben auf der Faser, außerdem aber durchdringt er auch die Faser so, daß eine Entfernung auf Schwierigkeit stößt. Außerdem ist er ungleichmäßiger in der Dicke, brüchiger, dunkler gefärbt und mit vielen Verunreinigungen durchsetzt, so daß die Hauptsache bei der Veredlung der Tussah die Entfernung des Bastes ist, und das Bleichen der Faser. Die Tussah ist derber und widerstandsfähiger als die echte Seide und kann daher kräftiger und heißer behandelt werden als diese. Man kann in nachstehender Weise verfahren: Die Tussah wird mit warmem Wasser 45° C eingenetzt, dann kommt sie auf eine Lösung von Kristallsoda 8—10% vom Seidengewicht etwa 60° C warm. Auf dieser Sodalösung muß die Tussah jetzt gut umgezogen werden, damit die äußeren Verunreinigungen zuerst entfernt werden. Darauf geht man nochmals auf ein Sodabad, 10% vom Seidengewicht, dessen Temperatur auf 70—80° C gesteigert wird, und worauf die Seide 1 Stunde umgezogen wird. Von der Sodalösung gibt man ein Wasser, am besten heiß, und geht sodann auf ein Abkochbad mit 40—50% Seife. Hierauf beläßt man 1 Stunde in gleicher Weise, wie echte Seide abgezogen wird. Vielfach erneuert man diese Seife nach 1 Stunde nochmals, in anderen Betrieben erspart man sich dieses, indem man dem ersten Seifenbad 2% Soda zugibt. Nach einer anderen Vorschrift gibt man in die Seife Natriumperborat, und zwar auf 1000 l Bad 3—5 kg Natriumperborat. Ist die Tussah jetzt nach der einen oder anderen Vorschrift abgekocht, so kann die Seide ohne weiteres abgewässert werden und wird dann, soweit es sich um dunklere Farben handelt, ohne zu bleichen gefärbt. In den meisten Fällen jedoch wird das Bleichen der Tussah unumgänglich sein, nicht nur zur Aufhellung der Faser, sondern auch aus dem Grunde, um in der Färbung eine bessere Gleichmäßigkeit zu erzielen.

Das Bleichen der Tussah gestaltet sich bedeutend schwieriger als dasjenige der echten Seide oder der Schappe, weil die Tussah an und für sich durch die Bestandteile bedeutend dunkler gefärbt ist. Es bestehen für das Bleichen der Tussah die verschiedensten Vorschriften,

z. B. Bariumsuperoxyd mit Salzsäure, Kaliumpermanganat mit schwefligsaurem Natron. Sogar das Bleichen mit unterchlorigsaurem Natron ist empfohlen worden. Die gebräuchlichsten Bleichvorschriften sind jedoch die mit Natriumsuperoxyd oder Wasserstoffsuperoxyd in gleicher Weise, wie dieses beim Bleichen der Schappe ausgeführt worden ist, nur hat man die Menge der Zusätze zu erhöhen. Das Bleichen mit Wasserstoffsuperoxyd erfordert allerdings eine mehrmalige Behandlung, die durch entsprechendes Schwefeln ergänzt wird. Von den verschiedenen Vorschriften mag hier eine solche von Alterhoff[1] Erwähnung finden, die nach den Erfahrungen des Verfassers sich gut bewährt hat.

Von Tussahtrame oder Organzin wird etwa 800 g, von Schappe und Kordonnet etwa 1 kg zu 2 Handvoll auf dem Stock verteilt. Die Ware wird darauf auf einem Sodabad, das 3—5% kalzinierte Soda enthält, $^1/_2$—1 Stunde behandelt und darauf mit lauwarmem Wasser gespült. Bei einzelnen Tussahsorten wird hinter der Soda noch ein kochendes Seifenbad mit 10% Seife oder 15% Schmierseife gegeben, 1 Stunde gekocht. Nach der Seife wird mit lauwarmem Wasser gespült, zentrifugiert, die einzelnen Masten an den Pol genommen und jetzt auf Bleichstöcke verteilt, und zwar etwas geringere Mengen als beim Abkochen. Das Bleichbad besteht aus 200—250% Wasserstoffsuperoxyd vom Gewicht der Seide unter Zusatz von Wasserglaslösung bis zur schwachen Alkalinität. Das Bad wird auf 50° erwärmt und die Seide hierauf $^1/_2$—1 Stunde gut umgezogen und ständig durchgesetzt. Darauf wird aufgeworfen, das Bad zum Kochen gebracht und die Ware wieder aufgestellt. Man zieht einige Zeit um und steckt dann ein. Während des Bleichprozesses ist die Alkalinität des Bades nachzuprüfen und je nach der Alkalinität Wasserglas oder Wasserstoffsuperoxyd nachzugeben. Auf diesem Bade läßt man die Ware etwa 8 Stunden, wirft auf, gibt 2mal ein lauwarmes Waschwasser und geht auf ein kochendes Bad mit 15—20% Seife. Hierauf behandelt man die Ware $^1/_2$—1 Stunde. Nachdem man das Seifenbad hat laufen lassen, wird die Ware abkühlen gelassen und zentrifugiert, oder man wässert ab und säuert mit Schwefelsäure lauwarm ab.

Sollte man mit einer Bleiche nicht auskommen, so bleicht man zum zweiten Male mit einem Bleichbade, das 100% Wasserstoffsuperoxyd enthält. Der Verlust der Ware an Gewicht schwankt zwischen 8—20%. Vielfach wird auch nach der Wasserstoffsuperoxyd-Behandlung noch mit Schwefel gebleicht.

Sehr gut läßt sich die Tussah auch mit Kaliumpermanganat bleichen. Man stellt z. B. die gut abgekochte Tussah kalt auf eine Lösung von 250 g Kaliumpermanganat in 100 l Wasser etwa $^1/_2$ Stunde. Danach wird abgeklankt und auf einem ebenfalls kalten Bade, bestehend aus 5 l konzentrierter Natriumbisulfitlauge, 375 g Schwefelsäure und 100 l Wasser, während $^3/_4$ Stunde umgezogen. Anschließend wird gut gewaschen und abgesäuert. Stärkere Kaliumpermanganatbäder oder längeres Verweilen auf denselben ist nicht zu empfehlen, da die Möglichkeit einer Faserschädigung gegeben ist.

---

[1] Alterhoff: Kunstseide **1927**, 269.

Nach dem Bleichen muß die Tussah kräftig abgesäuert werden, auf der anderen Seite nicht zu stark, da sonst die Tussah hart und strohig wird. Man wird also gut tun, mit 10% Salzsäure $^1/_2$ Stunde bei 35° C abzusäuern.

Was die Erschwerung der Tussah anbelangt, so kommt diese sehr selten vor, weil die Tussah eine verhältnismäßig minderwertige Gespinstfaser ist. Wird sie jedoch angefordert, so wendet man am besten die übliche Zinnphosphaterschwerung an.

Bezüglich Färben der Tussah ist zu bemerken, daß dieselbe sich wesentlich geringer anfärbt als die echte Seide. Man färbt sonst in gleicher Weise mit Bastseife. Bei vielen Färbungen hat man jedoch beobachtet, daß ein einfaches Färben in wäßriger Lösung ohne Bastseife und nur schwach angesäuert sehr schöne gleichmäßige Färbungen liefert. Bei dieser Art der Färbung ergibt sich auch noch der Vorteil, daß die Seide bedeutend glanzreicher ist als diejenige, bei deren Färben man Seife verwandt hat.

Eine Vorschrift für eine leichterschwerte schwarze Tussah möge hier noch angeführt werden. Die abgekochte Tussah wird mit Eisenbeize 1 Stunde gebeizt, darauf mit 40% Seife kochend heiß $^3/_4$ Stunde behandelt. Darauf geht man kochend auf 100% Katechu $1^1/_2$ Stunde und steckt über Nacht ein. Am anderen Morgen wird gewaschen und mit 40% Blauholzextrakt und 50% Seife, wenn nötig unter Zugabe von Blau und Gelb, ausgefärbt. Nach dem Ausfärben wird gewaschen, zum Reinigen ein Soda- (2%) oder Ammoniakbad (5%) gegeben und dann aviviert mit Essigsäure, Zitronensaft, Öl und 1—2% Leim. Will man eine höhere Erschwerung erzielen, so kann man dieses durch Wiederholung der Eisenbeize in der bekannten Weise, wie bei der Seidenerschwerung bereits ausgeführt wurde. Soll die Tussah nicht erschwert werden, so erhält man ein gutes Schwarz nach folgender Vorschrift: Die abgekochte Seide wird auf einem Bastseifenbad mit 8% Seidenblau grundiert, und zwar geht man bei gewöhnlicher Temperatur ein und erhitzt langsam bis zum Kochen. Auf diesem Bade setzt man durch bis zum Erkalten. Die Seide wird darauf ausgefärbt auf einem Bastseifenbad mit 7% Echtrot und 2,5% Spezialgelb oder Malachitgrün für Tussah. Die Seide muß in diesem Bade bronzig werden; nach Bedarf hilft man durch Zusatz von etwas Malachitgrün nach. Hiernach wird gewaschen, kalt geseift, nochmals gewaschen und darauf mit etwas Essigsäure, Öl und Glyzerin bei 30° aviviert. Will man große Echtheit erzielen, so geht man nach der Ausfärbung 1 Stunde auf ein Katechubad mit 100% Katechu und wäscht dann erst.

Zum Schluß sei noch darauf hingewiesen, daß außer den hier aufgeführten Verfahren der Schwarzfärbung, die sich dadurch auszeichnen, daß es sich durchweg um ein erschwertes Schwarz handelt, auch eine Reihe von Färbungen vorhanden sind, bei denen die Tussah und die Schappe nach Art der farbigen Seiden gefärbt werden. Es gehören hierhin die Färbungen mit Direktschwarz, Naphthylaminschwarz u. a. m., die bereits bei dem Abschnitt „Färben der farbigen Seiden" Erwähnung gefunden haben.

Im übrigen sind, was Färben und Avivieren anbelangt, dieselben Bedingungen innezuhalten, wie solche bei echter Seide in Frage kommen. Da die Tussah in ähnlicher Weise wie Schappe verwandt wird, also zu Plüsch, Sammet, Moiré und weichfallenden Dekorationsstoffen, so ist die Präparation bei der Tussah ebenso üblich, wie wir dieses bei Schappe gesehen haben. Es geschieht dieses in der gleichen Weise mit Alaunbeize, deren Verwendung bei der Schappe näher beschrieben wurde. Nicht unerwähnt möge bleiben, daß die Tussah bei manchen Artikeln, wie Bastbändern, mit hartem strohigem Griff verlangt wird; hier kann natürlich von einem Weichmachen keine Rede sein. Was die Nachbehandlung der Tussah anbelangt, so ist zu bemerken, daß die Tussah wegen ihrer Unebenheiten auf dem Faden leicht zusammenklebt und dementsprechend nach den einzelnen Bearbeitungen, wie Abkochen, Absäuern, Färben, Avivieren gut am Pol aufgelockert werden muß. Die Tussah wird alsdann in bekannter Weise getrocknet und durchweg gestreckt, und zwar wird die Tussah lüstriert. Bezüglich des Lüstrierens sei auf den entsprechenden Abschnitt, der die Nachbehandlung der gefärbten Seiden zum Inhalt hat, verwiesen.

3. Stückware.

Die Verwendung sowohl der Schappe als auch der Tussah zu Rohgeweben ist eine sehr große, besteht doch die Mehrzahl der so beliebten Rohseidengewebe entweder aus Tussah allein oder aus Tussah mit Schappe bzw. Schappe allein. Erwähnt sei hier auch die sich immer mehr einbürgernde Stückfärbung der Florgewebe, Plüsch und Sammet. Die Reinigung der Rohgewebe hat natürlich sehr kräftig zu geschehen. Die Färbung entspricht derjenigen der echten Seide mit Säurefarbstoffen im Bastseifenbad. Im übrigen sei hier auf den folgenden Abschnitt über das Ausrüsten der gemischtseidenen Stückware verwiesen.

IX. Das Ausrüsten gemischtseidener Stückware.

Das Ausrüsten der reinseidenen Stückware ist bereits bei den verschiedenen Abschnitten über Erschweren, Farbigfärben und Schwarzfärben näher besprochen worden. Es bleibt jetzt noch über das Ausrüsten der gemischtseidenen Gewebe zu berichten, das heutzutage ja eine bedeutend größere Rolle spielt als das der reinseidenen Stückware.

Es gehören hierhin die Gewebe, die außer Seide noch Schappe, Tussah, Baumwolle, Wolle und die verschiedenen Kunstseiden enthalten. Die Ausrüstung dieser Gewebe ist bezüglich der Vorbehandlung, also Rüsten und Sengen, die gleiche, wie sie bei den reinseidenen Stücken in Frage kommt. Unterschiedlich ist jedoch das Abkochen und vor allem das Färben, während das Erschweren bei diesen Gewebearten überhaupt in Fortfall kommt.

Immerhin beansprucht die Ausrüstung dieser Mischgewebe eine sehr große Erfahrung von seiten des Färbers, wobei natürlich nicht vergessen werden darf, daß die verschiedenen Farbenfabriken mit exakt ausgearbeiteten Färbevorschriften den Färber wirksam unterstützen.

Wenn nun im folgenden bezüglich der Ausrüstung der Seidenmischgewebe nähere Ausführungen gemacht werden, so ist auch hier wieder zu betonen, daß es sich nur um Richtlinien handeln kann, da bei der Mannigfaltigkeit der in Frage kommenden Mischgewebe tausende Möglichkeiten für Färbevorschriften gegeben sind.

1. Gewebe aus Seide und Schappe oder Tussah.

Bei der Ausrüstung dieser Gewebe, die heute ja einen breiten Raum unter den Seidengeweben einnehmen, gilt im großen und ganzen das gleiche, was für die reinseidenen Gewebe in Frage kommt. Da sie durchweg widerstandsfähiger sind, können sie bereits beim Abkochen etwas schärfer angefaßt werden und werden meistens mit Soda entweder mit oder ohne Seife abgekocht. In vielen Betrieben arbeitet man sogar mit Natronlauge (4—5 cm³ 38°iger Ware auf 1 l), dann aber unter Zusatz von Schutzkolloiden, wie Türkischrotöl, Glyzerin, Glykose u. a. m. Vielfach werden diese Art Mischgewebe aber überhaupt nicht entbastet und liefern dann wegen der verschiedenen Anfärbung des Seidenbastes der Kette einerseits und des Schappe- oder Tussahschusses andererseits eigenartige Changeanteffekte.

Bezüglich des Bleichens sind die Vorschriften, die für Tussah im Strang gelten, auch hier maßgebend, man bevorzugt allerdings vielfach eine Vorbleiche mit Hydrosulfiten.

Gefärbt werden diese Gewebe nicht in Buchform, sondern entweder schlauchförmig oder breitgehalten.

Ein Erschweren dieser Stückware kommt nur sehr selten und gegebenenfalls nur in sehr geringer Höhe in Frage. Die Erschwerung selbst ist dann die übliche Zinnphosphaterschwerung.

2. Gewebe aus Seide und Baumwolle.

Diese auch als Halbseide bezeichneten Gewebe werden durchweg aus Grègekette und Baumwollschuß hergestellt. Sie werden meistens im gespannten Zustande, also auf dem Stern abgekocht, nachdem sie vorher gesengt worden sind. Je größer die Spannung, um so besser fällt der Glanz der Ware aus. Man kocht mit Seifenbädern ab, die 10—20 g Seife im Liter enthalten, vielfach wird auch ein Zusatz von 2,5—5% Soda gemacht und demgemäß an Seife gekürzt. Auch hier bürgert sich das Abkochen mit Natronlauge immer mehr ein. Nach dem Entbasten wird, wie S. 21 bereits bei den seidenen Geweben beschrieben, gewaschen, und zwar entweder auf der Breitwaschmaschine oder auf Strangwaschmaschinen, anfangs mit lauwarmem, dann mit kaltem Wasser.

Wie bei allen Geweben, die aus einer Mischung verschiedener Fasern entstanden sind, kann man, um das Gewebe in einem Ton zu färben, mit einer Farbflotte nur dann sein Ziel erreichen, wenn entweder Farbstoffe ausgewählt werden, die Baumwolle und Seide ziemlich gleichmäßig färben, wie die substantiven Farbstoffe, so daß man nur nötig hat, etwas nachzutönen oder eine der Fasern, am besten die Baumwolle, muß vorgefärbt sein. Im letzteren Falle muß die Baumwollfärbung aber von solch einer Echtheit sein, daß sie das erforderliche Sengen, Abkochen und Bleichen auszuhalten vermag.

Ebensogut kann man aber auch, wie der technische Ausdruck lautet, zweibadig färben, also mit zwei Farbflotten, indem man erst die eine und dann die andere Faser färbt.

Hierbei spielt natürlich die Auswahl der Farbstoffe in erster Linie ein Rolle, sodann aber auch die Möglichkeit, die eine der Fasern durch besondere Behandlungsweisen entsprechend zu reservieren. Diese letztere Arbeitsweise ist natürlich unbedingt erforderlich, sobald es sich um die Erzielung eines ausgesprochenen zweifarbigen Effektes handelt, wie solcher bei gestreifter Ware und bei den sog. Changeants, den in zwei Farben schillernden Geweben, in Erscheinung tritt.

Die sog. Uni-Färbungen, Gewebe mit einheitlichem Farbton, können, wie oben erwähnt, einbadig und mehrbadig gefärbt werden. Erwähnt mag hier gleich werden, daß man gut tut, bei Uni-Färbungen die Baumwolle im Farbton etwas dunkler zu halten.

Als Farbstoffe kommen in Betracht: basische, saure, substantive, Beizen-, Entwicklungs-, Schwefel- und Küpenfarbstoffe. Die hauptsächlichsten der in der Praxis verwendeten sind die substantiven, sauren und basischen Farbstoffe. Die Auswahl muß natürlich der Erfahrung des betreffenden Färbers überlassen bleiben. Die Färbeweise ist, kurz skizziert, folgende:

Färben mit substantiven Farbstoffen. Man färbt unter Zusatz von 20—50 g Glaubersalz und 2—5 g Seife oder 0,5—1 g kalzinierter Soda je Liter Flotte, kochend heiß, spült gut und aviviert mit den für Strangseide üblichen Säuren und Öl. Sollte ein Nachtönen erforderlich sein, so geschieht dieses mit sauren oder basischen Farbstoffen. Die Auswahl des substantiven Farbstoffes ist hierbei aber sehr wichtig, da es in dieser Gruppe auch Farbstoffe gibt, die Seide und Baumwolle vollkommen verschieden anfärben, so daß sich hiermit auch mehrfarbige farbige Effekte erzielen lassen.

Färben mit sauren und basischen Farbstoffen. Man färbt zuerst mit sauren oder basischen Farbstoffen vor, unter Zugabe von organischen Säuren. Dann wird die Baumwolle in der Kälte mit Tannin und Brechweinstein oder mit Katanol Bayer gebeizt und jetzt mit basischen Farbstoffen unter Zusatz von Essigsäure ausgefärbt. Man kann auch die Baumwolle mit solchen substantiven Farbstoffen nachfärben, die Seide nicht oder nur wenig färben.

Färben von zweifarbigen Effekten. Soll die Baumwolle weiß bleiben, so färbt man mit Säurefarbstoffen, die die Baumwolle nicht anfärben. Soll umgekehrt die Seide farblos bleiben, so färbt man mit substantiven Farbstoffen, die die Seide nicht angreifen. Schließlich kann man auch die Seide nach verschiedenen Verfahren reservieren.

Sollte die Weißfärbung nicht rein sein, so hilft man sich durch Behandeln mit schwacher Hypochloritlauge oder schwaches Bleichen mit Wasserstoffsuperoxyd. Durch entsprechendes Überfärben der weiß gebliebenen Faser kann man auch Changeanteffekte erzeugen.

Soll die Baumwolle weiß bleiben, dann ist die Seide im sauren Bade vorzufärben, und zwar färbt man, bei 50° C eingehend, unter Zusatz von Ameisensäure und steigert die Temperatur bis zum Kochen. Nach dem Spülen wird gechlort, und zwar 10 Minuten kalt mit einer Chlorlauge, die 0,5° Bé stark eingestellt ist, man säuert anschließend mit 2% Salzsäure ab und spült. Will man zwei Farbtöne in farbig erzielen, dann färbt man die Seide sauer vor und die Baumwolle mit substantiven Farbstoffen nach. Um ein Überfärben auf die Seide zu verhüten, ist zu empfehlen, die Seide nach der Färbung mit Tannin-Brechweinstein in üblicher Weise nachzubehandeln. Bequemer ist das Reservieren der Seide mit Katanol W, das man direkt dem Farbbade für die Baumwolle beifügen kann.

Ebensogut kann man natürlich auch umgekehrt arbeiten, daß erst die Baumwolle unter Reservieren der Seide gefärbt wird. Schließlich werden auch noch die Schwefelfarbstoffe besonders für Schwarz-Weiß-Artikel verwendet.

Eine Vorschrift über das Arbeiten mit „Katanol W" gibt H. Rudolph[1]. Er empfiehlt zum Reservieren der Seide in Halbseidengeweben die Verwendung von Katanol W. Um die Seide weiß zu erhalten, läßt er die Ware vor dem Färben 1 Stunde bei 70—90° C in einem Bade mit 8—10% Katanol und 3—4% Ameisensäure behandeln, dann spülen und ausfärben unter Zusatz von Glaubersalz bei 70—80° C. Auch zur Erzielung von Zweifarbeneffekten aus Halbseide verwendet er dieses Präparat, indem er die Seide mit sauren Farbstoffen vorfärbt und dann die Baumwolle mit entsprechenden substantiven Farbstoffen unter Beigabe von 3—4% Katanol ausfärbt.

Will man mit Schwefelfarbstoffen färben, dann kann dieses nur geschehen unter Reservieren der Seide, um sie zu schützen und rein weiß zu erhalten. Man setzt zu dem Zwecke außer Glykose auch Kasein in Ammoniak gelöst hinzu, und zwar 20—30 kg auf 100 l Flotte. Statt des Kaseins kann auch Leim oder Protamol der Farbwerke Mülheim vorm. A. Leonhard & Co., DRP. 212951 (1908), verwandt werden.

Daß die weißgebliebene Seide dann mit sauren Farbstoffen verschieden überfärbt werden kann, ist selbstverständlich.

Was das Schwarzfärben von Halbseide betrifft, so geschieht dasselbe durchweg mit Anilinschwarz. Bei größerem Gehalt an Seide dagegen zieht man die substantiven Farbstoffe vor, manchmal auch die Azotierungsfarbstoffe.

Zur Erzeugung von waschechtem Schwarz auf Halbseide wird nach einer Notiz[2] Thiogenschwarz MM extra stark empfohlen. Der Farbstoff wird mit Soda angeteigt und in das auf 60° C erwärmte Bad gegeben. Darauf wird Hydrosulfit zugegeben und nach $\frac{1}{4}$ Stunde Stehenlassen dann gefärbt. Zum Schutz der Seide wird etwas Protectol Agfa IV zugesetzt. Nach dem Färben wird mit Schwefelsäure abgesäuert und nach vollständiger Verküpung gespült und geseift. Die Färbung ist gut licht- und waschecht.

Man kann jedoch diese Gewebeart auch mit substantiven Baumwoll-

---

[1] Rudolph, H.: Dt. Färber-Ztg. **1925**, 107.   [2] Kunstseide **1927**, 542.

farbstoffen nach dem Einbadverfahren direkt färben, z. B. mit Diamant-
echtschwarz und Benzoechtschwarz. Nach Schweizer[1] färbt man mit
10% Diaminechtschwarz GO und nuanciert mit etwas Formylblau in
möglichst kurzem Bade unter Zusatz von 15 g Glaubersalz je Liter
Flotte 1 Stunde bei 95° C, spült und aviviert.

Kommen aber besondere Echtheitseigenschaften in Frage, z. B.
Bügel-, Schweiß-, Wasch- und Wasserechtheit, dann färbt man nach
dem gleichen Autor mit 10% Diaminogen B, 0,7% Diamingrau B,
3,5% Neutralwollschwarz G in kurzem Bade unter Zusatz von 3—5%
Essigsäure 6° Bé und 20 g Glaubersalz je Liter Flotte 1 Stunde bei
nahezu Kochtemperatur. Darauf wird gut gespült und $^1/_4$ Stunde kalt
in einem Bade mit 3% Natriumnitrit und 9% Salzsäure behandelt,
wieder gut gespült und 20 Minuten mit 0,8% Diaminpulver CS und
0,2% Soda kalt behandelt, nochmals gut gespült und nachher geseift.
Alle Prozentzahlen beziehen sich auf das Gewicht des Gewebes.

Auch bei Anwendung von Naphthylamin- oder Säureschwarz erhält
man ein gutes Schwarz auf Seide. Man färbt auf mit Schwefelsäure
oder Essigsäure gebrochenem Bastseifenbade mit 10—12% Naphthylaminschwarz 4 B und 0,25—0,5% Indischgelb G, indem man bei 40° C
eingeht und langsam auf Kochtemperatur treibt und das Bad durch
langsames Nachsetzen von etwa 2—4% Schwefelsäure erschöpft. Dann
wird gespült und aviviert. Für besondere Echtheiten diazotiert man,
wie im vorhergehenden Absatz ausgeführt wurde.

Was die Arbeitsweise des Färbens anbelangt, so werden die Halb-
seidengewebe, da sie zur Hauptsache Satinbindung aufweisen, z. B.
Futterstoffe, nicht in Schlauchform, sondern mit Breithalter gefärbt,
da sie sonst zu viele Fehler zeigen würden.

3. Gewebe aus Seide und Wolle.

Zu den Wollseiden zählt man Gewebe aus Wolle und Seide, die unter
dem Namen Gloria, Eolienne, Bengaline, Popeline, Kaschmir,
Bombasin usw. sich im Handel befinden. Die Ausrüstung dieser
Gewebe ist, was die Vorbehandlung anbelangt, ähnlich wie die der
Halbseide. Nachdem die Gewebe nötigenfalls gesengt worden sind,
werden sie, um eine Verfilzung der Wolle hintenanzuhalten, „gekrabbt“,
d. h. sie werden zuerst mit heißem Wasser behandelt, dann abgequetscht
und dann wieder mit kaltem Wasser gereinigt. Es geschieht dieses
meistens auf der Krabbmaschine, die von verschiedenen Fabriken
geliefert werden. Die Abb. 30 zeigt eine solche Maschine von der Zittauer
Maschinenfabrik AG., Zittau.

Hierauf werden die Wollseiden abgekocht, jedoch höchstens bei
80° C, da die Wolle gegen Alkali sehr empfindlich ist. Außerdem nimmt
man die Seifenbäder nicht zu stark. Daran anschließend wird mit
Weichwasser gespült und manchmal noch gedämpft.

Im übrigen wird, was Reinigen und Bleichen anbelangt, ebenso
verfahren wie bei der Halbseide. Es wird also mit Wasserstoffsuperoxyd

---

[1] Schweiz. Färber-Ztg. **1915,** 63.

und vielfach auch mit schwefliger Säure in Gasform oder in wäßriger Lösung behandelt. Bei der Vorbehandlung wird außer dem Sengen auch vielfach noch geschoren oder gebürstet. Bei Wollseiden, die mit Schappe oder entbasteter Organzin hergestellt worden sind, wird nach dem Sengen und Krabben nur mit dünner Seifenlösung mit geringem Ammoniak- oder Sodazusatz bei 60—70° C behandelt und dann rein gewaschen.

Das eigentliche Färben der Wollseide kann ebenso wie dasjenige der Halbseide einfarbig oder mehrfarbig geschehen, wobei allerdings zu berücksichtigen ist, daß Wolle und Seide als tierische Faser bezüglich ihrer Färbeeigenschaften große Übereinstimmung aufweisen und daher Zweifarbeneffekte in derartigen Geweben schwierig zu färben sind.

Abb. 30. Krabbmaschine der Zittauer Maschinenfabrik AG. Zittau.

Am geeignetsten ist daher das Mehrbadverfahren, wobei zuerst die Wollfaser und dann die Seide gefärbt wird, doch können auch im Ein- badverfahren bestimmte, allerdings nicht gleich scharfe Farbkontraste erzielt werden.

Von Farbstoffen kommen besonders die sauren, substantiven und Beizenfarbstoffe in Frage. Bei hellen Farbtönen färbt man auch mit einzelnen basischen Farbstoffen im Seifenbade, z. B. Rhodamin und Fuchsin für Rosa.

Die gebräuchlichsten Färbemethoden sind folgende:

Das Färben mit sauren Farbstoffen. Man färbt warm bis kochend unter Zusatz von Glaubersalz und Bisulfat oder Schwefelsäure. Hierbei ist zu beachten, daß der Farbstoff bei niedriger Temperatur und größerem Säurezusatz stärker auf die Seide zieht, während um- gekehrt sich die Wolle bei stärkerem Erhitzen der Flotte und geringerem Säuregehalt stärker anfärbt. Man hat es demgemäß durch nachträg- liches Verstärken des Säuregehaltes und Erhöhung der Temperatur in der Hand, das Anfärben beider Fasern in ein richtiges Verhältnis zu bringen.

Das Färben mit substantiven Farbstoffen. Man färbt heiß unter Zusatz von 20 g Glaubersalz je Liter Flotte. Die Färbungen sind gleichmäßig und verhältnismäßig echt.

Das Färben mit Beizenfarbstoffen. Man beizt die Seide kalt mit Chromchlorid und die Wolle heiß mit Kaliumchromat und färbt dann das so vorgebeizte Gewebe unter allmählicher Steigerung der Temperatur der Färbebäder bis zum Kochen aus. Oder man färbt zuerst im angesäuerten Farbbade und fixiert dann mit Chrombeize.

Das Schwarzfärben. Die Schwarzfärbung geschieht am besten mit Blauholzextrakt auf dem vorgebeizten Gewebe. Die Seide wird, wie Strangseide, mit salpetersaurem Eisen gebeizt und dann durch Abbrennen mit heißem Wasser oder Ammoniak das Eisenhydroxyd fixiert. Die Wolle dagegen wird heiß mit Kaliumchromat gebeizt. Nach gutem Waschen wird mit Blauholzextrakt und Seife ausgefärbt. Färbungen mit Anilinschwarz sind nicht beliebt, da die tierische Faser bei dieser Färbung leicht angegriffen wird.

Das Färben von Zweifarbeneffekten. Diese vielfach sehr schwierigen Färbungen erzielt man durch heißes Färben mit solchen Säurefarbstoffen, die die Seide nicht oder nur schwach anfärben. Nach gutem Spülen wird die Seide nachgefärbt, entweder mit solchen Säurefarbstoffen, die umgekehrt Seide und nicht die Wolle färben, oder auch mit basischen Farbstoffen im sauren Bade. Das Nachfärben geschieht unter langsamer Temperaturerhöhung. Man kann aber auch so färben, daß man die Wolle kochend heiß färbt und dann beim Abkühlen der Flotte durch Zusatz der betreffenden sauren oder basischen Farbstoffe die Seide nachfärbt. Auch hier gilt wieder das, was unter dem Abschnitt über das Färben mit Säurefarbstoffen ausgeführt wurde, nämlich die Verhältnisse bezüglich Temperatur und Säurekonzentration. Ist die Seide zu stark angefärbt, war also zuviel Säure im Färbebade, dann muß der Farbstoff von der Seide durch Behandeln mit Seife oder oxalsaurem Ammonium oder Hyraldit usw. abgezogen werden.

Nach Angaben in der Literatur[1] bedarf es zur Erzielung von Zweifarbeneffekten keiner besonderen Vorbehandlung im Strang, sondern man ist in der Lage, entsprechend der Auswahl der Farbstoffe derartige Stückware sehr gut zweifarbig auszurüsten, z. B. läßt sich dieses leicht bei den Farbzusammenstellungen erzielen, bei denen die Seide weiß gelassen wird. Man färbt stark sauer und verdünnt mit solchen Säurefarbstoffen, die Seide nicht anfärben, und zwar geht man kochend heiß ein und hält die Flotte während des Färbens bei Kochtemperatur. Wenn es sich um andere Farbtonzusammenstellungen handelt, bei denen auch die Seide gefärbt werden soll, dann verfährt man, wie eben ausgeführt, spült und färbt die Seide kalt mit basischen Farbstoffen nach. Man kann auch mit sauren Wollfarbstoffen arbeiten, wenn man solche auswählt, die imstande sind, die Seide bei einer Temperatur von 30—35° C zu

---

[1] Ztschr. f. ges. Textilind. **1925**, 9.

färben. Ferner kann man die Seide auch mit substantiven Farbstoffen nachdecken.

Jedenfalls unterscheidet sich die Färbung der Wollseide gegenüber der Halbseide im wesentlichen dadurch, daß ein Reservieren der einen der Fasern, wie solches bei Halbseide üblich ist, hier nicht in Frage kommt.

In demselben Artikel wird auch das Färben von Geweben aus Halbseide mit Wolle behandelt. Hier lassen sich außer Zweifarben- auch Dreifarbeneffekte erzielen, insofern als Seide und Wolle, wie bereits ausgeführt wurde, sich trotz ihrer chemischen Verwandtschaft verschieden färben lassen. Man färbt also entweder die Baumwolle vor oder die Wollseide.

Die Arbeitsweise bei der Ausrüstung der Wollseiden ist natürlich diejenige im breitgehaltenen Zustande, da diese Gewebe an sich zu schwer sind und leicht zur Bildung von Brüchen neigen.

4. Gewebe aus Seide und Kunstseide.

Diese Art der Gewebe dürfte wohl die umfangreichste Kategorie der modernen Web-Erzeugnisse darstellen. Die Vorbehandlung ist im großen und ganzen die gleiche, wie dieses bei den anderen Mischgeweben bereits ausgeführt wurde, zu bemerken ist aber, daß das Sengen bei Gegenwart von Kunstseide nach Möglichkeit vermieden wird und man eine etwaige Reinigung des Gewebes mittels Schermaschinen oder Bürsten vorzieht. Das Färben geschieht in ähnlicher Weise wie dasjenige der Halbseide, jedoch ist zu beachten, daß die Kunstseide im nassen Zustand sehr empfindlich gegen mechanische Beanspruchung ist. Besonders hat man beim Bleichen, das durchweg mit Chlor geschieht, große Vorsicht walten zu lassen, da die Seide ja äußerst empfindlich gegen eine derartige Bleiche ist.

Es gibt gerade für diese Art von Geweben eine derart große Menge von Arbeitsweisen in der Ausrüstung, die teilweise auch Gegenstand von Patenten ist, daß auf die Färbevorschriften der verschiedenen Farbstoffabriken verwiesen werden muß. Erwähnung mögen hier einige Vorschriften eines Färbereifachmannes, H. Rudolph[1], finden.

a) Färben von Geweben aus Seide und Viskose. Um Unifärbung zu erzielen, wird entweder im Einbadverfahren in der Weise gearbeitet, daß substantive Farbstoffe mit neutral aufziehenden Säurefarbstoffen gemischt verwandt werden, und zwar geschieht das Färben unter Verwendung von Glaubersalz und einer Temperatur, die von $30\degree$ C bis $90\degree$ C gesteigert wird. Als Farbstoffe für Kunstseide werden Direktgelb R extra, Diamin echtgelb A, Diaminorange FR usw., für Seide Supramingelb R, Rhodamin B, Brillantwalkrot R usw. empfohlen. Nach dem Zweibadverfahren kann man in der Weise arbeiten, daß zuerst die Kunstseide mit substantiven Farbstoffen vorgefärbt und nachher die Seide mit Säurefarbstoffen nachgedeckt wird. Oder speziell bei lebhaften und feurigen Tönen wird die Seide zuerst mit Säurefarbstoffen

---

[1] Rudolph, H.: Kunstseide **1927**, 79, 222.

gefärbt und nach gutem Spülen und Tannieren die Kunstseide mit basischen Farbstoffen ausgefärbt. Schließlich kann man auch so verfahren, daß die Seide mit möglichst wasserechten Säurefarbstoffen vorgefärbt und die Kunstseide mit substantiven Farbstoffen nachgefärbt wird.

Um Zweifarbeneffekte zu erzielen, kann man in entsprechender Weise nach einem der drei ebengenannten Verfahren arbeiten, wobei als besonders günstig das Arbeiten mit Katanol W speziell beim Nachdecken der Kunstseide empfohlen wird.

b) Färben von Geweben aus Seide und Azetatseide. Die Gewebe werden zuerst mit einer ammoniakalischen Seifenlösung, die für 10 l 15—20 g Seife und 15—20 g Ammoniak enthält, genetzt. Darauf wird zuerst die Azetatseide gefärbt, und zwar mit Celliton oder Celliton-Echtfarbenteig. Es wird ungefähr 1 Stunde bei 70° gefärbt, und zwar in schwacher Seifenlösung, 3—5 g auf 1 l. Um das Anfärben der Seide möglichst zu verhindern, tut man gut, bei Zweifarbeneffekten die Temperatur niedriger (50°) zu halten. Falls die Seide angefärbt wird, muß sie durch nachfolgendes Waschen im Seifenbade gereinigt werden.

Das Nachfärben der Naturseide geschieht mit Säurefarbstoffen, die auf Azetatseide möglichst wenig einwirken, wie z. B. Säuregelb AT, Supramingelb 3 G, Supraminrot 3 B, Säureviolett 3 BNO, Alkali-echtgrün 10 G, Echtblau R, Echtgrün R, Neutralwollschwarz G, Naphthylaminschwarz 10 B, und zwar färbt man in lauwarmem oder 50—60° C heißem Bade, das mit Essigsäure und Ameisensäure angesäuert wird.

Eines Umstandes muß aber bei der Ausrüstung der gemischtseidenen Gewebe mit Kunstseide noch gedacht werden. In den letzten Jahren hat es sich eingebürgert, bei der Verwendung der Kunstseide für Kettzwecke eine Trame zu nehmen, die durch sog. Präparieren innig verklebt wurde. Zu diesem Zwecke wird die Kunstseide entweder in der Weise verklebt, daß sie mit einer Mischung von Leim, Gummiarabikum, Schleimstoffen, wie Tragant, aufgeschlossener Stärke, Bier u. a. m. imprägniert wird, oder man behandelt sie — und das ist heute in der Mehrzahl der Fall — mit einer Emulsion von Leinöl und Wasser mit einem entsprechenden Emulgierungsmittel, Seife, Türkischrotöl usw. Während die Entfernung der ersten Gruppe vor dem Färben keine Schwierigkeiten bietet, ist dieses um so mehr der Fall bei der Leinöl-schlichte. Sobald die letztere nämlich etwas älter ist, verharzt das Leinöl und bildet dann bei der Ausrüstung Anlaß zur Streifenbildung. Das Entfernen dieser Schlichte ist nur möglich unter Verwendung von fettlösenden Stoffen, wie Benzin, Benzinoform, Cycloran usw. meistens emulgiert in Wasser mit entsprechenden Emulgierungsmitteln, wie Türkischrotöl, Monopolöl, Nekal, Praestabitöl, Tetrapol u. a. m. Auch verwendet man beim Abkochen stärkeres Alkali, wie Natronlauge. Hier spricht die Erfahrung des einzelnen Färbers mit. Meistens werden diese Lösungsmittel in geeigneter Zusammenstellung von speziellen Fabriken hergestellt und mit genauen Vorschriften in den Verkehr gebracht. Die Entfernung zu alt gewordener Leinölschlichte ist ein Schmerzenskind der Ausrüster.

Bei dieser Gelegenheit mag auch darauf hingewiesen werden, daß man bei der bekannten Neigung der Kunstseide, sich bunt zu färben, dazu übergegangen ist, auch bei den Färbebädern die eben genannten Emulgierungsmittel, wie Nekal, Praestabitöl, Tetrapol usw. als Zusatz zu verwenden. Hierdurch wird in der Färbung der Kunstseide unbedingt eine größere Gleichmäßigkeit erzielt.

Was die Arbeitsweise bei diesen kunstseidenen Mischgeweben anbelangt, so erfordert die gerade bei Kunstseide unvermeidliche Neigung zu Faltenbrüchen durchweg ein Verarbeiten im breiten Zustande und nicht in Schlauchform.

Zum Schluß dieses Abschnittes mag noch kurz der Ausrüstung der Wirkwaren gedacht werden, die heute in Form von Litzen und Strümpfen als Stückware sehr viel ausgerüstet werden müssen. Die Ausrüstung geschieht, was das Erschweren anbelangt, in gleicher Weise wie die der anderen Stückware, wobei aber selbstverständlich große Vorsicht am Platze ist, weil bei der kleinsten Verletzung die unangenehmsten Schäden auftreten und das ganze Gewirk zerstört werden kann. Ferner ist sehr zu beachten, daß eine Wirkware bei der Ausrüstung unter Umständen sich sehr stark längen kann, also stets mit Breithaltern gearbeitet werden muß.

Über die Veredlung der Wirk- und Strickwaren berichtet ausführlich A. Haebler[1]. Er unterscheidet bei der Rohware 1. reguläre Ware, die in der Form des betreffenden Warenstückes von der Maschine fertig hergestellt wird, also keine Naht aufweist; 2. geschnittene Ware, die aus einem größeren Stück Schlauchgewebe herausgeschnitten ist, und 3. halbreguläre Ware, die die beiden ersteren Gattungen vereinigt.

Als Ziel der Veredlung erachtet er, daß die Ware ihre Dehnbarkeit, Weichheit und Durchlässigkeit beibehalten muß. Er beschreibt dann des näheren die einzelnen Behandlungsweisen, auf die hier aber im einzelnen nicht näher eingegangen werden kann.

X. Die Schlußbehandlung der gefärbten Seiden.

Wenn die Seiden in Farbton dem angeforderten Muster entsprechen, so sind weder die Strangseiden für die Verarbeitung in der Weberei brauchbar oder fertig zum Versand, noch ist dieses bei der Stückware der Fall. Die Seide muß nach dem Färben, je nach den Anforderungen, noch eine ganze Reihe von Behandlungen erleiden, von denen einzelne ebenso wichtig sind wie das Färben selbst, oder mit anderen Worten, von denen einzelne die Seiden so erheblich beeinflussen, daß auch hier die geringsten Fehler die schlimmsten Folgen zu zeitigen imstande sind. Zu diesen Behandlungen sind folgende zu rechnen:

1. Avivieren.	4. Trocknen.
2. Härten und Weichmachen.	5. Strecken.
3. Haltbarmachen.	

Die hier aufgeführten Schlußbehandlungen brauchen allerdings nicht bei jeder Seide in Anwendung zu kommen. Es richtet sich jeweils nach

---

[1] Mell. Textilber. 1926, 13.

der Vorschrift des Fabrikanten, ob diese oder jene Nachbehandlung eintreten soll. So z. B. sind die unter „Härten" oder „Strecken" oder „Haltbarmachen" aufgeführten Behandlungen vielfach nur solche, die auf besonderes Verlangen des Fabrikanten auszuführen sind. Nachbehandlungen, die aber bei jeder Seide vorgenommen werden, sind das „Avivieren" und das „Trocknen". Bei der Besprechung der einzelnen Abschnitte werden wir uns an die oben angeführte Reihenfolge halten, weil dieselbe diejenige ist, die mit der zeitlichen Aufeinanderfolge der einzelnen Behandlungsweisen übereinstimmt.

1. Das Avivieren der Seiden.

Unter dem Begriff „Avivieren" versteht man eine Behandlung, die der gefärbten Seide den eigenartigen Griff und die Eigenschaften der betreffenden Seidenart verleihen soll. Der eigentümliche Griff der Seide ist nach dem Färben, wenn es sich nicht um sehr hohe Erschwerungen handelt, nur wenig ausgeprägt, die Seide entbehrt des edlen seidigen Gefühles. Ebenso hat die Seide durch die verschiedenen Behandlungsweisen an Glanz eingebüßt, sie erscheint vielfach stumpf und tot. Diese Übelstände ändern sich sofort beim Avivieren. Das Flüssigkeitsbad, mit dem aviviert wird, ist die Avivage. Dieselbe muß immer eine Säure enthalten, außerdem stets etwas Öl, wenn es sich um Strangware handelt. Besondere Stoffe, wie Stärke, Leim, Gelatine usw. werden nur dann in die Avivage gegeben, wenn es sich um ganz besondere Formen des Griffes, z. B. hart oder weich, handelt.

Von den Säuren, die für die Avivage in Betracht kommen, ist unter den anorganischen Säuren die Schwefelsäure zu nennen, vereinzelt auch Phosphorsäure. Hierbei mag gleich bemerkt werden, daß diese Säuren den Seiden den durchgreifenden, sich durch Knirschen „Craquant" bemerkbar machenden Griff verleihen. Diesem Vorzuge steht allerdings der Nachteil gegenüber, daß diese Säuren die Zusammensetzung der Erschwerung wesentlich beeinflussen und zu Zerstörungen der Seide Anlaß geben können. Sie dürfen also niemals dort verwandt werden, wo es sich um Lagerware handelt. Von organischen Säuren kommen in Frage die Ameisensäure, die Essigsäure, Essigsprit, Milchsäure, Weinsäure und Zitronensäure. Während Ameisensäure mehr einen krachenden, knirschenden Griff verleiht, ist der bei der Verwendung der anderen genannten Säuren entstehende Griff auch kräftig, jedoch mehr ein edler seidiger. Die Verwendung dieser organischen Säuren birgt den Vorteil in sich, daß die chemische Einwirkung auf die Erschwerung bedeutend schwächer ist. Sie haben aber den Nachteil, daß sie zum Teil flüchtig sind, und daß demgemäß die hiermit avivierten Seiden zum Teil an Griff einbüßen können. Zu berücksichtigen ist bei der Auswahl der Aviviersäure auch der Farbstoff, der verwandt wurde. Bei basischen Farbstoffen kommt Essig-, Wein-, Milch- und Zitronensäure, bei sauren Farbstoffen Schwefelsäure in Frage. Was die Mengenverhältnisse anbelangt, in denen die Säuren bei der Avivage verwandt werden, so richtet sich dieses naturgemäß nach der Stärke der betreffenden Säure einerseits und dem verlangten Griff andererseits.

Ebenso wie man einen Unterschied machen muß zwischen anorganischer und organischer Säure, ebenso ist dieses der Fall zwischen hoher und niedriger Erschwerung. Während man von der Schwefelsäure 2% bis höchstens 5% vom Gewicht der Seide verwendet, kann man bei Ameisensäure auf 10—20% gehen, Milchsäure 50% ig wird bis zu 30—40%, Essigsäure 30% ig, Zitronensaft 25% ig, Essigsprit 10% ig werden bis zu 50% des Seidengewichtes der Avivage zugesetzt. Will man nicht vom Gewicht der Seide ausgehen, sondern eine Avivage von stets gleicher Stärke benutzen, so findet man häufig, daß Avivagen verwandt werden, die in 100 l Flüssigkeit soviel Säure enthalten als 100 g Schwefelsäure 66° entsprechen.

Was das für die Avivage in Betracht kommende Öl anbelangt, so dient dasselbe dazu, der fertigen Seide eine gewisse Geschmeidigkeit zu verleihen, ohne die ein Verarbeiten der Seide auf große Schwierigkeiten stoßen würde. Das hierzu verwandte Öl ist durchweg ein Olivenöl guter Beschaffenheit, und wird dasselbe in die Avivage erst dann hineingegeben, nachdem man es durch Aufkochen mit Soda und Wasser emulgiert hat, um so eine gleichmäßige Verteilung des Öles zu erzielen. Eine sehr brauchbare und haltbare Emulsion in gesättigter Form kann man sich auch in der Weise herstellen, daß man das Olivenöl mit einer Ätzkalilösung emulgiert und dann diese Mischung unter Zusatz entsprechender Mengen Wasser auf ein gewisses Volumen verdünnt. Eine derartige Vorschrift ist z. B. folgende: 25 kg Olivenöl werden mit einer Lösung von 800 g Ätzkali in 1000 cm³ Wasser unter langsamem Zufließen der letzteren gut gemischt. Diese Lösung wird unter gutem Umrühren einige Stunden stehen gelassen. Man fügt nachher unter Umrühren 36 l möglichst kalkarmes Wasser hinzu und fügt dann noch so viel Wasser zu, daß die gesamte Menge der Emulsion 100 l beträgt. 1 l der Emulsion entspricht dann 250 g Olivenöl. Die gebrauchten Mengen Olivenöl, die man in der Avivage verwendet, schwanken zwischen 0,5—2,5% vom Seidengewicht. Es richtet sich dieses stets nach der Höhe der Erschwerung.

Außer Säure und Öl werden jetzt noch Bestandteile in die Avivage hineingetan, die einen besonderen Griff hervorrufen sollen. Es sind dieses hauptsächlich zwei Arten, nämlich 1. solche Körper, die einen harten oder strohigen Griff der Seide erzeugen, und 2. solche, die einen weichen, geschmeidigen Griff ergeben.

Im ersteren Falle setzt man der Avivage geringe Mengen, höchstens 1—2% vom Gewicht der Seide, an Stärke oder Dextrin, Leim, Gelatine, Diastafor, Formaldehyd oder schließlich sogar Wasserglas hinzu.

Zum Weichmachen dagegen bedient man sich eines Zusatzes von venetischem Terpentin, den man ähnlich wie Öl emulgiert hat, oder auch eines richtigen Weichöles, das man aus Olivenöl durch Behandlung mit Schwefelsäure und nachheriger Neutralisation mit Soda erhalten hat. Denselben Zweck erfüllen Alaun und Weicherde. Die Vorschriften für diese Erzeugnisse wechseln sehr, und sei hier auf den folgenden Abschnitt hingewiesen bzw. Vorschriften, in welcher Weise man zur Erzielung eines weichen Griffes vorgehen kann. Zu bemerken ist, daß Weicherde einen sehr weichen Griff gibt, der sehr schwer zu beseitigen ist, während Weichöl und Terpentinöl wohl sehr schön weich machen, doch bei zu großem Säuregehalt der Avivage nicht zur Geltung kommen. Alaun benutzt man besonders bei Schappe, doch hat man sich auch hier vor einem Zuviel zu hüten.

Als besonderer Zusatz zur Avivage wäre noch derjenige von Anilinfarbstoffen zu nennen. Man gibt, namentlich wo es sich um geringe Farbunterschiede handelt, gern den Nuancierfarbstoff in die Avivage, Selbstverständlich ist die Bindung des Farbstoffes auf der Faser eine sehr geringe, und sollte man dieses nie tun, sobald die betreffende Seide mit anderen Gespinstfasern verarbeitet wird, oder eine Reibechtheit verlangt wird.

Was die Arbeitsweise mit diesen, den einen oder den anderen der obengenannten Körper enthaltenden Avivagen anbelangt, so werden dieselben durchweg bei niedriger Temperatur, 25—35° C, verwandt. Man geht mit der Seide auf die gut gemischte Avivage und zieht schnell um, je nach der Wirkung, die man erzielen will, mehr oder minder lang. Bei manchen Färbungen zieht man auch eine geteilte Avivage vor, indem man mit der Seide zuerst auf eine Avivage geht, die nur einen Teil der Gesamtsäure enthält, und dann auf eine zweite Avivage, die den Rest der Avivagebestandteile enthält. Es ist wohl ohne weiteres klar, daß man häufig gezwungen ist, einzelne Bestandteile der Avivage während des Arbeitens zu vermehren oder zu vermindern — es richtet sich dieses je nach der zu erzielenden Wirkung —, da die einzelnen Seiden untereinander sich bezüglich der Aufnahme der Avivagenbestandteile sehr verschieden verhalten. Es sei hier nur an die jedem Seidenfärber bekannten unangenehmen Griffübelstände bei einzelnen Partien erinnert. Schließlich sei noch darauf hingewiesen, daß bei speziellen Echtheiten, wie Metallechtheit und Gummiechtheit u. a. m., in der Herstellung der Avivage hierauf Rücksicht genommen werden muß. Es empfiehlt sich zur Erzielung des Griffes und Glanzes wie üblich zu avivieren und anschließend ein Wasser bzw. eine dünne Seife zu geben. Daß Stückware in gleicher Weise aviviert werden muß wie Strangware, ist wohl selbstverständlich. Eine Ausnahme bilden Waren, bei denen der Griff durch das Appretieren bedingt wird.

2. Das Härten und Weichmachen der Seiden.

Das eigentliche Härten der Seide kommt, als Vorbehandlung bei Strang, nur bei einer Art von Seidenfärbung in Frage, nämlich bei den sog. Cruseiden, also denjenigen, bei denen der Bast vollständig auf der Seide bleibt und obendrein gehärtet wird. Außerdem kommt es bei Stückware, die zu Gazen, Spitzen oder Schleierstoffen Verwendung finden sollen, in Frage. Es geschieht das Härten durchweg vor dem Färben der Seide, und zwar in der Weise, daß man die Seide auf einem Bade, das 4—5% Formaldehyd vom Seidengewicht enthält, bei 25° C umzieht und eine Nacht darin beläßt. Durch die Behandlung mit Formaldehyd wird das Serizin in eine unlösliche Verbindung übergeführt, die fest auf der eigentlichen Seidenfaser haftet und auch warmer

Behandlung trotzt, wenn man nicht gerade bei Kochtemperatur arbeitet. Wie jedoch unter dem Abschnitt „Avivieren" bereits ausgeführt wurde, kann man das Härten mittels Formaldehyd auch bei der Seide nach der vollständigen Fertigmachung eintreten lassen, mit dem Unterschied natürlich, daß es sich dann um Cuiteseide handelt, die dem Wesen einer Cruseide nicht entspricht. Es geschieht dieses, wo es sich um eigenartig griffige Ware handelt, in der Weise, daß man in die Avivage 5% Formaldehyd gibt. Um eine besonders harte Cuiteseide zu erzielen, läßt man diese Formaldehydbehandlung auch nach der Erschwerung mit Wasserglas eintreten. Man säuert nach dem Wasserglas ab, spült mit lauwarmem Wasser und gibt sodann ein hartes Wasser mit 5% Formaldehyd 25° C warm. Hierauf gibt man noch ein kaltes Wasser, schwingt und färbt sodann.

Daß man das Härten der Seide, in Form der Erzielung eines harten, strohigen Griffes, auch durch Zusatz besonderer Bestandteile zur Avivage, wie Leim, Stärke, Gelatine u. a. m. erreichen kann, wurde ja bereits im vorigen Abschnitt ausgeführt.

Da bei der letzteren Art des Härtens immer die Gefahr vorliegt, daß dieser äußere Appret zum Brechen der Seide Anlaß geben kann, darf man nicht versäumen, in einem solchen Falle gleichzeitig Mittel zum Geschmeidigmachen, wie Glyzerin und Glykol, zuzugeben.

Das Gegenteil vom Härten der Seide ist das Weichmachen derselben. Hier an dieser Stelle kann natürlich von der Besprechung der Soupleseide, bei der der Bast durch das Souplieren weichgemacht worden ist, Abstand genommen werden, weil das Souplieren ja weniger eine Nachbehandlung, als eine Vorbehandlung der Seide darstellt.

Das Weichmachen der fertigen Seide geschieht entweder mit „venetischem Terpentin" oder mit „Weichöl" oder mit „Weicherde".

Um Seiden mit venetischem Terpentin weichzumachen, emulgiert man den Terpentin mit Soda und Wasser durch Aufkochen in gleicher Weise, wie man das Olivenöl zum Avivieren emulgiert. Diese Terpentinemulsion setzt man darauf unter gutem Umrühren der fertigen Avivage zu, geht mit der Seide ein und zieht schnell um. Die Menge des zum Weichmachen erforderlichen Terpentins schwankt zwischen 0,5 bis 2,5% vom Gewicht der Seide.

Das Weichmachen mittels Weichöl geschieht in der Weise, daß man von dem Weichöl 1% vom Gewicht der Seide in die Avivage gibt und die Seide hiermit wie gewöhnlich aviviert. Das Weichöl stellt man sich in folgender Weise her: 1 kg Olivenöl wird unter ständigem Umrühren mit 250 g 66°iger Schwefelsäure langsam vermischt. Die Zugabe der Schwefelsäure geschieht tropfenweise bzw. in kleinen Mengen. Die anfangs trübe Mischung wird allmählich klar und nimmt eine dunkelbraune Farbe an. Diese Mischung läßt man 24 Stunden unter wiederholtem Umrühren stehen. Hiernach gibt man vorsichtig eine Lösung von 275 g kalzinierter Soda in 500 cm³ Wasser hinzu. Man hat hierbei Vorsicht walten zu lassen, weil die Masse zu schäumen beginnt. Ist die Soda sämtlich untergearbeitet und die Masse vollständig gleichmäßig geworden, so fügt man noch 1 l Wasser hinzu, um das Weichöl beim

Stehen nicht zu fest werden zu lassen. Bei Herstellung dieses Ansatzes hat man sich aber davor zu hüten, daß das Öl irgendwie wasserhaltig ist, weil man sonst keine gleichmäßige Emulsion erhält.

Beim Weichmachen der Seide mit Erde bedient man sich eines Auszuges von sog. Weicherde. Eine Vorschrift hierzu ist folgende: 10 kg Weicherde, auch als „englische Erde" oder „Walkerde" bezeichnet, werden mit wenig warmem Wasser angeteigt und dann auf 100 l mit Wasser aufgefüllt. Man läßt die Mischung klar absetzen und verwendet nicht die Erde als solche, sondern die über derselben stehende klare Flüssigkeit. Man gibt dieselbe ebenso wie das Weichöl in die Avivage, und zwar rechnet man für 100 kg Seide 5—10 l des geklärten Ansatzes. Beim Weichmachen der Seide wird man stets gut tun, sich vorher durch einen Versuch im kleinen von der Wirkung zu überzeugen, um danach das Arbeiten im großen einzurichten. Ist nämlich eine Partie zu weich geworden, was beim Arbeiten mit Weicherde sehr leicht der Fall ist, so ist es sehr schwer, ihr wieder den Griff zu verleihen.

Bei Stückware ist die Behandlungsweise, um zu härten oder weich zu machen, die gleiche wie diejenige der Strangseide. Es sei hier nur einer Behandlungsweise gedacht, die nicht nur zum Reinigen der fertigen Ware dient, sondern auch dazu, ihr den so beliebten kautschukartigen oder glacélederartigen edlen Griff zu verleihen. Das ist das sog. Tamponieren. Das nähere über die Arbeitsweise des Tamponierens wird jedoch in dem Abschnitt über Appretieren zu sagen sein.

Schließlich sei noch auf das Weichmachen der Schappe und Tussah für die Zwecke der Florgewebeherstellung hingewiesen, worüber ja bereits im Abschnitt über das Veredlen dieser Materialien berichtet wurde.

3. Das Haltbarmachen der Seiden.

Die vielfach geführten Klagen über geringe Haltbarkeit der erschwerten Seide haben zur Folge gehabt, daß man eine ganze Reihe von chemischen Stoffen ausgeprobt und in der Praxis eingeführt hat, die diesem Übelstande mehr oder minder abhelfen sollen. Die Stärke einer Seide wird nach ihrer Dehnbarkeit und Belastungsfähigkeit beurteilt, und hat sich hier tatsächlich gezeigt, daß die in irgendeiner Art und Weise nachbehandelten Seiden gegenüber den nicht behandelten Seiden wesentliche Vorteile aufweisen. Es muß aber immer wieder darauf hingewiesen werden, daß eine erschwerte Seide, deren Erschwerung nicht zu hoch gehalten und unter Beachtung jeder erforderlichen Vorsicht und Sachkenntnis durchgeführt wird, dieser Behandlungsweisen nicht bedarf und auch ohne diese sich als widerstandsfähig erweist. Das gleiche ist der Fall bei Seidengeweben, bei denen auf das richtige Verhältnis von Erschwerung zur Dichte des Gewebes, zur Art der mit dem Seidenfaden zu verarbeitenden anderen Stoffe und schließlich zum Verwendungszweck genommen wird. Man bezeichnet das Haltbarmachen der Seide als sog. „Solidfärbung". Das erste und wohl noch heute am meisten verwandte Verfahren ist dasjenige von Gianoli[1],

---

[1] Gianoli: Färberei-Ztg. **1907**, 255 u. DRP. 163622.

das in einer Behandlung der Seide mit einer 1%igen Thioharn-stofflösung besteht. Nahezu übereinstimmend hiermit ist das Ver-fahren von Meister[1] der Behandlung mit Rhodansalzen oder Sulfo-zyaniden. Eine weitere neuere Vorschrift von Meister [DRP. 223883 (1910)] empfiehlt Aldehyde und Aldehyd-Bisulfite. Ein weiteres Ver-fahren ist dasjenige von Imhof und Berg, DRP. 242214 (1911), näm-lich die Durchtränkung der Seide mit Hydroxylaminsalzen. Herzog, DRP. 213471 (1910), empfiehlt Verwendung von Natriumthio-sulfat. Als weitere Verfahren wären noch zu erwähnen die Verwendung von ameisensaurem Ammoniak, Hydrochinon bzw. dessen Sulfosäure, von Alkaloiden und Eiweißstoffen nach Korselt, DRP. 348193, 349261, 360603, und schließlich Diastafor. Die Anwendung dieser aufgezählten Stoffe geschieht meistens in einer 1—2%igen wäß-rigen Lösung bzw. noch schwächer, je nach den Vorschriften, nach dem Avivieren der Seide. Man zieht die vollständig fertige Seide mit der Hand ganz kurz durch das Bad, so daß also nur eine einfache Durchtränkung stattfinden kann und trocknet dann. Die Auswahl dieser Schutzmittel, die durchweg Gegegenstand eines Patentes sind, richtet sich nach den Erfahrungen, die der betreffende Färber in dieser Richtung gemacht hat. Die eigentliche Ursache der Bestrebungen, die Haltbarkeit der beschwerten Seide zu erhöhen, ging aus von der seinerzeit auftretenden Epidemie der roten Flecken, die man in der verschiedensten Art zu erklären suchte. Man sah dieselben für das Ergebnis eines Oxydations-vorganges in der Erschwerung der Seide an, eine Annahme, die jeden-falls ihre Berechtigung hat, wenn man bedenkt, daß durchweg alle der zum Schutz der Seide verwandten Stoffe starke Reduktionsmittel sind. Daß ein gut Teil der Schädigungen der Seide auf die Rechnung der-artiger Oxydationen zu setzen ist, ist ebenso unzweifelhaft, wie auf der anderen Seite die Tatsache besteht, daß besonders bei farbigen Seiden ein Übergang der amorphen Kieselsäure in die kristallinische Form die Ursache des Morschwerdens der Seide sein kann. In einem solchen Falle ist die Wirkung der Reduktionsmittel nicht auf ihre Reduktions-fähigkeit zurückzuführen, sondern auf die Fähigkeit der Salze, amorphe Körper in der amorphen Form zurückzuhalten.

4. Das Trocknen der Seiden.

Nachdem die Seide aviviert, erforderlichenfalls haltbar gemacht worden ist, wird sie in Tüchern geschwungen und jetzt zum Trocknen vorbereitet. Dieses Vorbereiten besteht darin, daß man die Seide Masten für Masten sorgfältig am Pol aufschlägt, damit die einzelnen Fäden gut gelockert werden. Diese so vorbereiteten Masten werden auf langen Stöcken aufgehangen und an diesen in die Trockenräume gebracht. Das gleiche geschieht mit der Stückware. Was das Trocknen anbelangt, so findet man namentlich im Sommer, daß die Seiden bei gewöhnlicher Temperatur getrocknet werden. Während dieses für kleinere Betriebe und im Sommer genügen mag, kommt für große

---

[1] Meister: Färber-Ztg. **1905**, 221.

Betriebe bzw. für den Winter ein mit Heizungsanlagen versehener Raum in Frage. Eine Trockenkammer soll nicht zu niedrig gebaut sein, sie soll eine Dampfheizanlage in Form von Rippenröhren besitzen, die an den Wandungen des Raumes, nicht etwa in der Mitte, hergeführt sind. An den Außenwänden und nach oben hin müssen Öffnungen bzw. Schächte vorhanden sein, die eine Durchströmung der Luft ermöglichen. Zum mindesten müssen in dem Raum Ventilatoren vorhanden sein, um die mit Feuchtigkeit geschwängerte Luft hinausbefördern zu können. Was die Temperatur des Raumes anbelangt, so ist es vorteilhaft, dieselbe nach dem Aufhängen der zu trocknenden Seide auf eine gewisse Temperatur, etwa 30—35° C, zu bringen. Dieselbe läßt man dann eine Zeitlang einwirken, $^1/_2$—1 Stunde, sodann wird die Heizung abgedreht und die Seide langsam erkalten gelassen. Der Temperatur ist große Aufmerksamkeit zu schenken, damit nicht ein Verflüchtigen der Aviviersäure eintritt. Auch nach der Art der Seide ist ein Unterschied zu machen in der Weise, daß Organzin bei niedrigerer Temperatur getrocknet wird als Trame. Bei hocherschwerten Seiden wird man gut tun, die Masten nach dem Trocknen einmal umzuhängen, um zu vermeiden, daß die Bestandteile der Avivage sich in dem einen Ende des Mastens anhäufen, weil dadurch leicht Schwierigkeiten in der Weberei entstehen können. Die Zeitdauer des Trocknens richtet sich naturgemäß nach den Eigenschaften bzw. der Art der Seide. Am vorteilhaftesten wird man es so einrichten, daß man die Seide abends aufhängt und über Nacht trocknen läßt. Zu erwähnen wäre noch, daß man die Trockenräume für Schwarz und farbige Seiden getrennt halten sollte, da beim Trocknen im gleichen Raum häufig durch Verwechslung der Stöcke unliebsame Farbflecken auftreten. In Großbetrieben, wo es sich darum handelt, große Mengen und ständig zu trocknen, hat man jedoch diese Art zu trocknen längst verlassen und ist dazu übergegangen, in Apparaten zu trocknen.

Eine sehr vorteilhafte und bezüglich Ausnutzung der zum Trocknen benötigten Wärme sehr sparsam arbeitende Trockenanlage ist diejenige, die von der Firma Fr. Haas, Lennep, gebaut wird. Wie aus der Abb. 31 ersichtlich ist, besteht die Trockenanlage aus einer Reihe von verschiedenen Kammern, die miteinander verbunden sind durch einen gemeinschaftlichen Luftabsaugeschacht und durch zwischen den einzelnen Kammern befindliche Luftventile, die gestatten, die Luft der einen Zelle in die andere überzusaugen. Der Betrieb der Anlage gestaltet sich nun wie folgt: Die auf Stöcken aufgehängte Seide wird in wagenartigen Gestellen in die einzelnen Kammern hineinbefördert und die Kammern geschlossen. Jetzt wird von der einen Seite beginnend heiße Luft durch die Kammern gesogen mittels eines Exhaustors, und zwar in der Weise, daß die Luft, die die erste Kammer durchströmt hat, zum Vortrocknen der in der zweiten Kammer befindlichen Seide benutzt wird. Von der zweiten gelangt die Trockenluft in die dritte, vierte usw. Kammer. Es wird auf diese Weise die Wärme vollständig ausgenutzt. Außerdem ist noch eine Vorrichtung vorhanden, um während des Betriebes die einzelnen Kammern zur Entfernung der bereits trockenen

Seide bzw. zur Füllung mit frischer Ware ausschalten zu können. Das Trocknen wird durch die stets erneuerte Heizluft wesentlich beschleunigt und verbilligt, und finden sich derartige Anlagen in verschiedenen großen Seidenfärbereien in Betrieb. Allerdings ist beim Trocknen der Seide in diesen Apparaten insofern Vorsicht geboten, als darauf zu achten ist, daß die Luftdurchströmung eine nicht zu starke ist, weil sich sonst die Seidenfäden leicht ineinander verwirren.

Neuerdings ist man auch dazu übergegangen, die Seide während des Trockenvorganges durch Maschinen in Bewegung zu halten. Man hat sich dieses in der Weise vorzustellen, daß ein Gestell, das die Stöcke mit der zu trocknenden Seide aufnimmt, in Form eines unendlich laufenden Bandes mit ganz langsamer Bewegung durch einen Raum

Abb. 31. Trockenapparat der Firma Friedr. Haas, Lennep.

wandert, dessen Temperatur auf einer bestimmten Höhe gehalten wird, und aus dem die feuchte Luft ständig abgesogen werden kann. Außerdem ist diese Kette von Trockenstangen so eingerichtet, daß die Seide sich um die in drehender Bewegung befindlichen Stöcke selbst dreht und so ständig ihre Lage wechselt. Der Trockenapparat ist so gebaut, daß man an der einen Seite die zu trocknende Seide einhängt, während auf der anderen Seite die fertig getrocknete Seide herausgenommen werden kann.

Das Trocknen der Stückware wird vereinzelt noch in hohen Trockenkammern vorgenommen, in dem die Trockenstöcke auf einem hohen Gestell angebracht werden, das jedoch nur mit einem entsprechend hohen Treppenstuhl erreicht werden kann. Dieses umständliche und teilweise für die Gewebe nicht ganz ungefährliche Arbeiten hat jedoch auch dem maschinellen Trocknen Platz machen müssen. Eine derartige Trockenanlage ist z. B. die Turbo-Trockenhänge von Fr. Haas, Lennep (Abb. 32).

Dieser Apparat mit selbsttätigem Ein- und Ablauf der Gewebefalten besteht aus einem Trockenkanal mit seitlich angegliederten Heizabteilungen. Das Gewebe wird, auf Stäben hängend, mit Hilfe endloser Ketten durch den Trockenraum geführt. Der Kanal arbeitet mit Kreis- und Frischluftbewegung, deren Verhältnis zueinander sich nach der Länge des Kanals und der darin zu verdunstenden Wassermenge richtet.

Der Trockenraum ist in seiner ganzen Länge in Abschnitte eingeteilt, deren Abgrenzung voneinander durch die Ventilatoren sowie deren Dachzellen, in die sie eingebaut sind, gebildet wird. Dem Kanal sind links und rechts Heizkammern angegliedert, die mit dem Innern des Trok-

Abb. 32. Turbotrockenhänge von Friedr. Haas, Lennep.

kenraumes oben durch Schraubenventilatoren und unten durch offene Luftwege in Verbindung stehen. Die Ventilatoren saugen die Luft aus den Heizabteilungen über den Heizrohren ab, drücken sie von oben nach unten in die Gewebefalten des Trockenraumes und saugen sie unten wieder in die Heizabteilungen. Es entsteht dadurch eine Kreisluftbewegung, die ununterbrochen die Gewebefalten einerseits und die Heizabteile andererseits durchzieht.

Der Durchlauf der Gewebefalten wird durch zwei endlose Ketten vermittelt, deren Glieder mit Stützen versehen sind, die ihrerseits die Stäbe mit den Gewebefalten tragen. Diese Stäbe bilden in einer durch die Länge der Stützen begrenzten Entfernung über der Kette ein geschlossenes Gitter, das sich nur an der Stelle, wo die Kette ihre Laufrichtung ändert, d. h. am Ein- und Auslauf der Gewebe, öffnet.

Der vergrößerte Abstand zwischen den Stäben wird in einfachster Weise durch das Auseinanderspreizen der Stützen gebildet, die an den Umkehrstellen einen Winkel von ungefähr 90° bilden. Dabei bleiben die Stäbe immer in ihrer parallelen Lage zueinander und schließen sich wieder, sobald die Falte in dem jeweils vergrößerten Zwischenraum vollständig eingelaufen ist.

Eine heute sehr beliebte Anlage zum Trocknen von Stückware, die nicht nur zum Trocknen der gefärbten, sondern auch der bedruckten oder appretierten Seiden benutzt wird, ist die Heißlufttrockenmaschine oder Hotflue (Abb. 33). Bei diesen Apparaten wird Trockenluft von einem großen Ventilator durch Heizregister geblasen, geht von hieraus durch einen Einblasekanal mit Düsen gleichmäßig in die einzelnen Warengänge und wird dann abgesogen und dann im Kreislauf wieder den Heizregistern zugeführt. Die innere Einrichtung und der Lauf der Ware, entweder senkrecht oder waagerecht, ähnelt derjenigen der Trockenmansarde, wie solche beim Zeugdruck — s. dort — üblich ist.

Zu erwähnen ist hier jedoch noch die mechanische Spezialtrockenhänge der Firma Julius Fischer, Nordhausen a. H. (Abb. 34), die sich auf dem Prinzip der ursprünglichen Trocknung ohne Spannung aufbaut, was für das Gewebe bezüglich seiner Struktur keineswegs nachteilig ist.

Abb. 33. Hotflue von der Zittauer Maschinenfabrik A G.

Eine derartige Anlage beansprucht nur sehr wenig Wärme, und zwar aus dem Grunde, weil die mehrere 100 m lange Stoffbahn auf einem derart langen Wege mit verschiedenen Umkehrungen mechanisch fortbewegt wird, daß die Ware ohne besonders erhebliche Wärmezufuhr lufttrocken wird.

Abb. 34. Trockenhänge von Jul. Fischer Nordhausen.

Die Arbeitsweise ist folgende: Der zu trocknende Stoff wird von der Einlegevorrichtung aus auf die durch die schrägen Auftragketten herangeführten Trockenstäbe gelegt und so auf den eigentlichen Trockenapparat gebracht, auf dem die sich automatisch bildenden Falten oder Hänge langsam fortbewegt werden. Am Ende des Arbeitssaales drehen sich die Trockenstäbe mit den Hängen selbsttätig auf einer Umkehrvorrichtung und werden langsam der Ablegevorrichtung zugeführt, woselbst der Stoff nun bei genügender Länge des Apparates vollständig trocken ankommt und selbsttätig abgelegt wird. Je nach der Größe des Raumes und dem Arbeitsumfang kann auch mit mehreren Umkehrvorrichtungen gearbeitet werden.

Das Trocknen, das früher als eine nebensächliche Arbeit erledigt wurde, spielt heute für die Ausrüstung der Seide eine wesentliche Rolle, und sollte man nie versäumen, besonders wenn es sich um hocherschwerte Ware handelt, der Trocknung seine besondere Aufmerksamkeit zuzuwenden. Ein zu scharfes Austrocknen einer hocherschwerten Ware ist gleichbedeutend mit dem Morschwerden derselben. Ein zu geringes Austrocknen macht sich später im Stück durch Krauswerden der betreffenden Gewebe ebenso unangenehm bemerkbar. Außerdem ist aber auch der Einfluß der Temperatur auf die Färbung, die Sauberkeit der Stöcke und peinliche Aufmerksamkeit bei dem Abnehmen der Ware zu beachten. So einfach der Trockenvorgang erscheint, so zahlreich sind die Fehler, die nach dem Trockenprozeß immer wieder auftreten.

5. Das Strecken der Seiden.

Durch die verschiedenen Behandlungsweisen in der Färberei schrumpft die Seide zusammen. Um diesen Nachteil auszugleichen, streckt man die Seide, wodurch nicht nur eine Wiederausdehnung des Seidenfadens in der Länge bewirkt wird, sondern der Seide auch ein noch höherer Glanz verliehen wird, als ihr zuvor anhaftete. Die fachmännische Bezeichnung für derart gestreckte Seiden ist „brillant" oder „metallique".

Die einfachste Art des Streckens ist das sog. Präparieren. Hierbei hängt man den Seidenmasten an ein Polholz, erfaßt das hängende Ende der Seide mit der Hand von innen und zieht den Masten durch Schlagen der Seide glatt, wodurch man unwillkürlich die Seide etwas streckt. Dieses Präparieren geschieht in der Färberei nach den verschiedensten Behandlungen und vermeidet man dadurch, daß die Seidenfäden sich zu stark verkürzen oder verwirren. Der Umstand, daß diese Handarbeit namentlich bei großen Partien durch Beanspruchung vieler Arbeiter zeitraubend und teuer wird, ist natürlich Anlaß gewesen, diese Arbeit durch Maschinen zu erledigen. Diese sog. Anstreckmaschinen (Abb. 35) sind

Abb. 35. Anstreckapparat von Maschinenfabrik Burkhardt, Basel.

verhältnismäßig einfach gebaut und zeigen im wesentlichen folgende Einrichtung: Es stehen sich zwei Walzen, auf denen die zu präparierenden Masten aufgehangen werden, gegenüber. Während die obere Walze sich wohl um sich selbst dreht — um eine Fortbewegung des aufgehängten Seidenmastens in der Richtung seines Umfanges zu bewirken — jedoch im übrigen ihre Stellung nicht ändert, ist die untere Walze mit einer Vorrichtung versehen, daß sie sich der oberen Walze nähern kann bis zu einer bestimmten Höhe, bei deren Überschreiten sie dann wieder in ihre ursprüngliche Lage zurückfällt. Durch diesen Fall der unteren

Abb. 36. Anstreckmaschine nach Clavel-Lindenmeyer.

Walze wird das Anstrecken des Mastens bedingt. Die durch den freien Fall der Walzen bedingte verhältnismäßig grobe Anstreckung hatte bei Seiden feinen Titers häufig Brüche zur Folge, so daß man bei feinen Seiden, auch bei Kunstseiden, doch dem Präparieren mit der Hand den Vorzug gibt.

Eine Anstreckmaschine, die diesen Übelstand vermeidet bzw. sich den Eigenheiten des Seidenfadens in weitgehendem Maße anzupassen vermag, ist die nach dem Patent „Clavel-Lindenmeyer" von der Maschinenfabrik J. P. Bemberg AG., Wuppertal-Barmen, gebaute Maschine (Abb. 36). Bei dieser Maschine wird die untere Schlagwalze durch eine Vorrichtung gehoben, die sich selbsttätig nach der Länge des Seidenmastens einstellt, so daß die Wirkung der Schläge trotz verschiedener Länge des Mastens stets die gleiche sein muß. Außerdem aber kann die Kraft des Schlages noch durch eine besondere Verstellvorrichtung der zu streckenden Seide angepaßt werden. Ein weiterer Vorteil der Maschine besteht darin, daß man die langsam einander folgenden, aber starken Schläge durch leichtere, aber sich häufig wiederholende Schläge ersetzt hat. Auf diese Art und Weise ist es möglich, sowohl Garne dünnsten Titers, als auch solche ungleicher Haspelung in entsprechender Form anzustrecken.

Dieses „Präparieren" oder oberflächliche Anstrecken der Seide ist nun nicht zu verwechseln mit dem zu den Schlußbehandlungen zu zählenden Strecken, das, wie ja bereits S. 159 ausgeführt wurde, namentlich dazu dienen soll, der Seide einen hohen Glanz zu verleihen. Für dieses Strecken bedient man sich stets einer maschinenmäßigen Einrichtung, die nach zwei Grundsätzen gebaut werden kann. Entweder bedient man sich beim Strecken der Seide eines Gewichtes oder einer Spann-

vorrichtung, oder man streckt unter Zuhilfenahme des hydraulischen Druckes.

a) Streckapparate mit Gewicht oder Spannung. Diese Apparate sind durchweg so eingerichtet, daß man die Seidenmasten auf einer Rolle nebeneinander aufhängt, sodann eine zweite Rolle in das herabhängende Ende der Masten hineinlegt. Es würde das Strecken jetzt in der Weise vor sich gehen können, daß man an der unteren Rolle Gewichte anbrächte, die der beabsichtigten Streckung entsprächen. Dasselbe könnte man erzielen, wenn man durch Spannung die obere und die untere Rolle auseinanderzöge. Die in der Praxis üblichen Streckmaschinen stellen nun eine Vereinigung von den eben beschriebenen

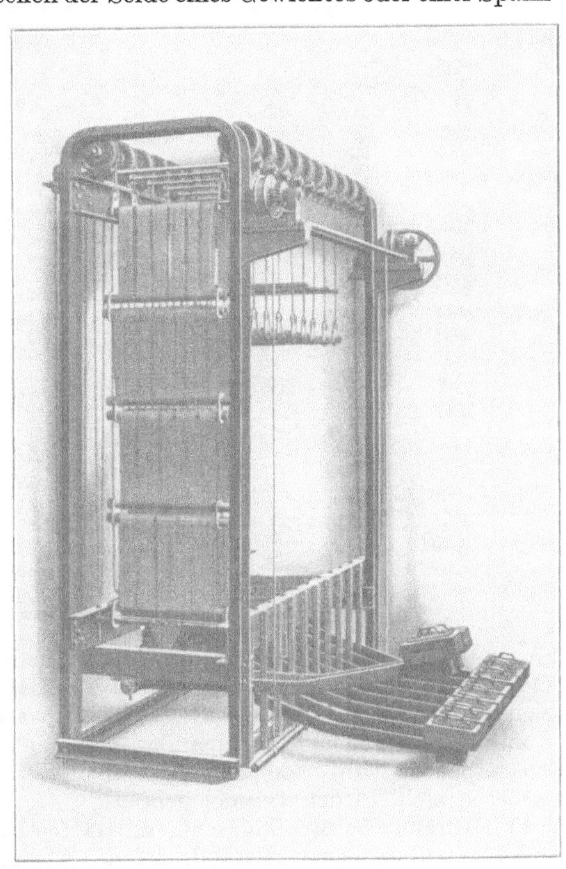

Abb. 37. Streckbock der Firma Gerber-Wansleben, Krefeld

Grundgedanken dar, und zwar in der Weise, daß man die Walzen hintereinander zu je zwei kuppelt und so eine beliebig lange Fläche durch Aneinanderkuppeln von 3—5 Rollenpaaren erzielen kann. Man kann jetzt diese Kette senkrecht anordnen, indem man das eine Ende

hoch aufhängt und an dem unteren Ende Gewichte befestigt bzw. das
untere Ende mit einer Winde verbindet, die die untere Rolle anzieht. Bei
einer anderen Art von Streckapparaten wird die Anordnung waagerecht
genommen und an den beiden Enden die Spannung durch Gewicht oder
Zug bewirkt. Hierbei ist allerdings nicht außer acht zu lassen, daß das
Eigengewicht der Seide noch ein Mehr an Spannung hervorbringt, was
bei der senkrechten Anordnung doch nicht derart in Erscheinung tritt.
Anstatt zwei Rollen aneinander zu kuppeln, kann man auch in der Weise
verfahren, daß man nur eine Walze als Zwischenwalze benutzt und abwechselnd einen Seidenmasten mit der unteren und einen mit der oberen
Walze in Verbindung bringt. Von diesen Streckapparaten sind die
bekanntesten die sog. „Wansleben"-Streckböcke, die gestatten, infolge

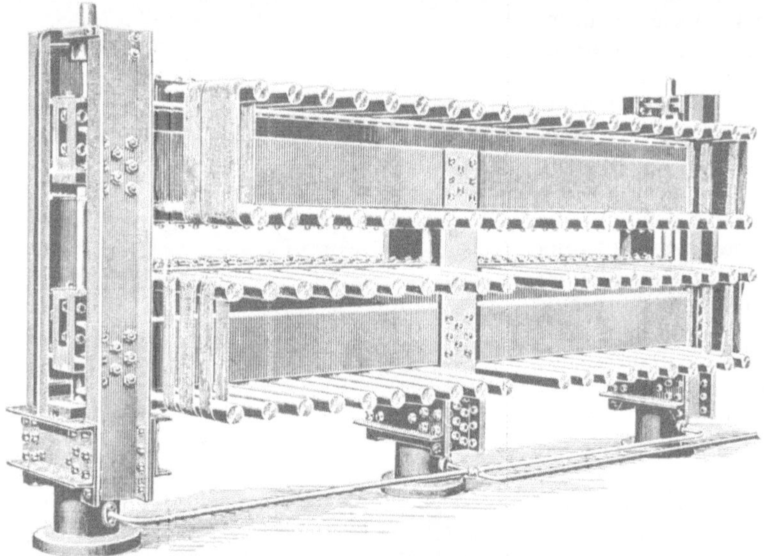

Abb. 38. Hydraulische Streckmaschine.

ihrer guten Raumausnutzung große Mengen Seide auf einmal zu strecken.
Wie aus der Abb. 37 zu ersehen ist, ist die Anordnung dieser Apparate
so getroffen, daß die aus vier Streckwalzenpaaren bestehenden Reihen
zu zwanzig und mehr nebeneinander angebracht sind. Der abgebildete
Streckapparat wird von den Maschinenfabriken Gerber-Wansleben,
Gerber-Krefeld in den Handel gebracht.

b) Hydraulische Streckmaschinen. Hatten die soeben beschriebenen
Streckmaschinen den Übelstand, daß das Eigengewicht der Seide keine
genaue Berechnung der Streckung zuläßt, und andererseits die angewandte Streckung, was Gewicht oder Spannung anbelangt, im Verhältnis zum Titer der Seide nicht genau übereinstimmt, so bedeutet die
hydraulische Streckmaschine in diesem Punkte eine wesentliche Verbesserung. Diese Maschine (Abb. 38) besteht im wesentlichen aus einer
Anordnung von mehreren sich gegenüberstehenden Stahlwalzen, einer

oberen und einer unteren. Diese beiden sich gegenüberstehenden Walzen können durch hydraulischen Druck bis auf Millimeter genau voneinander entfernt werden, und ist es so in die Hand des Färbers gelegt, eine Seidenpartie vom ersten bis zum letzten Masten in vollständig übereinstimmender Streckung zu brillantieren. Die Arbeitsweise bei dieser Maschine ist so, daß die beiden gegenüberstehenden Stahlwalzen mit einer Pappmanschette oder Nesselhülle überzogen sind, auf die die Seide in noch feuchtem Zustande aufgehängt wird. Man hängt je nach der Länge der Walzen und der Dicke der Masten 4—6, vorher gut am Pol präparierte Masten nebeneinander, setzt darauf den hydraulischen Druck in Bewegung und läßt die Walzen sich so weit voneinander entfernen, wie die gewünschte Streckung beträgt. Die Entfernung der

Abb. 39. Dampfstreckmaschine von Gerber-Wansleben, Krefeld.

Walzen voneinander ist durch ein Zeigerwerk deutlich sichtbar und kann außerdem durch besondere Einrichtung so eingestellt werden, daß bei jeder Streckung die gleiche Entfernung innegehalten wird. Die Maschine ist in einem ringsum geschlossenen Raum oder Kasten angebracht, in dem sich eine Heizvorrichtung befindet. Diese Heizvorrichtung kann auch ersetzt werden, indem man mit trockenem Dampf trocknet. Es ist wohl ohne weiteres klar, daß die Größe einer derartigen Dampfstreckmaschine (Abb. 39) eine beschränkte ist. Es sind ebenso wie bei den Lüstriermaschinen nur 3—4 Walzenpaare in einem gut schließenden Kasten vereinigt, in die der Dampf eintritt. Im übrigen ist die Einrichtung die gleiche wie bei der großen Trockenstreckmaschine. Das Strecken unter Verwendung von Dampf hat gegenüber der Trockenstreckung manchen Vorteil. Während bei dem Trockenstrecken die Seide meistens $^1/_2$—1 Stunde in der Streckung verbleiben muß, um langsam auszutrocknen, spielt sich dieses bei Verwendung von möglichst trocknem Dampf innerhalb einiger Minuten ab. Hierdurch wird nicht nur der Glanz gehoben, sondern auch das Ausdehnungsvermögen der Seide, ihre Spannkraft geschont. Ist die Seide nach der ersten Spannung nahezu trocken, so läßt man den Druck nach und dreht die Masten um ein Viertel ihres Umfanges, so daß die Stellen, die die Walzen berührten, jetzt sich zwischen denselben zu beiden Seiten befinden. Darauf wird nochmals angestreckt und die Seide in der Streckung gelassen, bis sie vollständig trocken ist. Ein Übelstand dieser Dampfstreckung ist jedoch die Tatsache, daß manche Färbungen ihren Farbton bei dieser Behandlung derart ändern, daß hier die Anwendung der Dampfstreckung ausgeschlossen ist.

Bei dieser Gelegenheit möge gleich darauf hingewiesen sein, daß man diese letzteren hydraulischen Dampfstreckmaschinen ebenfalls benutzen kann zum Vorstrecken der Seide, nur sind dann die Walzen nicht mit Pappe oder Stoff überzogen, und es wird nicht trockner Dampf, sondern gewöhnlicher feuchter Dampf in die Maschine eingelassen. Das Vorstrecken ist eine Arbeit, die der Seide einen noch höheren Glanz verleihen soll als dieses beim Nachstrecken der Fall ist. Das Vorstrecken geschieht unter Anwendung besonderer Vorbereitungen. Die Rohseide wird mit 20% Seife 25°C warm eingenetzt und über Nacht eingelegt. In manchen Betrieben begnügt man sich nicht mit Verwendung von Seife allein, sondern macht einen Zusatz von 2—5% Natronlauge. Am anderen Morgen wird die Seide herausgenommen, mit der Hand abgewrungen, am Pol gelockert und nachgesehen bezüglich ungleicher Masten. Die Seide wird jetzt auf die Streckwalzen aufgehängt, dann der Apparat geschlossen. Man arbeitet jetzt mit dem Apparat in der Weise, daß man unter Dampfzutritt auf eine bestimmte Entfernung streckt, 2 Minuten in der Streckung läßt, darauf läßt man so weit nach, daß die Walzen sich bis auf 5 cm wieder nähern, streckt nochmals wieder 2 Minuten auf die beabsichtigte Entfernung, läßt nach und öffnet den Apparat jetzt. Man nimmt die Seidenmasten ab, zieht sofort in lauwarmem Wasser um und läßt die Seide in diesem Bade hängen bis zum Abkochen. Von diesem Bade geht man, ohne zu schwingen, auf den Schaumkochapparat und kocht in gewohnter Weise ab. Es sei an dieser Stelle auf zwei sehr wichtige Punkte des Vorstreckens hingewiesen. Beim Einlegen der Seide in die Seife muß man mindestens 2 mal umziehen, da sonst noch trockene Stellen vorhanden sind, an denen die Seide beim Strecken reißt. Ferner ist sehr wichtig, daß man die Seidenmasten vor dem Strecken auf etwaige Längenunterschiede prüft. Man streckt dann die kurzen Masten besser für sich.

Im allgemeinen wird sich das Strecken oder die hiermit Hand in Hand gehende Höhe des erzielten Glanzes nach den Anforderungen des Fabrikanten zu richten haben, ebenso wie auch das Seidengut, ob grober oder feiner Titer, hier eine wesentliche Rolle mitspielen wird. Es können daher keine allgemein gebräuchlichen Durchschnittswerte aufgestellt werden, wie durch die Ausdehnung der Seide ein gewisser Glanz zu erzielen ist. Es kann ebenso gut vorkommen, daß man die Seide mit 1 kg

Gewicht auf 250 g Seidengewicht streckt, während man die gleiche Seide für einen anderen Zweck mit 1,5 kg auf 250 g strecken muß. Alles in allem ist das Strecken der Seide eine Behandlung von nicht zu unterschätzender Wichtigkeit. Unvorsichtiges Strecken oder nicht sachgemäße Behandlung während des Streckens hat schon manche Partie Seide dem Untergang geweiht.

Es muß hier bei der Besprechung des Streckens noch zweier Arbeitsweisen Erwähnung getan werden, die ebenfalls eine Streckung darstellen, jedoch nicht in jeder Seidenfärberei zur Anwendung gelangen. Es sind dieses das „Chevillieren" und das „Lüstrieren".

Abb. 40. Chevilliermaschine von Gerber-Wansleben, Krefeld.

Chevillieren. Unter dieser Behandlung versteht man eine Art des Streckens, die besonders bei Cordonets, Nähseiden, Schappe und Souple gebräuchlich ist. Das Chevillieren dient weniger zum Glänzendmachen der Seide als vielmehr zu dem Zweck, um eine gute Lockerung und Weichmachung der einzelnen Seidenfäden zu erzielen. Das Chevillieren mit der Hand geschieht in der Weise, daß man nach dem Trocknen der Seide eine Handvoll derselben an den Pol nimmt und jetzt durch Andrehen mit dem Chevillierholz die Seide fest zusammenpreßt, wieder etwas lockert und nochmals zusammenpreßt. Hiernach lockert man vollständig, zieht die Seide etwas weiter über das Polholz und chevilliert von neuem. Diese Bearbeitung wiederholt man solange, bis alle Teile des Seidenmastens derartig behandelt worden sind. Maschinenmäßig wird dasselbe erzielt mit der Chevilliermaschine. Im Grundgedanken ist die Einrichtung der Maschine so, daß sich zwei Walzen, auf die der Seidenmasten aufgehängt wird, gegenüberstehen, eine obere, die sich um sich selbst dreht wie eine Rolle, und eine untere, die eine kreisförmige Bewegung ausführt wie ein Kreisel. Die Arbeitsweise der Maschine ist nun so, daß der auf die beiden Walzen gelegte Seidenmasten, entsprechend der Drehung der unteren Walze, wie ein Zopf zusammengedreht oder gelockert bzw. nach der anderen Seite aufgedreht wird, ganz ebenso, wie bei der Handarbeit mit dem Chevillierholz. Die obere Walze dient lediglich dazu, die Seide in der Richtung des Umfanges um ein Stück weiterrücken zu lassen und so zu erzielen, daß das Aufdrehen der Seide auch an allen Stellen des Seidenmastenumfanges ermöglicht wird. Die unteren Walzen sind bezüglich ihrer Höhe zu verstellen, um ein bequemes Aufhängen der Seidenmasten zu ermöglichen. Die beigefügte Abb. 40 stellt eine Chevilliermaschine dar, wie solche von der Firma Tillmanns - Gerber Söhne & Gebr. Wansleben in Krefeld gebaut wird.

Lüstrieren. Dient das Chevillieren nicht nur zum Glänzendmachen, sondern mehr zum Weichmachen, so dient das Lüstrieren durchweg nur zur Erzielung von Glanz und nur nebensächlich zum Weichmachen oder Wiederausdehnen des Seidenfadens. Das hier geschilderte Lüstrieren ist daher nicht mit dem Lüstrieren von Einzelfäden wie bei der Eisengarnherstellung zu verwechseln. Man benutzt dieses Verfahren eigentlich nur bei Tussah, Schappe und offener Stickseide. Die Arbeit des Lüstrierens wird stets maschinenmäßig verrichtet, und bedient man sich hierzu der sog. Lüstriermaschine. Das Wesen der Lüstriermaschine hat vieles mit dem einer hydraulischen Streckmaschine gemeinsam und ist folgendes: Es stehen sich zwei, mittels Dampf heizbare Metallwalzen, die sich zum Unterschied von der Streckmaschine um ihre eigene Achse drehen, eine obere und eine untere, gegenüber. Die beiden Walzen können außerdem durch eine Vorrichtung voneinander entfernt werden. Wenn jetzt die Seide auf die beiden Walzen gehängt und die Vorrichtung eingeschaltet wird, daß die beiden Walzen sich voneinander entfernen, so kann man dieses auf eine bestimmte Entfernung beschränken und streckt die Seide in der Länge, wie man es wünscht. Da außerdem die heißen Walzen in Bewegung sind, so wird die Seide nicht nur gestreckt, sondern der Seidenmasten bewegt sich um die Walze herum, und die innere Seite der Seidenstränge wird dadurch stark geglättet. Bei einer anderen Bauart nimmt außer diesen beiden Walzen noch eine dritte heiße und drehbare Metallwalze am Lüstrieren teil. Dieselbe befindet sich zwischen den beiden erstgenannten Walzen, jedoch nicht in gleicher Richtung mit diesen, sondern seitlich von ihnen. Die Maschine arbeitet nun in der Weise, daß die dritte Walze beim Arbeiten der anderen zwei Walzen sich an die Außenseite der Seidenmasten andrückt, wodurch außer dem Glätten der Innenseite noch das gleiche von außen erzielt wird. Diese drei Lüstrierwalzen befinden sich in einem ringsum geschlossenen Kasten, der nur nach einer Seite zu öffnen ist, um die Seiden aufzuhängen bzw. abzunehmen. Je nach Art der zu lüstrierenden Seide kann in die Lüstriermaschine Dampf eingelassen werden, wodurch dann eine ähnliche Wirkung erzielt wird wie bei den Dampfstreckmaschinen.

XI. Das Bedrucken der Seide.

Diese Nachbehandlungsart der Seide kommt für Seide im Strang sozusagen gar nicht in Frage, höchstens als Ersatz für die immerhin umständliche Ombréfärbung oder bei dem Kettdruck der Chinébänder, aber für Gewebe, seien sie nun im Stück ausgerüstet oder aus vorher gefärbtem Material hergestellt, stellt der Zeugdruck heute eine Behandlungsart von größter Bedeutung dar.

Der Zeugdruck, hervorgegangen aus dem Bemalen der Stoffe im Altertum, ist heute zu einer Vollendung gelangt, die ein Ruhmesblatt auf dem Gebiet der Stückveredlung bedeutet. Bunteffekte, die früher in der Weberei nur unter Verwendung entsprechend gefärbter Effektfäden hergestellt werden konnten, werden heute durch Bedrucken in einer Vollendung erzielt, die auch bei dem Fachmann beim oberflächlichen Hinsehen den Eindruck erwecken kann, das Gewebe sei mit stranggefärbtem Material hergestellt.

Sämtliche Seidengewebe können bedruckt werden, ob ungefärbt oder gefärbt, ob unerschwert oder erschwert. Es ist aber üblich geworden, die Rohgewebe doch etwas vorzubehandeln, also sie sozusagen abzukochen, gegebenenfalls auch zu bleichen. Bezüglich der erschwerten Gewebe ist jedoch zu bemerken, daß eine hohe Erschwerung bei den zu bedruckenden Seidengeweben unbedingt zu vermeiden ist. Bei den heute so sehr beliebten seidenen Kreppgeweben sollte das Höchste der Erschwerung etwa 20% sein, wenn sie bedruckt werden.

Was nun die Arbeitsweisen des Zeugdruckes anbelangt, so können dieselben hier nur kurz gestreift werden, da der Zeugdruck ein derart wichtiges Spezialgebiet geworden ist, daß auf die genügend vorhandene diesbezügliche Literatur hinzuweisen ist. Hinzu kommt ferner noch, daß die Arbeitsweisen des Zeugdruckes ein sehr großes Maß von Erfahrung bei dem betreffenden Drucker erfordern, um die Voraussetzungen für einen einwandfreien Druck erfüllen zu können. Jeder Betrieb hat daher seine durch Erfahrung erprobten Spezialvorschriften, so daß an dieser Stelle von einer Wiedergabe etwaiger Vorschriften oder Rezepte vollständig abgesehen werden muß. Es sollen daher nur das Wesen und die üblichen Arbeitsweisen des Zeugdruckes hier kurz beschrieben werden. Um sich ein Bild von dem Zeugdruck machen zu können, müssen einmal die Druckmasse, dann die Technik des Druckens und schließlich die Arten des Zeugdruckes besprochen werden.

1. Die Druckmasse.

Die Farben, die zum Bedrucken der Seiden verwandt werden, sind die gleichen, wie sie zum Färben der Seiden benutzt werden, wobei man auch hier selbstverständlich zu berücksichtigen hat, ob erschwerte oder unerschwerte oder gemischte Seidengewebe vorliegen. Man verwendet daher alle Farbstoffe, aber auch hier wieder nur wenig die Schwefelfarbstoffe. Man benutzt allerdings vielfach auch mit Vorteil die Pigmentfarben. Die Hauptsache bei einer Druckfarbe ist jedoch die Auswahl der Verdickungsstoffe. Als Verdickungsmittel sind zu nennen Stärke,

Tragant, Gummiarabikum, Eiweiß, Kasein, Leim, British Gum, Dextrin und Pflanzenschleime, wie Norgine, Diagum, Agar-Agar u. a. m. Diese Verdickungsmittel werden mit Wasser in entsprechender Weise aufgequollen und dann die Farbstoffe darunter gemischt.

Aber auch noch andere Stoffe werden der Druckmasse zugesetzt; an erster Stelle solche, die imstande sind, die Farbstoffe echt zu fixieren, wie Tannin. Ein anderer Zusatz besteht aus Metallbeizen, wie Eisen-, Tonerde-, Chrom- oder Zinnbeizen, wenn man mit Beizenfarbstoffen zur Erzielung besonderer Echtheiten druckt. Weiter setzt man organische Säuren, wie Essigsäure und Ameisensäure oder Neutralsalze hinzu, wenn man mit basischen, sauren oder substantiven Farbstoffen färbt. Ferner sind als Zusatz die Ätz- und Reservierungsmittel, wenn es sich um Ätzdruck handelt, zu erwähnen.

Nicht zu vergessen sind schließlich die Stoffe, die zugesetzt werden, um die Verdickungsmittel nachher wieder einwandfrei herauslösen zu können, und die Zusätze, die dazu dienen, die Masse entsprechend geschmeidig zu halten, damit sie nicht in der Gravur der Walzen kleben bleibt.

Die Zusammensetzung und Konsistenz der Druckmasse richtet sich nach der Beschaffenheit des zu bedruckenden Gewebes, ob es rauh oder glatt, ob dick oder dünn, ob große oder kleine Muster gedruckt werden sollen, ob einseitig oder zweiseitig bedruckt werden soll usw. Alle diese Umstände sind zu berücksichtigen und beanspruchen große Erfahrung von seiten des Druckers.

2. Die Technik des Druckens.

Die älteste Form des Druckens ist der Handdruck, der später durch maschinenmäßiges Drucken, den sog. Perrotinendruck, ersetzt wurde. Beide Druckarten benutzen einen Druckstock, auf dem das Muster erhaben, also im Relief, herausragte. Beide Verfahren sind aber vollkommen in den Schatten gestellt durch den Walzen oder Rouleauxdruck, bei dem das Muster auf einer zylindrischen Walze vertieft eingraviert ist. Diese Art des Druckens ist heutzutage die überwiegende, während der Handdruck nur noch für einzelne Zwecke, z. B. Kettdruck oder kunstgewerbliche Arbeiten, Verwendung findet. Neuerdings führt sich allerdings eine Reliefdruckmaschine der Firma Fischer, Nordhausen, mehr und mehr ein.

Beim Handdruck bedient man sich eines sog. Druckmodels, eines rechteckigen Holzklotzes, auf dem das Druckmuster erhaben herausgeschnitzt ist. Das zu bedruckende Material wird auf einem langen, mit Filz und einer glatten Stoffauflage ausgerüstetem Tisch befestigt und dann, nachdem man das Model durch Aufdrücken auf eine Art Farbkissen, das sog. Chassis, mit der Druckfarbe versehen hat, mit Hilfe des Models bedruckt. Das Model wird auf das zu bedruckende Material aufgesetzt und durch kurze Schläge mit einem Holzhammer oder der Faust die Farbe auf das Material übertragen. Es bedarf einer gewissen Übung, daß die Konturen des Musters nicht unscharf ausfallen, und ferner daß das Muster beim Weitersetzen des Models richtig aneinandergefügt wird.

Bei mehrfarbigem Druck muß man sich verschiedener Model bedienen, die entsprechend der Farbe geschnitzt sind.

Wie bereits S. 167 erwähnt wurde, kommt diese Form des Druckens hauptsächlich für Kettdruck in Frage. Die zu bedruckenden Ketten werden, um die Kettfäden nicht zu verwirren, in Abständen von mehreren Metern mit einer Anzahl Schußfäden durchschossen und auf langen Tischen stramm ausgebreitet.

Dieser Kettdruck, der zur Herstellung der sog. Chinégewebe Verwendung findet, wird heute jedoch auch bereits maschinell durchgeführt.

Der Perrotinendruck ist der maschinenmäßig durchgeführte Handdruck. Die Perrotine bestand aus einem großen, plattenförmigen Druckklotz, der an einem maschinenmäßig auf und ab gleitenden Stempel angebracht war. Natürlich mußte das zu bedruckende Gewebe jedesmal entsprechend weiter transportiert werden. Durch die modernen Reliefdruckmaschinen ist diese Form des Bedruckens aber so weit verbessert worden, daß der Reliefdruck heute beginnt, dem Walzendruck empfindliche Konkurrenz zu machen.

Die dritte und, wie bereits erwähnt, die verbreitetste Art des Druckens ist das Drucken auf dem Rouleau oder der Walzendruckmaschine.

Bei dieser Maschine ist die Druckform nicht mit einem erhabenen, sondern mit einem tiefliegenden, eingravierten Muster ausgerüstet. Meistens handelt es sich um Walzen aus Kupfer oder Rotguß, in die das Muster mit der Hand hineingraviert wird. Heutzutage überträgt man das Muster auf die Walze mit der Molette oder dem Pantographen.

Im ersteren Falle wird das Muster auf einen weichen Stahlzylinder, die sog. „Molette", eingraviert und dieser Zylinder durch Erhitzen gehärtet. Jetzt wird eine zweite Walze aus weichem Stahl durch entsprechende Einrichtung so an die gehärtete Molette gepreßt, daß diese zweite Walze das Muster in Reliefform aufnimmt. Dieses Reliefmuster wird dann in gleicher Weise in die eigentliche Druckwalze aus Kupfer hineingepreßt.

Das Arbeiten mit dem Pantographen geschieht in der Weise, daß die Druckwalze mit Asphaltlack überzogen, das Muster mit einem Diamanten in den Lack hineingeritzt, und nun das Muster durch Behandeln mit Säure in das Kupfer hineingeätzt wird.

Bei der Druckmaschine befindet sich über jeder Druckwalze ein Farbtrog, aus dem die Walze die Druckmasse mittels einer Bürstenwalze erhält. Die überschüssige Farbe wird mit einem feinen elastischen Messer — Rakel genannt — abgestrichen, so daß nur das eingravierte Muster mit der Farbmasse gefüllt wird. Diese Walze — oder bei dem Mehrfarbendruck ein System von Walzen — berühren eine große Trommel, den Tambour oder Presseur, über die der zu bedruckende Stoff läuft. Der Stoff wird über diese Drucktrommel durch eine besondere Zugvorrichtung stramm hergezogen. Um dem zu bedruckenden Gewebe eine elastische Unterlage zu geben, ist der Zylinder mit einem elastischen Gewebe, dem Lapping, umkleidet, das aus einem dichten

Halbwollgewebe besteht. Über diesem Lapping wird dann noch eine endlose Bahn eines Wollfilzes — die eigentliche Druckdecke — geleitet. Neuerdings wird dieser Lapping und die Druckdecke durch eine einzige aus Kautschukgewebe gebildete Decke ersetzt. Diese bietet den Vorteil einer leichteren und besseren Reinigungsmöglichkeit sowie größerer Einfachheit. Auf diese Bahn kommt das zu bedruckende Gewebe, und hierüber wieder der Mitläufer, ein Gewebe aus Nessel oder Baumwolle, das etwas breiter ist als der zu bedruckende Stoff und zur Aufnahme der überschüssigen Anteile der Druckmasse dient, denn die Druckwalzen selbst sind natürlich auch etwas breiter als das zu bedruckende Gewebe.

Abb. 41. Druckmaschine von C. G. Haubold AG., Chemnitz.

Wie schon erwähnt, können an der Maschine eine große Anzahl von Druckwalzen mit verschiedenen Farben angebracht werden, wodurch man eine große Reichhaltigkeit der Farbeffekte erzielt.

Die abgebildete Druckmaschine (Abb. 41) der Firma C. G. Haubold AG., Chemnitz, besitzt z. B. zehn Druckwalzen.

Die Einrichtung der Maschine ist, kurz skizziert, folgende: In der Mitte der Maschine befindet sich der Zylinder oder Presseur, um den herum in einem Halbkreis die Druckwalzen (Rouleaux) angeordnet sind. Diese Rouleaux werden durch besondere Federungen an den Zylinder gedrückt. Je mehr Druckwalzen vorhanden sind, um so größer muß natürlich der Durchmesser des Presseurs genommen werden. Der Zylinder selbst wird nicht mit besonderem Antrieb gedreht, sondern erhält seine Drehung durch die rotierenden Druckwalzen. Außerdem finden sich Vorrichtungen zum Abziehen des bedruckten Gewebes in Form von besonderen Spannvorrichtungen.

Anschließend an die Maschinen, mit denen gedruckt wird, sind jetzt die Einrichtungen zu besprechen, die zur Nachbehandlung der bedruckten Ware dienen. Hier sind in erster Linie die Trockenvorrichtungen zu erwähnen.

Während beim Handdruck das Material genügend Zeit hat, an der Luft zu trocknen, hat das Trocknen beim Maschinendruck sich der Schnelligkeit des Druckens anzuschließen und bedarf demgemäß einer besonderen Trocknungsanlage.

Diese als Mansarde oder Trockenstuhl bezeichnete Einrichtung, die auf der Abbildung der Hauboldschen Walzendruckmaschine dargestellt ist, besteht aus einer in einem geschlossenen Raum befindlichen Zusammenstellung von Heizplatten, die mittels Dampf geheizt werden. Zwischen ihnen befindet sich ein System von Walzen, über die der zu trocknende Stoff läuft, ohne die Heizplatten direkt zu berühren. Und zwar läuft das Gewebe mit der linken Seite, den Heizplatten zugewandt, über die Rollen. Hat es sämtliche Heizplatten passiert und ist getrocknet, so läuft es den gleichen Weg zurück, jetzt mit der rechten Seite den Trockenkörpern zugewandt, um dann nach Verlassen des Trockenstuhles aufgebäumt zu werden. In gleicher Weise wird auch der Mitläufer und die wollene oder Gummidruckdecke getrocknet.

Die mechanische Trockenhänge von J. Fischer, Nordhausen, die auch zum Trocknen bedruckter Stoffbahnen verwandt wird, unterscheidet sich von den üblichen Trockenmansarden hauptsächlich dadurch, daß die Gewebe nicht im gespannten Zustand, wie bei den letzteren, sondern ohne jegliche Spannung getrocknet werden.

Ein zweiter wesentlicher Unterschied zwischen Trockenhänge und Trockenmansarde besteht in der Länge des Weges, den die zu trocknende Ware zu durchlaufen hat. Während bei der Trockenmansarde dieser Weg im allgemeinen bei 150 m seine oberste Grenze findet, können die Trockenhängen, je nach ihrer Größe, viele hundert Meter Ware aufnehmen. Da, gleiche Arbeitsgeschwindigkeit vorausgesetzt, die Trocknung der Ware auf viel kürzerem Wege geschehen muß, wenn sie in einer Trockenmansarde erfolgt, so ergibt sich daraus von selbst, daß hierbei zur Verdunstung der in der Druckfarbe enthaltenen Feuchtigkeit erheblich höhere Wärme und eine stärkere Luftbewegung Erfordernis sind, als dies bei einer mechanischen Trockenhänge der Fall ist.

Die Mitläufer müssen nach der Verschmutzung durch Waschen gereinigt und getrocknet werden.

Die Zugvorrichtung des Trockenstuhles ist automatisch der Geschwindigkeit der Druckmaschine angepaßt.

Ist die Ware getrocknet, dann erfolgt die eigentliche Fixierung des beim Drucken aufgetragenen Farbstoffes auf dem Gewebe, vielfach auch der eigentliche Färbevorgang durch das sog. „Dämpfen".

Dieser Arbeitsvorgang erfordert große Erfahrung, da die Einwirkungsdauer, Temperatur, Beschaffenheit und Druck des Dampfes je nach den Farben ständig wechseln. Man dämpft entweder in offenen Dämpfkästen, sog. Schnell- oder Kontinuedämpfern, oder in geschlossenen Druckkesseln.

Der Kontinuedämpfer besteht aus einer entsprechend großen Kammer, die aus Bauwerk oder Metall aufgeführt und oben mit Heizplatten abgedeckt ist. Am Boden dieser Kammer befindet sich ebenfalls eine Anordnung von Heizröhren. Ferner ist die Fürsorge getroffen, daß in diesem Raum Dampf eingelassen werden kann. Das Wichtigste ist aber die Vorrichtung, die den bedruckten Stoff durch diesen Raum führt. Es geschieht dieses durch zwei endlose, an den Seiten des Raumes herlaufende Ketten, die der Breite des Raumes entsprechende Messingstangen tragen, über die der Stoff hergeführt wird. Oben an den Heiz-

platten befindet sich ein Schlitz zum Einführen der Ware, die an einer
der Stangen befestigt wird und den Raum an einem anderen gegenüberliegenden Schlitz verläßt. Die Ware macht in diesem Dämpfer einen
ähnlichen Weg wie beim Trocknen der bedruckten Ware. Die Schnelligkeit, mit der das Gewebe durch den Dämpfer geführt werden muß,
richtet sich nach dem jeweils erforderlichen Effekt, den man zu erzielen
beabsichtigt. Aus dem Grunde genügt für feine oder kleine Muster ein

Abb. 42. Schnelldämpfer von Zittauer Maschinenfabrik A.-G., Zittau.

einmaliges Hindurchleiten durch den Raum, sind die Druckflächen aber
größer, dann muß zwei oder mehrere Male gedämpft werden, wenn man
nicht überhaupt vorzieht, im geschlossenen Kanal zu dämpfen.

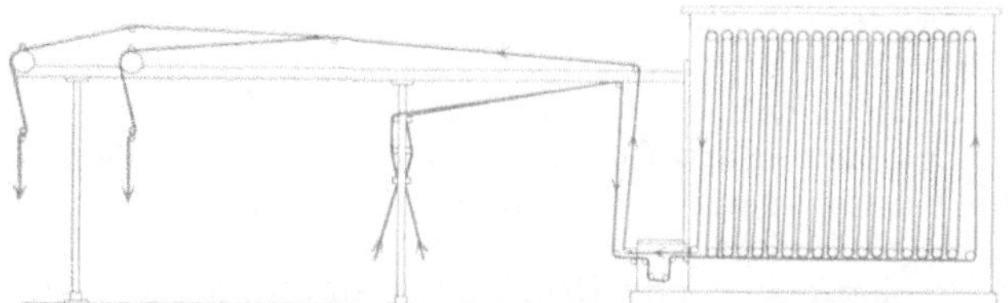

Abb. 43. Längsschnitt des Schnelldämpfers, den Lauf der Ware zeigend.

Der Schnelldäm-
pfer von Mat-
her und Platt,
auch als Oxyda-
tionsapparat be-
zeichnet, erfreut
sich heute größ-
ter Beliebtheit,
weil seine Aus-
maße kleiner und seine Arbeitsweise eine intensivere und schnellere ist
als der Kontinuedämpfer. Man bevorzugt ihn daher in solchen Fällen,
wo durch das Dämpfen irgendwie flüchtige und das Gewebe evtl. an-
greifende Stoffe gebildet werden können, also z. B. bei Waren, die mit
Ätzdruck oder unter Verwendung von Anilinschwarz hergestellt worden
sind.

Der Apparat (Abb. 42 und 43) besteht aus einem großen gußeisernen
Kasten, der an der Ober- und Unterseite mit Heizplatten versehen ist.
In diesem Kasten befinden sich an der Decke wie am Boden zwei Reihen
sich gegenüberstehender Kupferwalzen. Die oberen sind durch eine

entsprechende Zahnradeinrichtung mit verschiedener Schnelligkeit drehbar, während die unteren Kupferwalzen keine Drehvorrichtung aufweisen, sondern so lose eingelagert sind, daß sie von der darübergleiten-
den Stoffbahn gedreht werden. Außerdem befindet sich an dem Apparat
eine Vorrichtung zum Ein- und Austritt des Dampfes.

Die Ware wird durch einen Schlitz an der Vorderseite des Apparates
eingeführt und durch eine Zugvorrichtung in auf- und absteigender
Richtung über die einzelnen Kupferwalzen hergezogen. Von der letzten
oberen Walze, die dem Eintritt gegenüberliegt, wird der Stoff oberhalb
der Walzenanlage wieder hergezogen, tritt am Eintritt wieder aus und
wird abgelegt. Die Schnelligkeit, mit der die Ware durch den Apparat
geführt wird, läßt sich am Antrieb regeln, so daß die Ware beliebig
lange, meistens 1—5 Minuten, gedämpft werden kann.

Abb. 44. Druckdämpfkessel von Zittauer Maschinenfabrik A.-G., Zittau.

Auch bei diesen Apparaten sind von den verschiedenen Fabriken
Verbesserungen angebracht.

Bei beiden Arten des Dämpfers ist natürlich dafür gesorgt, daß der
aus den meistens am Boden liegenden Dampfschlangen austretende
Dampf nicht durch mitgerissene Wassertropfen das Gewebe beschmutzen
kann. Ferner ist eine Vorrichtung getroffen, daß sich bildendes Kondenswasser nicht auf die Ware tropft. Der Apparat muß zu diesem Zweck
vor dem Gebrauch gut geheizt werden. Der Dampf entweicht durch
einen Schlitz und wird ins Freie abgesogen. Durch Überhitzung des
Dampfes lassen sich in diesen öffenen Dämpfern auch Temperaturen
bis zu 140° C erzeugen, nur muß der ganze Apparat mit entsprechenden
Heizplatten umgeben werden, um die Temperatur halten zu können.

Will man unter Druck dämpfen, dann ist dieses nur unter Verwendung vollständig geschlossener Kästen möglich. Man dämpft meistens $^1/_2$—$^3/_4$ Stunde bei einem Überdruck von $^1/_4$ Atmosphäre oder die
doppelte Zeit ohne Überdruck. Der Apparat, wie ihn die Abb. 44 zeigt,
ein Fabrikat der Zittauer Maschinenfabrik A.-G., ist ein großer zylin-

drischer Kessel, der in der für Autoklaven üblichen Bauart hergestellt ist. In demselben befinden sich zwei Schienen zum Einfahren des Wagens, der mit der zu dämpfenden Ware beschickt wird. Der Kessel ist entweder doppelwandig gebaut, um ihn mit Dampf heizen zu können, oder er ist mit einer besonderen Heizvorrichtung in Form von Heizplatten versehen. Das Innere des Kessels ist mit säurefester Farbe gestrichen, um ein Angreifen des Kesselbleches zu verhindern.

Die zu dämpfenden Stoffe werden auf einen zusammenklappbaren Kreuzhaspel in einer Länge von etwa 60 m aufgehaspelt, vom Haspel abgenommen und in Halbenform auf Walzen gehängt, die ihrerseits in einem Wagen aufgehängt werden. Erforderlich ist bei dieser Art des Dämpfens, daß ein Mitläufer mitgeführt wird, damit kein Verschmutzen der einzelnen Stofflagen eintreten kann.

Durch entsprechende Kuppelung ist es möglich, die Halben in dem verschlossenen Kessel in gewissen Zeiträumen zu drehen und so der Einwirkung des Dampfes gleichmäßig auszusetzen.

Mit dem Dämpfen sind die hauptsächlichsten Arbeiten der Druckerei erledigt. Es schließen sich jetzt an das Reinigen und Waschen der Gewebe. Hier wird in der gleichen Weise verfahren, wie wir dieses bei der Färbung der Seiden im Stück kennengelernt haben. Man bevorzugt im Zeugdruck jedoch durchweg in breitgehaltener Form die Stücke zu behandeln. Das Reinigen als solches geschieht nicht nur mit Seifenlösungen, Alkalien u. dgl., sondern heute auch viel mit Netzmitteln, wie Nekal, Monopolöl usw. Das zum Waschen verwandte Wasser soll ein weiches sein.

Nach dem Waschen schließen sich Arbeiten an, wie Ausfärben, Entwickeln, Echtmachen, Ätzen, Avivieren usw.

Die Endbehandlung besteht dann in der Appretur bzw. in dem Trocknen der Stücke, das bei Seide meistens auf dem Trockenspannrahmen erfolgt, worauf später noch zurückzukommen sein wird.

3. Die Arten des Zeugdruckes.

Die Arten des Zeugdruckes können sehr vielseitig sein, je nach den Effekten, die man erzielen will. Die hauptsächlichsten sind, der einfache Farbendruck oder Direktdruck, der Reservedruck und der Ätzdruck.

a) Direktdruck. Derselbe leitet seinen Namen davon ab, daß nur einmal gedruckt wird, ohne daß etwa ein Vordrucken als Reservage oder ein Nachdrucken zum Ätzen stattfindet. Es stellt aber das gebräuchlichste Verfahren dar.

Beim Drucken mit basischen Farbstoffen wird zur Farbmasse mit den in Betracht kommenden Farbstoffen ein Zusatz von Essigsäure und Tannin gemacht. Die hiermit bedruckten Gewebe werden nach dem Trocknen eine Stunde ohne Druck gedämpft und anschließend mit einem 50° C heißem Bad von Brechweinstein (5—10 g je Liter) behandelt. Dann wird gewaschen, geseift und zur Entfernung der Verdickung mit Diastaphor behandelt. Zum Schluß gibt man eine dünne Ameisensäure oder Essigsäure. Zur Erzielung lebhafter Töne wird die

Seide vor dem Bedrucken vielfach einer Präparation mit Zinnsalz unterworfen.

Bei Verwendung von substantiven Farbstoffen, die auch sehr echte Drucke liefern, gibt man zur besseren Fixierung einen Zusatz von oxalsaurem Ammon oder phosphorsaurem Natron. Nach dem Drucken wird das Gewebe 1 Stunde ohne Druck gedämpft, anschließend gewaschen und abgesäuert.

Um Beizenfarbstoffe auf Seide direkt zu drucken, setzt man der Druckmasse essigsaures Chrom und Weinsäure zu. Als Farbstoff wird ein Chromfarbstoff verwandt. Nach dem Bedrucken wird, ohne zu trocknen, 1 Stunde gedämpft und gewaschen.

Der direkte Druck mit Schwefelfarbstoffen hat bei Seide noch wenig Anklang gefunden, da die schädigende Wirkung der Alkalisulfide trotz der verschiedenen Schutzmittel sich nicht hat vermeiden lassen.

Die Küpenfarbstoffe spielen heute auch im Zeugdruck wohl die wichtigste Rolle, da sie in ihrer Echtheit an erster Stelle stehen. Hierbei bietet natürlich die Verwendung der Natronlauge sehr erhebliche Schwierigkeiten, und hat man ihren schädigenden Einfluß auf Seide dadurch aufzuheben versucht, daß man an ihrer Stelle schwächere Basen, wie Magnesiumoxyd oder Zinkoxyd gibt. Außer dem Farbstoff ist natürlich ein Zusatz von Hydrosulfit zur Druckmasse erforderlich. Will man für lebhaftere Töne einen Zusatz von basischen Farbstoffen machen, dann müssen diese also solche sein, die durch Hydrosulfit nicht angegriffen werden. Nach dem Bedrucken wird kurz gedämpft, gespült und getrocknet.

Es ist jetzt noch der Bronzedruck zu erwähnen, der heute als Nachahmung des echten Brokats eine große Rolle spielt. Man hat zu seiner Herstellung meistens zwei Verfahren. Entweder man setzt die Bronzen in fein gepulverter Form einer passenden Druckmasse zu, oder man druckt das Muster mit einem Firnis auf das Gewebe und bestreut nachher den so bedruckten Stoff mit Bronzepulver. Nach dem Antrocknen wird das überschüssige Metallpulver durch Ausbürsten entfernt. Beiden Verfahren haftet aber der Übelstand an, daß die Verteilung des Metallpulvers nicht gleichmäßig genug ist.

Nach Mieksch[1] verfährt man, um Seidenstoffe mit haltbarem und nicht oxydierendem Bronzedruck zu versehen, in der Weise, daß auf die Ware ein Klebemittel aufgedruckt wird, das aus einer Mischung von Kopalfirnis und einer Auflösung von Kautschuk in Kampferöl und Benzin besteht. Auf diese Druckstellen wird dann das Bronzepulver aufgestaubt. Ein Ersatz für dieses Druckverfahren besteht darin, daß man mit einem trocknenden Öl bedruckt. Man kann noch einfacher so verfahren, daß die Ware direkt mit der Bonze bedruckt wird, die man mittels Eiweiß und Traganth in einer guten Druckmasse verarbeitet hat.

b) Reservedruck. Diese Art des Druckens hat ihren Namen daher, daß das Gewebe mit einem Muster der sog. Reservage bedruckt wird,

---

[1] Mieksch: Kunststoffe **1917**, 191.

wodurch das Gewebe an den bedruckten Stellen gewissermaßen so eingehüllt wird, daß beim Färben diese Stellen nicht gefärbt werden, also nach der Entfernung der Reservage als weißes Muster auf farbigem Grunde in Erscheinung treten. Dieses Reservieren kann durch Aufdrucken von Wachsen, Harzen, Ton usw. geschehen. Man kann jedoch auch chemisch reservieren, wenn man Beizen aufdruckt. Setzt man der Druckmasse entsprechende Farbstoffe hinzu, kann man auch von einer Buntreservage sprechen.

Das Arbeiten mit der Harz- oder Fettreserve gestaltet sich wie folgt: Man bedruckt das Gewebe mit einer Komposition aus Harzen, Wachsen, Talg, Stearin und ähnlichen Stoffen und hängt es dann zum langsamen Trocknen auf. Vielfach wird das Druckmuster, um ein Verschmieren des Druckes zu verhüten, noch mit Talkum oder Ton bestreut. Nach dem Trocknen färbt man kalt mit basischen Farbstoffen und wenig Essigsäure während mehrerer Stunden aus. Die Farbstoffe dürfen aber nicht in Benzin oder Benzol löslich sein, weil sonst bei der nachfolgenden Entfernung der Reservage mit Benzin oder Benzol die Farben auslaufen würden. Da genannte Stoffe das Seidengewebe aber ungünstig beeinflussen, insofern als sie auch das natürliche Fett der Seide herausziehen, ist es erforderlich, das Gewebe nach dem Spülen gut mit Öl zu avivieren, um der Seide ihren Fettgehalt wieder zu verleihen. Zur Erhöhung der Echtheit empfiehlt es sich, das Gewebe nach dem Färben mit Tannin und Brechweinstein nachzubehandeln. Statt mit basischen Farbstoffen kann man auch mit sauren, namentlich sauren Alizarinfarbstoffen, färben und dadurch die Echtheit wesentlich erhöhen.

Eine der ältesten Formen des Reservedruckes ist das Batiken, das ursprünglich bei den Indern bis zur größten Vollendung ausgearbeitet, seit den letzten Jahrzehnten auch in Europa bei kunstgewerblichen Arbeiten sich großer Beliebtheit erfreut.

Für das Batiken sind Gewebe aus reiner Seide oder Schappe auch Halbseide geeignet, während Wollseiden sich nicht hierfür eignen.

Die Stoffe werden auf einen Spannrahmen gebracht und mittels feiner Röhrchen oder auch Pinsel eine geschmolzene Wachskomposition aus Japanwachs, dem zur Erzielung einer größeren Geschmeidigkeit ein Harzzusatz gemacht wurde, und anderen Wachsen aufgetragen. Die dadurch bewirkte Zeichnung, die im Gegensatz zum Zeugdruck vollkommen unregelmäßig ist, stellt diejenigen Teile des Musters dar, die nicht gefärbt, sondern reserviert werden, also weiß bleiben. Nach einer anderen, aber weniger gebräuchlichen Arbeitsvorschrift wird das ganze Gewebe mit einer Wachsschicht überzogen und nun das Muster durch Auskratzen der Wachsschicht aufgezeichnet. Außer dem Auskratzen kann man auch durch Zusammenknittern und dadurch bedingtes Brechen der Wachsschicht oder durch Aufdrucken eines Musters die verschiedensten Effekte erzielen. Bei der ersteren Arbeitsweise ist natürlich der Temperatur des geschmolzenen Wachses große Aufmerksamkeit zu schenken. Die Wachskomposition soll wohl an den Stellen, wo sie aufgetragen wird, das Gewebe vollständig durchdringen und wasserundurchlässig machen, aber nicht auslaufen.

Nachdem die Stücke so hergerichtet sind, werden sie gefärbt, und zwar mit solchen Farbstoffen, die bei verhältnismäßig niedriger Temperatur aufziehen, aber sich kochecht färben, wie z. B. Küpenfarbstoffen, weil nach dem Färben das Entfernen des Wachses durch Auskochen geschieht. Man kann jedoch auch mit Beizenfarbstoffen färben, und zwar in der Weise, daß die Gewebe kalt gebeizt werden. Es nehmen dann nur die wachsfreien Stellen die Beize auf. Wird jetzt kochend gefärbt, so nehmen nur die gebeizten Stellen den Farbstoff auf, während die gewachsten Stellen farblos bleiben. Die Stellen können dann nach dem Trocknen nochmals mit einer Wachszeichnung versehen und dann von neuem gebeizt und gefärbt werden. Hierdurch lassen sich sehr hübsche Mehrfarbeneffekte erzielen.

Das Entfernen des Wachses geschieht durch gutes Auskochen. Man drückt die Gewebe sorgfältig unter die Oberfläche der Farbflotte, läßt erkalten und hebt den erstarrten Wachskuchen ab.

Das Gegenstück dieser Batikfärbung bildet die Bandhanafärbung, die in der Weise hergestellt wird, daß das Gewebe an verschiedenen Stellen knotenförmig abgebunden wird. Die abgebundenen Stellen werden dann entweder nicht mit gefärbt, oder sie werden anders gefärbt.

Der Bandhanadruck wird auch in der Weise erzielt, daß man das zuvor uni gefärbte Gewebe zwischen zwei Bleiplatten klemmt, die das Muster in Gestalt einer Hohlform zeigen. In diese Höhlungen wird darauf warme Chlorkalklösung gegossen, die den Farbstoff in den Konturen des Musters zerstört.

Wo es sich um gewöhnliche Fabrikware handelt, bedient man sich durchweg der Bandhanafärbung, die in gewisser Hinsicht der Ombré-färbung der Strangseide gleicht. Man bildet durch Zusammenraffen des Gewebes an den dazu bestimmten Stellen des Gewebes einen mehr oder weniger großen Knoten, wickelt diesen in undurchlässiges Papier (Pergament- oder Guttaperchapapier) ein und färbt das betreffende Stück. Nachdem dies geschehen, werden die Knoten geöffnet und können nun entweder hell gelassen oder noch anders gefärbt werden.

Bei der ganz billigen Batikware handelt es sich dagegen um eine richtige Maschinendruckware.

Viel wichtiger als die Harzreserven sind jedoch in der Praxis die chemischen Reservagen geworden, weil sie eine Ausrüstung des Gewebes in verschiedene Farben gestatten.

Für Seidengewebe kommen von diesen chemischen Reserven in der Hauptsache Zinnsalz und Brechweinstein in Frage. Nach dem Bedrucken färbt man mit basischen, sauren oder substantiven Farbstoffen. Setzt man der Druckmasse entsprechende Farbstoffe zu, so erhält man statt eines weißen Musters auf farbigem Grund ein andersfarbiges Muster auf farbigem Grund. Im Verhältnis zum Direktdruck und Ätz-druck spielt der Reservedruck nur eine untergeordnete Rolle, vielleicht abgesehen von den Batikarbeiten.

c) Der Ätzdruck. Der Ätz- oder Enlevagendruck bzweckt durch Aufdrucken ätzender oder reduzierender Stoffe auf einen farbigen Untergrund ein weißes Muster hervortreten zu lassen. Man nimmt also umgekehrt ein bereits gefärbtes Gewebe, ätzt das Muster weiß hinein und hat so die Möglichkeit, durch nochmaliges Färben auch Mehrfarbeneffekte zu erzielen. Man kann natürlich das letztere auch auf dem Wege erreichen, daß man der Ätzdruckmasse entsprechend ätzbeständige Farbstoffe zusetzt. Der Ätzdruck ist nächst dem Direktdruck jedenfalls der bevorzugteste.

Das Ätzmittel, das den Farbstoff zerstören soll, kann aus reduzierenden oder oxydierenden Stoffen bestehen, aber auch aus Säuren oder Laugen. Die gebräuchlichsten Ätzmittel sind Zinnsalz, Zinkstaub und verschiedene Hydrosulfitpräparate, wie Rongalit, Hyraldit, Blankit usw., welch letztere beim Bedrucken von Seidengeweben ausschließlich zur Verwendung gelangen.

Die Technik des Ätzdruckes ist die gleiche wie diejenige der übrigen Druckverfahren. Erforderlich ist natürlich, daß man über die Natur der zu ätzenden Färbung orientiert ist, sowie ferner, daß man bei der Zusammensetzung und Einwirkung der Ätzdruckmasse die nötige Vorsicht walten läßt, um eine Beschädigung der Seidenfaser zu vermeiden. Hauptbedingung ist natürlich, daß zum Vorfärben der Gewebe auch tatsächlich ätzbare Farbstoffe verwandt worden sind, wie Crocein, Echtrot A, Ponceau GR, Orange II, Echtgelb G, Säuregrün GG, Wollblau BD 7, Wollschwarz DZ usw. Im übrigen stehen ja die Farbenfabriken mit Vorschriften für die Färbung und die Zusammensetzung der Ätzdruckmasse dem Ausrüster jederzeit zur Verfügung.

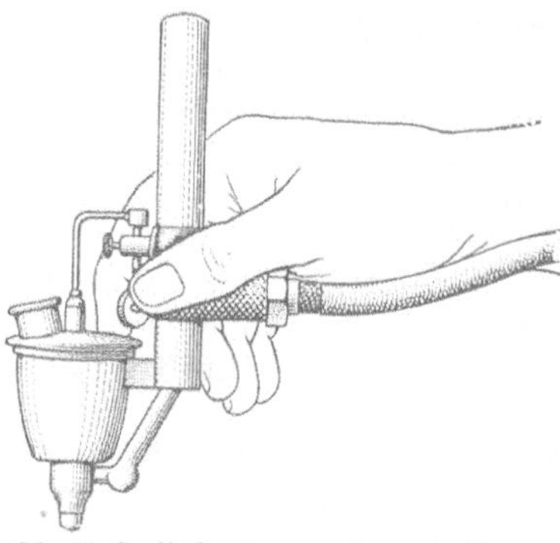

Abb. 45. Spritzdruckapparat von A. Krautzberger & Co., Holzhausen.

Es bleibt jetzt noch eines Verfahrens zu gedenken, daß im nahen Zusammenhang mit dem Zeugdruck steht, nämlich

d) Der Spritzdruck. Dieses Verfahren, das sich in mancher Hinsicht an die bekannten Seidenmalereien der alten Japaner anlehnt, geschieht unter Zuhilfenahme von Schablonen und Verwendung des Spritzdruckapparates der Firma A. Krautzberger & Co., Holzhausen, wie er in Abb. 45 dargestellt ist.

Das Arbeiten mit diesem Apparat, der in geeigneter Weise mit einer Preßluftanlage verbunden ist, geschieht unter Verwendung von Schablonen, meistens aus dünnem Metallblech. Die einzelnen Partien der Zeichnung sind nach Farben und Form ausgeschnitten, so daß die bedeckten Teile weiß oder ungefärbt bleiben. Der ganze Schablonensatz ergibt dann das gewünschte Muster. Die einzelnen Farbtöne werden nun nicht flach aufgespritzt — dieses ist natürlich auch möglich —, sondern schattiert, zart verlaufend, wodurch das eigentümliche kunstvolle Relief der Zeichnung erreicht wird.

Die Handhabung des Spritzdruckes geschieht in der Weise, daß man das auf Tischen ausgebreitete Gewebe mittels des Apparates mit der

Farblösung bespritzt. Der Spritzdruckapparat ist so konstruiert, daß der Farbstoffbehälter leicht auszutauschen bzw. der Apparat leicht zu reinigen ist, so daß man also mit dem gleichen Apparat nur durch Austausch des Farbbehälters eine große Anzahl von Färbungen herstellen kann und nicht etwa für jede Farbe eines besonderen Apparates bedarf.

Es erfordert diese Arbeitsweise selbstverständlich eine gewisse Handfertigkeit, zumal wenn es sich um ein vielfarbiges Muster handelt. Immerhin ist ein Auslaufen der Farben nicht schlimm, da dieses bei Batik ja ebenfalls sehr beliebt ist. Wesentlich unterscheidet sich der Spritzdruck vom Batik jedoch dadurch, daß ein nachheriges Färben nach dem Spritzen ausgeschlossen ist. Es werden daher außer weißem Stoff vielfach auch bereits gefärbte Gewebe dem Spritzdruckverfahren unterworfen. Ist die Färbung zu dunkel, muß sie durch eine leichte Hydrosulfitbleiche etwas aufgehellt werden. Wo dieses versagt, ist ein Spritzdruck nicht möglich. Als Farbstoffe verwendet man basische Farbstoffe, da dieselben die Seide leicht und leuchtend färben. Um eine bessere Echtheit — namentlich Wasch- und Lichtechtheit — zu erzielen, kann man die Seide vor dem Spritzen mit Zinnsalz oder zinnsaurem Natron beizen, was aber nur selten geschieht. Eher läßt man dem Spritzen eine Tannin-Brechweinsteinpassage oder eine Katanolbehandlung folgen. Die Nachbehandlungen — auch das Dämpfen — sind beim Spritzdruck die gleichen wie bei dem üblichen Druckverfahren. Da die Gefahr des Auslaufens der gespritzten Farben immerhin vorhanden ist, unterläßt man diese Behandlungen vielfach, erniedrigt dann aber dadurch naturgemäß die Reibechtheit. Es kann daher nicht wundernehmen, daß auch bei dem Spritzdruck die Verwendung der Küpenfarbstoffe sehr bald Eingang gefunden hat. Die Verwendung der Küpenfarbstoffe in der Spritzlösung ist ähnlich wie in den Druckmassen. Empfehlenswert ist es, die Natronlauge durch Soda oder schwächeres Alkali, wie Borax, Zinkoxyd oder Natriumsulfit zu ersetzen. Nach dem Spritzen wird gedämpft und gewaschen.

Schwefelfarbstoffe werden im Spritzdruck weniger verwandt, ebenso auch substantive Farbstoffe.

Bei der Verwendung der Beizenfarbstoffe ist ein Zusatz von essigsaurem Chrom oder Fluorchrom und organischer Säure erforderlich. Nach dem Spritzen wird gedämpft, gewaschen und zum Schluß schwach mit Ameisensäure aviviert.

Eine besondere Form des Spritzdruckes ist die Verwendung spritlöslicher Farbstoffe. Dieses Verfahren bietet den Vorteil, daß die bespritzte Ware schneller trocknet und der Farbstoff auch besser fixiert wird. Außerdem fällt das Dämpfen oder Waschen bei der Verwendung dieser spritlöslichen Farbstoffe weg. Die Farbstoffe werden konzentriert in Alkohol gelöst und dann mit Alkohol verdünnt. Diese Verdünnung kann auch mit Benzin oder Benzol vorgenommen werden. Jedenfalls unterscheidet sich der Spritzdruck vom gewöhnlichen Druck dadurch, daß alle Farben in äußerst zart verlaufenden Schattierungen aufgetragen werden können, so daß die Muster prachtvoll plastisch hervortreten und

ein künstlerisches Aussehen erhalten, das weder durch Hand- noch
durch Maschinendruck in solcher Vollendung erzielt werden kann.

Zum Schluß dieses Abschnittes sei nochmals darauf hingewiesen, daß
das Bedrucken der Seidengewebe eine sehr große Erfahrung voraussetzt,
will man sich vor Schäden bewahren. Es besteht demgemäß eine große
Literatur auf diesem Gebiete, auf die näher einzugehen, sich hier erübrigt, da es sich um ein Spezialgebiet handelt.

XII. Das Appretieren der Seiden.

Das Appretieren der Seide im Faden ist eine Seltenheit und eigentlich nur in einem Falle gebräuchlich, nämlich da, wo der Seidenfaden
als Seele eines Metallfadens dienen soll. Es ist das gleiche wie die Lü-
strierung eines Baumwollfadens bei der Herstellung von Eisengarn,
d. h. der Faden wird mit Appret getränkt, getrocknet und dann unter
Verwendung von festem Paraffin glänzend gebürstet.

Das Hauptgebiet ist dagegen das Appretieren von Geweben bzw.
stückgefärbten Seidenstoffen. Es dient dazu, dem ausgerüsteten — also
erschwerten und gefärbten — Gewebe nach dem Trocknen ein glattes
und gefälliges Aussehen zu verleihen. Ohne Appretieren oder ohne die
hierbei in Frage kommenden Behandlungsweisen würden die Stücke
faltig, glanzlos und zusammengeschrumpft sein. Es sei hier aber schon
im voraus erwähnt, daß das Appretieren nicht dazu dienen kann, dem
Gewebe die erforderliche Fülle und Dicke zu geben. Ist der Faden
nicht durch die vorhergehenden Behandlungsweisen, wie Abkochen und
Erschweren, genügend gequollen, um den betreffenden Geweben den
entsprechend vollen Griff zu geben, dann ist alle Mühe vergebens, dieses
durch das Appretieren noch nachholen zu wollen.

Ähnlich wie bei der Erschwerung der Seide eine Erklärung der Begriffe „Erschwerung" und „Beschwerung" nötig war, muß auch hier
darauf hingewiesen werden, daß vielfach die Begriffe „Appret", „Appretur" und „Appretieren" durcheinandergeworfen werden.

Appret ist die Masse, mit der die Ware imprägniert wird. Appretur ist nicht allein die durch den Appret hervorgebrachte, sondern
auch die durch andere verschiedene Behandlungsweisen bedingte besondere Beschaffenheit eines Gewebes. Der Vorgang, durch den diese
Appretur erzeugt wird, ist das Appretieren.

Das Appretieren ist, wie die Erschwerung, kein einheitlicher Vorgang, sondern setzt sich aus einer ganzen Anzahl von Behandlungsweisen zusammen. Das Appretieren der Seide birgt ebenso viele Klippen
und Gefahren in sich als das Erschweren. Es ist ebenso wie der Zeugdruck ein Spezialgebiet, das von seiten des Appreteurs große Erfahrung
erfordert.

Wie beim Zeugdruck soll auch in diesem Abschnitt nur ein Überblick
über die Arbeitsweisen gegeben werden, von Einzelheiten, Vorschriften
usw. muß dagegen abgesehen werden.

Die einzelnen Arbeitsvorgänge, die beim Appretieren in Betracht
kommen, sind folgende:

1. Die Vorbehandlung.
2. Das Appretieren.
3. Die Nachbehandlung.
4. Besondere Formen des Appretierens.

Vorauszuschicken ist noch, daß das Appretieren durchweg nur für Seidengewebe in Frage kommt, die im Stück ausgerüstet worden sind, während Stoffe, die aus stranggefärbter Seide hergestellt worden sind, meistens nur geglättet werden.

1. Die Behandlung vor dem Appretieren.

Die Stücke werden, sobald sie getrocknet sind, einer genauen Musterung auf Fehler, Flecke, Rauheiten, richtigen Farbton usw. unterzogen, um sich, sind Fehler vorhanden, nicht unnütze Arbeit zu machen. Abgesehen von der Zeitersparnis bedeutet diese Vorsicht auch eine Schonung der Seide, da das Herabziehen der Appretur vielfach auf Kosten der Haltbarkeit der Seide geht.

Nach beendigter Durchsicht wird breite Ware aufgebäumt, schmale Ware wird meistens auf einem Haspel aufgedreht. Diese Arbeit hat mit der nötigen Aufmerksamkeit zu erfolgen, damit die Ware faltenlos aufläuft. Bei kurzen Stücken werden mehrere aneinander genäht, und zwar selbstverständlich die einer

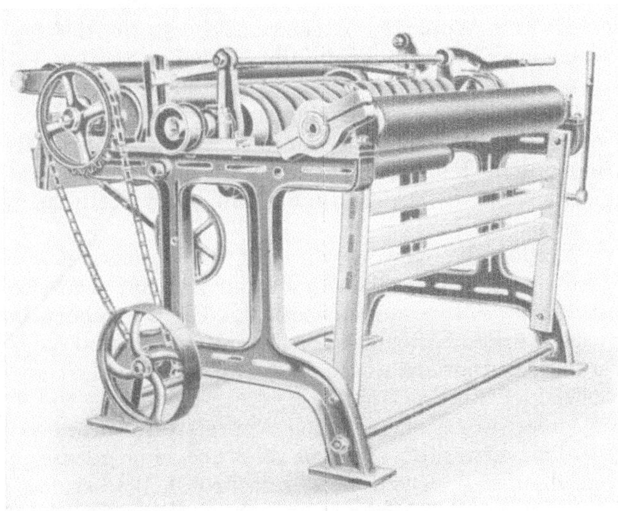

Abb. 46. Schermaschine von Gebr. Briem, Krefeld.

Farbgruppe. Hier ist allerdings zu beachten, daß die dunklen Farbtöne zuerst auflaufen und dann die helleren, damit beim Appretieren zuerst die hellen Farbtöne in den Appret gelangen und nicht umgekehrt. Hierdurch wird ein Beschmutzen der helleren Gewebe vermieden. Will man Gewebe verschiedener Breite aufbaumen, dann ist es wohl selbstverständlich, daß die breiteren zuerst auflaufen, um dann beim Appretieren für jede Breite einen besonderen Haspel zu nehmen.

Ist die Ware aufgedreht, was übrigens nicht mit zu starkem Zug geschehen darf, überläßt man sie in einem kühlen und etwas feucht gehaltenen Raum der Ruhe, damit die Seiden imstande sind, ihre natürliche Feuchtigkeit wieder aufzunehmen.

Zu erwähnen ist noch eine andere Vorbehandlung der Gewebe vor dem Appretieren, das ist das Scheren. Namentlich Gewebe mit rauher Oberfläche werden über eine Schermaschine (Abb. 46) geleitet, d. h. sie passieren eine Walze, die mit spiralförmig angeordneten scharfen Messern ausgerüstet ist. Die Schermesserwalze ist entsprechend der Dicke des Gewebes einzustellen. Vor der Scherwalze befindet sich vielfach noch eine Bürste, die die losen Fasern des Gewebes herausheben und senkrecht stellen soll.

Eine andere Vorbehandlung, die allerdings nur für glatte Gewebe, nicht dagegen für gerippte Gewebe, wie Rips, Ottoman usw., in Frage kommt, ist das sog. Vorkalandern. Hierbei leitet man das Gewebe über einen glatten heizbaren Metallzylinder, vor dem man ein Rohr anbringt, dem feuchter Dampf entströmt. Das etwas angefeuchtete Gewebe wird hier bereits gewissermaßen kalandert. Man hat beobachtet, daß derart vorkalanderte Gewebe einen guten und vollen Griff aufweisen.

2. Das Appretieren.

Die zum Appretieren verwandten Stoffe, der sog. Appret, sind Auflösungen von Gummiarabikum, löslicher Stärke, Pflanzenschleimen aus Carraghen, isländisch Moos, Flohsamen, Leinsamen und Meeresalgen, z. B. Norgine, sofern es sich um Appret handelt, der beide Seiten des Seidengewebes bedeckt, der also vollkommen klar sein muß und die Seide nicht trüben darf. Hierzu zählt auch Gelatine und Leim, die speziell dort in Anwendung kommen, wo ein harter fester Griff verlangt wird.

Werden die Gewebe nur auf der Rückseite appretiert, so braucht der Appret nicht vollkommen klar zu sein. Die Hauptsache ist, daß er ein gutes Füllvermögen besitzt. Hierzu gehört namentlich Tragant.

Eine dritte Kategorie von Appretstoffen sind die Harze, wie Schellack, Sandarak, Damara u. a. m., die in Benzin gelöst als appret chimique verwendet werden.

Außer diesen eigentlichen Appretstoffen werden dann meistens noch Zusätze verwandt, um dem Gewebe eine gewisse Geschmeidigkeit zu verleihen, z. B. Glyzerin, Türkischrotöl, Wasserglas, Seife usw., oder um konservierend zu wirken, wie Alaun, Borsäure, Formalin usw. Die Verwendung von Beschwerungsmitteln, wie Bittersalz, Glaubersalz, Schwerspat, Gips, Kreide oder ähnliche, sind in der Seidenappretur nicht gebräuchlich.

Die Appretstoffe werden, abgesehen vom Harzappret, durchweg in konzentrierter Form in Wasser gelöst. Von der früher üblichen Arbeitsweise, den Appret so kompliziert wie möglich herzustellen, ist man heute vollständig abgegangen und hat die Vorschriften nach Möglichkeit vereinfacht. Beim Appretieren selbst wird der Appret stark verdünnt.

Die richtige Auswahl des Apprets zu treffen, um diesen oder jenen Charakter einer Ware zu betonen, ist nur möglich auf Grund der Erfahrung des Appreteurs. Der Appreteur muß ein sehr gutes Auge, aber ein noch besseres Gefühl in den Fingerspitzen haben. Es kann aber nicht genug betont werden, daß das Appretieren nicht imstande ist, eine dünne Ware dick und fleischig zu machen, wenn sie diese Eigenschaften nicht schon vor dem Appretieren aufzuweisen hat.

Während des Appretierens ist streng darauf zu achten, daß die Konzentration der Appretlösung die gleiche bleibt. Das Gewebe nimmt die Appretstoffe aus der Lösung heraus und die Appretlösung wird immer schwächer, sofern nicht rechtzeitig neue Appretmasse zugefügt wird.

Das Appretieren geschieht auf zwei Arten von Appreturmaschinen, nämlich dem sog. Foulard oder Quetsche oder der Riegelappreturmaschine.

Der Foulard oder die Quetsche (Abb. 47 u. 48) ist eine Zusammenstellung von zwei oder drei übereinander geordneten Walzen, von denen die untere aus Metall (Bronze) ist, während die anderen aus Papier hergestellt sind. Unterhalb der Walzen ist ein Bassin zur Aufnahme

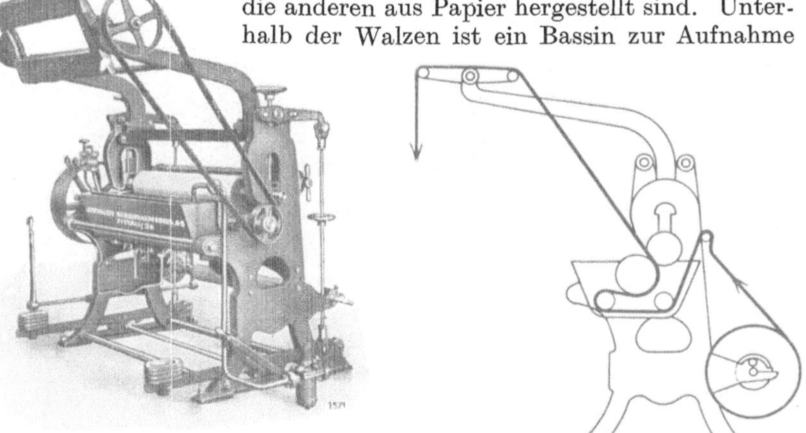

Abb. 47. Foulard von Zittauer Maschinenfabrik A.-G., Zittau.

Abb. 48. Lauf der Ware bei dem Foulard.

der Appretlösung angebracht, und zwar so, daß die Metallwalze in die Appretlösung eintaucht und beim Drehen jetzt den Appret mit sich zieht. Der Stoff wird entweder zwischen Metall und Papierwalze eingeführt und erhält hier von der unteren Walze den Appret, oder er wird bereits von unten her durch die Appretlösung geführt, wie aus den Abbildungen ersichtlich ist. Die oberen Papierwalzen, manchmal auch mit Stoff umhüllt, dienen dagegen nur zum Abquetschen des überschüssigen Apprets, worauf auch wohl der Name der Maschine zurückzuführen ist. Es ist wohl ohne weiteres klar, daß bei dieser Quetsche nur eine verhältnismäßig dünne Appretlösung verwandt werden kann, weil sonst die Walzen vollständig verschmieren würden.

Was nun die Riegelappretiermaschine (Abb. 49) anbelangt, so besteht dieselbe im wesentlichen aus einem entsprechend breiten Brett, auf dem sich ein mit Nessel bekleidetes Polster befindet. Oberhalb

dieses Polsters befindet sich ein senkrecht oder schräg gestelltes Messer
bzw. Metallineal, das sich so verstellen läßt, daß der zu appretierende
Stoff entsprechend darunter hergleiten kann. Vor dem Messer oder
Riegel wird aus Leisten ein unten offener Kasten in seiner Länge der
Breite des Gewebes entsprechend angebracht und mit dem Appret gefüllt. Dieser Appret kann natürlich nur ein dickflüssiger Tragantschleim
sein, da beim Riegeln durchweg nur die Rückseite des Gewebes appretiert wird. Ein dünner Appret würde ja das Gewebe durchdringen und
einen ganz anderen Effekt hervorrufen. Durch die verschiedene Stellung
des Riegels hat man es in der Hand, den Appret in verschiedener Dicke
auf dem Gewebe aufzutragen.

Abb. 49. Riegelappretiermaschine von C. A. Gruschwitz A.-G., Olbersdorf.

Erwähnt muß noch werden, daß neuerdings das zweiseitige Appretieren eines Gewebes auch nach dem Spritzverfahren erfolgen kann.
Das Gewebe, es handelt sich durchweg um solche, die ihr ursprüngliches
Äußere nicht verlieren sollen, wird über eine Maschine geleitet, wo von
den beiden Seiten her mittels Preßluft Appret auf die Ware geblasen
wird (Abb. 50).

Bezüglich des Appretierens ist noch eines Punktes zu gedenken, der
häufig Anlaß zu Schwierigkeiten gibt. Helle Farben sind stets vor dunklen
zu appretieren, weil der flüssige Appret leicht Farbstoff herauslöst. Bei
Farben, bei denen dieses Ablassen bekannt ist, wird häufig der betreffende Farbstoff in die Appretmasse getan, um gewissermaßen gleichzeitig wieder aufzufärben.

Beim Appretieren mit Harz und Benzin enthaltenden Appreturen,
wie solche als Appret chimique namentlich bei Bändern beliebt sind,
ist natürlich ohne weiteres erforderlich, dieses Appretieren in Räumen

vorzunehmen, in denen die benzinhaltige Luft sofort abgesogen wird, um Explosionen zu vermeiden. Zu bemerken ist noch, daß die mit

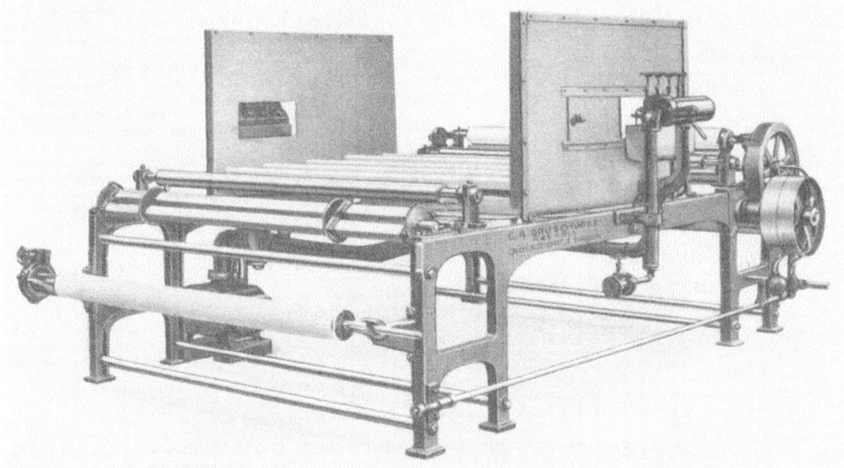

Abb. 50. Spritzappretiermaschine von C. A. Gruschwitz A.-G., Olbersdorf.

Appret chimique zu behandelnden Seidenwaren bereits mit gewöhnlichem Appret vorappretiert sind, so daß die Harzappretur gewissermaßen nur als glänzender Überzug in Erscheinung tritt.

3. Nachbehandlung der appretierten Seiden.

Anschließend an das Appretieren wird das Gewebe, gleichgültig, ob es geriegelt oder gequetscht wurde, getrocknet. Es geschieht dieses auf großen mit Dampf heizbaren Trommeln oder auf einer Kombination von mehreren solchen.

Hat man eine Zusammenstellung von mehreren Trommeln, können dieselben geringeren Durchmesser aufweisen, als wenn nur auf einer oder zwei Trommeln getrocknet wird. Jedenfalls muß die Ware so weit getrocknet werden, daß ein Zusammenkleben der einzelnen Lagen nicht eintritt.

Es ist jetzt noch eine Behandlungsweise zu erwähnen, die besonders zum Trocknen feinerer breiter Gewebe, so namentlich für Kreppgewebe, Verwendung findet, das ist das Spannen auf dem Trockenspannrahmen.

Bekanntlich läuft jedes Gewebe bei Naßbehandlung ein, und dieses um so mehr, je zarter das Gewebe ist und je größere Drehung das Gespinstmaterial, aus dem das Gewebe gefertigt wurde, aufweist. Die größte Einschrumpfung erleiden naturgemäß die Kreppgewebe, die gerade die Hauptmenge der im Stück ausgerüsteten Seidengewebe darstellen. Dieses Wiederauseinanderspannen oder technisch „Breithalten" des Gewebes geschieht auf dem Spannrahmen oder der Ramme, deren Einrichtung an Hand der umstehenden Abb. 51 und 52 in folgendem kurz besprochen werden soll.

Der Spannrahmen befindet sich an Stelle der Trockentrommel hinter der Appretiermaschine. Er besteht aus einem zehn und mehr Meter langem Gestell, an dessen beiden Längsseiten sich je eine aus Kluppen gebildete unendliche Kette befindet. Diese Kluppen, meistens aus

Abb. 51. Spannrahmen von C. G. Haubold A.-G., Chemnitz.

Bronze hergestellt, bestehen aus zwei sich automatisch öffnenden und wieder schließenden Backen, die das betreffende Gewebe an der Kante fassen und festhalten. Die Kluppen öffnen sich erst — und lassen also das Gewebe los — kurz vor Beginn, also direkt hinter der Quetsche

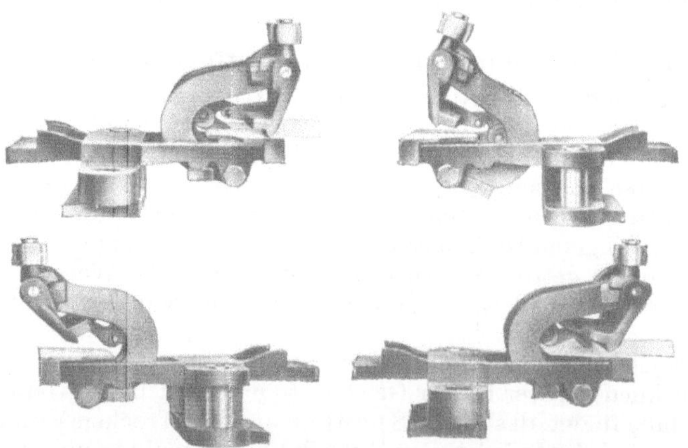

Abb. 52. Stellung der Kluppen des Spannrahmens.

oder dem Riegel, und kurz vor dem Aufhören des Spannens, also vor dem Wiederaufbäumen.

Das Einführen des Gewebes geschieht entweder von Hand durch zwei Arbeiter, die an jeder Seite für das richtige Einlegen zwischen die Backen der Kluppen sorgen, oder neuerdings auch auf automatischem Wege durch Wareneinführungsapparate. Außerdem sind natürlich auch die Kluppenketten so gebaut, daß sie sich schmäler und breiter stellen lassen, je nachdem dieses für das betreffende Gewebe erforderlich ist. Hierfür ist keine allgemein gültige Norm festgestellt, es ist vielmehr die Sache des Appreteurs, zu beurteilen, wie breit ein Gewebe gestreckt werden darf oder muß. Unterhalb der so entstehenden, sich langsam vorwärtsbewegenden Gewebebahn befindet sich die Trockenvorrichtung, die entweder aus Metallheizflächen besteht oder aus verschiedenen Reihen von Gasflammen oder schließlich aus einem fahrbaren Kohlenbecken. Es richtet sich nach der Dichte des Gewebes, wo am vorteilhaftesten die Wärmeeinwirkung einsetzt, wie man sie zu steigern hat, und wie lange ihre Wirkungsdauer ausgedehnt werden soll.

Hat das Gewebe die Ramme durchlaufen, dann wird es über einen Trockenzylinder geführt und hinter demselben aufgebäumt.

Der Trockenspannrahmen wird entweder direkt im Zusammenhang mit dem Appretieren verwandt, oder man benutzt ihn in solchen Fällen, wo ein Gewebe nach den verschiedenen Behandlungen zu schmal geworden ist. Die hauptsächlichste Verwendung findet er bei den reinseidenen Geweben, bei denen die Gefahr des Einschrumpfens die größte ist. Aber auch bei anderen Geweben, Halbseide und Halbwolle, bedient man sich mit Vorliebe des Spannens, um der Ware den letzten Schliff zu geben. Man läßt die Gewebe dann nur kurz durch Wasser, nicht durch Appret, laufen, um ihnen eine bessere Elastizität zu verleihen.

Bei schwererer Ware ist ein Spannen auf dem Trockenrahmen ausgeschlossen, weil die Gefahr vorliegt, daß die Gewebebahn Beutel und Falten bildet. Hier zieht man das Trocknen auf Trockentrommeln vor. Bei sehr dichten Geweben, die sehr große Mengen Flüssigkeit zurückhalten, kommt man auch damit nicht aus, vielmehr leitet man die Gewebebahnen vorher über eine mit Schlitzen versehene Trommel. Durch Einschalten einer kräftigen Saugvorrichtung wird aus dem Gewebe die Hauptmenge der Flüssigkeit durch die Schlitze abgesogen. Hierauf wird das Gewebe auf die Trockentrommel geleitet und getrocknet.

Nach dem Trocknen sind die appretierten Seidengewebe steif und hart und entbehren jeglichen Charakters eines Seidengewebes. Um sie wieder geschmeidig zu machen, muß der Appret gebrochen werden, was in der Weise geschieht, daß man die Ware auf einer Brechmaschine behandelt.

Man hat Messer- und Knopfbrechmaschinen. Erstere (Abb. 53) bestehen aus einer Walze, an der sich spiralig angeordnete stumpfe Messer befinden. Die Knopfbrechmaschine (Abb. 54) dagegen besteht aus einer größeren Anzahl tischartig aneinander gereihter Walzen, die mit zahlreichen buckligen Messingnägeln beschlagen sind und sich leicht um sich selbst drehen. Die Arbeitsweise dieser Brechmaschinen ist aus den umstehenden Abbildungen leicht ersichtlich.

Hat die Ware die Brechmaschine passiert, ist wohl die harte und steife Beschaffenheit des Gewebes beseitigt, es mangelt aber noch an der glatten Lage und dem seidigen und fleischigen Gefühl. Will man dieses erzielen, dann muß das Gewebe den Kalander passieren. Diese

Kalander, ein Zusammenstellung von Papier- und Stahlwalzen, glätten
das Gewebe und geben ihm gleichzeitig den gewünschten Griff.

Man unterscheidet in der Hauptsache Rollkalander oder Friktionskalander.

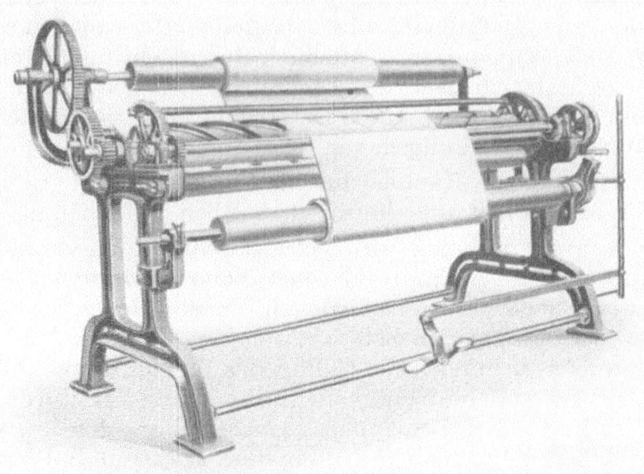

Abb. 53. Messerbrechmaschine.

Bei dem Rollkalander (Abb. 55) ist die untere bzw. bei mehreren
Walzen die beiden äußeren drehbar; sie versetzen die andere oder anderen Walzen durch ihre Drehung in Bewegung, sobald sie dieselben

Abb. 54. Knopfbrechmaschine.

berühren. Zu diesem Zweck sind sie mit einer Hebelkonstruktion versehen, die, an einem Hebelarm mit auswechselbaren Gewichten belastet,
die Walzen mehr oder weniger stark aneinanderdrücken und so das
zwischen ihnen hergeführte Gewebe durch ihren Druck glätten kann.

Bei dem Friktionskalander, der im übrigen in seinem Aufbau dem Rollkalander gleicht, dreht sich die heiße Stahlwalze durch eine Zahnradübertragung schneller als die Papierwalzen. Hierdurch wird auf die Ware, und zwar meistens auf der linken Seite, außer dem Druck noch eine reibende Wirkung ausgeübt, wodurch ihr ein höherer Glanz verliehen wird. Die Friktion, das ist der schnellere Lauf der Stahlwalze, läßt sich verschieden regeln.

Derartige Kalander weisen heutzutage die kompliziertesten Konstruktionen auf.

Abb. 55. Rollkalander von Joh. Kleinewefers Söhne, Krefeld.

Im großen und ganzen werden die Seidengewebe jedoch auf Rollkalandern behandelt, und zwar auf drei- oder vierwalzigen Kalandern.

Der dreiwalzige Kalander kann entweder so gebaut sein, daß zwischen zwei Papierwalzen sich eine Hartgußwalze befindet. Oder es ist die Hartgußwalze unterhalb der beiden Papierwalzen angebracht.

Bei dem Arbeiten mit diesen Kalandern kann man je nach der Glätte oder dem Griff, die erzielt werden sollen, das Gewebe durch die beiden Papierwalzen und dann über die dritte laufen lassen, oder man führt es mit der Rückseite über die Hartgußwalze und dann zwischen die Papierwalzen.

Das Arbeiten am Kalander läßt sich insofern sehr modifizieren, als man das Gewebe nicht nur einmal, sondern zwei- und dreimal durch die Walzen laufen lassen kann. Es geschieht dies dadurch, daß man die Gewebebahn von der unteren auf die obere und von dieser nochmals auf die darüberliegende Walze und dann erst zur Aufwickelwalze leitet.

Da beim Kalandern das Gewebe leicht zu stark ausgetrocknet werden kann, findet man vielfach vor dem Kalander einen Dämpfapparat angebracht, um der Ware eine genügende Feuchtigkeit zu verleihen. In diesem Falle befindet sich aber meistens hinter dem Kalander noch eine aus zwei heizbaren Bronzewalzen gebildete Trockeneinrichtung, über die das Gewebe hergeleitet wird.

Für leichte Gewebe, wie Pongés, Messalines, Foulards, Taffete usw., bedient man sich des sog. Filzkalanders (Abb. 56).

Es ist dieses eigentlich kein Kalander, sondern eine Art Trockenvorrichtung. Sie besteht aus einer großen Trockentrommel, um die ein

Abb. 56. Filzkalander von C. A. Gruschwitz A.-G., Olbersdorf.

endlos laufendes Band von Filz so hergeführt wird, daß es den größten Teil des Umfanges bedeckt. Durch die Pressung, die das Gewebe durch den Filz erhält, wird dem Gewebe ein sehr vorteilhaftes Äußere verliehen.

Das Kalandern ist eine der Arbeitsweisen beim Appretieren, die die größte Aufmerksamkeit von seiten des Appreteurs erfordert. Das Kalandern soll wohl eine geschlossene Decke erzeugen, aber es soll das Gewebe nicht platt gedrückt werden. Es kommt durchweg nur bei dichteren Geweben in Frage, während dünnere Gewebe nur auf der Ramme getrocknet und höchstens auf dem Filzkalander behandelt werden.

4. Besondere Appretierverfahren.

Dient das Appretieren im allgemeinen dazu, dem Gewebe einen entsprechenden Griff, Glätte und seidiges Aussehen zu verleihen, so sind jetzt noch einige Arbeitsweisen zu besprechen, die dazu dienen, einmal dem Gewebe ein eigenartiges Muster zu verleihen, oder es mit besonderen

Eigenschaften zu versehen, um gewissen Einflüssen begegnen zu können. Diese Verfahren betreffen das Moirieren, Gaufrieren und Imprägnieren.

a) Das Moirieren. Unter Moiré versteht man die eigenartige wellenförmige Schattierung auf einem Gewebe, wie man sie beobachtet, wenn man zwei dünne Gewebe übereinander legt, wobei die Schußfäden sich nicht genau aufeinanderlegen, sondern sich verschiedenartig kreuzen. Man kann Moiré auf verschiedene Art erzeugen. Die älteste Form, die auch vielfach noch im Orient ausgeführt wird, ist die, daß man das Gewebe zusammenfaltet und zwischen Holzplatten preßt; dasselbe Ergebnis läßt sich

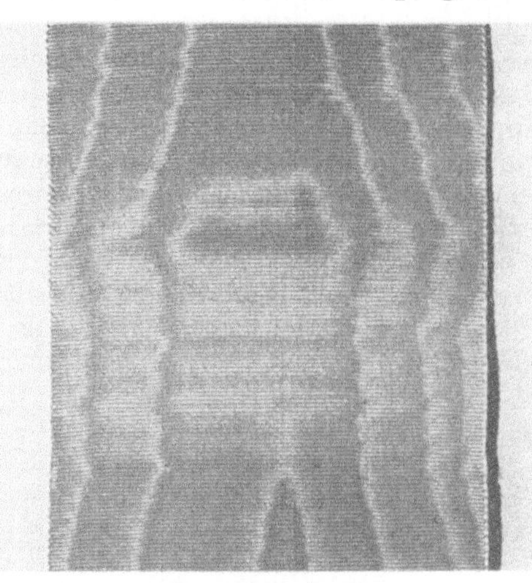

Abb. 57. Moiré antique.

auch mit dem Kalander erzielen. Es pressen sich dann die oben erwähnten verschiedenen Kreuzungen der Schußfäden derart fest in das

Gewebe hinein, daß die Fäden bleibend platt gedrückt werden. Es ist dieses die älteste, aber auch bezüglich des erhaltenen Musters die beste Form des Moirierens.

Ein sehr gutes und dabei leicht zu wechselndes Moiré erzielt man bei Geweben, die ripsartig, also mit gerippter Oberfläche, hergestellt worden sind. Dieses Gewebe läßt man durch einen Kalander laufen, der eine gerippte Metallwalze besitzt.

Je nachdem auf der Moiréwalze die Rippen weiter oder dichter sind als

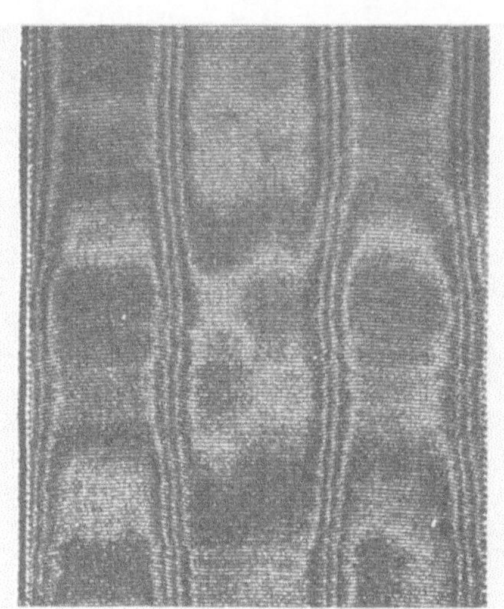

Abb. 58. Moiré français.

die Rippen auf dem Gewebe, entstehen verschiedene Muster.

Ein weniger schönes und mehr gekünsteltes Aussehen weist die zweite Herstellungsart auf, indem man mittels Kalanderwalzen das Moiré nach der Art des Gaufrés in die Ware hineinpreßt.

Die beigefügten Abb. 57, 58, 59 geben die verschiedenen Formen des

Moirés wieder, von denen man unterscheidet Moiré antique, Moiré français, Moiré imprimé.

Die zu moirierenden Gewebe müssen von einer bestimmten Dichte sein und werden daher vielfach erschwert. Dies trifft aber nur bei reinseidenen Geweben zu. Die meisten Moirégewebe sind wegen der Rippe halbseidene Gewebe, die natürlich nicht erschwert werden können. Appretiert werden sie dagegen nur sehr schwach. Die Erzielung eines gleichmäßigen und einwandfreien Moirés ist keineswegs einfach und erfordert große Geschicklichkeit und Erfahrung von seiten des Appreteurs.

b) Das Gaufrieren. Unter Gaufré versteht man das Einpressen der verschiedensten Muster auf die Oberfläche eines Gewebes.

Man bedient sich zur Herstellung dieser Effekte eines Gaufrierkalanders. Derselbe besteht aus einer Metall- und einer oder zwei

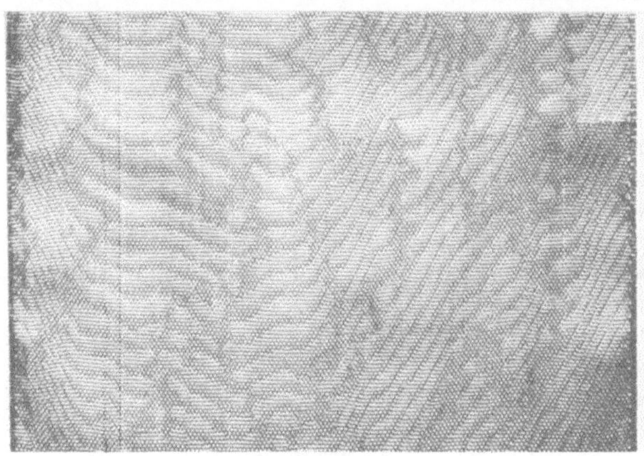

Abb. 59. Moiré imprimé.

Papierwalzen. Auf der Metallwalze ist das betreffende Muster eingraviert oder eingeätzt. Die Walze ist von innen mittels Gas heizbar. Die beiden Walzen werden unter starkem Druck aneinandergepreßt, so daß sich das Muster in erhabener Form auf der Papierwalze abhebt. Wird der Stoff zwischen den beiden Walzen hergeführt, dann drückt sich das Muster auf ihm ab. Auch bei diesem Verfahren, das aber nur der Mode entsprechend zur Anwendung gelangt, können nur dichtere Gewebe verwandt werden. Wie bei Moiré ist auch bei Gaufré ein stärkeres Appretieren nicht üblich.

Eine besondere Art des Gaufrierens ist das künstliche Kreppen, das bei der Herstellung der Trauerkrepps und Schleier eine Rolle spielt. Die meistens unter Verwendung von hartgefärbter Grége hergestellten Gewebe werden auf geheizten geriffelten Walzen behandelt, wodurch die Schußfäden schlangenlinig oder wellenförmig verschoben werden. Auch hier gilt das gleiche wie beim Moirieren: die Hauptsache ist die richtige Einstellung des Gewebeschusses zu den Riffeln der Walze.

c) Das Imprägnieren. Beim Imprägnieren handelt es sich um Wasserdichtmachen, Feuersichermachen und Gasdichtmachen. Für diese Verfahren gibt es eine Unmenge von Vorschriften und Patenten, so daß nur die hauptsächlichsten hier Erwähnung finden können.

Wasserdichtmachen. Dasselbe geschieht entweder durch Imprägnieren der Gewebe mit einer Tonerdeseife oder mit Paraffinwachsmasse und dient dazu, Mantel-, Kleider- oder Schirmstoffe tropfecht gegen Regen zu machen. Bei der Verwendung von Tonerdeseife verfährt man wie folgt: Das Gewebe wird mit einer Lösung von 450 g weißer Marseillerseife in 6,5 l Wasser bei einer Temperatur von 87° C getränkt und darauf sofort in eine ebenso heiße Lösung von 665 g Alaun in 6,5 l Wasser gebracht. Hiernach wird das ausgeschleuderte Gewebe getrocknet, gebürstet und geglättet. Statt der reinen Alaunlösung können auch Bäder von Alaun und Bleizucker verwandt werden.

Als Beispiel der Paraffinbehandlung sei folgendes erwähnt. Bei dem Paraffinverfahren spritzt man die je nach der Qualität eingestellte Paraffin-Benzinlösung durch eine Düsenspritzmaschine auf die Ware, leitet diese über einen Streck- oder Trockenrahmen oder auch über einen Metalltrockenzylinder, wodurch direkte Trocknung erzielt wird. Ferner werden noch Lösungen von

Abb. 60. Plattenpresse von Fr. Haas, Lennep.

Walrat, Paraffin oder Stearin empfohlen.

Feuersichermachen. Bei dieser Imprägnierung handelt es sich darum, dem Gewebe Salze einzuverleiben, die in der Wärme schmelzen, den Einzelfaden einhüllen und so vor Entflammung schützen. Zu diesem Zwecke verwendet man Salze, wie Alaun, Magnesiumsulfat, Natriumsulfat usw. Die Salze werden durchweg in mäßig konzentrierter wäßriger Lösung verwandt.

Gasdichtmachen. Diese Behandlung, die namentlich für Ballonstoffe und Flugzeugtragflächen heute von großer Bedeutung geworden ist, besteht durchweg darin, daß das Seidengewebe mit wäßrigem Appret appretiert und dann mit einem elastischen Firnis oder Lack überzogen wird. Neuerdings zieht man auch einen Überzug mit Nitrozelluloselacken vor, weil sie elastischer sind. Auch Auflösungen von Azetylzellulose werden heute bevorzugt, weil sie weniger feuergefährlich sind.

Das im vorstehenden geschilderte Appretieren von Geweben erstreckt sich nicht nur auf stückgefärbte Seidengewebe, sondern auch auf Gewebe, die mit stranggefärbter Seide hergestellt sind. Auf der anderen Seite werden aber nicht nur die tatsächlichen Gewebe, sondern auch Wirkwaren, Flechtwaren usw. dieser Behandlung unterzogen. Daß zu diesem Zweck in den Konstruktionen der einzelnen Maschinen gewisse Abweichungen erforderlich sind, daß z. B. manche Wirkwaren, wie Strümpfe, auf Formen appretiert werden müssen usw. versteht sich wohl von selbst. Es würde aber zu weit führen, diesbèzüglich auf Einzelheiten einzugehen. Obendrein gibt es eine Anzahl von Geweben, die überhaupt nicht irgendwie appretiert werden, sondern man begnügt sich damit, die entsprechend auf Karten aufgewickelten Stücke in einer Presse zu glätten, deren Druckplatten vielfach mit Dampf heizbar sind und durch hydraulischen Druck zusammengepreßt werden. Eine solche von der Firma Friedrich Haas, Lennep, gebaute Plattenpresse ist in der Abb. 60 wiedergegeben.

XIII. Die Aufmachung der fertigen Seiden.

1. Die Strangseiden.

Nachdem die Seide getrocknet und gestreckt bzw. maschinenmäßig nachbehandelt, bedruckt oder appretiert worden ist, ist dieselbe zur Verpackung und zum Versand gewissermaßen fertig. Trotzdem wird man gut tun, die Seide, bevor man sie packt, mindestens einen Tag, besser mehrere, nach den letzten Behandlungsweisen hängen zu lassen, ehe man sich an das Verpacken der Seide begibt. Frisch getrocknete Seide, die keine Gelegenheit gehabt hat, die natürliche Feuchtigkeit wieder zu ergänzen, kann leicht morsch werden. Strangseide läßt sich vor allem aber auch nicht verarbeiten, weil die einzelnen Seidenfäden aneinanderkleben. Es spielen hier elektrische Vorgänge mit, was man namentlich bei nicht oder nur leicht erschwerter Seide sehr gut beobachten kann. Um der Seide ihre natürliche Beschaffenheit wieder zu verleihen, empfiehlt es sich, die Seide vor dem Verpacken in einem kühlen, vielleicht etwas feuchten Keller an Stöcken hängen zu lassen. Was nun die Strangseiden anbelangt, so werden dieselben von hier aus jetzt Masten für Masten an das Polholz genommen und genau darauf untersucht, ob keine zerrissenen Fäden oder sonstige Fehler in dem Seidenmasten vorhanden sind. Abgerissene Seidenenden werden durch entsprechendes Kürzen entfernt und der Masten durch entsprechendes Glätten mit der Hand gleichmäßig gemacht. Um jetzt die Seide in eine zum Verpacken handliche Form zu bringen, kann man zweierlei Wege einschlagen. Man nimmt 1 oder bei dünnen Masten 2 und 3 Masten am Pol und rollt dieselben nach dem Glätten durch einige Umdrehungen mit der Hand etwas und macht sodann einen Knoten. Man bezeichnet diese Arbeitsweise als „Knüpfen“. Von diesen geknüpften Masten nimmt man alsdann 10—20 Masten, verbindet dieselben, indem man einen anderen Masten durch die oberen Enden hindurch zieht und diesen mittels einer Schlinge schließt. Diese Bündel werden dann zu mehreren in Packpapier in die Gestalt eines Paketes gebracht.

Die zweite Art der Aufmachung ist die des „Rollens“ der Masten, darin bestehend, daß man eine Anzahl der am Pol geglätteten Masten durch entsprechendes Umdrehen mit der Hand am Pol so fest zusammenrollt, daß eine langgestreckte feste Rolle entsteht. Von diesen Rollen werden dann eine entsprechende Anzahl zu Paketen verpackt. Diese Rollen haben den Vorzug einer bedeutend bequemeren und dichteren Verpackungsmöglichkeit, weil sehr an Raum gespart wird.

Die jetzt auf die eine oder andere Art aufgemachte und verpackte Seide wird häufig noch einer Nachbehandlung unterworfen, indem man die fertiggestellten Pakete in eine Presse legt und in dieser die Pakete zu dem kleinsten Volumen zusammenpreßt. Es soll damit bezweckt werden, daß die Seide ihren Glanz nicht einbüßt. Ob dieses Pressen unter allen Umständen zuträglich sein wird, dürfte wohl noch eine große Frage sein.

Die fertig verpackten Seiden kommen sodann in großen Säcken oder Ballen zum Versand. Daß zum Verpacken besonders der farbigen Seiden ein gutes weißes Packpapier verwandt werden soll, ist wohl selbstverständlich, wie auf der anderen Seite, daß das Papier frei sein soll von Bestandteilen, die auf die Seide schädigende Einflüsse ausüben können. Ebenso selbstverständlich dürfte es auch sein, daß das Packmaterial entsprechend den Anforderungen an seine Widerstandsfähigkeit ausgewählt wird. Das früher noch in einzelnen Betrieben übliche Verschicken der Seide in einfachen Leinensäckchen, ohne daß die Seide vorher in festes Packpapier eingehüllt wurde, kann jedenfalls nur als fahrlässig bezeichnet werden.

2. Die Seidengewebe.

Was jetzt die Aufmachung der stückgefärbten Seiden anbelangt, so wird am Schluß der Ausrüstung die Ware nochmals gründlich durchgesehen und auf etwaige Fehler geprüft. Ferner wird bei dieser Prüfung des nunmehr fertig ausgerüsteten Gewebes entschieden, ob es den Anforderungen des Käufers entspricht oder nicht, bzw. ob es gegebenenfalls durch nochmalige Behandlungen zu verbessern oder als verdorben oder verunglückt anzusprechen ist. Besonders nach dem Appretieren treten die Fehler in Form von Brüchen, Blanchissuren, Flecken usw. in einer dem Auge so deutlich sichtbar werdenden Form in Erscheinung, daß man wirklich oft erstaunt ist, diesen Fehler nicht vorher erkannt zu haben.

Handelt es sich um Flecke aus der Erschwerung oder Färberei, dann bleibt nichts anderes übrig, als das Stück zum Reinigen und Wiederauffärben zurückzugeben. Läßt sich der Übelstand so nicht beseitigen, dann empfiehlt es sich, die Ware in einen dunklen Farbton umzufärben.

Bei Blanchissuren, Brüchen oder einer mehligen Oberfläche des Gewebes, ferner auch bei wolkigen Buntfärbungen kommt man vielfach noch zum Ziel mit einer Behandlungsweise, die von Lyon, der Wiege der Seidenstückausrüstung, herstammt. Es ist dieses das sog. „Tamponieren“.

Zu diesem Zweck wird die Ware aufgebäumt, und dieser Baum an der einen Seite eines viereckigen leicht drehbaren Tisches befestigt. Auf der gegenüberliegenden Seite des Tisches befindet sich eine mit einer Handkurbel versehene Walze, auf die der von dem Baum ab und über den Tisch geleitete Stoff wieder aufgewickelt wird. Der Tisch wird bei jeder wechselnden Farbe eines Gewebes mit einem neuen Bogen Papier belegt. Der Tisch selbst ist nach jeder Richtung hin drehbar, damit er vom Licht getroffen werden kann. Der Arbeiter leitet das Gewebe durch Drehen der Kurbel über den Tisch und scheuert es mit einem Bündel wollener Lappen, die er mit einer Ölemulsion anfeuchtet, in vorsichtiger Weise durch anfangs leises, im Kreise herumlaufendes Reiben mit dem Bündel. Dieses Verfahren wird dann allmählich unter stärker werdendem Druck über die ganze Gewebefläche ausgedehnt. Es gehört zu dieser Arbeit eine große Geschicklichkeit, damit nicht etwa Fettflecke entstehen und somit dem ursprünglichen Fehler ein neuer zugesellt würde. Die Zusammensetzung dieser Tamponieremulsion ist ein großes Geheimnis, das von dem Appreteur peinlich gehütet wird. So wird das Stück immer in der Länge des Tisches durch Weiterdrehen mittels der Kurbel weitertamponiert. Es ist wunderbar, was ein geschickter Appreteur durch das Tamponieren bei einem durch Flecken beschädigten Gewebe erreicht. Nicht nur, daß die Oberfläche vollständig eben und glänzend wird, es verschwinden auch alle Brüche und Striche sowie Wolken. Vor allem aber beeinflußt diese Behandlung den Griff der Ware in erstaunlicher Weise. Ein Gewebe, das vorher dünn und brettig erschien, weist nach dem Tamponieren einen fleischigen, vollen, etwas an feinstes Leder erinnernden Griff auf.

Nach dem Tamponieren läßt man das Gewebe meistens noch einmal kurz über den Spannrahmen laufen. Vielfach findet man auch, daß das Tamponieren vor dem Appretieren vorgenommen wird. Es bedarf dann aber eines sehr geübten Auges von seiten des Appreteurs, um auch die kleinsten Fehler zu erkennen.

Eine weitere Arbeit, die bei der Schlußbesichtigung der Stücke erforderlich wird, ist das direkte Stutzen mit der Schere, um die letzten Unebenheiten in Form von Knoten, losen Enden usw. zu entfernen.

Die endgültig als einwandfrei befundenen Stücke werden in einer bestimmten Länge abgemessen, abgeschnitten und dann in die nötige Form gelegt. Es geschieht dieses auf der Legemaschine, die so eingerichtet ist, daß sie die Ware entweder aufrollt oder in Tafeln legt. Meistens wird auf dieser Maschine auch gleichzeitig gemessen. Auf einem mit dem Mechanismus des Apparates in Verbindung stehenden Zifferblatt dreht sich beim Gang der Maschine ein Meßzeiger, der die Länge des Stückes in Metern oder Yards angibt. Beim Stillsetzen schneidet ein Messer das Stück ab. Die Abb. 61 zeigt eine solche Legemaschine von der Roßweiner Maschinenfabrik AG. in Roßwein. Vielfach kommen die so fertig aufgemachten Stücke noch in eine Presse.

Bei breiter Ware wird das Legen in Tafeln durchgeführt, bei Bändern bevorzugt man dagegen das Aufrollen. Allerdings werden auch diese letzteren der Raumersparnis halber gelegt, sobald es sich um Exportaufträge handelt.

Das Aufrollen der Bänder geschieht auf Papphülsen, die der Breite des Bandes entsprechen. Man rollt gleichzeitig mit dem Gewebe einen ebenso breiten Papierstreifen mit auf, so daß das Gewebe in seiner ganzen Länge zwischen Papier lagert. Durch die Zwischenlagerung des Papieres wird das Seidengewebe bezüglich Aussehen und Griff günstig beeinflußt. Man sollte daher zur Beurteilung der Qualität eines Seidenbandes niemals unterlassen, dasselbe vorher mit Papier aufzurollen.

Abb. 61. Doublier-Meß-Lege-Maschine. Spezialausführung für Seidenwaren mit Bügelapparat.

Die zum Aufmachen der fertigen Bänder verwandten Rollböcke sind ähnlich eingerichtet wie die zum Aufrollen vom Haspel auf die Appretierrollen verwendeten Böcke, nur sind sie mit einer Abmeßvorrichtung versehen.

Die so fertig aufgemachte Ware wird in Papier eingeschlagen, dann in die dafür bestimmten Kartons verpackt und gelangt so zur Ablieferung an den Abnehmer.

Zum Schluß sei noch darauf hingewiesen, daß die zum Verpacken verwandten Papiere sowie die Kartons keine Stoffe enthalten dürfen, die irgendwie schädlich auf die Ware einzuwirken vermögen. Sie müssen frei sein von Stoffen wie Chlor, freien Säuren oder Alkalien. Auch auf einen Formaldehydgehalt der zum Kleben verwandten Leimstoffe ist zu achten, der von Ristenpart[1] als Ursache von Seidenschäden festgestellt worden ist.

---

[1] Ristenpart: Melliands Textilber. **1921**, 213.

XIV. Besondere Erschwerungsverfahren.

Die in diesem Buche bisher beschriebenen Erschwerungsarten sind lediglich solche, die für einen neuzeitlichen Seidenfärbereibetrieb in Frage kommen. Daß außerdem noch eine ganze Reihe von Erschwerungsverfahren bestanden hat bzw. in der Neuzeit einzuführen versucht wird, ist wohl ohne Zweifel, und wenn auf dieselben hier Rücksicht genommen wird, so geschieht dieses gewissermaßen nur des allgemeinen Interesses wegen. Von den alten, jetzt verlassenen Erschwerungsverfahren sind folgende zu nennen.

Die Zuckererschwerung. Diese Art der Erschwerung wurde früher in der Weise durchgeführt, daß man die Seide entweder vor dem Färben oder besser nach dem Färben durch eine wäßrige Zuckerlösung zog, der man etwas Zitronensäure und geringe Mengen Chlormagnesium oder Magnesiumsulfat beifügte. Diese an und für sich harmlose Erschwerung erhöht die Erschwerung der Seide nur unwesentlich, sie hatte den Nachteil, daß sie leicht Feuchtigkeit anzog und Anlaß gab zur Schimmelpilzbildung, die dann ihrerseits wieder zur Zerstörung der Seidenfaser beitrug.

Eine ältere Erschwerungsart ist ferner die Erschwerung mit Zinnchlorür und Zinnchlorid und Befestigung des Zinns mittels Soda oder Seifenlösung. Auch diese Arbeitsweise ist heute ganz in den Hintergrund gedrängt worden, weil sich starke Schädigungen der Seide einstellten.

Eine weitere Erschwerungsart ist das abwechselnde Behandeln mit Leimlösung und Tannin. Diesem Verfahren haftet jedoch der Übelstand an, daß die Seide einen harten, strohigen Griff annimmt, dadurch an Dehnbarkeit verliert und außerdem noch sehr an Glanz einbüßt. Immerhin findet man dieses Verfahren in der Praxis zum Erschweren von Souple verwandt.

Ein ähnliches Verfahren ist das Scheringsche Verfahren, nach dem man die Seiden mit löslichen Verbindungen von Kasein, Albumin, Leim und Gelatine behandelt und diese Stoffe mittels Formaldehyd an die Faser bindet.

Von den Erschwerungsverfahren, die sich wegen des teuren Preises der Rohstoffe nicht einbürgern konnten, sind zu erwähnen die Erschwerungen mit Salzen der Elemente Zirkon, DRP. 17 766, 261 142, 276 423, Cer, DRP. 281 571, 337 182, Titan, DRP. 282 250. Die Behandlungsweise der Seide mit diesen Stoffen lehnte sich an diejenige mit Zinnchlorid an, also Durchtränkung mit den Lösungen der betreffenden Salze, Waschen und Binden mit Phosphat. Neuerdings wird auch eine Vereinigung von Zinnchlorid mit Cerchlorid oder Cer- und Didymchlorid, DRP. 337 182, zum Erschweren empfohlen. Die Arbeitsweise mit nachfolgendem Waschen und Phosphatieren ist die gleiche wie bei dem üblichen Pinkverfahren. Ob aber das etwaige Mehr an Erschwerung die Kosten des Verfahrens aufzuheben vermag, muß erst die Erfahrung in der Praxis lehren.

Ein ebenfalls älteres, aber doch noch vereinzelt bei Schwarzsouple gebräuchliches Erschwerungsverfahren besteht in einer Behandlung der Seide mit Bleisalz. Man geht mit der Seide auf eine starke Bleinitratlösung von 30° Bé kalt ein, behandelt darin mehrere Stunden, wäscht und geht auf ein Bad mit 15—20% Leim bei 60°C. Hiervon wird wieder gewaschen und geschleudert. Diese Arbeitsweise kann mehrmals wiederholt werden, und zum Schluß wird heiß mit 20%iger Seife 1—2 Stunden geseift. Dieses Verfahren gibt eine dem Gewicht nach gute Erschwerung, doch läßt die Fülle des Fadens, worauf es hauptsächlich beim Veredeln der Seide ankommt, zu wünschen übrig. Auch läuft man leicht Gefahr, daß die Seide an Glanz einbüßt, und ist das Verfahren weniger für Cuiteseide als für Soupleseide zu empfehlen.

Hier sei dann ferner an die Erschwerungsverfahren erinnert, die eigentlich mehr Beschwerungen darstellen, wie diejenigen mit Barium-, Wolfram- und Wismutsalzen. Ihnen lag das Bestreben zugrunde, das teure Zinn zu ersetzen.

Besser schon wurde dieser Zweck erreicht, indem ein Teil der Zinnverbindung durch Zinksalze ersetzt wurde. Es sei hier auf die Verfahren von Rénard und Barrillot, franz. Pat. 258869 und 372279, von Salvaterra, DRP. 214372 und 215702, sowie von Schmid, DRP. 291009 hingewiesen.

Schließlich sei noch auf das neueste Verfahren von R. Clavel, Schweizer Pat. 126391 und 126392, hingewiesen, nach dem die einzelnen Erschwerungsverfahren, also Pinken, Phosphatieren, Wasserglasbehandlung usw., in einer einzigen Behandlungart vereinigt werden.

XV. Seidenschäden.

Bei Seidenschäden tritt meistens eine derartige Einseitigkeit in der Beurteilung der Ursache derselben zutage, daß es wunder nehmen muß, wie über diese Frage eine nur verhältnismäßig geringe und leider auch nur einseitige Literatur vorhanden ist. Es ist dieses insofern verwunderlich, als diese Seidenschäden Entschädigungsansprüche von seiten der Fabrikanten im Gefolge haben, die nicht nur als solche in ihrer Gesamtheit große Vermögen darstellen, sondern vielfach auch noch ins Ausland wandern. In jedem Falle, wo es sich um eine Seidenschädigung handelt, gibt es nur einen Schuldigen und durchweg nur einen Leidtragenden, das ist der Seidenfärber, und es gibt nur einige wenige Fälle, wo der Fabrikant ein Entgegenkommen zeigt, also einen Teil des Schadens zu tragen gewillt ist. Die Selbstverständlichkeit, mit der vielfach diese Ersatzansprüche gestellt werden, ohne daß auch nur der geringste Schuldbeweis angetreten wird oder angetreten werden kann, ist wirklich erstaunlich. Daß die Rohseide als solche fehlerhaft gewesen sein könnte, oder daß Fehler in der Verarbeitung nach der Ausrüstung untergelaufen sein könnten, derartige Einwürfe werden meistens ohne weiteres von der Hand gewiesen. Es könnte nun, oberflächlich betrachtet, erklärlich erscheinen, wenn der Fabrikant den Färber in solchen Fällen verantwortlich machte, wo die Seidenschäden in Form eines einfachen Morschwerdens der Seide zutage treten, in der Praxis liegt der Fall jedoch so,

daß der Fabrikant den Seidenfärber vielfach auch für die Schäden verantwortlich macht, wo von einem Morschwerden der Seide überhaupt
keine Rede sein kann. Die Widerwärtigkeiten in der Fabrikation, für
die der Fabrikant den Färber verantwortlich macht, sind derartig
mannigfaltig, und demgemäß erstrecken sich die Beanstandungen auf
die verschiedensten Tatsachen, daß man sich wirklich erstaunt fragen
muß, warum derartige Zustände nicht schon längst von den Beteiligten
einer umfassenden Prüfung unterzogen worden sind. Ganz abgesehen
davon, daß von den Seidenfärbern jährlich an die Fabrikanten Ent-
schädigungssummen gezahlt werden, deren Höhe, wenn sie auch naturgemäß nur schwer nachzuprüfen ist, eine recht erhebliche ist, so ist
etwas Derartiges auch im höchsten Grade bedauerlich von dem Gesichtspunkt aus, als der Färber dadurch doch zugibt, tatsächlich der Schuldige
zu sein, während in den meisten Fällen die Furcht vor dem Wettbewerb
die Triebfeder seines Handelns war. Was die Mannigfaltigkeit der
Ersatzansprüche von seiten der Fabrikanten an die Seidenfärber anbelangt, so erstrecken sich diese Ansprüche, wie bereits erwähnt, nicht
nur auf die Fälle, wo die Seiden innerhalb einer mehrmonatlichen Frist
an Stärke und Dehnbarkeit eingebüßt haben, sondern auf eine Unzahl
von Fehlern, wie schlechte Verarbeitung, schlechter oder nicht entsprechender oder verlorengegangener Griff, nicht entsprechende Qualität,
Barré, Gripé, Duvé, ungenügende Echtheit gegenüber Walken, Waschen,
Licht, Schweiß, Säure, Gummi und Metall, Ungleichmäßigkeit in der
Färbung und Glanz, Abweichungen im Farbton, Verschiedenheiten in
der Erschwerung und anderes mehr. In all diesen Fällen wird dem Färber
erklärt, daß man ihn für jeden Schaden verantwortlich macht, und bei
der Abrechnung spielen dann unweigerlich die für den Färber nicht
feststellbaren Abzüge in Gestalt von Mehrwindelohn, Schußzusatz,
Verkaufsverluste usw. eine Rolle.

Es soll nicht abgestritten werden, daß hier die Konvention der
Seidenfärber in manchen Fällen durch unparteiische Begutachtung eine
vermittelnde Rolle gespielt hat, meistens handelt es sich aber um
äußerst krasse Fälle, in denen es dem Färber eine Unmöglichkeit war,
sich mit dem Fabrikanten auf dieser oder jener Grundlage zu einigen,
wie es sonst durchweg üblich ist.

Unter solchen Umständen schien es mir im Rahmen dieses Buches
zu liegen, in nachstehenden Ausführungen diese Verhältnisse nach verschiedenen Richtungen hin zu betrachten, um Licht und Schatten etwas
gleichmäßiger zu verteilen. Andererseits mögen die Ausführungen den
Seidenfärbern Anregung dazu geben, sowohl dieser oder jener Gefahr aus dem Wege zu gehen, als auch mit der Bewilligung von Ent-
schädigungen vorsichtiger zu sein, als dieses einstweilen noch der
Fall ist.

Bevor ich in die Erörterung der einzelnen Fälle eintrete, möchte ich
vorausschicken, daß von vornherein ein Unterschied in der Beurteilung
gemacht werden muß, sobald es sich um stranggefärbte Ware handelt
oder um im Stück gefärbte. Bei letzterer ist die Arbeitsweise in der Ausrüstung — Erschweren, Färben, Appretieren — von derart verschiedenen

Bedingungen abhängig, daß man unmöglich beide Gebiete unter dem gleichen Gesichtspunkt betrachten kann. Meine Ausführungen werden in der Hauptsache die stranggefärbten Seiden berücksichtigen, weil die Fragen, die dabei besprochen werden sollen, auch für die stückgefärbten Seiden zutreffen, während umgekehrt einzelne sehr wesentliche Ursachen von Schäden für die Strangseiden völlig in Wegfall kommen. Diese Punkte werden dann noch besonders besprochen.

Um die Seidenschäden übersichtlich ordnen zu können, dürfte es am zweckmäßigsten sein, dieselben an Hand der verschiedenen Ursachen der Seidenfehler in Gruppen einzuteilen, in denen dann die Arten der in Frage kommenden Schäden besprochen werden. Diese Gruppen sind folgende:

1. Die Rohseide als Ursache von Seidenfehlern.
2. Fabrikationseinflüsse als Ursache von Seidenschäden.
3. Physikalische Einflüsse als Ursache von Seidenschäden.
4. Färbereimechanische Einflüsse als Ursache von Seidenschäden.
5. Färbereichemische Einflüsse als Ursache von Seidenschäden, die sich vermeiden lassen.
6. Färbereichemische Einflüsse als Ursache von Seidenschäden, die sich nicht vermeiden lassen.

Es wird naturgemäß bei dieser Einteilung manche Wiederholung bezüglich der verschiedenen Fehlerarten nicht zu vermeiden sein, immerhin scheint mir aber diese Einteilung die günstigste zu sein, um einen klaren Gesamtüberblick über das Gebiet der Seidenschäden zu erhalten. Wer sich auch über andere als die hier zu besprechenden Seidenschäden orientieren will, sei auf meine ausführlichen Darlegungen a. a. O.[1] verwiesen.

1. Die Rohseide als Ursache von Seidenfehlern.

a) Duvét. Unter dieser Erscheinung möchte ich an dieser Stelle besonders diejenige verstanden wissen, die in der Praxis unter der Bezeichnung „Seidenläuse" bekannt ist. Die unter der Bezeichnung Duvé auch schlechthin als rauh oder flusig bekannte Seide werde ich am Schlusse dieses Abschnittes besonders erwähnen. Das Auftreten dieser Seidenläuse, bestehend aus einem Gewirr feinster Seidenkokonfäden, ist abhängig von der betreffenden Rohseide. Während z. B. eine Japanseide guter Herkunft so gut wie frei von diesem Duvé ist, beobachtet man es um so stärker bei Italiener-, Kanton- oder Bengalseiden. Dieses Duvét tritt bei den gefärbten Seiden um so stärker in Erscheinung, als diese Seidenläuse keinen oder weniger Farbstoff aufnehmen und mithin hell erscheinen. Die Ursache des Duvét als solche ist nach den Untersuchungen Dr. Wagners[2] in der Ablösung sog. Fibrillen zu suchen die ihrerseits schon im Spinnfaden der Raupe zutage treten. Aber nicht jedes Duvét ist auf diese Fibrillen zurückzuführen, ein großes Kon-

---

[1] Ley: Chem. Technologie der Seide 1929.
[2] Wagner, Veröffentl. Seidenforsch.-Instit. Krefeld **1924**.

tingent stellen auch die sonstigen Fehler der Grège, wie Bildung von Schleifen, unsachgemäße Knoten, mechanische Zerreißung der einzelnen Spinnfäden usw. Es handelt sich aber ursprünglich um eine krankhafte Veränderung des Kokonfadens, die dann später eine Aufrauhung von abgesplissener Seidensubstanz zur Folge hat.

b) Barré. Die unter dieser Bezeichnung bekannte Streifenbildung im fertigen Gewebe kann durch die Rohseide insofern veranlaßt werden, als Kokonsfäden verschiedenen Titers aneinandergeknüpft worden sind, wodurch beim Zwirnen des Fadens eine streckenweise verschiedene Dicke entsteht. Das gleiche ist der Fall, wenn, wie z. B. bei Stückware, Seiden verschiedener Provenienz verwandt wurden.

c) Gripé. Dieses „Krauswerden“ oder „Boldern“ des Seidengewebes kann durch die Rohseide veranlaßt werden, sobald einzelne der Seidenfäden loser bzw. fester gezwirnt werden als die übrigen. Diese Erscheinung läßt sich z. B. bei noch nicht abgekochter Stückware sehr gut beobachten, aber auch bei abgekochter und gefärbter Strangseide kann man häufig ein Kräuseln der einzelnen Fäden beobachten. Sobald dieselben durch Zug gedehnt werden, sieht man um mehrere glatt gespannte Fäden mehrere lockere sich herumwinden. Diese letztere Erscheinung kann, wenn es sich nicht um Kokonfasern, sondern um die einzelnen Seidenfäden handelt, auch durch schlechte Haspelung der Seidenmasten veranlaßt werden.

d) Schlechtes Winden. Dieser Übelstand wird vielfach durch schlechtes Anknüpfen der einzelnen Kokonsfäden hervorgerufen. Das eine Ende der beiden geknüpften Fäden liegt nicht an, sondern steht ab und verursacht einen Widerstand.

e) Unstarke Stellen. Hierbei ist der Seidenfaden stellenweise aufgerauht, ähnlich wie bei den Seidenläusen, und an den unstarken Stellen teilweise zerrissen. Ein derartiger Fehler ist häufig bei den Rohseiden anzutreffen, häufiger als man im allgemeinen anzunehmen geneigt ist. Die serimetrische Untersuchung bringt teilweise in der Fadenstärke Sprünge an das Licht, die vollkommen denjenigen in der vom Färber ausgerüsteten Seide entsprechen. Diese Erscheinung kann auch damit zusammenhängen, daß durch Fehler beim Spinnen der Rohseide ein Teil der Kokonsfäden verletzt ist. Das gleiche tritt ein, wenn beim Spinnen große Unterschiede im Titer auftreten.

f) Morschwerden. Diese verhältnismäßig seltene Erscheinung hängt mit der betrügerischen Vorerschwerung der Rohseide zusammen. Z. B. wurde von mir eine China-Organzin beobachtet, die mit Seife, Glyzerin und mineralischen Stoffen beschwert war, einen fauligen Geruch aufwies und beim geringsten Zug sowie beim Abkochen auseinanderfiel. Das gleiche ist auch bei Stückware anzutreffen, besonders bei älterer Lagerware. Die aus dem Fett oder der verwandten Seife entstandenen Fettsäuren sind imstande, die Seide stark anzugreifen. In diese Rubrik gehören auch die unangenehmen Fälle, in denen durch Hineingelangen geringer Mengen von Metall im Gewebe katalytische Prozesse eingeleitet werden, die eigentlich stets zur Zerstörung des Fadens führen.

g) Fleckenbildung. Das vielfach beobachtete Buntsein fertig gefärbter Seiden kann insofern von der Rohseide abhängig sein, als auch hier eine betrügerisch vorerschwerte Seide vorliegt, da diese Machenschaft häufig mit Stoffen vorgenommen wird, die den verschiedenen Veredlungs- und Reinigungsbehandlungen der Seide widerstehen, wie Mineralfett, harzige und unverseifbare Stoffe. Ferner spielt auch die Herkunft der Seide eine Rolle. Man beobachtet in den Färbereien häufig, daß Seiden eines bestimmten Kunden sich trotz sorgfältigster Behandlung bunt färben, während gleichzeitig mit übergegangene Seiden anderer Kunden vollständig fehlerfrei herauskommen. Der einwandfreie Beweis, daß Seiden verschiedenen Ursprungs vorliegen, ist in den Fällen erbracht, wo in einem Masten die Hälfte desselben oder mehrere Umgänge bunt sind. Daß Seiden verschiedener Herkunft sich verschieden färben, ist ja nichts Neues. Schließlich gehören hierhin auch die sog. Konditionsmasten. Dieselben lassen sich nur unvollständig oder gar nicht vom Seidenbast befreien, und es geht natürlich damit ein nachheriges Buntsein Hand in Hand. Wenn dieser Umstand auch durchweg dem Fabrikanten bekannt ist, also diese Masten überhaupt nicht in die Farbe gegeben werden sollten, besonders bei farbigen Seiden, so geben diese Konditionsmasten doch immer wieder zu unnötigen Beanstandungen Anlaß. Daß bei Stückware der bunte Farbausfall auch durch die Präparierung bzw. deren nicht genügende Entfernung z. B. der Kette bedingt werden kann, ist keine Seltenheit. Ein weiterer häufiger Anlaß zur Fleckenbildung ist eine zu kurze Unterbindung im Kreuz des einzelnen Mastens. Es haftet hier das Unterband zu fest an den Seidenfäden, so daß diese sich nicht durchfärben können und dementsprechend gar nicht oder weniger gefärbt sind als die übrigen Masten.

h) Schlechte Erschwerung. Diese ja jedem Färber bekannte Erscheinung gründet sich einmal auf den Ursprung der Seide, indem eine Japan- oder Kakedaseide sich besser erschwert als eine Italiener- oder China-, und diese letztere wieder besser als eine Minchew- oder Kantonseide. Sodann kommt hier die Art der mehr oder weniger festen Drehung der Seide in Frage. Eine „moyen appret" erschwert sich besser wie eine „strafilato". Bei Stückware kommt hier dann noch die Dichte des Gewebes in Frage. Je loser um so besser erschwert es sich, je dichter ein Gewebe ist, um so schlechter.

i) Flusige und offene Seide. Abgesehen davon, daß der Ursprung der Seide hier eine Rolle spielt, und daß z. B. eine Kantontrame flusiger ist als eine Japantrame, so sind doch vielfach Rohseiden auch durchweg guten Ursprungs im Handel, die trotz vorsichtigen und zeitlich möglichst beschränkten Abkochens hernach flusig und rauh erscheinen. Hier spielt jedenfalls eine fehlerhafte Zwirnung der Kokonfäden eine nicht zu unterschätzende Rolle. Wie ich schon eingangs erwähnte, wird diese Erscheinung fachtechnisch auch als Duvet bezeichnet, sie ist jedoch keineswegs übereinstimmend mit dem durch die Seidenläuse veranlaßten Duvet. Auch hier möchte ich die zu kurze oder fehlerhafte Unterbindung der Seidenmasten im Kreuz erwähnen, durch die die Seide im Verlauf der verschiedenen Behandlung aufgerauht wird.

2. Fabrikationseinflüsse.

a) Krauswerden, Barré, Gripé. Diese Erscheinung kann insofern ihre Ursache aus Fehlern in der Fabrikation ableiten, als eine nicht zweckmäßige Zusammenstellung der verwandten Kette oder Schußseide gemacht worden ist, oder ferner, indem in der Höhe der Erschwerung eine nicht entsprechende Auswahl getroffen worden ist. Außerdem kann auch noch — und dies ist meistens der Fall — eine ungleichmäßige Zettelspannung das Krauswerden der Ware veranlassen. Ein Umstand schließlich, der das Krauswerden sehr begünstigt, ist die zu schnelle Verarbeitung der gefärbten Seide, indem der Seide nach dem Ausrüsten keine Zeit gelassen wird, sich wieder zu erholen, d. h. ihre natürliche Dehnbarkeit durch Feuchtigkeitsaufnahme wieder zu erlangen. Es ist unbedingt darauf zu achten, daß die Seide weder zu feucht noch zu trocken und weder zu kalt noch zu warm verarbeitet wird.

b) Morschwerden der Seide. Hier wäre dasselbe anzuführen, was eben im letzten Satze gesagt worden ist. Es ist keine Seltenheit, daß eine auf Bobinen gespulte Seide vollständig faul ist, während die in der Färberei zurückgehaltenen Gegenmuster als vollständig stark anzusprechen sind. Hier haben wir nur die eine Erklärung, daß die Seide, sobald sie gefärbt — womöglich mußte die Ausrüstung noch beschleunigt werden — und getrocknet ist, unmittelbar verpackt werden mußte. Wird eine solche Seide dann in der Weberei sofort auf Bobinen gebracht, dann hat sie erst auf den Bobinen die Möglichkeit, wieder Feuchtigkeit aus der Luft aufzunehmen. Sie hat das Bestreben, sich auszudehnen, ist womöglich sehr fest gespult, und die Folge ist dann, daß der Faden sich nicht anders ausdehnen kann als unter teilweiser Zerstörung der Dehnbarkeit. Der Nerv des Seidenfadens wird zerstört, und die Seide ist morsch. Das gleiche ist der Fall, sobald eine Seide mit zu starkem Zug auf die Bobine gespult wird. Die zu stark beanspruchte Spannkraft des Fadens hat keine Gelegenheit, auf ihre ursprüngliche Größe zurückzukehren, und die Folge ist, daß die Dehnbarkeit des Fadens allmählich aufgehoben wird, und daß der Faden bei der geringsten Spannung reißt.

c) Kleben der Seide. Das Kleben der Seide kann ebenfalls von einer zu frischen Verarbeitung der Seide herrühren. Seide, namentlich solche mit leichter Erschwerung, hat, sobald sie nicht genügend Feuchtigkeit wieder hat aufnehmen können, starke elektrische Eigenschaften, und haften die einzelnen Fäden stark aneinander. Man sollte daher eine leicht oder überhaupt nicht erschwerte Seide erst einen Tag in den Keller bringen, ehe man sie auf die Kronen legt.

In den Abschnitt der Fabrikationsfehler möchte ich noch einige Fälle einfügen, in denen dem Seidenfärber vielfach unberechtigterweise Fehler der fertigen, also aus Strangseide hergestellten Gewebe in die Schuhe geschoben worden.

Hierher gehört z. B. das Abfetten halbseidener Gewebe, wo nicht bei der Seide, sondern bei der Baumwolle die Ursache zu suchen ist. Ferner ist hier zu erwähnen das Anlaufen der Metallfäden in Geweben, das durch fehlerhaftes Ausrüsten der übrigen Gespinstfasern,

Baumwolle, Zwirn, Eisengarn usw. veranlaßt wird. Hier wäre auch das Färben der Seide nach unsachgemäßen Mustern beizufügen. Anstatt nach einem Strangmuster soll nach einem Stoffmuster oder nach Karten gefärbt werden, wobei ganz außer acht gelassen wird, daß die Eigenart eines Gewebes die Farbe sehr stark beeinflussen kann (Mustern nach Sammet oder kunstseidenen Geweben). Beim Mustern nach Karten ergeben sich häufig insofern Unzuträglichkeiten, als irrtümlich Nummern der Farbenkarten aufgegeben werden, die dem gewünschten Ton nicht im geringsten entsprechen, namentlich in den zarten Farbtönen. Abgesehen davon, daß die Farbabweichung unter Umständen später Schadenersatzansprüche nach sich ziehen kann, so sollte jeder Fabrikant bedenken, daß das Umfärben der Seide dieser keineswegs zuträglich sein kann, und daß sich schließlich flusige und morsche Seiden ergeben. Zu erwähnen sind schließlich die Walkechtfärbungen, die auch zu manchen Auseinandersetzungen Anlaß geben können. Die Färbungen werden vielfach mit Tannin-Brechweinsteinbeize echt gemacht. Je nachdem nun bei der Färbung der übrigen Gespinstfasern (Wolle) Farbstoffe verwandt werden, kann es vorkommen, daß bei der Walke der Wollfarbstoff auf die gebeizte Seidenfaser zieht und die Farbe des Seidenfadens vollständig verändert. Die Seide hat natürlich die Walke nicht ausgehalten, obwohl die eigentliche Schuld in der nicht entsprechenden Auswahl des Wollfarbstoffes zu suchen ist. Ebenso sollte stets von seiten des Fabrikanten angegeben werden, ob es sich um eine alkalische oder neutrale Walke handelt. Eine ähnliche Erscheinung ist das Ausbluten der Farbe in fertigen Geweben. Die Seide soll durchweg die Ursache sein, ob andere Gespinste des Gewebes diesen Fehler veranlaßt haben, wird meistens nicht in Erwägung gezogen. Zum Schlusse möchte ich noch auf die Fälle hinweisen, wo durch die Appretur, sei es durch fehlerhafte Beschaffenheit des Appretes (Gehalt an freier Säure oder freier Lauge), sei es durch Anwendung zu hoher Temperatur während des Appretierens, die Gewebe zerstört worden sind. Auch bei der Ausrüstung der Stückware können Fabrikationseinflüsse dem Gewebe sehr gefährlich werden. Zu diesen zählt das Hineingelangen von Flecken in die Ware. Meistens handelt es sich um Schmierölflecken, die vom Webstuhl selbst oder von Transmissionen herrühren. Da diese schwarzen oder dunkle Flecken durchweg Spuren metallischen Eisens enthalten, und andererseits sehr schwer zu entfernen sind, so sind sie imstande, katalytische Vorgänge auszulösen, die meistens mit der Zerstörung der Seidensubstanz endigen.

Eine andere Art von Flecken wird bedingt durch die schlechte Entfernung des zum Schmieren der Kette verwandten Paraffins. Dieses führt dann zu unvermeidlichen Buntfärbungen.

3. Physikalische Einflüsse als Ursache von Seidenfehlern.

a) Einwirkung des Lichtes. Auf die Einwirkung des Sonnenlichtes sind zweierlei Arten von Seidenschäden zurückzuführen, nämlich das Verschießen der Farben und das Morschwerden des Gewebes.

Das Verschießen der Farbe ist ja, soweit es sich um künstlich hergestellte Farbstoffe handelt, eine nicht oder nur schwer zu vermeidende Erscheinung. Aber auch bei sonst lichtechten Farbstoffen, z. B. in Schwarz, beobachtet man manchmal eine Farbänderung. Dieses findet seine Erklärung darin, daß unter dem Einfluß des Lichtes Spaltung und Oxydation der beim Färbevorgang verwandten Beizen, wie Eisen- und Chrombeize, eintreten, wodurch dann die Färbung umschlägt. Hierher gehört auch das Vergilben der weißgefärbten Seiden. Einmal werden unter dem Einfluß des Lichtes die zur Nuancierung verwandten Anilinfarbstoffe zerstört, sodann können aber auch die durch das Bleichen mittels eines Reduktions- oder Oxydationsvorganges veränderten Naturfarbstoffe der Seidenfaser wieder in ihren ursprünglichen Zustand zurückverwandelt werden.

Das Morschwerden der Seide im unmittelbaren Sonnenlicht erklärt sich durch Oxydationsvorgänge, die durch das Sonnenlicht bedingt werden. Daß diese Erscheinung bei erschwerten Seiden eher zutage tritt als bei unerschwerten, ist daraus zu erklären, daß die anorganischen Erschwerungsmittel am Licht viel reaktionsfähiger und zur Umlagerung der Moleküle bzw. zur Veränderung der Struktur geneigter sind als organische Stoffe. Ich komme hierauf noch später zurück.

b) Einwirkung der Wärme. Die Einwirkung der erhöhten Temperatur auf Seide macht sich in verschiedenen Formen bemerkbar.

Schlechte Verarbeitung. Eine warm gelagerte Strangseide büßt an ihrem üblichen Feuchtigkeitsgehalt ein, der Faden verliert hierdurch seine Dehnbarkeit, wird spröde, ist zum Brechen geneigt und macht mithin in der Verarbeitung Schwierigkeiten.

Verlust an Griff. Dieses kann insofern durch Wärmeeinwirkung veranlaßt werden, als bei der erhöhten Temperatur eine Einwirkung der Aviviersäure auf die Bestandteile der Erschwerungs- und Metallverbindungen eintritt. Wird z. B. die Aviviersäure von den Erschwerungsbestandteilen aufgezehrt, was eben bei erhöhter Temperatur begünstigt wird, so ist natürlich ihre griffmachende Einwirkung auf den Seidenfaden aufgehoben. Ein anderer Fall ist derjenige, daß durch die Temperaturerhöhung überhaupt eine Verflüchtigung der Aviviersäure (z. B. Essigsäure) vor sich geht, was eine entsprechende Abnahme des Griffes zur Folge hat.

Morschwerden. Das Morschwerden der Seide, z. B. in den Tropen, kommt insofern auf Rechnung der erhöhten Temperatur, als durch die Fortnahme der natürlichen Feuchtigkeit die Dehnbarkeit des Seidenfadens herabgemindert wird. Dieses kann so weit getrieben werden, daß überhaupt jegliche Spannkraft aufgehoben wird und die Seidenfaser bricht. Eine zweite Art des Morschwerdens, die man in den Tropen namentlich bei erschwerten Seiden beobachtet, ist diejenige, daß bei erhöhter Temperatur, besonders unter Mitwirkung des Sonnenlichtes, die in der Faser abgelagerte Kieselsäure allein oder unter Einwirkung der Aviviersäure aus der amorphen in die kristallinische Abänderung übergeht. Es ist dieses eine besonders bei stückerschwerter Ware sehr gut zu beobachtende Erscheinung. Der Seidenfaden ist auseinandergeborsten, unter dem Mikroskop zeigen sich deutliche Querrisse, wo die

Wandung der Kokonfaser durch das Aufquellen der Kieselsäure zum Platzen gebracht wurde. In dieser Aufstellung ist auch das Verbrennen der Seidengewebe beim Appretieren anzuführen. Daß durch zu heißes Appretieren manches Gewebe den Rest erhalten hat, ist eine nicht seltene Erscheinung, zumal von vielen Appreteuren noch vielfach ohne genaue Messung der Temperatur, sondern nur nach dem Gefühl gearbeitet wird. Hierhin gehören meistens auch die Klagen über das Brechen der bereits zu Kleidern u. a. verarbeiteten Seiden. Bei näherer Untersuchung des betreffenden Gegenstandes beobachtet man dann meistens, daß die Bruchstellen an den Nähten sich befinden und veranlaßt worden sind durch ein zu heißes Ausbügeln der Nähte.

c) **Einwirkung des Feuchtigkeitsgehaltes der Luft.** Durch den Feuchtigkeitsgehalt der Luft, sei es durch ein Zuviel oder Zuwenig, können die verschiedensten Erscheinungen gezeitigt werden.

Krauswerden der Gewebe. Seiden, die zu ausgetrocknet verarbeitet worden sind, verändern bei großem Feuchtigkeitsgehalt der Luft unter Wasseraufnahme ihre Dehnbarkeit und Festigkeit. Umgekehrt können Seiden, die mit ihrer üblichen Dehnungsfähigkeit verarbeitet werden, bei einem Weniger an Feuchtigkeit in der Luft an Dehnbarkeit Einbuße erleiden. Beide Fälle sind häufig eine der Ursachen, die das Krauswerden der Gewebe veranlassen. Dieses Krauswerden (Boldern oder Gripé) beobachtet man nur bei Taffetgeweben sowohl in Rohware wie in fertig ausgerüsteten Stücken. Man sieht in regelmäßig wiederkehrenden Abständen stramm liegende glänzende Schußfäden und die dazwischen befindlichen Schußfäden beulen sich, so daß das Ganze an ein Schachbrettmuster erinnert.

Schimmelbildung. Ein zu großer Feuchtigkeitsgehalt der Luft begünstigt das Wachstum von Bakterien und Schimmelpilzen, womit eine Zerstörung der Seide Hand in Hand geht, da das Pilzwachstum nur unter Zerstörung der Seidensubstanz möglich ist. Begünstigt wird die Schimmelbildung durch Anwesenheit geringer Mengen Alkali.

Schlechte Verarbeitung. Daß bei einem geringen oder nicht genügenden Feuchtigkeitsgehalt die Seide Schwierigkeiten in der Verarbeitung bietet, ist ja eine altbekannte Tatsache, die sich darauf gründet, daß die Dehnbarkeit der Seide abhängig von der Feuchtigkeit ist.

Beeinflussung des Griffes. Man beobachtet zuweilen, daß bei Lagerung von fertigen Geweben in feuchten Räumen der Griff verloren. geht. Hier erklärt sich das Schwinden des Griffes durch eine zu starke Feuchtigkeitsaufnahme des Gewebes, wodurch Bestandteile der Avivage wie Leim, Dextrin u. a., in eine gewissermaßen schmierige Beschaffenheit übergehen und so den Griff verdecken. Umgekehrt kann ein Fehlen an Feuchtigkeit den Griff insofern beeinflussen, als dem Griff das edle seidige Gefühl genommen wird, und die Seide sich holzig und bockig anfühlt. Daß unter Umständen im Wasserdampf der Luft gelöste Stoffe, wie Chlorammonium, Schwefelwasserstoff, Säuren usw. üble Einwirkungen auf Seiden auszuüben vermögen, ist wohl ohne weiteres erklärlich.

d) **Einwirkung von Oxydationsvorgängen.** Die Oxydationserscheinung gehen meistens Hand in Hand mit den Vorgängen, die soeben unter den Abschnitten „Einwirkung von Licht, Temperatur und Feuchtigkeit" besprochen worden sind. An dieser Stelle sollen daher nur die Fälle Platz finden, die nicht unbedingt mit den drei ebengenannten Einflüssen in Zusammenhang zu bringen sind.

Fleckenbildung. Die Chloride oder die aus der Erschwerung freigewordene Salzsäure werden zu Chlor oxydiert, das dann seinerseits die Farbstoffe angreift und so ein Verschießen der Farbtöne bewirkt. Ferner werden die vorhandenen Spuren von Eisenoxydulsalzen zu Eisenoxydsalzen oxydiert, wodurch ein gelblicher Ton in der Farbe erzeugt wird, der sich namentlich bei hellen Farben sehr bemerkbar macht. Schließlich gehört hierin der Übergang der Fettsäureverbindungen, wie Seife, in freie Fettsäuren, ein Fall, der namentlich bei Weiß sehr oft in Erscheinung tritt und dasselbe binnen kurzem in Creme umwandelt. Da diese drei angezogenen Oxydations- und Spaltungsvorgänge sich auf Stoffe erstrecken, die nicht über das ganze Gewebe verbreitet zu sein brauchen, so machen sich diese Vorgänge dem Auge meistens in Form von Flecken bemerkbar.

Morschwerden. Daß die Einwirkung des durch Oxydation aus freier Salzsäure entstandenen Chlors nicht beim Verschießen haltmacht, sondern je nach Stärke auch die Seidensubstanz zu zerstören vermag, bedarf wohl keiner Erläuterung. Aber es spielen sich im Innern des Seidenfadens auch noch andere Oxydationsvorgänge ab, die die Zusammensetzung der Erschwerung verändern und dadurch eine Zerstörung der Seidensubstanz bedingen. Wenn dieselben auch im einzelnen noch nicht wissenschaftlich erforscht sind, so wissen wir doch, daß es sich um Oxydationserscheinungen handeln muß, denn die große Anzahl der zum Haltbarmachen erschwerter Seiden empfohlenen und verwandten Mittel — wie Thioharnstoff, Hydroxylamin, Aldehydsulfite, Nitrite u. a. m. — sind ihren chemischen Eigenschaften nach starke Reduktionsmittel, und die Wirksamkeit derselben beruht nur darauf, daß durch dieselben einer Oxydation der Erschwerungsbestandteile und mithin auch der Zerstörung der Seidensubstanz vorgebeugt wird.

Beeinflussung des Griffes. Daß eine Umänderung der chemischen Zusammensetzung der Erschwerung auch den Griff einer Seide beeinflussen wird, unterliegt wohl keinem Zweifel. Eine Erscheinung, die in diesen Abschnitt einzureihen ist, ist das Schwinden des Griffes, dadurch veranlaßt, daß das Öl der Avivage durch Oxydation gespalten wird und in freie Fettsäure übergeht, ein Fall, der hin und wieder zu beobachten ist.

4. Färbereimechanische Einflüsse als Ursache bei Seidenschäden.

Die färbereimechanischen Schäden bei Seiden sind entsprechend dem Fortschritt der Technik nur sehr selten. Es gehören hierher:

a) Zerrissene Masten. Dieselben entstehen bei unvorsichtiger Behandlung, meistens an den Stellen, wo die Seide mit Maschinen in Berührung kommt, so an der Waschmaschine, bei der Schaumabkochung, in Zentrifugen und Färbeapparaten, Streckapparaten und Appreturmaschinen.

b) Scheuerstellen. Diese meistens zeitweise auftretende Erscheinung, in Gestalt kleiner pilzartiger Rasen sich bemerkbar machend, kann ihre Entstehung kleinen Unebenheiten in den Geschirren verdanken. Ferner kann auch schlechte Verpackung der Seide in den Zentrifugen und die dadurch bedingte Reibung während des Laufens der Maschine die Ursache sein.

Hierhin gehören auch die strichförmig verlaufenden Blanchissuren bei der Stückausrüstung. Dieselben entstehen vielfach als sog. Stockstellen oder auch meistens dort, wo das Gewebe geknickt worden ist. Es handelt sich durchweg um beginnende Brüche der Seidenfäden. Daraus erklärt es sich auch, daß ein Überfärben dieser Art Blanchissuren aussichtslos bleibt, weil die Brüche eben bleiben. Will man den Übelstand für das Auge etwas mildern, dann kann dieses nur durch das sog. Tamponieren geschehen.

c) Überstreckte Seide. Die Schäden durch Überstrecken der Seiden, durch zu große Überlastung bei der Streckung, findet man meistens bei solchen Seiden, die bei sehr feinem Titer sehr hoch erschwert werden mußten. Daß ein derart in seiner räumlichen Ausdehnung in Mitleidenschaft gezogener Seidenfaden bezüglich Streckung äußerste Vorsicht erheischt, ist wohl leicht erklärlich. Sehr oft ist jedoch die Ursache des Überstreckens darin zu suchen, daß die einzelnen Masten einer Partie ungleich lang sind und dementsprechend der eine Masten zuviel, der andere zu wenig gestreckt wird. Hier schaltet natürlich jede Verantwortung des Färbers aus.

Hier wären auch noch die Zufälligkeiten, die in jedem Betriebe vorkommen können, aufzuzählen, wie das Anschmutzen der Seiden durch einfaches Fallenlassen oder durch Farbstoffstaub. Auch dieses ist ein gewissermaßen mechanischer Einfluß, dessen Folgen mehr oder minder schwer sein können.

5. Färbereichemische Einflüsse als Ursache von Schäden, und zwar solche, die sich vermeiden lassen.

In diesem Abschnitt werden eine Reihe von Schäden besprochen werden, deren Ursachen sich wohl vermeiden lassen, aber nur unter Berücksichtigung der verschiedensten Tatsachen, für die im einzelnen den Färber jedoch kein unbedingtes Verschulden trifft, da sie eben unter Mitwirkung physikalischer Einflüsse, wie Außentemperatur usw. zustande kommen.

a) Duvét. Die an und für sich von einem Fehler der Rohseide herrührende Erscheinung kann durch unsachmäßige Behandlung im Verlauf der Erschwerung und Färbung verstärkt werden, z. B. durch wiederholte Behandlung der Seiden im Nuancieren, wobei aber stets im Auge zu behalten ist, daß das Duvét nur verstärkt wird, nicht etwa durch die betreffende Behandlungsweise erzeugt wird.

b) Barré oder Gripé. Die Ursache kann in ungleichmäßiger Färbung zu suchen sein, wodurch in der fertigen Ware namentlich bei farbigen Seiden verschiedene Farbstreifen erzeugt werden. Ferner kann dieses eine Folge eines ungenügenden Entbastens der Seide sein. Derselbe Fall kann eintreten durch ungleichmäßige Erschwerung, eine Tatsache, die zu vermeiden, nicht in die Hand des Färbers gelegt ist. Als weitere Ursache, die namentlich bei hoch erschwerten Seiden sich bemerkbar machen kann, kann hier noch ein ungleichmäßiges Auftrocknen der Bestandteile der Avivage bei nicht sachgemäßer Behandlung in Frage kommen.

c) Verlust des Griffes. Hier kann insofern in der Färberei gesündigt werden, als die Seide von der Seife, die bei den verschiedenen Behandlungen zur Verwendung gelangt, nicht genügend gereinigt wird. Dasselbe gilt von einer fehlerhaften Auswahl der Aviviersäure, sei es, daß sie sich verflüchtigt, sei es, daß diese durch ihre Stärke Einfluß auf die Erschwerung gewonnen hat. Als letzte Möglichkeit sei auch auf einen zu hoch gewählten Ölgehalt in der Avivage hingewiesen.

d) Fleckenbildung. Hier ist an erster Stelle als Ursache ein ungleichmäßiges Färben anzuführen, wie solches hin und wieder bei farbigen Seiden durch unsachgemäße Auswahl oder Behandlung der Anilinfarbstoffe in Erscheinung tritt. Daß eine unmittelbare Verunreinigung mit fremden Farbstoffen, wie es leicht vorkommen kann, hierhin gehört, ist ja klar. Eine weitere Ursache der Fleckenbildung liegt ferner in einem ungenügenden Entbasten der Rohseide. Eine häufigere Ursache ist jedoch in Fehlern zu suchen, die bei der Zinnerschwerung gemacht werden. Hier sind es in erster Linie die sog. Phosphatflecken, die auf Bildung von phosphorsaurem Kalk zurückzuführen sind. Dieselben sind meistens durch Behandlung mit Säure oder Seife zu entfernen. Schlimmer sind allerdings diejenigen Phosphatflecken, die auch durch diese Behandlung sich nicht entfernen lassen. Wahrscheinlich entstehen dieselben durch Bildung amorpher Zinnphosphate im Innern der Seidenfaser, während dieselben der ersten Gattung äußerlich auf der Seide sitzen und durch vorhandene Spuren harten Wassers veranlaßt wurden. Ein Überfärben der an zweiter Stelle genannten Phosphatflecken ist so gut wie aussichtslos. Ebenso unangenehm wie diese Flecken sind die Silikatflecken, die namentlich in stückerschwerter Ware zutage treten und besonders in der Wärme ein fettartiges Aussehen aufweisen. Auch diese Flecken widerstehen jeglichen Entfernungsversuchen, sie verschwinden erst bei Behandlung mit Flußsäure, wobei natürlich die Zinnerschwerung nicht unberührt bleiben wird. Daß beide Arten von Flecken — also Phosphat- und Silikatflecken — zu vermeiden sind, unterliegt keinem Zweifel, allerdings nur unter Beobachtung der verschiedensten Umstände, wie Wasserverhältnisse, Ausschwingen und klare Bäder. Eine andere Art von Flecken sind die bronzigen Stellen, wie solche häufig bei Schwarzfärbungen auftreten. Hier spielt meistens ein ungenügendes Waschen nach den besonderen Beizen eine große Rolle. Andere bronzige Flecken hängen jedenfalls mit den dazu verwandten Anilinfarbstoffen zusammen, eine einfache Erklärung dieses

Vorganges ließ sich allerdings bis heute noch nicht finden. Als weitere Ursache der sog. Blindstellen wäre dann noch die Kalkseife zu erwähnen, die bei Verwendung nicht genügend enthärteten Wassers in Erscheinung tritt. Schließlich wäre hier noch als Ursache der Blindstellen die unsachgemäße Verwendung von Leim oder Gelatine anzuführen. Hierhin gehören dann auch die Blanchissuren, die sich in Wolkenform auf der im Stück ausgerüsteten Seide bemerkbar machen. Die Ursache dieses Übelstandes ist teils in der Erschwerung, teils aber auch in der Färbung zu suchen. Man hilft sich vielfach durch nochmaliges Seifen, einer Ammoniakbehandlung und erneutes Färben. Wenn dieses jedoch nicht zum Ziele führt, bleibt nur ein Umfärben in einen dunklen Farbton übrig.

e) **Morschwerden.** Der Anlässe, die ein Morschwerden der Seide durch die Behandlung in der Färberei zur Folge haben, kann es eine ganze Menge geben, die jedoch in einem neuzeitlich eingerichteten und geleiteten Betrieb auf ein solches Mindestmaß beschränkt werden können, daß man beim eintretenden Falle nur von einem Zufall sprechen kann. Wenn ich hier nun eine Anzahl Ursachen anführe, so geschieht es nur, um auf die Möglichkeiten des Morschwerdens hinzudeuten, durchweg werden sie entsprechend der Sorgfalt, die man heutzutage der Seide angedeihen läßt, vermieden werden können. Am empfindlichsten ist die Seide gegen alle chemischen Stoffe, die eine alkalische Reaktion aufweisen, besonders natürlich gegenüber freiem Ätzkalki, sie ist hierin das reinste Gegenstück der Baumwolle. Dieser Fall ist in Betracht zu ziehen bei der Seife, den Natriumphosphatbädern, dem Wasserglas, dem gereinigten Wasser und bei den Reinigungsvorgängen der Seide mit Soda und Ammoniak. In allen diesen Fällen ist ein gewisses Maß an Alkalinität innezuhalten, zumal wenn bei höherer Temperatur gearbeitet wird. Ein Überschreiten der Grenzen macht sich meistens übel bemerkbar, wenn nicht sogar die Seide dabei über Bord geht. Was vom Alkali gesagt ist, gilt, wenn auch in geringerem Maße, von einem Säuregehalt. Seide ist ja bekanntlich gegen freie Säure sehr beständig, handelt es sich jedoch bei dieser Säure um eine solche, die als Überschuß in einer Beize vorhanden ist, also mit dieser zusammen in Wirkung tritt, wie bei Chlorzinn, Tonerde, salpetersaurem oder holzsaurem Eisen und Chromchlorid, so kann dieselbe sehr wohl auf die Festigkeit der Seide einwirken. Aber auch die freien Säuren, wie sie zum Absäuren oder Avivieren benutzt werden, können zu Schäden führen, wenn sie Stoffe enthalten, die als solche die Seide zu beschädigen imstande sind, wie Chlor, Salpetersäure u. a. m. Zwei chemische Stoffe, die häufig in der Färberei verwandt werden, nämlich Formaldehyd und Wasserstoffsuperoxyd, gehören ebenfalls zu den Körpern, die unliebsame Überraschungen im Gefolge haben können, sobald ihre Verwendung nicht sachgemäß geschah. Hierhin gehören auch die zinnhaltigen Phosphatbäder, in denen das Zinn in einer Form vorliegt, daß es schwere Seidenschädigungen nach sich ziehen kann. Was nun ganze Arbeitsweisen bei der Behandlung der Seide anbelangt, so ist hier an erster Stelle eine fehlerhafte Erschwerungsweise zu nennen. Bedient man sich zu starker Pinken und sonstiger Beizen, oder wiederholt man diese Behandlung zu häufig, so läuft man Gefahr, daß faule Partien das Ergebnis sind. Dasselbe gilt von zu starken Wasserglasbädern, die den Faden derart spröde machen, daß er brechen muß. Auch ein fehlerhaftes Abkochen — meistens nicht genügendes — kann Schäden im Gefolge haben, und zwar werden die nicht entbasteten Stellen Anlaß sein, daß hier sich Ablagerungen im Verlauf des Erschwerungsvorganges bilden, gewissermaßen den Faden an dieser Stelle abschließen. Während der übrige Faden chemisch und physikalisch verändert wird, ist dieses an den eingehüllten Stellen nicht der Fall, und bei einer Zugeinwirkung wird der Faden spröde sein und brechen. Teilweise ist auch wohl anzunehmen, daß die Auflagerung auf der Seide den Faden hier unmittelbar zerstören können. Daß die Zeitdauer der Behandlungen, mitunter auch die Zwischenräume zwischen den Erschwerungsarbeiten (Liegenlassen von Pinken), ferner die Temperatur, sei es die Außentemperatur, sei es die Temperatur der Bäder, eine große Rolle spielen, ist wohl ohne Zweifel.

6. Färbereichemische Einflüsse als Ursache von Schäden, und zwar solche, die sich nicht vermeiden lassen.

Wenn auch eine Anzahl von Seidenfehlern eigentlich in diesem Abschnitt aufgeführt werden müßten, die eben im Zusammenhang mit den unter 1, 2 und 3 erwähnten Bedingungen sich nicht umgehen lassen, so sollen in diesem Absatz nur diejenigen Schäden besprochen werden, bei denen es sich lediglich um ein Morschwerden der Seide handelt.

Hier steht an erster Stelle der Schaden, der durch mehrmaliges Umfärben der Seide entstehen kann. Es handelt sich ja bei dem Umfärben nicht nur um dieses allein, sondern es sind hierzu eine ganze Reihe von Behandlungen erforderlich, wie Herunterziehen der Avivagebestandteile oder des Farbstoffes und neues Färben und Avivieren. Es sind dieses Einflüsse, die nicht spurlos an der Seide vorübergehen, ja unter Umständen die Seide so stark in Mitleidenschaft ziehen, daß an eine Verarbeitung nicht mehr zu denken ist.

Ein weiterer Fall einer Seidenschädigung, der der Färber machtlos gegenübersteht, betrifft die stückerschwerten Waren. Die Arbeitsweise bei diesen Seiden unterscheidet sich von derjenigen der stranggefärbten Seiden insofern wesentlich, als man beim Erschweren nach den einzelnen Behandlungsweisen nicht so durchgreifend ausschwingen kann, will man die Verschiebungen des Schusses vermeiden. Nun spielt das Schwingen nach den einzelnen Abschnitten der Erschwerungsarbeit eine nicht unwesentliche Rolle, da die Spaltungsprodukte der Erschwerung aus den Seiden nicht so leicht zu entfernen sind, wie die Ausgangsbestandteile derselben in die Seide hineinwandern. Bleiben diese Spaltungsprodukte nun zum Teil in den Seiden, so können dieselben die Erschwerung in einer Weise verändern, daß der Faden seine Dehnbarkeit einbüßt und bricht. Daß diese Möglichkeit mit der Steigerung der Erschwerung im gleichen Schritt geht, unterliegt ja keinem Zweifel. Ebenso klar ist es auch, daß derartige Seidenstoffe als Ausfuhrwaren ein viel größeres Wagnis bedingen als eine stranggefärbte Ware.

Ein dritter Fall schließlich ist eine Erscheinung, die auch namentlich bei stückerschwerter Ware und besonders bei solchen, die in die Tropen ausgeführt werden, beobachtet wird. Hier sieht man unter dem Mikroskop, daß die morsche Seide aufgequollen ist und Querrisse aufweist, gewissermaßen als ob sie geplatzt sei. Es dürfte sich hier um eine Umwandlung der amorphen Kieselsäure in die kristallinische Form handeln, was durch die hohe Temperatur bei längerer Zeitdauer bewirkt wird. Daß auch hier der Ausrüster vollständig machtlos ist, unterliegt keinem Zweifel.

Bei den drei aufgeführten Fällen handelt es sich eben nicht um eine unzweckmäßige Behandlung der Seide von seiten des Färbers, sondern um Folgeerscheinungen, die auch bei der sorgfältigsten Arbeitsweise nicht zu vermeiden sind. Als solche sind sie durch färbereichemische Einflüsse bedingt, diese lassen sich vielfach jedoch nicht umgehen, wenn die Ware entsprechend den Anweisungen des Auftraggebers ausgerüstet wurde.

In dieses Gebiet gehören denn auch die verschiedenen Fehler, die mit gewissen Echtfärbungen in Zusammenhang zu bringen sind, ohne daß der Färber dieses wissen konnte. Es sei z. B. an die häufigen Anforderungen einer lichtechten und zugleich wasserechten Färbung erinnert, wie sie bei Hutbandfärbungen verlangt werden. Wir sind noch nicht imstande, diese beiden Echtheiten nebeneinander zu erzielen. Hierhin gehören denn auch die Echtheitsanforderungen an gewisse Farbtöne bei hocherschwerten Seiden, die vielfach zu den direkten Unmöglichkeiten zählen.

Wie man aus meinen Ausführungen ersieht, ist es unangebracht, bei Beurteilung von Seidenschäden diese nur von einem Gesichtspunkte aus zu betrachten, sondern es müssen in vielen Fällen eine ganze Anzahl von Tatsachen in Betracht gezogen werden. Es ist ohne weiteres ersichtlich, daß es ganz und gar nicht angebracht ist, für jeden Schaden den Seidenfärber verantwortlich zu machen. Gewiß, es gibt eine Anzahl von Fällen, wo der Färber den Schaden hätte vermeiden können, aber in der Mehrzahl ist es ungerecht, wenn man, unter Außerachtlassung der verschiedenen Möglichkeiten, dem Färber jegliche Schuld aufbürden wollte. Ich hätte meine Einteilung auch in der Weise ausführen können, daß ich 1. diejenigen Fälle betrachtet hätte, wo der Färber unbedingt verantwortlich gemacht werden kann, 2. diejenigen Fälle, wo der Färber mit dazu beigetragen hat, bereits vorhandene Fehler zu vergrößern, und 3. diejenigen Fälle, wo der Färber von jeglicher Ersatzpflicht freigesprochen werden muß. Ich habe jedoch meine obige Einteilung vorgezogen, weil es sich eben um eine Aufstellung der Ursachen handelt. Jeder Fachmann wird aus meinen Darstellungen sich selbst sagen können, in welche Gattung er einen anheischig gemachten Schaden einzureihen hat. Ebenso konnte es auch nicht Zweck meiner Ausführungen sein, ausführlich über Mittel oder Erfahrungen zu berichten, wie diesem oder jenem Übelstand abgeholfen werden könnte, dieses ist ein besonderes Arbeitsgebiet für sich. Hier lag nur das Interesse vor, eine Übersicht über die Ursache der Seidenschäden zu geben, um den Beweis zu führen, daß es eine große Ungerechtigkeit ist, jeglichen Schaden auf die Rechnung des Färbers zu setzen.

XVI. Wiedergewinnungsverfahren.

Es ist wohl ohne Zweifel, daß bei einem Fabrikationsbetrieb, bei dem in dem Maßstabe wie in der Seidenfärberei chemische Rohstoffe verwandt werden, eine ganze Reihe von Abfallstoffen entstehen, deren Verwertung, Reinigung oder Wiedergewinnung für den betreffenden Unternehmer sehr gewinnbringend sein kann. Trotzdem sind die diesbezüglichen Verfahren und Arbeitsweisen in den Seidenfärbereien keineswegs älteren Datums, und es gibt noch heute Seidenfärbereien, die sehr erhebliche Werte in den Abfall gehen lassen. Andererseits ist auch das Gebiet der Wiedergewinnung nur auf einzelne Gegenstände beschränkt, und ist es ganz ohne Frage, daß weitere Versuche in dieser Hinsicht jedenfalls noch sehr aussichtsreich und lohnend sein dürften.

Von den in Seidenfärbereien üblichen Wiedergewinnungsverfahren kommen eigentlich nur drei in Frage, nämlich

1. die Wiedergewinnung des von den Seiden abgewaschenen Chlorzinns;

2. die Wiedergewinnung der verunreinigten Phosphatbäder;

3. die Wiedergewinnung von Fettsäure aus den verbrauchten Seifen- und Farbbädern.

Man sieht schon aus dieser Aufstellung, daß eine ganze Reihe von Stoffen, wie Gerbstoffe, Farbstoffe, Säuren, Wasserglas, Tonerde u. a. m. vollständig unbeachtet geblieben sind und noch heute darauf warten, in irgendwie einer Weise verwertet zu werden. Es liegt nicht im Rahmen dieses Buches, ausführlich auf die chemischen Vorgänge der Wiedergewinnungsverfahren einzugehen, und soll hier nur kurz eine Beschreibung der hauptsächlichsten diesbezüglichen Einrichtungen und Verfahren gegeben werden.

1. Zinnwiedergewinnung.

Wie schon unter dem Kapitel „Zinnerschwerung" ausgeführt wurde, werden die bei dem Waschen der gepinkten Seide ablaufenden Wässer in einem Sammelbecken gesammelt, wo ihnen genügend Zeit gegeben ist, um das vollständige Absetzen des ausgeschiedenen Zinnhydroxydes zu erzielen. Zu diesem Zweck ist es erforderlich, daß der gewählte Behälter genügend groß ist, und andererseits, daß durch Einbauen von Querwänden und Herstellen von geeigneten Überläufen Räume geschaffen werden, in denen das aufgefangene Waschwasser fast vollständig zur Ruhe gelangt, so daß das Zinnhydroxyd sich vollständlg absetzen kann. Es ist wohl ohne weiteres klar, daß diese Sammelbehälter andererseits auch genügend tief sein müssen, um eben dem jeweiligen Bedarf der Betriebe entsprechende Mengen des Zinnschlammes aufnehmen zu können. Nachdem dieselben gesperrt sind, wird der am Boden befindliche Zinnschlamm abgesogen und durch eine Filterpresse gedrückt. Der so gewonnene Zinnschlamm kann dann als solcher oder

auch nach entsprechendem Trocknen verwertet, d. h. auf metallisches
Zinn verhüttet werden. Dieses Verhütten wird meistens den Zinnhütten
überlassen, da ein eigenes Verhütten, wie man es hin und wieder wohl
in Betrieben findet, doch nicht gewinnbringend genug ist. Es empfiehlt
sich, eine solche Zinnwiedergewinnungsanlage stets unter Aufsicht zu
halten, und zwar nach der Richtung, ob nicht ausgeschiedenes Zinnhydroxyd das Becken verläßt und so verloren geht, ferner ob das klar
ablaufende Abwasser nicht doch noch unter Umständen gelöstes Zinn
enthält, was ein Beweis dafür wäre, daß die zur Zersetzung nötigen
Wassermengen fehlen. Im Interesse des Kanals wird man auch darauf
zu achten haben, daß das Abwasser nicht zu sauer ist. Schließlich wäre
noch darauf zu achten, daß nicht andere Abflüsse der Färberei, wie
Phosphat oder Seife oder gar Farbbäder in die Zinnwiedergewinnungsanlage gelangen, weil hierdurch die ausgeschiedene Zinnpaste Bestandteile erhält, die sie für die Verhüttung auf metallisches Zinn minder-
wertig macht.

Bei der Beurteilung der Frage, ob eine Wiedergewinnung des von
den Seiden abgewaschenen Zinns Gewinn bringt und in welchem Maßstabe, ist nach folgender Überlegung zu entscheiden:

1. Man muß sich darüber klar sein, wieviel Seide roh gepinkt wird,
und wieviel Seide abgekocht gepinkt wird.

2. Wieviel Seide 3mal bzw. 4- oder 5mal gepinkt wird.

3. In welcher Stärke bezüglich des Zinngehaltes die Pinken durchschnittlich verwandt werden.

Um sich hierüber ein Bild machen zu können, sei hier eine Versuchsreihe eingefügt, die ich zur Feststellung der Mengen des von den Seiden
abgewaschenen Zinns sowohl mit roher als mit abgekochter Seide an-
gestellt habe. Die betreffenden Seidenmasten wurden nach dem Pinken
und Schleudern im Laboratorium ausgewaschen, und zwar so lange,
bis das Waschwasser eine bestimmte Menge betrug und die Seide kein
Zinn mehr mechanisch abgab. Diese Waschwässer wurden dann vereinigt, und die Gesamtmenge des darin befindlichen Zinns quantitativ
bestimmt. Die Ergebnisse gestalten sich bei einem Vierpinker wie folgt:

Das Gewicht des Seidenmastens war 34,4 g bei dem Masten, der
roh gepinkt wurde, und 32,8 g bei demjenigen, der abgekocht gepinkt
wurde. Das Gesamtwaschwasser nach dem ersten Pinkzug enthielt bei
der roh gepinkten Seide 2,68 g metallisches Zinn, bei der abgekocht
gepinkten 3,08 g. Nach dem zweiten Pinkzug war der Zinngehalt des
Waschwassers 2 g bzw. 1,6 g. Nach dem dritten Pinkzug 2 g bzw.
0,80 g, schließlich nach dem vierten 2,76 g bzw. 0,42 g. Zieht man diese
Mengen zusammen, so ergibt sich, daß bei der rohgepinkten Seide im
Gewicht von 34,4 g die Gesamtmenge Zinn, die während des Erschwerungsvorganges in das Waschwasser überging, 9,44 g betrug. Unter den
gleichen Verhältnissen ließ die Seide, die abgekocht gepinkt wurde, im
Gewicht von 32,8 g in das Waschwasser 5,9 g Zinn übergehen. Die
erhaltenen Zahlen lassen ersehen, daß 100 kg einer rohgepinkten Seide
27,5 kg metallisches Zinn in das Waschwasser vom Pinkwaschen übergehen lassen. Dagegen werden von 100 kg abgekochter Seide nur 18 kg

metallisches Zinn abgewaschen. Die gleiche Versuchsreihe übertragen
auf einen Fünfpinker ergab folgendes:

	Roh gepinkt	Abgekocht gepinkt
1. Pinkzug . . .	2,88 g Zinn	3,04 g Zinn
2. „ . . .	2,71 g „	2,32 g „
3. „ . . .	1,68 g „	0,60 g „
4. „ . . .	1,76 g „	0,96 g „
5. „ . . .	1,80 g „	0,92 g „

Das Gewicht des Seidenmastens bei der rohgepinkten Seide war
31,7 g, bei der abgekochten 31,4 g. Es ergibt sich also, daß 100 kg einer
5 mal rohgepinkten Seide 34,2 kg metallisches Zinn in das Waschwasser
übergehen lassen und ebenso 100 kg abgekochter Seide 25 kg metallisches
Zinn. Die gegebenen Beispiele sind Durchschnittsmuster von verschiedenen Versuchsreihen. Der Zinngehalt der Pinkbäder betrug durchschnittlich 10%, der Säuregehalt schwankte zwischen 0,5 und 0,75%.

Es ist hieraus wohl ohne weiteres zu erkennen, welche riesenhaften
Werte noch in dem Pinkwaschwasser stecken, und es wird sich wohl
jeder an der Hand dieser Durchschnittszahlen einen Begriff davon
machen können, welchen Wert für ihn eine regelrechte und aufmerksam
geleitete Wiedergewinnung des Zinns aus dem Pinkwaschwasser bedeutet. Ebenso unzweifelhaft ist es, daß diese Werte sich noch vergrößern, sobald mit dickeren Pinken gearbeitet wird. Durchschnittlich,
wenn man in Betracht zieht, daß auch viele der Seiden nur dreimal
gepinkt werden, kann man annehmen, daß bei je 100 kg erschwerter
Seide 25 kg metallisches Zinn wiedergewonnen werden können.

Daß eine solche Wiedergewinnung des Zinns durch sorgfältige Überwachung der Zinnwaschwässer bei dem hohen Preise des Zinns sich in
jeder Hinsicht rentiert, braucht wohl keiner besonderen Erwähnung.

Nur auf einen Punkt sei noch hingewiesen. In den Betrieben, denen
kein hartes Waschwasser zum Pinken zur Verfügung steht, ist es zu
empfehlen, die Säure der Pinkwaschwässer etwas abzustumpfen. Es
kann dieses in der Weise geschehen, daß man die Waschwässer über
Kalksteine oder über Eisenblechschrot rieseln läßt. Durch den hohen
Säuregehalt der Waschwässer kann bei weichem Wasser der Fall eintreten, daß das Zinnhydroxyd nicht quantitativ abgeschieden wird.

2. Phosphatwiedergewinnung.

Ganz im Gegensatz zu der Zinnwiedergewinnung, wo das mechanisch
auf der Seide haftende Chlorzinn wieder verwertet wird, läßt man eine
Wiedergewinnung des mechanisch auf der Seide haftenden Natriumphosphates vollständig außer acht, sondern beschäftigt sich nur mit der
Wiederbrauchbarmachung der Phosphatbäder als solcher. Es ist ja
schon ausgeführt worden, daß die Phosphatbäder im Laufe des Gebrauches sich mit Zinnverbindungen anreichern und erhebliche Mengen
an organischer Substanz der Seide aufnehmen. Die Reinigungsverfahren
beschränken sich auf die Entfernung dieser beiden Verunreinigungen
aus den Bädern. Die hauptsächlichsten dieser Verfahren sind das

Reinigungsverfahren der Firma Th. Goldschmidt in Essen und dasjenige von Dr. Feubel, Krefeld.

Bei dem Verfahren von Goldschmidt werden die Phosphatbäder in
der Weise gereinigt, daß berechnete Mengen von Erdalkalisalzen dem
Phosphatbade zugesetzt werden und das Bad nach diesem Zusatz aufgekocht wird. Es gelingt, das Zinn auf diese Weise quantitativ abzu-
scheiden, während die zugesetzten Salze ebenfalls als Phosphat entfernt
werden. Durch Abfiltrieren von dem erhaltenen Niederschlag ergibt
sich ein zinnfreies, an organischer Substanz armes und zum weiteren
Gebrauch fertiges Phosphatbad. Daß natürlich durch Zusatz von
frischem Natriumphosphat der Gehalt des Bades wieder eingestellt
werden muß, ist wohl selbstverständlich. Die von einigen Seiten gemachten Einwände, daß die nach diesem Verfahren in das Bad gelangenden Alkalisalze wie Natriumsulfat oder Natriumchlorid schädigende Einflüsse haben sollten, haben sich in der Praxis nicht als zutreffend erwiesen.

Irgendwelche Bedenken in dieser Hinsicht lassen sich auch beheben,
wenn die zur Verwendung gelangenden Erdalkalien in Form der kohlensauren Salze oder irgendwie organischer Salze zugesetzt werden.

Das Feubelsche Verfahren ist ähnlich in seiner Arbeitsweise wie das
obige, nur daß an Stelle der Erdalkalisalze berechnete Mengen Wasserglas genommen werden. Das ausgeschiedene Zinnalkalisilikat wird
ebenfalls durch Filtrieren aus dem Bade entfernt und das wieder-
gewonnene Bad stellt ein gebrauchsfertiges Phosphatbad dar. Auch
dieses Verfahren hat sich in verschiedenen Fabriken gut bewährt, nur
dürfte es sich für Schwarzfärberei weniger eignen, weil hier ein etwaiger
Überschuß an Wasserglas auf die Seide gelangen und sich in Form von
Flecken unangenehm bemerkbar machen kann.

Außer diesen beiden Verfahren gibt es auch noch andere, wie Be-
handlung mit Kalkmilch, Kochen der Bäder mit Seife, Entfernung des
Zinns mittels Schwefelalkali, die jedoch in der Praxis so gut wie keinen
Anklang gefunden haben.

Zu erwähnen wäre noch ein Wiedergewinnungsverfahren nicht der
Bäder, sondern des Natriumphosphates durch Eindampfen der Phosphatbäder und Auskristallisierenlassen des Natriumphosphates. Zu beachten ist hierbei jedoch, daß die vielfach geäußerte Ansicht, als ob
diese erhaltenen Kristalle zinnfrei und jegliches Zinn in die Mutterlauge
übergegangen wäre, ein Irrtum ist. Die erhaltenen Kristalle sind keineswegs zinnfrei und enthalten außerdem nicht unwesentliche Mengen von
Soda, falls die Bäder nicht im Vakuum eingedampft wurden. Die nach
diesem Verfahren erhaltenen Kristalle haben mithin eine wesentlich
andere Zusammensetzung als das käufliche Natriumphosphat.

Um auch hier die Wirtschaftlichkeit bzw. die Frage, ob eine Phosphatwiedergewinnung für eine Seidenfärberei von Vorteil ist, zu be-
antworten, müssen folgende Gesichtspunkte in Betracht gezogen werden:

Die erste Bedingung ist, daß der Seidenfärber sich überzeugt hat,
daß der Zinngehalt der Phosphatbäder nicht nur auf die Seide schädigende Einflüsse ausübt, sondern auch ein Maßstab ist für die fort-

schreitende Verunreinigung der Bäder. Alle größeren Firmen des Seidenfärbereigebietes sind dazu übergegangen, ihre Phosphatbäder in gewissen Zeiträumen wieder herzustellen, und kann man es heutzutage als Durchschnittswert ansehen, daß die Phosphatbäder, sobald es sich um abgekochte Seide handelt, nicht mehr als 1 g Zinn im Liter enthalten sollen. Bei solchen Seiden, die nicht abgekocht erschwert werden, wie Souple oder Grègeseiden, hat man die zulässigen Grenzen auf 1,5—2 g Zinn im Liter erhöht. Was nun die Anreicherung der Bäder an Zinn anbelangt, so ist dieselbe abhängig von der Kilozahl der Seide, die auf den Bädern behandelt wird, und von dem Pinkzug, den die Seide bereits erhalten hat. Mit anderen Worten, auf einer Barke mit 3000 l Inhalt bringen 50 kg Seide mehr Zinn in das Bad als 10 kg Seide. Ebenso bringen diese 50 kg Seide, wenn sie 1mal gepinkt sind, nicht so viel Zinn in das Bad hinein, als wenn sie 4- oder 5mal gepinkt sind. Als Durchschnittswert kann man folgende Zahlen gelten lassen. Es werden 50 kg Seide durchschnittlich auf einer Barke von 3000 l Bad aufgestellt. Angenommen, das Natronbad sei vollständig frisch hergestellt, und es werden in demselben phosphatiert 50 kg einer 1mal gepinkten Seide, so wird das Bad nach beendigtem Phosphatieren einen Zinngehalt von 0,15 g im Liter aufweisen. Wird jetzt dasselbe Bad, nachdem der mechanische Verlust bzw. die Schwächung des Bades durch Zusatz von neuem Phosphat ausgeglichen ist, verwandt, um die zum zweitenmal gepinkte Seide von neuem zu phosphatieren, so wird das Bad nachher durchschnittlich einen Zinngehalt aufweisen von 0,3 g Zinn im Liter. Die gleiche Behandlung vorausgesetzt, wird der Zinngehalt nach dem dritten Zug 0,5 g im Liter betragen, nach dem vierten 0,75 g im Liter, nach dem fünften 1,2 g im Liter. Wenn man jetzt als Durchschnitt annimmt, daß der Zinngehalt der Bäder 1 g im Liter nicht überschreiten soll, so ist klar, daß man mit ein und demselben Bade, wenn es sich um einen Fünfpinker handelt, 5mal arbeiten kann, und es dann laufen lassen oder reinigen muß. Anders verhält es sich mit einem Vierpinker. Wir haben als Durchschnitt angenommen, daß ein Bad nach 4maligem Gebrauch einen Zinngehalt von 0,75 g im Liter aufweist. Da man noch keine Veranlassung hat, das Bad laufen zu lassen, so wird man eine neue Partie von 50 kg, nachdem sie 1mal gepinkt ist, mit dem Phosphat behandeln können. Der Zinngehalt des Bades beträgt nach beendigtem Phosphatieren 0,9 g im Liter. Man wird jetzt das Bad nochmals gebrauchen können, und zwar wird man die zum zweitenmal gepinkte Seide nochmals auf diesem Bade phosphatieren können. Durchschnittlich hat sich der Zinngehalt alsdann auf 1,1 g im Liter erhöht. Zur besseren Übersicht sei das eben Erwähnte nochmals in einer Übersicht aufgeführt.

Zinnanreicherung bei 4mal gepinkter Seide:

1. Zug . . . . 0,15 g Zinn im Liter
2. „   . . . . 0,30 g   „   „   „
3. „   . . . . 0,50 g   „   „   „
4. „   . . . . 0,75 g   „   „   „
1. „   . . . . 0,90 g   „   „   „
2. „   . . . . 1,10 g   „   „   „

Zinnanreicherung bei 5mal gepinkter Seide:

1. „ . . . . . . 0,10 g Zinn im Liter
2. „ . . . . . . 0,30 g „ „ „
3. „ . . . . . . 0,50 g „ „ „
4. „ . . . . . . 0,75 g „ „ „
5. „ . . . . . . 1,20 g „ „ „

Aus dieser Übersicht ergibt sich, daß man das Phosphatbad, wenn
es sich um 5mal gepinkte Seide handelt, nach dem fünften Gebrauch
laufen lassen oder reinigen muß. Bei 4mal gepinkter Seide kann man
das Bad jedoch 6mal gebrauchen, ehe man es laufen läßt oder reinigt.
Diese Tatsache bedeutet also, daß man von einer 4mal gepinkten Seide
150 kg fertigstellen kann, ohne daß man das betreffende Phosphatbad
mehr als 2mal erneuert, während man von einer 5mal zu pinkenden
Seide nur 100 kg fertigstellen kann, wenn man das Bad 2mal erneuert.
Aus diesen Überlegungen lassen sich die Ersparnisse, die man mit einem
Wiedergewinnungsverfahren des Phosphates erzielt, leicht berechnen.
Es ist nur der Wert einzusetzen, den das Bad darstellt, das man laufen
lassen oder wiedergewinnen müßte. Wenn man 50 kg Seide auf einem
Bade mit 3000 l behandelt, so sind in diesen 3000 l 480—600 kg kristalli-
siertes Natriumphosphat enthalten. Nehmen wir jetzt an, daß der
mechanische Verlust an Bad, der durch Aufsaugen der Flüssigkeit in
der Seide bleibt, $^1/_6$ des Badvolumens beträgt, so würden beim Laufenlassen bzw. Wiedergewinnen des Phosphatbades 2500 l mit einem
Gehalt von 400—500 kg Phosphat vorhanden sein. Die Rechnung
dürfte jetzt einfach sein, d. h. bei der Herstellung von 150 kg 4mal
gepinkter Seide muß man 800—1000 kg Phosphat laufen lassen.

Die Ersparnisse an Phosphat durch das Wiedergewinnungsverfahren
erhöhen sich noch um 10—20%, wenn man in Zentrifugen phosphatiert,
weil dadurch die Menge des wiedergewonnenen Bades vergrößert wird.
Daß auch das abgeschiedene Zinn, gesammelt, einen Wert darstellt, ist
wohl unschwer zu ersehen.

3. Fettsäurewiedergewinnung.

Die dritte Art der für Seidenfärbereien in Betracht kommenden
Wiedergewinnungsverfahren ist diejenige, um die in der Färberei in
Form von Seife gebrauchten Fettsäuren wiederzugewinnen. Zu diesem
Zweck sammelt man die stark seifenhaltigen Bäder, wie Farb- und
Erschwerungsbäder, teilweise auch Abkochbäder, in Sammelbecken,
zersetzt die Seife durch Zusatz entsprechender Mengen Schwefelsäure,
nach Bedarf unter Erwärmen. Die ausgeschiedenen Fettsäuren werden
in Filterpressen gesammelt und die erhaltenen Rückstände an die in
Frage kommenden Fabriken versandt, die durch Extraktion die Fettsäure wiedergewinnen, was im übrigen auch im eigenen Betrieb ausgeführt werden kann. Die wiedergewonnenen Fettsäuren, die teilweise
durch Anilinfarbstoffe, jedoch nur wenig gefärbt sind, können wieder auf
Seife verarbeitet werden, solange es sich um Verwendung derselben in
einer Schwarzfärberei handelt. Die Abscheidung der Fettsäuren bietet
weniger Schwierigkeiten, wenn es sich um verdünnte Bäder handelt,

während gesättigte Seifenbäder die Fettsäuren schmierig abscheiden, so daß man Schwierigkeiten hat, dieselben in die Presse zu bekommen. Um eine Berechnung der Wirtschaftlichkeit einer Fettsäurewiedergewinnung anzustellen, lassen sich keine derart genauen Bedingungen annehmen, wie solches bei der Zinn- und Phosphatwiedergewinnung der Fall ist. Die Arbeiten, bei denen Seife gebraucht wird, sind derart mannigfaltig, sowohl was die Verwendungsart als auch die Menge der Seife anbelangt, daß das Ziehen eines Durchschnittes für eine Berechnung zwecklos ist.

Wie schon eingangs erwähnt wurde, sind die eben beschriebenen drei Wiedergewinnungsarten von chemischen Stoffen die hauptsächlichsten, die für Seidenfärbereien als wertvoll in Betracht kommen. Hin und wieder findet man noch, daß andere Stoffe, wie Katechu, Blauholz u. a., gewissermaßen durch ein Wiederherstellungsverfahren wieder brauchbar gemacht werden, es handelt sich aber meist um Sonderverwendungsgebiete, die für die Allgemeinheit der Seidenfärberei nicht in Betracht kommen.

An dieser Stelle dürfte es auch angebracht sein, kurz der Färbereiabwässer Erwähnung zu tun. Dieselben sind entweder verhältnismäßig sauer, oder sie sind alkalisch, so daß eine Vereinigung der beiden nicht unangebracht erscheint. Leider ergeben sich hierbei meistens sehr starke und schwer absetzende Rückstände, so daß von einer eigentlichen Reinigung keine Rede sein kann. Durchweg wird für die Färbereiabwässer das übliche Reinigungsverfahren das beste sein, entweder, daß man die Abwässer genügend verdünnt dem Abfluß zuführt oder, daß man eine tatsächliche Reinigung vornimmt, indem man die Bäder mit entsprechenden Mengen Kalk versetzt und den erhaltenen Kalkniederschlag entfernt. Ein Übelstand der Färbereiabwässer, der nämlich bei Anschluß an ein städtisches Kanalnetz zu Schwierigkeiten führt, ist die heiße Temperatur der Farbbäder. Diesen Übelständen kann nur in der Weise abgeholfen werden, daß man die Bäder in Sammelbecken sammelt und abkühlen läßt.

XVII. Chemische in der Färbereipraxis häufig benötigte Untersuchungen.

In diesem Abschnitte soll entsprechend dem Sinn der Überschrift nicht eine Anleitung für allgemeine qualitative und quantitative Untersuchungen gegeben werden, sondern nur eine Anzahl solcher Untersuchungen aufgeführt werden, die im Betrieb einer Seidenfärberei hin und wieder erforderlich sind. Auch hier werden nur solche Untersuchungsvorschriften angeführt, die sich technisch bewährt haben und im Rahmen der Arbeitsmöglichkeit eines Färbereilaboratoriums liegen. Wer sich auf eingehendere Untersuchungen einlassen will, der sei auf die entsprechend vorhandene Literatur[1] verwiesen.

---

[1] Heermann: Färberei u. textilchem. Untersuchungen 1929. — Ley: Chem. Technologie der Seide 1929.

1. Erschwerungsnachweis.

Will man sich überzeugen, ob eine Seide erschwert ist oder nicht, so geschieht dieses einfach in der Weise, daß man eine Probe der Seide verascht. Bleibt ein deutlich wahrnehmbarer Rückstand und behält der einzelne Seidenfaden seine Gestalt in der Asche, so ist unbedingt erwiesen, daß die Seide erschwert worden ist. Behält der Seidenfaden dagegen nicht seine Gestalt, sondern kriecht beim Verbrennen unter Aufblähen zusammen und hinterläßt keinen Rückstand, so kann man durchweg annehmen, daß die Seide unerschwert war, unbedingt behaupten kann man dieses jedoch nicht. Es bleibt noch die Möglichkeit, daß die Seide mit organischen Stoffen wie Zucker, Gerbstoff oder Gelatine, erschwert worden ist, und hat man sich dementsprechend an einer anderen Probe Seide zu überzeugen, ob beim Abziehen derselben mit heißem Wasser wesentliche Mengen heruntergelöst werden. Um festzustellen, ob einer dieser Stoffe vorhanden ist, dampft man den wäßrigen Abzug etwas ein, nimmt einen Teil des Auszuges, versetzt denselben mit verdünnter Eisenchloridlösung und beobachtet, ob eine dunkle Färbung eintritt, was für die Gegenwart von Gerbstoff sprechen würde. Einen zweiten Teil säuert man mit etwas Schwefelsäure an und kocht während einiger Minuten, darauf neutralisiert man wieder und versetzt mit Fehlingscher Kupferlösung und kocht nochmals auf. Abscheidung von rotem Kupferoxydul ist beweisend für die Gegenwart von Zucker. Den dritten Teil des Auszuges versetzt man mit Quecksilberchlorid: eine weiße Fällung spricht für die Gegenwart tierischer Eiweiß- oder Leimsubstanzen. Ein unmittelbarer Nachweis der Gelatine gelingt auch bei genügender Stärke des Auszuges durch Zusatz von Formaldehyd, wodurch die Gelatine unlöslich abgeschieden wird. Beim Nachweis der Gelatine hat man natürlich Rücksicht darauf zu nehmen, daß die zu untersuchende Seide keine Souple oder Cruseide ist, weil sonst durch das Kochen mit Wasser leicht Bast heruntergelöst sein und einen Gelatinegehalt vorspiegeln könnte. Ist keiner dieser drei Bestandteile vorhanden, so ist die Seide als unerschwert anzusprechen.

Was jetzt die Unterscheidung der Art der übrigen Erschwerungsmittel anbelangt, so können wir aus der Asche bereits im wesentlichen einen Schluß auf die Art der Erschwerung ziehen, und zwar in folgender Weise: Ist die Asche rein weiß, so kann nur eine Zinnphosphatsilikaterschwerung bzw. Tonerdesilikaterschwerung oder bei Schwarz eine Zinnphosphat-Gerbstofferschwerung in Frage kommen. Ist sie grünlich gefärbt, so kann eine Erschwerung vorliegen wie die vorige, mit einer Nachbehandlung von Chrombeize. Ist die grüne Asche sehr gering, so kann auch eine unerschwerte, mit Chrom vorgebeizte Seide vorliegen. Ist die Asche hellbraun gefärbt, und geht der Ton mehr ins Gelbliche über, so liegt eine Zinnphosphaterschwerung vor mit einer Nachbehandlung von Eisenoxydulsalzen, besonders holzsaurem Eisen. Ist die Asche dagegen stark rotbraun, so handelt es sich um eine Eisenerschwerung, gegebenenfalls Eisen- und Zinnphosphaterschwerung. Der Fachmann sieht bereits an der Stärke der Rotfärbung der Asche, ob es sich um reine Eisenfärbung handelt oder um eine solche in Verbindung mit Zinnerschwerung. Es ist natürlich durch die Veraschungsbestimmung nicht festzustellen, ob eine Vereinigung mineralischer Erschwerung mit solcher organischen Ursprungs, wie Gerbstoff oder Farbstoff, vorliegt. Diese Verhältnisse werden im nachfolgenden besonders berücksichtigt. Was den Nachweis der einzelnen Bestandteile der Erschwerung anbelangt, so wäre folgendes zu bemerken.

Bei rein weißer Asche schmilzt man die Asche in einem Silbertiegel mit etwas Ätznatron und löst die Schmelze nachher in heißem Wasser unter Zusatz von etwas Salzsäure auf. Ein Teil dieser Lösung wird in einer Platinschale 2—3mal mit Salzsäure abgedampft, der Rückstand schließlich mit heißem Wasser unter Zusatz von etwas Salzsäure ausgelaugt. Bleibt ein weißer kristallinischer Rest, so ist dies beweisend für die Verwendung von Wasserglas bei der Erschwerung der Seide. Das Filtrat von der abgeschiedenen Kieselsäure wird neutralisiert und mit etwas Schwefelnatrium aufgekocht. Auf nochmaligen Zusatz von Salzsäure entsteht bei Gegenwart von Zinn ein gelber flockiger Niederschlag. Man filtriert hiervon ab, dampft das Filtrat mit Salzsäure ein, filtriert nochmals und setzt Kalilauge im Überschuß hinzu. Diese Mischung muß vollständig klar sein, nach Bedarf muß dieselbe filtriert werden und wird jetzt mit einer klaren Lösung von Ammoniumchlorid versetzt. Ein weißer flockiger Niederschlag ist beweisend für die Gegenwart von Tonerde. Beim Tonerdenachweis achte man aber ja darauf, daß jegliches Zinn vorher entfernt ist. Hat man diese drei Bestandteile nachgewiesen bzw. zwei derselben, so ist ja klar, daß die Seide mit Zinnphosphat und Wasserglas bzw. Tonerdewasserglas erschwert worden ist. Bei schwarz gefärbter Seide wird es sich bei weißer Asche, die dann durchweg aus Zinnphosphat besteht, seltener Zinnphosphatsilikat, noch um den Nachweis von Gerbstoff bzw. Holzfarbstoff handeln. Den Gerbstoff erkennt man, wenn man eine Probe der Seide mit Sodalösung aufkocht oder besser kalt 5 Minuten mit normaler Kalilauge behandelt und zu dem neutralisierten Auszug Eisenchloridlösung hinzufügt. Eine Verfärbung in Grün oder Schwarz spricht für die Gegenwart von Gerbstoff, Katechu, Gallen usw. Der Nachweis von Holzfarbstoffen ist leicht zu führen, wenn man die Seide kalt mit verdünnter Schwefelsäure abzieht, eine gelbe bzw. rote Färbung, die auf Zusatz von Alkali ihre Farbe wechselt, ist beweisend für die Gegenwart von Holzfarbstoffen. Man hüte sich allerdings hier besonders, den Blauholzfarbstoff mit einzelnen Alizarinfarbstoffen zu verwechseln, die auch beim Säureabzug eine hellrote Lösung geben. Letztere können leicht bei einer Alkoholbehandlung erkannt werden, wobei der Blauholzfarbstoff vollkommen unlöslich ist.

Ist die Asche der Seide dagegen rot gefärbt, so verfährt man in der Weise, daß man die Asche mit Salzsäure aufkocht, die Lösung mit Natronlauge neutralisiert und vom Niederschlag abfiltriert. Das Filtrat wird mit Schwefelnatriumlösung versetzt, aufgekocht und Salzsäure zugesetzt. Entsteht ein gelber Niederschlag, so ist Zinn vorhanden. Namentlich bei Souple wird man mitunter einen schwarzen Niederschlag beobachten können, ein Beweis dafür, daß der Souple mit holzsaurem Blei hergestellt wurde. Beim Entstehen eines schwarzen

Niederschlages kann der Nachweis von Zinn etwa in der Weise geführt werden, daß man den Niederschlag mit Schwefelnatriumlösung aufkocht und die filtrierte Lösung mit Salzsäure versetzt. Die Gegenwart von Zinn erweist sich durch Auftreten eines gelben Niederschlages von Schwefelzinn. Der bei der ersten Behandlung zurückgebliebene Rückstand wird durchweg aus Eisenoxyd bestehen, dessen nähere Kennzeichen durch Auflösen in Salzsäure und Zusatz von Ferrozyankalium geschehen kann.

Außer dieser zusammenhängenden Untersuchung auf die einzelnen Stoffe der Erschwerung und den Nachweis der einzelnen Bestandteile derselben, ist es für die Praxis hin und wieder erforderlich, sich schnell über die Gegenwart einzelner Erschwerungsstoffe zu vergewissern. Man kann dieses für einzelne Bestandteile auch auf einfachere Art und Weise vornehmen, ohne daß man gezwungen ist, den Gang der ganzen Analyse durchzugehen, wie solcher soeben beschrieben wurde. Im folgenden sollen einzelne solcher Untersuchungen Platz finden.

Nachweis von Zinn. Die Seide wird, wenn farbig gefärbt, als solche mit Schwefelnatriumlösung ausgekocht, wenn schwarz, die Achse derselben. Die abgegossene Lösung wird mit Salzsäure behandelt, die Abscheidung eines gelben Niederschlages läßt auf die Anwesenheit von Zinn schließen. Bei Zweifel, ob Gerbstoff vorhanden, wird ein Zusatz von Eisenchloridlösung zum Sodaabzug der Seide eine Dunkelfärbung hervorrufen, sobald Gerbstoff vorhanden.

Nachweis von Tonerde. Die Seide wird mit Schwefelnatriumlösung und Natronlauge ausgekocht. Die erhaltene Lösung mit einem Überschuß von Salzsäure versetzt, vom entstandenen Niederschlag abfiltriert und das Filtrat in bekannter Weise mit Ammoniak auf Tonerde untersucht.

Nachweis von holzsaurem Eisen. Die Seide wird mit einer 1%igen Salzsäurelösung bis nahezu zum Kochen gebracht, die Flüssigkeit abgegossen und mit Ferrizyankalium versetzt. Sofort auftretende Blaufärbung spricht für die Gegenwart von Eisen in der Oxydulform. Da als solches durchweg nur das holzsaure Eisen in Frage kommt, weniger das Ferrosulfat, so dürfte ein Schluß auf die Gegenwart von holzessigsaurem Eisen berechtigt sein.

Nachweis von Eisenbeize und Blaukali. Man zieht die betreffende Seide mit 10% Salzsäure kochend ab. Die gelbrote Lösung, die gleichzeitig für die Verwendung von Blauholz bei der Färbung spricht, versetzt man mit Ferrozyankalium. Eine Blaufärbung spricht für die Gegenwart von Eisen. Die nach dem Auskochen zurückbleibende Seide wird mit etwas Wasser ausgewaschen und mit Sodalösung oder mit schwacher Natronlauge ausgekocht. Die erhaltene Mischung, mit Salzsäure und einigen Tropfen Eisenchlorid versetzt, wird bei Verwendung von Blaukali eine tiefblaue Färbung aufweisen. Auch schon aus der Beschaffenheit der mit Salzsäure behandelten Seide kann man einen Schluß ziehen, insofern als ein farbloser Seidenfaden nach dem Ausziehen nur auf einfache Eisenbeizung hindeutet, während eine grünblaue oder dunkel gefärbte Seide für die Gegenwart von Blaukali spricht.

Nachweis von Gerbstoff. Man zieht die betreffende Seide mit Sodalösung ab. Der vorsichtig mit verdünnter Schwefelsäure oder Ameisensäure neutralisierte Auszug wird mit Eisenchlorid versetzt. Eine Dunkel- bis Schwarzfärbung spricht für die Gegenwart von Gerbstoff.

Nachweis von Anilinfarbstoff in der Blauholzfärbung. Man kocht die betreffende Seide mit Alkohol aus. Die für die Schwarzfärberei in Betracht kommenden Anilinfarbstoffe lösen sich im Alkohol mit grüner oder blauer Farbe.

Nachweis von Thioharnstoff. Die Seide wird mit Wasser einige Minuten ausgekocht, der Auszug mit einigen Tropfen Salpetersäure versetzt und nochmals gekocht. Darauf versetzt man mit verdünnter Ferrichloridlösung. Das Auftreten einer roten Färbung ist beweisend für das Vorhandensein von Thioharnstoff.

Quantitative Bestimmung der Erschwerung. Für die genaue quantitative Bestimmung der Erschwerung, gleichgültig ob für Schwarz oder Couleur, ist ja die bekannte Bestimmung des Stickstoffes[1] die genaueste. Eine für Schwarzseiden hinreichend genaue Bestimmung, ausgearbeitet von Ristenpart[2], ist folgende. Eine abgewogene Menge Seide, die mehrere Stunden in normal feuchter Luft gelegen hat, wird 1 Stunde in 10% iger Salzsäure unter häufigem Umrühren bei gewöhnlicher Temperatur behandelt. Um Verluste an Seidenfasern zu vermeiden, empfiehlt es sich, die Seide in kleine Säckchen zu stecken, die aus Seidenstoff hergestellt sind, und diese Säckchen mit einem Schappebindfaden zu verschließen, um so jegliches Entweichen von kleinen Seidenfasern zu vermeiden. Nachdem die Seide 1 Stunde in der Salzsäure belassen, wird sie herausgenommen und mit Wasser gut gewaschen. Hierauf bringt man die Seide in eine Normalkalilauge, und zwar 5 Minuten, kalt ebenfalls unter gutem Umziehen. Nach der Kalilaugebehandlung wird die Seide wieder gut mit Wasser gewaschen und kommt jetzt nochmals 1 Stunde in 10% ige Salzsäure und anschließend 5 Minuten in Normalkalilauge, wie oben ausgeführt wurde. Ist die Seide nach der letzten Laugenbehandlung gewaschen, so spült man sie nochmals aus mit destilliertem Wasser, das mit etwas Essigsäure angesäuert war. Nach dieser Behandlung wird die Seide ausgepreßt und jetzt $^1/_2$ Stunde bei 100° getrocknet und nach dem Erkalten 2 Stunden bei normal feuchter Luft liegen gelassen und dann gewogen. Ist das Gewicht festgestellt, so verascht man die Seide in einem gewogenen Tiegel und zieht die gewogene Asche, mal 1, 4 genommen, von dem Gewicht der getrockneten abgezogenen Seide ab. Durchweg ist das Abziehen der Seide in der beschriebenen Weise derart den Anforderungen entsprechend, daß kaum wägbare Mengen Asche zurückbleiben. Das nach dem Trocknen der abgezogenen Seide ermittelte Gewicht (erforderlichenfalls unter Abzug des ermittelten Aschengehaltes) stellt die reine Seidensubstanz das Fibroin dar. Um nun die Höhe der Erschwerung zu berechnen, hat man zuerst das ermittelte Reinseidengewicht in Rohseide

---

[1] Heermann, Färberei- u. textilchem. Untersuchungen 1929, S. 359.
[2] Ristenpart, Färberei-Ztg. 1907, 273 u. 294.

umzurechnen. Durchschnittlich wird man mit 25% Bast rechnen dürfen, und ist der Ansatz mithin 75:100 = gefundenes Fibroin: x. Das so ermittelte Rohseidengewicht zieht man dann von dem Gewicht der getrockneten zu untersuchenden Seide ab und erhält als Rest die Erschwerung. Man berechnet jetzt die Erschwerung nach dem Ansatz: gefundenes Gewicht der Rohseide:gefundene Erschwerung = 100:x. Als praktisches Beispiel sei folgendes ausgeführt. Das Gewicht der getrockneten und zu untersuchenden Seide beträgt 0,920 g. Nach dem Abziehen hinterbleibt ein Rückstand von 0,334 g. Diese 0,334 g Fibroin entsprechen 0,444 g Rohseide. Zieht man diese 0,444 g Rohseide von den angewandten 0,920 g der zu untersuchenden Seide ab, so bleibt als Erschwerung 0,476 g. Wenn nun auf 0,444 g Rohseide 0,476 g Erschwerung kommen, so sind auf 100 g Rohseide 107,2 g Erschwerung zu rechnen. Oder mit anderen Worten, die Seide war 107% über pari erschwert. Bei dieser Bestimmung ist zu bemerken, daß man bei stückerschwerter Ware die Probe als solche untersuchen kann, während man bei strangerschwerter Ware Kette und Schuß für sich gesondert untersuchen muß. Ebenso ist es klar, daß man bei Souple nicht mit einem Bastverlust von 25%, sondern mit einem solchen von 5—7% rechnen muß. Zu bemerken ist ferner noch, daß man die Salzsäure- und Kalilaugeabzüge verwenden kann, um sich über die Art der Erschwerung Anhaltspunkte zu verschaffen. So kann man den Kalilaugenauszug zum Nachweis von Blaukali verwenden und den Salzsäureauszug zum Nachweis von Zinn oder Eisen.

Bei der Berechnung der Erschwerung spielt selbstverständlich der Bastverlust der Seide eine sehr große Rolle, so daß man unter Umständen in der Erschwerungsbestimmung Differenzen von 10—20% gegenüber der Praxis feststellt. Man darf eben nicht vergessen, daß Bastunterschiede von 3—5% schon 10% und mehr in der Erschwerung ausmachen. Namentlich bei stückerschwerter Ware macht sich dieses manchmal unangenehm bemerkbar. Setzt man z. B. bei einem Crêpe de Chine nur 25% Bastverlust in Rechnung und berücksichtigt nicht den Gehalt des Kreppfadens an Appretur und Fett — der manchmal bis 10% und mehr steigt —) so kommt man bei der Erschwerungsbestimmung im Laboratorium zu viel zu hohen Werten. Denn naturgemäß wird bei geringem Bastverlust die errechnete Rohseide auch geringer als bei höherem Bastverlust und demgemäß die Erschwerung höher. Angenommen z. B., das Stück Gewebe habe ein Gewicht von 2 g. Nach der Erschwerungsbestimmung wöge es 1 g. Dieses Fibroin auf Rohseide berechnet würde bei 25% Bast ergeben 1,33 g Rohseide, bei 35% Verlust dagegen 1,47 g Rohseide. Diese Zahlen von 2 g abgezogen, ergeben 0,67 g oder 0,53 g Erschwerung, also im ersten Falle rund 20% Erschwerung mehr. Man sollte deshalb bei einer stückerschwerten Ware die Erschwerung nur dann bestimmen, wenn das entsprechende Rohgewebe zum Vergleich vorhanden ist.

Eine weitere Abziehvorschrift zur Bestimmung der Erschwerung der farbig gefärbten Seide ist die bekannte Flußäurebehandlung. Bei derselben verfährt man wie folgt:

Die gewogene lufttrockene Seide wird auf einem kochenden Wasserbade 20 Minuten bis $^1/_2$ Stunde mit 2%iger Flußsäure unter Ersatz des verdampften Wassers behandelt. Darauf wird sie, ohne zu waschen, $^1/_2$ Stunde in eine 5%ige Salzsäure gelegt bei einer Temperatur von 20—30° C. Hiernach wird die Seide gut mit Wasser gespült, $^1/_2$ bis $^3/_4$ Stunde in einer 3%igen Seifenlösung behandelt, gut gespült und getrocknet. Das zurückbleibende reine Fibroin wird darauf gewogen, in der S. 225 beschriebenen Weise auf Rohseide umgerechnet und die Höhe der Erschwerung bestimmt. Diese Arbeitsweise stellt eine bequeme und nach Feststellung verschiedener Verfasser[1] einwandfreie Art der Ermittlung der Erschwerung dar.

2. Titerbestimmung.

Anschließend an die Feststellung der Erschwerung läßt sich der Titer der Seide bestimmen. Nur hat man sich vorher von der Länge der Seidenfäden zu überzeugen. Man bezeichnet nämlich als den Titer einer Seide das Gewicht von 9000 m des betreffenden Rohseidenfadens in Grammen ausgedrückt. Man nimmt die betreffende Stoffprobe, die zu untersuchen ist, und stellt fest, wie lang der Faden des Stückes ist, dessen Titer man bestimmen will. Außerdem überzeugt man sich, wieviel dieser Fäden auf 1 cm vorhanden sind, und kann dann einen Schluß ziehen über die gesamte Länge des betreffenden Fadens. An einem praktischen Beispiel erklärt, wäre dieses folgendes: Man hat ein Stück Stoff, welches in der Kettrichtung 15 cm lang ist, in der Schußrichtung 5 cm breit. Weiter findet man jetzt, daß auf 1 cm in der Schußrichtung 40 Fäden liegen, man weiß dann, daß in dem ganzen Stück 200 Kettfäden von 15 cm Länge sich befinden, oder mit anderen Worten, daß die Gesamtlänge der zur Untersuchung bestimmten Kettfäden 30 m beträgt. Es wird jetzt die Seide getrocknet, abgezogen und die Rohseide ermittelt. Zur Ermittlung des Titers verfährt man nach folgendem Beispiel: Eine Organzin von der Gesamtlänge von 208 m wog getrocknet 0,744 g. Das nach dem Abziehen ermittelte Fibroin betrug 0,291 g, entsprechend 0,373 g Rohseide. Der Ansatz müßte mithin lauten: Wenn 208 m 0,373 g Rohseide entsprechen, dann entsprechen 9000 m: x g Rohseide oder mit anderen Worten, der Titer der betreffenden Rohseide war 16.

Handelt es sich um nicht erschwerte Seide, dann fällt natürlich die Entfernung der Erschwerung fort. Man hat lediglich den Bastverlust der Seide in Rechnung zu stellen. Hierbei ist zu beachten, daß der Bastverlust der Seiden teilweise sehr wechselt, und ist es daher unbedingt erforderlich, sich über den jeweils üblichen Bastverlust der betreffenden Seide zu orientieren. Bei Souple ist es üblich, mit einem Bastverlust von durchschnittlich 6% zu rechnen.

3. Echtheitsprüfungen.

Bei diesem Abschnitt seien die von der „Echtheitskommission der Fachgruppe für Chemie der Farben- und Textilindustrie im Verein

---

[1] Heermann u. Frederking: Chem.-Ztg **1915**, 149.

Deutscher Chemiker" für Seide ausgearbeiteten Verfahren, Normen und Typen für die Prüfung der Echtheitseigenschaften angeführt.

Es werden jedoch nur das Verfahren der Prüfung und die Normen für die Begutachtung besprochen, wobei zu bemerken ist, daß mit I die niedrigste, mit V die höchste Echtheitsstufe bezeichnet wird. Nur bei der Lichtechtheit gibt es 8 Stufen, von denen auch wieder I die niedrigste ist. Von einer Aufführung der zum Vergleich herzustellenden Typenfärbung wird jedoch abgesehen und auf die ausführlichen Prüfungsnormen verwiesen, die im Verlag Chemie G. m. b. H., Berlin W 10 erschienen sind. Zu bemerken ist noch, daß die Vergleichstypen sowohl für unerschwerte als auch für mit 50% erschwerte Seide hergestellt worden sind.

a) Lichtechtheit. Die Prüfung erfolgt in der Weise, daß die Proben neben den auf Strang oder Stück ausgefärbten Typen in einem im Freien angebrachten Kasten unter Glas aufgehängt werden, und zwar so, daß die Färbungen, zur Hälfte mit dickem Papier zugedeckt, belichtet werden.

Die Belichtung soll 1 Monat dauern, die erste Stufe soll nach 8 Tagen festgestellt werden.

b) Waschechtheit. Etwa 0,5 g der gefärbten Seide werden mit dem gleichen Gewicht entsprechender (unbeschwerter oder beschwerter) Seide verflochten und $^1/_4$ Stunde in eine 40° C warme Lösung von 5 g Marseillerseife im Liter Kondenswasser eingelegt (50fache Flottenmenge), dann 10mal in der Hand ausgepreßt, mit Kondenswasser gewaschen und bei gewöhnlicher Temperatur getrocknet.

Normen für beschwerte und unbeschwerte Seide.

I. Starke Veränderung von Farbtiefe und Farbton, starkes Bluten auf Weiß.

III. Geringe Veränderung von Farbtiefe und Farbton, kein oder nur geringes Bluten auf Weiß.

V. Keine Veränderung von Farbtiefe und Farbton; kein Bluten auf Weiß.

c) Kochechtheit (Entbastungsechtheit). a) Die mit weißer Schappe verflochtene Probe wird in einer Lösung von 5 g Marseillerseife und 0,5 g kalzinierter Soda im Liter Kondenswasser 1 Stunde unter Ersatz des verdunstenden Wassers gekocht.

b) Ebenso, aber 3 Stunden kochen.

Normen für unbeschwerte Seide.

I. Probe a und b: Farbtiefe und Farbton stark verändert, Weiß stark angefärbt.

V. Probe a: Farbtiefe und Farbton unverändert, Weiß nicht angefärbt.

Probe b: Farbtiefe und Farbton unverändert. Weiß spurenweise angefärbt.

d) Wasserechtheit. Etwa 0,5 g der gefärbten Seide werden mit entsprechender (unbeschwerter oder beschwerter) Seide verflochten, so daß auf 1 Teil gefärbtes 1 Teil weißes Material kommt. Die Probe wird in

Kondenswasser von etwa 20° C bei 40facher Flottenmenge 1 Stunde eingelegt, ausgedrückt und bei gewöhnlicher Temperatur getrocknet.

Normen für unbeschwerte und beschwerte Seide.

I. Bei einmaliger Behandlung ziemlich starke Veränderung der Farbtiefe. Weißes Material angefärbt.

III. Bei einmaliger Behandlung Farbtiefe und weißes Material nicht verändert.

V. Bei dreimaliger Behandlung (jedesmal mit frischem Wasser) Farbtiefe und weißes Material nicht verändert.

e) **Reibechtheit.** Man reibt mit einem über den Zeigefinger gespannten unappretierten weißen Baumwollappen auf der Färbung zehnmal kräftig hin und her. Die Reiblänge beträgt etwa 10 cm.

Normen für unbeschwerte und beschwerte Seide.

I. Die Färbung reibt stark ab.

III. Die Färbung reibt nur wenig ab.

V. Die Färbung reibt nicht ab.

f) **Bügelechtheit.** Das Trockenbügeln wird wie folgt ausgeführt: Die Färbung wird 10 Sekunden mit einem Bügeleisen gepreßt, das so heiß ist, daß es bei der gleichen Pressung einen weißen Wollfilz eben nicht mehr sengt. Die Veränderung der Färbung ist an den gebügelten Stellen im Vergleich zu den daneben liegenden nicht gebügelten Teilen festzustellen.

Normen für unbeschwerte und beschwerte Seide.

I. Färbung stark verändert.

III. Färbung verändert; beim Erkalten kehrt der ursprüngliche Farbton wieder zurück.

V. Keine Veränderung der Färbung.

g) **Schwefelechtheit.** Die Probe, mit Wolle und Seide verflochten, wird in einer Lösung von 5 g Marseillerseife im Liter Kondenswasser bei Zimmertemperatur genetzt, dann ausgerungen. Hierauf kommt sie in einen durch Verbrennen von überschüssigem Schwefel mit Schwefeldioxyd gefüllten Raum, bleibt darin über Nacht und wird dann in kaltem Wasser gut gespült, ausgedrückt und getrocknet.

Normen für unbeschwerte und beschwerte Seide.

I. Farbtiefe und Farbton verändert, Weiß angefärbt.

III. Farbtiefe und Farbton wenig verändert, Weiß nicht angefärbt.

V. Farbtiefe, Farbton und Weiß unverändert.

h) **Schweißechtheit.** Die Prüfung ist wie folgt auszuführen: Die Färbung wird zwischen gebleichten Baumwollnessel und Damentuch gelegt und zusammengerollt oder mit Baumwolle und Wolle verflochten.

Man gibt die Probe in eine Lösung von 5 g Kochsalz und 6 cm³ Ammoniak 24% ig im Liter, Flottenverhältnis 1:10, läßt sie $1/2$ Stunde bei 45° C in dieser Flotte und quetscht das Material alle 10 Minuten 10mal mit der Hand aus. Nach $1/2$ Stunde setzt man 7,5 cm³ Eisessig für 1 l Lösung nach und behandelt in der soeben beschriebenen

Weise $^1/_2$ Stunde weiter, indem man alle 10 Minuten 10mal ausquetscht. Dann nimmt man die Probe heraus, drückt aus und trocknet ohne Spülen bei gewöhnlicher Temperatur.

Normen für unbeschwerte und beschwerte Seide.

I. Farbtiefe und Farbton stark verändert. Weiß stark angefärbt.

III. Farbtiefe und Farbton nicht oder nur wenig verändert. Weiß etwas angefärbt.

V. Farbtiefe, Farbton und Weiß unverändert.

i) Säureechtheit. Die Färbung wird a mit Mineralsäure (10% iger Schwefelsäure) und b mit organischer Säure (30% iger Essigsäure) betupft und die Veränderung des Farbtones im Vergleich mit einer mit Wasser betupften Stelle festgestellt.

Normen für unbeschwerte und beschwerte Seide.

I. Nach b ziemlich starke Veränderung des Farbtons.

III. Nach a starke, nach b keine Veränderung des Farbtons.

V. Nach a keine Veränderung des Farbtons.

k) Bleichechtheit. Die Färbung wird mit Wolle, Baumwolle und Schappe verflochten und mit Wasserstoffsuperoxyd gebleicht. Das Bleichbad wird angesetzt mit 100 Teilen Kondenswasser und 20 Teilen Wasserstoffsuperoxyd von 10—12 Volumenprozent. Diese Lösung wird mit geringen Mengen Ammoniak sehr schwach alkalisch gemacht. Das Bad muß während der Behandlung schwach alkalisch bleiben. (Prüfen mit rotem Lackmuspapier.) Man legt die Probe in das etwa 45—50° C warme Bad ein (40—50fache Flottenmenge) und läßt dann 12 Stunden in dem allmählich erkalteten Bade liegen. Es ist darauf zu achten, daß die Proben stets unter der Flotte gehalten werden; starkes Umrühren ist zu vermeiden. Die Proben werden dann gespült und getrocknet.

Normen für unbeschwerte und beschwerte Seide.

I. Farbtiefe und Farbton stark verändert, Wolle, Seide und Baumwolle angefärbt.

III. Ziemlich starke Veränderung von Farbtiefe und Farbton, Weiß nicht angefärbt.

V. Farbtiefe und Farbton nicht oder nur spurweise verändert, Weiß nicht angefärbt.

l) Walkechtheit. Die Prüfung erfolgt nach zwei Verfahren, aber nur mit unbeschwerter Seide.

a) Neutrale Walke: Die Färbung wird mit der gleichen Menge Seide und Wolle bzw. Baumwolle verflochten, dann bei 30° C in der 40fachen Flottenmenge in einer Walkflotte von 20 g Marseillerseife im Liter Kondenswasser behandelt. Die Probe wird erst mit der Hand gut durchgewalkt, hierauf ausgewaschen und getrocknet.

b) Alkalische Walke: Behandlung wie bei a, jedoch bei 40° C, und die Walkflotte enthält 20 g Marseillerseife und 5 g kalzinierte Soda im Liter Kondenswasser.

I. Nach a behandelt: merkliche Veränderung von Farbtiefe und Farbton, Weiß stark angefärbt.

III. Nach a behandelt: keine oder nur geringe Veränderung von Farbtiefe und Farbton, Weiß nicht angefärbt.

V. Nach b behandelt: keine oder nur geringe Veränderung von Farbtiefe und Farbton, Weiß nicht angefärbt.

Untersuchung auf Metallechtheit. Die Untersuchung der Seide auf Metallechtheit hat sich zu erstrecken auf die Feststellung des Gesamtfettes, der freien Fettsäure, der wasserlöslichen Säure, des überschüssigen Alkalis, irgendwelcher Schwefelverbindungen und einzelner flüchtiger Bestandteile. Die Bestimmung des Gesamtfettes geschieht durch Ausziehen mit Äther bzw. Petroläther in der bekannten Weise. Die Bestimmung der freien Fettsäure geschieht in der Weise, daß das abgesonderte Gesamtfett in heißem neutralisiertem Alkohol gelöst oder angeschüttelt wird und diese Mischung mit $^1/_{10}$n-Lauge titriert wird. Die Bestimmung der wasserlöslichen Säure wird mit der vom Fett befreiten Seide durchgeführt, indem man die Seide mit heißem Wasser übergießt und diesen Auszug nach dem Erkalten mit $^1/_{10}$n-Lauge titriert. Hieran anschließend kann natürlich die Alkalibestimmung durchgeführt werden, wenn eben keine freie Säure vorhanden ist, sondern nur alkalisch reagierende Stoffe. Die Bestimmung der Schwefelverbindungen geschieht am besten in der Art, daß eine Probe der Seide in geschmolzenen, schwefelfreien Salpeter eingetragen wird und die Schmelze nach dem Auflösen in Wasser mittels Chlorbarium auf Schwefelsäure untersucht wird. Die weitere Untersuchung auf andere Körper, die Metall ungünstig beeinflussen könnten, erstreckt sich auf die Feststellung von Stoffen wie Chlor, salpetrige Säure, Salpetersäure, schweflige Säure u. a. m. Diese Untersuchungen kommen jedoch nur in Betracht in solchen Fällen, wo sich bei angegriffenem Metall aus den bereits angeführten Bestandteilen kein Schluß auf irgendwelche Einwirkung ziehen läßt. Bei der Beurteilung und der Festsetzung von Grenzzahlen für die einzelnen Bestandteile in Hinblick auf die Metallechtheit lassen sich keine feststehenden Durchschnittswerte aufstellen. Immerhin lassen sich nach Beobachtungen aus der Praxis als Grenzzahlen folgende aufstellen: Der Gesamtfettgehalt der Seide überschreite nicht den Grenzgehalt von 0,8—1%. Die hierin vorhandene freie Fettsäure, als Ölsäure berechnet, betrage nicht mehr als 0,25% des Seidengewichtes. Die wasserlösliche Säure überschreite nicht 0,05% Säure als SO_3 berechnet. Daß die oben noch angeführten Stoffe, wie schweflige Säure, Chlor, salpetrige Säure usw. bei Seiden, die mit Metall verwoben werden, überhaupt nicht vorhanden sein sollen, bedarf wohl nicht erst besonderer Erwähnung. Bezüglich der gegebenen Grenzzahlen möchte ich noch darauf hinweisen, daß diese Zahlen der Praxis entnommen wurden und man bei Untersuchung derartiger Seiden die Metallechtheit aussprechen kann, wenn diese Werte nicht überschritten worden sind. Damit ist auf der anderen Seite aber noch nicht gesagt, daß Seiden, die etwa einen höheren Fett- oder Fettsäuregehalt aufweisen, unbedingt Metall angreifen müssen. Der untersuchende Chemiker wird sie aber jedenfalls als verdächtig beanstanden. Es ist häufig Gelegenheit gegeben, bei beschädigten Metallseidenbändern schon aus dem Äußeren des Metalles einen Schluß auf die Ursache zu ziehen. Sind die Metallfäden bronzig angelaufen und schillern in den Regenbogenfarben, so ist der Schluß auf Einwirkung des Schwefelwasserstoffes gegeben. Ist das Metall dagegen mit Grünspan bedeckt, so kann dieses durch Vorhandensein wasserlöslicher Säure bewirkt werden. Das gleiche ist der Fall bei Anwesenheit größerer Mengen freier Fettsäure, nur daß hier der Belag nicht gleichmäßig graugrün erscheint, sondern mehr ins Dunkle übergeht.

4. Verschiedene Untersuchungen.

Nachweis von Dons- und Persan-Souple. Man zündet die betreffende Probe an: bei Dons glimmt das Feuer langsam weiter, und es bleibt eine leichte rotbraune Asche zurück. Bei Persan glüht die Seide nur schwach weiter und bildet eine feste Asche, die von Zinnsalz hellgelb gefärbt erscheint, zum Unterschied von Pinksouple, der eine rein weiße Asche gibt.

Untersuchungen von Katechu- und Blauholzerschwerung. Diese bei schwarzgefärbten Seiden hin und wieder in Betracht kommende Untersuchung kann in folgender Weise durchgeführt werden: Man zieht die betreffende Seide kalt 1 Stunde mit 10%iger Salzsäure ab. Diesen Salzsäureabzug versetzt man im Verhältnis 1:2 mit 8%iger essigsaurer Tonerdelösung. Darauf kocht man dieses Gemisch auf und versetzt es mit Eisenchloridlösung 15%, und zwar zu 10 cm³ des Gemisches 10 Tropfen. Man beobachtet jetzt folgendes: War die Schwarzfärbung nur mit Katechu hergestellt und mit wenig Blauholz überfärbt worden, so bleibt das Gemisch gelb. War dagegen kein Katechu verwandt worden und hatte man statt dessen mit Blauholzextrakt erschwert, so wird das Gemisch grün gefärbt. Schwer zu unterscheiden sind natürlich die Seiden, die sowohl mit Katechu als auch mit Blauholzextrakt erschwert wurden. Hier kann man sich ein annäherndes Bild nur in der Weise machen, daß man eine Seide, von der die Erschwerungsart bekannt ist, zum Vergleich heranzieht. Zu bemerken ist bei dieser Vorschrift, daß die Salzsäureauszüge unmittelbar geprüft werden müssen und nicht etwa stehen bleiben dürfen. Schon ein eintägiges Stehen kann die Ausführung der Reaktion hinfällig machen. Außer dieser besonderen Reaktion kann man die Verbindung von Katechu bei der Erschwerung von Seiden auch daran erkennen, daß die mit Salzsäure und Kalilauge vollständig abgezogene Seide meistens bei der Erschwerung mit Katechu stark braun gefärbt erscheint, während Seiden, die nur mit Hämatein erschwert wurden, bei gleicher Behandlung nahezu farblos werden. Ein sehr guter Nachweis von Katechu ist auch derjenige nach der Vorschrift von Styasny. Der Kalilaugeabzug der Seide wird mit Salzsäure versetzt bis zur Wiederauflösung des anfänglich entstehenden Niederschlages. Nach dem Aufkochen wird die Lösung klar filtriert, mit einigen Tropfen Formaldehyd versetzt und nochmals aufgekocht. Bei Gegenwart von Katechu entsteht eine Trübung bzw. flockiger Niederschlag. Ist kein Katechu verwandt worden, so bleibt die Lösung klar, und unter Umständen beim Abkühlen entstehende kleine Flocken lösen sich wieder beim Aufkochen.

Untersuchung der Bleichbäder. Die Untersuchung dieser Bäder hat sich in der Seidenfärberei wohl durchweg nur auf den Gehalt an Sauerstoff zu erstrecken. Chlorhaltige Bäder oder schwefligsäurehaltige Bäder kommen hier nicht in Frage. Die Untersuchung auf Sauerstoffgehalt wird vielfach durchgeführt in Form einer Titration mittels Kaliumpermanganat. Berücksichtigt man die Zusammensetzung der Bäder in der Seidenfärberei, besonders daß dieselben nicht aus reiner Wasserstoffsuperoxydlösung oder Perboratlösung bestehen, sondern Zusätze von Wasserglas, Seife, Soda oder Ammoniak erfahren haben, so wird es ohne weiteres klar sein, daß eine Titration mit Kaliumpermanganatlösung Fehler bedingen muß. Es ist daher in diesem Falle die Titration mit Jodkalium und Thiosulfat vorzuziehen. Die Ausführung dieser Bestimmung ist folgende:

Man versetzt 25 cm³ des Bleichbades in einer Glasstöpselflasche mit 1 g Jodkalium und fügt 25 cm³ verdünnte Schwefelsäure $1 + 3$ hinzu. Diese Mischung läßt man unter öfterem Umschütteln in der verschlossenen Flasche $^1/_2$ Stunde stehen. Darauf setzt man Stärkelösung als Indikator hinzu und titriert jetzt mit $^1/_{10}$ Natriumthiosulfatlösung bis zum Verschwinden der Blaufärbung. Jeder Kubikzentimeter der $^1/_{10}$ Thiosulfatlösung entspricht 0,0008 g Sauerstoff. Durch Vervielfältigung der verbrauchten Kubikzentimeter Thiosulfatlösung mit dieser Zahl ermittelt man den Gehalt an wirksamem Sauerstoff in der angewandten Menge Bleichbad.

Untersuchung von Olein. Bei der Darstellung der Seife in der Seidenfärberei ist eine Untersuchung des Oleins auf Brauchbarkeit unbedingt erforderlich. Die vielfach übliche Bestimmung der Jodzahl und der Verseifungszahl kann nach meinen Erfahrungen für die Beurteilung des Oleins nicht ausschlaggebend sein, da in der Seidenfärberei bei Verwendung von Oleinseife das Verhalten der Fettsäure des Oleins wichtiger ist als die möglichst hohe Verseifbarkeit. Es kann z. B. vorkommen, daß ein Olein eine sehr hohe Verseifbarkeit aufweist, während der Gehalt an freier Fettsäure nur ein geringer ist und die erste Eigenschaft erzielt wurde durch die Anwesenheit größerer Mengen von Laktonen. Bei der Verwendung in der Seidenfärberei zeigt sich dann meistens, daß ein derartiges Olein sich nicht so bewährt wie andere Oleine, die vielleicht nicht eine derart hohe Verseifbarkeit aufweisen. Es kann wohl die Bestimmung der Jodzahl und Verseifungszahl herangezogen werden zur Beurteilung, ausschlaggebend sind sie jedoch nicht. Für die Seidenfärberei und besonders für die Schwarzfärberei ausschlaggebend ist dagegen die Bestimmung des Gehaltes an freien Fettsäuren. Diese Bestimmung liegt im Rahmen eines Färbereilaboratoriums, da sie sich bequem ausführen läßt. Man wiegt eine bestimmte Menge des Oleins, etwa 5 g, auf der analytischen Wage ab, löst das Olein in vorher neutralisiertem Alkohol und titriert jetzt unter Verwendung von Phenolphthalein als Indikator mit einer alkoholischen $^1/_2$ n-Kalilauge. Die verbrauchten Kubikzentimeter Lauge werden mal 0,141 genommen und ergeben den Gehalt an freier Fettsäure. Der nach dieser Methode ermittelte Fettsäuregehalt im Olein soll mindestens 97% betragen. Es hat sich in der Praxis herausgestellt, daß bei einem Gehalt von 96% freier Fettsäure bereits Betriebsstörungen auftraten. Außer der Gehaltsbestimmung der freien Fettsäure, empfiehlt sich noch eine Bestimmung des Erstarrungspunktes der freien Fettsäure, der in der üblichen Weise mit einem genauen Thermometer bestimmt werden kann. Eine weitere Bestimmung, die bei der Beurteilung des Oleins noch in Frage kommen kann, ist der Nachweis von Metall. Hier spielt besonders das Eisen eine Rolle, weil das Olein des Handels häufig in eisernen Fässern zum Versand gelangt. Der Nachweis des Eisens geschieht am einfachsten in der Weise, daß man das Olein mit verdünnter Schwefelsäure ausschüttelt und die abgehobene Schwefelsäure mittels Ferrozyankalium untersucht. Aus der Stärke der Blaufärbung läßt sich schon ein Schluß auf den mehr oder minder starken Gehalt an Eisen ziehen. Daß ein stark eisenhaltiges Olein zu beanstanden ist, bedarf wohl keiner Frage.

Untersuchung von Zinnpaste. Die Untersuchung der Zinnpaste kann nach zwei verschiedenen Arten vorgenommen werden, je nachdem, ob es sich um eine nasse Paste handelt, die einen durchschnittlichen Zinngehalt von 10—13% aufweist, oder ob es sich um eine geglühte Paste handelt, deren Zinngehalt zwischen 60—70% schwankt. Bei den nassen Pasten verfährt man in der Weise, daß eine in einem Rundkolben abgewogene Menge Zinnpaste mit Salzsäure übergossen wird und nach Aufsetzen eines Stopfens mit langem Glasrohr auf einem Drahtnetz bis zur Lösung erhitzt wird. Diese Lösung wird nach dem Erkalten bis zu einem bestimmten Volumen aufgefüllt. Ein Teil hiervon wird mit einem Drittel Wasser verdünnt und mittels Schwefelwasserstoff das Zinn als Zinnsulfid ausgeschieden. Das abgeschiedene Zinnsulfid wird auf einem Filter gesammelt und mit heißer 1%iger Ammonazetatlösung bis zum Verschwinden der Chloridreaktion ausgewaschen. Nach dem Trocken wird der Niederschlag in gewogenem Tiegel mit kleiner Flamme erhitzt und geglüht und als SnO_2 gewogen. Ein vorheriges Abrauchen mit Salpetersäure ist nur dann erforderlich, wenn man das Filter nicht für sich verascht hat oder aber gleich zu Anfang mit zu großer Flamme erhitzt hat. Als Vergleichsanalyse empfiehlt sich eine Titration mit Eisenchloridlösung und Jodindikator, wie solches schon bereits bei der Untersuchung der Chlorzinnlösung näher erörtert worden ist. Die Untersuchung der getrockneten oder geglühten Paste unterscheidet sich von derjenigen der feuchten Paste nur durch die Art ihrer Auflösung. Es geschieht dieses Auflösen am besten in der Weise, daß eine kleine Menge der sehr fein zerriebenen Paste in schmelzendes Ätzkali eingetragen wird. Die Mischung wird darauf bei kleiner Flamme so lange im Sieden gehalten, bis eine gleichmäßige Schmelze erfolgt ist. Bei Verwendung von etwa 10 g Ätzkali und 1 g Zinnpaste bedarf es nur einer Schmelzdauer von 5 Minuten. Die Schmelze wird darauf erkalten gelassen, in Wasser gelöst und in einen Kolben hineingespült. Nach entsprechendem Zusatz von Salzsäure erhitzt man, bis eine klare Lösung erfolgt ist. Mit dieser Lösung wird dann in der gleichen Weise verfahren und das Zinn gewichtsanalytisch oder titrimetrisch bestimmt, wie oben ausgeführt wurde. Bei dieser Gelegenheit muß darauf hingewiesen werden, daß noch eine andere Untersuchungsart besteht, die namentlich von Hüttenfachleuten als maßgebend angesprochen wird. Dieselbe ergibt jedoch durchweg gegenüber der bereits beschriebenen Untersuchung zu niedrige Werte. Es wird die getrocknete Zinnpaste in schmelzendes Zyankalium eingetragen, wobei das Zinn als Regulus abgeschieden wird. Das Zinn wird nach dem Herauslösen der Schmelze in Salzsäure gelöst und quantitativ bestimmt entweder gewichtsanalytisch oder titrimetrisch.

Untersuchung der Katechu- und Blauholzbäder auf Zinngehalt. Diese Bäder, die in der Schwarzfärberei häufig auf Zinngehalt untersucht werden müssen, bieten insofern bei der Untersuchung Schwierigkeiten, als sie mehr oder minder stark gefärbt sind, wodurch das Erkennen des Endpunktes einer Reaktion unmöglich ist. Als technisch sehr brauchbare Vorschrift, die Bäder zu untersuchen, hat sich das Entfärben mit Wasserstoffsuperoxyd oder Kaliumpersulfat erwiesen. Man verfährt in folgender Weise:

Man versetzt 25 cm³ des betreffenden Bades mit 4 cm³ technischer Natronlauge und setzt entweder 50 cm³ Wasserstoffsuperoxyd oder 2,5 g Kaliumpersulfat hinzu. Diese Mischung läßt man über Nacht stehen und kocht sie dann auf. Nach dem Aufkochen fügt man 25 cm³ Salzsäure hinzu, läßt etwas abkühlen, fügt 1 g Aluminiumspäne hinzulöst das ausgeschiedene Zinn in Salzsäure und titriert mit Eisenchloridlösung in bekannter Weise. Ebensogut kann man auch gewichtsanalytisch das Zinn bestimmen. Das Entfärben mittels Kaliumpersulfat gewährt insofern einen Vorteil, als man an Zeit spart, da die Bleichwirkung bereits in 1—2 Stunden erzielt werden kann.

Sachverzeichnis.

Buchdruckerei Otto Regel G. m. b. H., Leipzig

Technologie und Wirtschaft der Seide. Bearbeitet von Dr. Hermann Ley, Elberfeld, und Dr. Erich Raemisch, Krefeld. („Technologie der Textilfasern", Bd VI/2.) Mit 375 Textabbildungen. VIII, 551 Seiten. 1929. Gebunden RM 66.—

Dr. Ley hat in diesem vorzüglich ausgestatteten Werk das gesamte Gebiet der Seidenbearbeitung zusammengestellt. Die Rohseide vom Kokon bis zum verkaufsfähigen Gewebe wird in den einzelnen Arbeitsgängen verfolgt. Besonderer Wert ist darauf gelegt worden, die einzelnen Arbeitsgänge nicht nur aneinanderzureihen, sondern sie im Zusammenhang untereinander und den praktischen Verhältnissen gemäß im einzelnen zu schildern. Zum Verständnis der Darstellung dienen die einzelnen Abbildungen, die nicht nur die Fertigfabrikate, sondern auch die Zwischenstufen der Fabrikation erkennen lassen. Bei der Bearbeitung des Werkes ist die Fachliteratur bis in die neueste Zeit berücksichtigt worden. Im Abschnitt über „Die Seidenwirtschaft der Welt" gibt Dr. Raemisch einen Überblick über die historische Bearbeitung der Rohseidenfabrikation und Verarbeitung nebst einer eingehenden Darstellung der Weltproduktion von Rohseide, des Rohseidenhandels und der Weltwirtschaft von Rohseidengeweben. Der Seidenwarenhandel ist besonders ausführlich berücksichtigt. Auch den internationalen Organisationen der Seidenindustrie ist Erwähnung getan. Das Werk stellt in seiner Reichhaltigkeit unbedingt das Beste dar, was zur Zeit auf dem Gebiet der Seidenliteratur existiert. *„Melliand Textilberichte."*

Färberei- und textilchemische Untersuchungen. Anleitung zur chemischen und koloristischen Untersuchung und Bewertung der Rohstoffe, Hilfsmittel und Erzeugnisse der Textilveredelungsindustrie. Von Professor Dr. **Paul Heermann,** früherem Abteilungsvorsteher der Textilabteilung am Staatlichen Materialprüfungsamt Berlin-Dahlem. Fünfte, ergänzte und erweiterte Auflage der „Färbereichemischen Untersuchungen" und der „Koloristischen und textilchemischen Untersuchungen". Mit 14 Textabbildungen. VIII, 435 Seiten. 1929. Gebunden RM 25.50

Praktischer Leitfaden zum Färben von Textilfasern in Laboratorien für Studenten der Hochschulen und für Schüler an Höheren Textilfachschulen. Von Dr.-Ing. **Ed. Zühlke,** Färberei-Laboratorium der Färberei- und Appreturschule Krefeld. Mit 2 Textabbildungen. VII, 234 Seiten. 1930. RM 9.50

Praktikum der Färberei und Druckerei für die chemisch-technischen Laboratorien der Technischen Hochschulen und Universitäten, für die chemischen Laboratorien Höherer Textilfachschulen und zum Gebrauch im Hörsaal bei Ausführung von Vorlesungsversuchen. Von Dr. **Kurt Brass,** o. Professor der Deutschen Technischen Hochschule Prag. Zweite, verbesserte Auflage. Mit 5 Textabbildungen. VIII, 104 Seiten. 1929. RM 5.25

Taschenbuch für die Färberei mit Berücksichtigung der Druckerei. Von **R. Gnehm.** Zweite Auflage, vollständig umgearbeitet und herausgegeben von Dr. **R. v. Muralt,** dipl. Ing.-Chemiker, Zürich. Mit 50 Abbildungen im Text und auf 16 Tafeln. VII, 220 Seiten. 1924. Gebunden RM 13.50

Praktikum der Färberei und Farbstoffanalyse für Studierende. Von Dr. **Paul Ruggli**, a. o. Professor an der Universität Basel. Mit 16 Abbildungen im Text und 18 Tabellen. IX, 197 Seiten. 1925.
Gebunden RM 12.—

Enzyklopädie der Küpenfarbstoffe. Ihre Literatur, Darstellungsweisen, Zusammensetzung, Eigenschaften in Substanz und auf der Faser. Von Dr.-Ing. **Hans Truttwin.** Unter Mitwirkung von Dr. R. H a u s c h k a , Wien. XX, 868 Seiten. 1920.   RM 42.—

Chemie der organischen Farbstoffe. Von Dr. **Fritz Mayer**, a. o. Honorar-Professor an der Universität Frankfurt a. M. Z w e i t e , verbesserte Auflage. Mit 5 Textabbildungen. VII, 265 Seiten. 1924.
Gebunden RM 13.—

Analyse der Azofarbstoffe. Von Dr. sc. techn. **A. Brunner**, dipl. Ing.-Chem. Mit 5 Textabbildungen und 3 Tafeln. V, 124 Seiten. 1929.   RM 10.—; gebunden RM 11.50

Künstliche organische Pigmentfarben u n d i h r e A n w e n d u n g s - g e b i e t e. Von Dr. **C. A. Curtis.** VII, 230 Seiten. 1929.
RM 22.50; gebunden RM 24.—

Grundlegende Operationen der Farbenchemie. Von Dr. **Hans Eduard Fierz-David**, Professor an der Eidgenössischen Technischen Hochschule in Zürich. D r i t t e , verbesserte Auflage. Mit 46 Textabbildungen und einer Tafel. XIII, 270 Seiten. 1924.
Gebunden RM 16.—

Künstliche organische Farbstoffe. Von Dr. **Hans Eduard Fierz-David**, Professor an der Eidgenössischen Technischen Hochschule in Zürich. („Technologie der Textilfasern", Bd III.) Mit 18 Textabbildungen, 12 einfarbigen und 8 mehrfarbigen Tafeln. XVI, 719 Seiten. 1926.   Gebunden RM 63.—

Kenntnis der Wasch-, Bleich- und Appreturmittel. Ein Lehr- und Hilfsbuch für Technische Lehranstalten und die Praxis. Von Ing.-Chem. **Heinrich Walland**, Professor an der Technisch-gewerblichen Bundeslehranstalt, Wien I. Z w e i t e , verbesserte Auflage. Mit 59 Textabbildungen. X, 337 Seiten. 1925. Gebunden RM 18.—

Seidenbau und Seidenindustrie in Italien. Ihre Entwicklung seit der Gründung des Königreiches bis zur Gegenwart. Von Dr. **Hans Tambor**, Berlin. X, 318 Seiten. 1929.   RM 10.—

Ein Beitrag zur Seidenbaufrage mit Untersuchungen über Zerreißfestigkeit sowie Unterscheidung von Seide und Kunstseide. (Die Seidenraupe als landwirtschaftliches Haustier.) Von Dr. **Walter Rudolf de Greiff**, Dipl.-Landwirt. Mit 43 Textabbildungen. V, 107 Seiten. 1929.   RM 7.—

Die mikroskopische Untersuchung der Seide mit besonderer Berücksichtigung der Erzeugnisse der Kunstseidenindustrie. Von Dr. **Alois Herzog**, ord. Professor für Textil- und Papier-Technologie an der Technischen Hochschule in Dresden. Mit 102 Abbildungen im Text und auf 4 farbigen Tafeln. VII, 197 Seiten. 1924.
Gebunden RM 15.—

Die Kunstseide und andere seidenglänzende Fasern. Von Dr. techn. **Franz Reinthaler**, a. o. Professor an der Hochschule für Welthandel, Wien. Mit 102 Abbildungen im Text. V, 165 Seiten. 1926.
Gebunden RM 14.40

Die künstliche Seide, ihre Herstellung und Verwendung. Mit besonderer Berücksichtigung der Patent-Literatur bearbeitet von Dr. **K. Süvern**, Geh. Regierungsrat. Fünfte, stark vermehrte Auflage. Unter Mitarbeit von Dr. **H. Frederking**. Mit 634 Textfiguren. XIX, 1108 Seiten. 1926.   Gebunden RM 76.—

Erster Ergänzungsband. (1926 bis einschließlich 1928.) Mit 578 Textfiguren. XVI, 642 Seiten. 1931.   Gebunden RM 74.50

Die Herstellung und Verarbeitung der Viskose unter besonderer Berücksichtigung der Kunstseidenfabrikation. Von Ing.-Chemiker **Johann Eggert**. Zweite, verbesserte und vermehrte Auflage. Mit 147 Textabbildungen. VII, 244 Seiten. 1931.
Gebunden RM 26.—

Die Mercerisierungsverfahren. Von Dr. **Erwin Sedlaczek**, Oberregierungsrat. VII, 269 Seiten. 1928.   Gebunden RM 18.—

Die Textilfasern. Ihre physikalischen, chemischen und mikroskopischen Eigenschaften. Von **J. Merritt Matthews**, Ph. D., ehem. Vorstand der Abteilung Chemie und Färberei an der Textilschule in Philadelphia. Nach der vierten amerikanischen Auflage ins Deutsche übertragen von Dr. Walter Anderau, Ingenieur-Chemiker, Basel. Mit einer Einführung von Professor Dr. H. E. Fierz-David. Mit 387 Textabbildungen. XII, 847 Seiten. 1928.   Gebunden RM 56.—

Physikalisch-technisches Faserstoff-Praktikum. (Übungsaufgaben, Tabellen, graphische Darstellungen.) Zum Gebrauche an Hochschulen, Textillehranstalten, Warenprüfungs- und Zollämtern, Industrielaboratorien und zum Selbststudium. Von Professor Dr. **Alois Herzog**, Dresden, und Dr. **Erich Wagner**, Hannover. Mit 2 Abbildungen im Text und 21 graphischen Darstellungen. VIII, 145 Seiten. 1931.   Gebunden RM 15.—

Enzyklopädie der textilchemischen Technologie. Bearbeitet in Gemeinschaft mit zahlreichen Fachleuten und herausgegeben von Professor Dr. **Paul Heermann**, früherem Abteilungsvorsteher der Textilabteilung am Staatlichen Materialprüfungsamt Berlin-Dahlem. Mit 372 Textabbildungen. X, 970 Seiten. 1930.   Gebunden RM 78.—

Technologie der Textilveredelung. Von Professor Dr. **Paul Heermann**, früherem Abteilungsvorsteher der Textilabteilung am Staatlichen Materialprüfungsamt Berlin-Dahlem. Zweite, erweiterte Auflage. Mit 204 Textabbildungen und einer Farbentafel. XII, 656 Seiten. 1926.   Gebunden RM 33.—

Betriebseinrichtungen der Textilveredelung. Von Professor Dr. **Paul Heermann**, Abteilungsvorsteher der Textilabteilung am Staatlichen Materialprüfungsamt Berlin-Dahlem, und Ingenieur **Gustav Durst**, Fabrikdirektor in Konstanz a. B. Zweite Auflage von „Anlage, Ausbau und Einrichtungen von Färberei-, Bleicherei- und Appretur-Betrieben" von Dr. Paul Heermann. Mit 91 Textabbildungen. VI, 164 Seiten. 1922.   Gebunden RM 7.50

Mikroskopische und mechanisch-technische Textiluntersuchungen. Von Professor Dr. **Paul Heermann**, früherem Abteilungsvorsteher der Textilabteilung am Staatlichen Materialprüfungsamt Berlin-Dahlem, und Dr. **Alois Herzog**, ord. Professor für Textil- und Papier-Technologie an der Technischen Hochschule in Dresden. Dritte, vollständig neubearbeitete und erweiterte Auflage des Buches „Mechanisch- und physikalisch-technische Textiluntersuchungen" von Dr. Paul Heermann. Mit 314 Textabbildungen. VIII, 451 Seiten. 1931.   Gebunden RM 32.—

Handbuch der Appretur. Von Ingenieur **Josef Bergmann†**, o. ö. Professor an der Technischen Hochschule in Brünn. Nach dem Tode des Verfassers ergänzt und herausgegeben von Professor Dr.-Ing. **Chr. Marschik**, Leipzig. Mit 286 Textabbildungen. VI, 321 Seiten. 1928.   Gebunden RM 36.—